建筑工程
施工全过程质量监控验收手册

侯君伟　吴　琏　主编

中国建筑工业出版社

图书在版编目（CIP）数据

建筑工程施工全过程质量监控验收手册/侯君伟，吴琏主编. —北京：中国建筑工业出版社，2015.8

ISBN 978-7-112-18275-6

Ⅰ.①建… Ⅱ.①侯… ②吴… Ⅲ.①建筑工程-工程质量-质量控制-技术手册②建筑工程-工程质量-工程验收-技术手册 Ⅳ.①TU712-62

中国版本图书馆 CIP 数据核字(2015)第 158695 号

建筑工程施工全过程质量监控验收手册

侯君伟　吴　琏　主编

*

中国建筑工业出版社出版、发行（北京西郊百万庄）

各地新华书店、建筑书店经销

北京红光制版公司制版

北京同文印刷有限责任公司印刷

*

开本：850×1168 毫米　1/32　印张：21½　字数：577 千字

2016 年 1 月第一版　　2016 年 1 月第一次印刷

定价：**48.00** 元

ISBN 978-7-112-18275-6

（27529）

本书是专为建筑工程施工技术和管理人员，在日常工作中对工程施工全过程质量监控及对新标准“速查”的需求而编写。主要内容有：施工测量、建筑地基基础工程、砌体工程、木结构工程、混凝土结构工程、钢结构工程、屋面工程、地下防水工程等。

本书是从事建筑工程施工技术人员、质量监督检查人员和监理人员必备工具书，可实现“一册在手，内容全有；查找迅速，使用顺手”。

* * *

责任编辑：周世明
责任设计：董建平
责任校对：陈晶晶　姜小莲

编 写 人 员

组织编写单位：北京双圆工程咨询监理有限公司

主　　　　编：侯君伟

副　主　编：陶利兵　吴　琏

参加编写工作人员：于益生　马　锴　赵伟楠　张　建　陆　岑　钟为德　牛　犇　龚庆仪　王　昍

前　言

2002年以后，我国对大多数国家标准建筑安装工程施工质量验收规范进行了全面修订。新标准与旧标准的最大区别在于对工程施工的全过程实现质量监控，即按检验批、分项、分部（或子分部）、单位（或子单位）工程的程序进行验收。

为了满足现场施工技术和管理便于对新标准“速查”的需要，编写了本手册，以便于从事建筑工程施工技术人员、质量监督检查人员和监理人员能实现“一册在手，内容全有；查找迅速、使用顺手”。

编写引用的国家和行业标准共20项，基本涵盖了建筑工程施工质检内容。在20项中，除有3项因无新标准故仍引用原标准外，其他17项均为新标准。文中黑体字为强制性条文。

本手册还纳入了21世纪以来在建筑工程施工中采用较为成熟的新材料、新结构、新技术内容，如高层建筑混凝土结构施工测量、深基坑支护技术、清水混凝土技术、钢筋机械连接与间隔件的应用、建筑节能技术等，使查找的范围既广泛又适应当前的需要。

目　　录

1 施 工 测 量

1.1 场区控制测量

1.1.1 场区平面控制网

（1）场区平面控制网，可根据场区的地形条件和建（构）筑物的布置情况，布设成建筑方格网、导线及导线网、三角形网或GPS网等形式。

（2）场区平面控制网，应根据工程规模和工程需要分级布设。对于建筑场地大于1km^{2}的工程项目或重要工业区，应建立一级或一级以上精度等级的平面控制网；对于场地面积小于1km^{2}的工程项目或一般性建筑区，可建立二级精度的平面控制网。

场区平面控制网相对于勘察阶段控制点的定位精度，不应大于5cm。

（3）控制网点位，应选在通视良好、土质坚实、便于施测、利于长期保存的地点，并应埋设相应的标石，必要时还应增加强制对中装置。标石的埋设深度，应根据地冻线和场地设计标高确定。

（4）建筑方格网的建立，应符合下列规定：

1）建筑方格网测量的主要技术要求，应符合表1-1-1的规定。

建筑方格网的主要技术要求 表1-1-1

等级	边长（m）	测角中误差（″）	边长相对中误差
一 级	100～300	5	≤1/30000
二 级	100～300	8	≤1/20000

2）方格网点的布设，应与建（构）筑物的设计轴线平行，并构成正方形或矩形格网。

3）方格网的测设方法，可采用布网法或轴线法。当采用布网法时，宜增测方格网的对角线；当采用轴线法时，长轴线的定位点不得少于 3 个，点位偏离直线应在 180°±5″以内，短轴线应根据长轴线定向，其直角偏差应在 90°±5″以内。水平角观测的测角中误差不应大于 2.5″。

4）方格网点应埋设顶面为标志板的标石，标石埋设应符合附录 A 的规定。

5）方格网的水平角观测可采用方向观测法，其主要技术要求应符合表 1-1-2 的规定。

水平角观测的主要技术要求 **表 1-1-2**

等级	仪器精度等级	测角中误差（″）	测回数	半测回归零差（″）	一测回内 2C 互差（″）	各测回方向较差（″）
一级	1″级仪器	5	2	≤6	≤9	≤6
	2″级仪器	5	3	≤8	≤13	≤9
二级	2″级仪器	8	2	≤12	≤18	≤12
	6″级仪器	8	4	≤18	—	≤24

6）方格网的边长宜采用电磁波测距仪器往返观测各 1 测回，并应进行气象和仪器加、乘常数改正。

7）观测数据经平差处理后，应将测量坐标与设计坐标进行比较，确定归化数据，并在标石标志板上将点位归化至设计位置。

8）点位归化后，必须进行角度和边长的复测检查。角度偏差值，一级方格网不应大于 90°±8″，二级方格网不应大于 90°±12″；距离偏差值，一级方格网不应大于 $D/25000$，二级方格网不应大于 $D/15000$（D 为方格网的边长）。

（5）当采用导线及导线网作为场区控制网时，导线边长应大致相等，相邻边的长度之比不宜超过1∶3，其主要技术要求应符合表 1-1-3 的规定。

场区导线测量的主要技术要求 **表 1-1-3**

等级	导线长度（km）	平均边长（m）	测角中误差（″）	测距相对中误差	测回数		方位角闭合差（″）	导线全长相对闭合差
					2″级仪器	6″级仪器		
一级	2.0	100～300	5	1/30000	3	—	$10\sqrt{n}$	≤1/15000
二级	1.0	100～200	8	1/14000	2	4	$16\sqrt{n}$	≤1/10000

注：n 为测站数。

（6）当采用三角形网作为场区控制网时，其主要技术要求应符合表 1-1-4 的规定。

场区三角形网测量的主要技术要求 **表 1-1-4**

等级	边长（m）	测角中误差（″）	测边相对中误差	最弱边边长相对中误差	测回数		三角形最大闭合差（″）
					2″级仪器	6″级仪器	
一级	300～500	5	≤1/40000	≤1/20000	3	—	15
二级	100～300	8	≤1/20000	≤1/10000	2	4	24

（7）当采用 GPS 网作为场区控制网时，其主要技术要求应符合表 1-1-5 的规定。

场区 GPS 网测量的主要技术要求 **表 1-1-5**

等级	边长（m）	固定误差 A（mm）	比例误差系数 B（mm/km）	边长相对中误差
一级	300～500	≤5	≤5	≤1/40000
二级	100～300			≤1/20000

1.1.2 场区高程控制网

（1）场区高程控制网，应布设成闭合环线、附合路线或结点网。

（2）大中型施工项目的场区高程测量精度，不应低于三等水准，见附录B。

(3) 场区水准点，可单独布设在场地相对稳定的区域，也可设置在平面控制点的标石上。水准点间距宜小于1km，距离建（构）筑物不宜小于25m，距离回填土边线不宜小于15m。

(4) 施工中，当少数高程控制点标石不能保存时，应将其高程引测至稳固的建（构）筑物上，引测的精度，不应低于原高程点的精度等级。

1.2 工业与民用建筑施工测量

1.2.1 建筑物施工控制网

(1) 建筑物施工控制网，应根据建筑物的设计形式和特点，布设成十字轴线或矩形控制网。民用建筑物施工控制网也可根据建筑红线定位。

(2) 建筑物施工平面控制网，应根据建筑物的分布、结构、高度、基础埋深和机械设备传动的连接方式、生产工艺的连续程度，分别布设一级或二级控制网。其主要技术要求，应符合表1-2-1的规定。

建筑物施工平面控制网的主要技术要求　　表1-2-1

等　级	边长相对中误差	测角中误差
一级	≤1/30000	$7''/\sqrt{n}$
二级	≤1/15000	$15''/\sqrt{n}$

注：n为建筑物结构的跨数。

(3) 建筑物施工平面控制网的建立，应符合下列规定：

1) 控制点，应选在通视良好、土质坚实、利于长期保存、便于施工放样的地方。

2) 控制网加密的指示桩，宜选在建筑物行列线或主要设备中心线方向上。

3) 主要的控制网点和主要设备中心线端点，应埋设固定标桩。

4）控制网轴线起始点的定位误差，不应大于 2cm；两建筑物（厂房）间有联动关系时，不应大于 1cm，定位点不得少于 3 个。

5）水平角观测的测回数，应根据表 1-2-2 中测角中误差的大小，按表 1-2-2 选定。

水平角观测的测回数　　表 1-2-2

测角中误差 仪器精度等级	2.5″	3.5″	4.0″	5″	10″
1″级仪器	4	3	2	—	—
2″级仪器	6	5	4	3	1
6″级仪器	—	—	—	4	3

6）矩形网的角度闭合差，不应大于测角中误差的 4 倍。

（4）建筑物的围护结构封闭前，应根据施工需要将建筑物外部控制转移至内部。内部的控制点，宜设置在浇筑完成的预埋件上或预埋的测量标板上。引测的投点误差，一级不应超过 2mm，二级不应超过 3mm。

（5）建筑物高程控制，应符合下列规定：

1）建筑物高程控制，应采用水准测量。附合路线闭合差，不应低于四等水准的要求。

2）水准点可设置在平面控制网的标桩或外围的固定地物上，也可单独埋设。水准点的个数，不应少于 2 个。

3）当场地高程控制点距离施工建筑物小于 200m 时，可直接利用。

（6）当施工中高程控制点标桩不能保存时，应将其高程引测至稳固的建筑物或构筑物上，引测的精度，不应低于四等水准。

1.2.2　建筑物施工放样

（1）建筑物施工放样、轴线投测和标高传递的偏差，不应超过表 1-2-3 的规定。

建筑物施工放样、轴线投测和标高传递的允许偏差 表 1-2-3

项目	内容		允许偏差（mm）
基础桩位放样	单排桩或群桩中的边桩		±10
	群桩		±20
各施工层上放线	外廓主轴线长度 L（m）	$L \leqslant 30$	±5
		$30 < L \leqslant 60$	±10
		$60 < L \leqslant 90$	±15
		$90 < L \leqslant 120$	±20
		$120 < L \leqslant 150$	±25
		$L > 150$	±30
	细部轴线		±2
	承重墙、梁、柱边线		±3
	非承重墙边线		±3
	门窗洞口线		±3
轴线竖向投测	每层		3
	总高 H（m）	$H \leqslant 30$	5
		$30 < H \leqslant 60$	10
		$60 < H \leqslant 90$	15
		$90 < H \leqslant 120$	20
		$120 < H \leqslant 150$	25
		$150 < H$	30
标高竖向传递	每层		±3
	总高 H（m）	$H \leqslant 30$	±5
		$30 < H \leqslant 60$	±10
		$60 < H \leqslant 90$	±15
		$90 < H \leqslant 120$	±20
		$120 < H \leqslant 150$	±25
		$150 < H$	±30

(2) 结构安装测量的精度，应分别满足下列要求：

1) 柱子、桁架和梁安装测量的偏差，不应超过表 1-2-4 的规定。

柱子、桁架和梁安装测量的允许偏差　　　　表 1-2-4

测 量 内 容		允许偏差（mm）
钢柱垫板标高		±2
钢柱±0 标高检查		±2
混凝土柱（预制）±0 标高检查		±3
柱子垂直度检查	钢柱牛腿	5
	柱高 10m 以内	10
	柱高 10m 以上	H/1000，且≤20
桁架和实腹梁、桁架和钢架的支承结点间相邻高差的偏差		±5
梁间距		±3
梁面垫板标高		±2

注：H 为柱子高度（mm）。

2) 构件预装测量的偏差，不应超过表 1-2-5 的规定。

构件预装测量的允许偏差　　　　表 1-2-5

测 量 内 容	测量的允许偏差（mm）
平台面抄平	±1
纵横中心线的正交度	$\pm 0.8\sqrt{l}$
预装过程中的抄平工作	±2

注：l 为自交点起算的横向中心线长度的米数。长度不足 5m 时，以 5m 计。

3) 附属构筑物安装测量的偏差，不应超过表 1-2-6 的规定。

附属构筑物安装测量的允许偏差　　表 1-2-6

测量项目	测量的允许偏差（mm）
栈桥和斜桥中心线的投点	±2
轨面的标高	±2
轨道跨距的丈量	±2
管道构件中心线的定位	±5
管道标高的测量	±5
管道垂直度的测量	$H/1000$

注：H 为管道垂直部分的长度（mm）。

（3）设备安装测量的主要技术要求，应符合下列规定：

1）设备基础竣工中心线必须进行复测，两次测量的较差不应大于 5mm。

2）对于埋设有中心标板的重要设备基础，其中心线应由竣工中心线引测，同一中心标点的偏差不应超过±1mm。纵横中心线应进行正交度的检查，并调整横向中心线。同一设备基准中心线的平行偏差或同一生产系统的中心线的直线度应在±1mm以内。

3）每组设备基础，均应设立临时标高控制点。标高控制点的精度，对于一般的设备基础，其标高偏差，应在±2mm 以内；对于与传动装置有联系的设备基础，其相邻两标高控制点的标高偏差，应在±1mm以内。

附录 A　建筑方格网点标石规格及埋设

1. 建筑方格网点标石形式、规格及埋设应符合附图 A-1 的规定，标石顶面宜低于地面 20～40cm，并砌筑井筒加盖保护。

2. 方格网点平面标志采用镶嵌铜芯表示，铜芯直径应为 1～2mm。

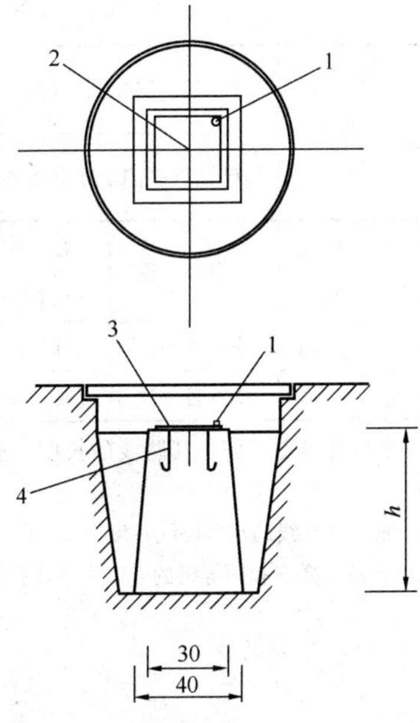

附图 A-1　建筑方格网点标志规格、形式及埋设图（cm）

1—ϕ20mm 铜质半圆球高程标志；2—ϕ1～ϕ2mm 铜芯平面标志；3—200mm×200mm×5mm 标志钢板；4—钢筋爪；

h—为埋设深度，根据地冻线和场地平整的设计高程确定

附录 B　高程控制（水准）测量技术要求

1. 水准测量的主要技术要求，应符合附表 B-1 的规定。

水准测量的主要技术要求　　附表 B-1

等级	每千米高差全中误差（mm）	路线长度（km）	水准仪型号	水准尺	观测次数		往返较差、附合或环线闭合差	
					与已知点联测	附合或环线	平地（mm）	山地（mm）
二等	2	—	DS1	因瓦	往返各一次	往返各一次	$4\sqrt{L}$	—

续表

等级	每千米高差全中误差(mm)	路线长度(km)	水准仪型号	水准尺	观测次数		往返较差、附合或环线闭合差	
					与已知点联测	附合或环线	平地(mm)	山地(mm)
三等	6	≤50	DS1	因瓦	往返各一次	往一次	$12\sqrt{L}$	$4\sqrt{n}$
			DS3	双面		往返各一次		
四等	10	≤16	DS3	双面	往返各一次	往一次	$20\sqrt{L}$	$6\sqrt{n}$
五等	15	—	DS3	单面	往返各一次	往一次	$30\sqrt{L}$	—

注：1. 结点之间或结点与高级点之间，其路线的长度，不应大于表中规定的0.7倍。

2. L 为往返测段、附合或环线的水准路线长度（km）；n 为测站数。

3. 数字水准仪测量的技术要求和同等级的光学水准仪相同。

2　建筑地基基础工程

（1）地基基础工程施工前，必须具备完备的地质勘察资料及工程附近管线、建筑物、构筑物和其他公共设施的构造情况，必要时应作施工勘察和调查以确保工程质量及临近建筑的安全。

（2）施工过程中出现异常情况时，应停止施工，由监理或建设单位组织勘察、设计、施工等有关单位共同分析情况，解决问题，消除质量隐患，并应形成文件资料。

2.1　地基

2.1.1　一般规定

（1）建筑物地基的施工应具备下述资料：

1）岩土工程勘察资料。

2）邻近建筑物和地下设施类型、分布及结构质量情况。

3）工程设计图纸、设计要求及需达到的标准，检验手段。

（2）砂、石子、水泥、钢材、石灰、粉煤灰等原材料的质量、检验项目、批量和检验方法，应符合国家现行标准的规定。

（3）地基施工结束，宜在一个间歇期后，进行质量验收，间歇期由设计确定。

（4）地基加固工程，应在正式施工前进行试验段施工，论证设定的施工参数及加固效果。为验证加固效果所进行的载荷试验，其施加载荷应不低于设计载荷的2倍。

（5）对灰土地基、砂和砂石地基、土工合成材料地基、粉煤灰地基、强夯地基、注浆地基、预压地基，其竣工后的结果（地基强度或承载力）必须达到设计要求的标准。检验数量，每单位工程不应少于3点，$1000m^2$ 以上工程，每 $100m^2$ 至少应有1点，

3000m² 以上工程，每 300m² 至少应有 1 点。每一独立基础下至少应有 1 点，基槽每 20 延米应有 1 点。

(6) 对水泥土搅拌桩复合地基、高压喷射注浆桩复合地基、砂桩地基、振冲桩复合地基、土和灰土挤密桩复合地基、水泥粉煤灰碎石桩复合地基及夯实水泥土桩复合地基，其承载力检验，数量为总数的 0.5%～1%，但不应少于 3 处。有单桩强度检验要求时，数量为总数的 0.5%～1%，但不应少于 3 根。

(7) 除 2.2.1 一般规定中第（5）、（6）条指定的主控项目外，其他主控项目及一般项目可随意抽查，但复合地基中的水泥土搅拌桩、高压喷射注浆桩、振冲桩、土和灰土挤密桩、水泥粉煤灰碎石桩及夯实水泥土桩至少应抽查 20%。

2.1.2　灰土地基

(1) 灰土土料、石灰或水泥（当水泥替代灰土中的石灰时）等材料及配合比应符合设计要求，灰土应搅拌均匀。

(2) 施工过程中应检查分层铺设的厚度、分段施工时上下两层的搭接长度、夯实时加水量、夯压遍数、压实系数。

(3) 施工结束后，应检验灰土地基的承载力。

(4) 灰土地基的质量验收标准应符合表 2-1-1 的规定。

灰土地基质量检验标准　　表 2-1-1

项	序	检查项目	允许偏差或允许值		检查方法
			单位	数值	
主控项目	1	地基承载力	设计要求		按规定方法
	2	配合比	设计要求		按拌和时的体积比
	3	压实系数	设计要求		现场实测
一般项目	1	石灰粒径	mm	≤5	筛分法
	2	土料有机质含量	%	≤5	试验室焙烧法
	3	土颗粒粒径	mm	≤15	筛分法
	4	含水量（与要求的最优含水量比较）	%	±2	烘干法
	5	分层厚度偏差（与设计要求比较）	mm	±50	水准仪

2.1.3 砂和砂石地基

（1）砂、石等原材料质量、配合比应符合设计要求，砂、石应搅拌均匀。

（2）施工过程中必须检查分层厚度、分段施工时搭接部分的压实情况、加水量、压实遍数、压实系数。

（3）施工结束后，应检验砂石地基的承载力。

（4）砂和砂石地基的质量验收标准应符合表 2-1-2 的规定。

砂及砂石地基质量检验标准　　表 2-1-2

项	序	检查项目	允许偏差或允许值		检查方法
			单位	数值	
主控项目	1	地基承载力	设计要求		按规定方法
主控项目	2	配合比	设计要求		检查拌和时的体积比或重量比
主控项目	3	压实系数	设计要求		现场实测
一般项目	1	砂石料有机质含量	%	≤5	焙烧法
一般项目	2	砂石料含泥量	%	≤5	水洗法
一般项目	3	石料粒径	mm	≤100	筛分法
一般项目	4	含水量（与最优含水量比较）	%	±2	烘干法
一般项目	5	分层厚度（与设计要求比较）	mm	±50	水准仪

2.1.4 土工合成材料地基

（1）施工前应对土工合成材料的物理性能（单位面积的质量、厚度、比重）、强度、延伸率以及土、砂石料等做检验。土工合成材料以 100m^2 为一批，每批应抽查 5%。

（2）施工过程中应检查清基、回填料铺设厚度及平整度、土工合成材料的铺设方向、接缝搭接长度或缝接状况、土工合成材料与结构的连接状况等。

（3）施工结束后，应进行承载力检验。

（4）土工合成材料地基质量检验标准应符合表 2-1-3 的规定。

土工合成材料地基质量检验标准 **表 2-1-3**

项	序	检查项目	允许偏差或允许值		检查方法
			单位	数值	
主控项目	1	土工合成材料强度	%	≤5	置于夹具上做拉伸试验（结果与设计标准相比）
	2	土工合成材料延伸率	%	≤3	置于夹具上做拉伸试验（结果与设计标准相比）
	3	地基承载力	设计要求		按规定方法
一般项目	1	土工合成材料搭接长度	mm	≥300	用钢尺量
	2	土石料有机质含量	%	≤5	焙烧法
	3	层面平整度	mm	≤20	用 2m 靠尺
	4	每层铺设厚度	mm	±25	水准仪

2.1.5 粉煤灰地基

(1) 施工前应检查粉煤灰材料，并对基槽清底状况、地质条件予以检验。

(2) 施工过程中应检查铺筑厚度、碾压遍数、施工含水量控制、搭接区碾压程度、压实系数等。

(3) 施工结束后，应检验地基的承载力。

(4) 粉煤灰地基质量检验标准应符合表 2-1-4 的规定。

粉煤灰地基质量检验标准 **表 2-1-4**

项	序	检查项目	允许偏差或允许值		检查方法
			单位	数值	
主控项目	1	压实系数	设计要求		现场实测
	2	地基承载力	设计要求		按规定方法

续表

项	序	检查项目	允许偏差或允许值		检查方法
			单位	数值	
一般项目	1	粉煤灰粒径	mm	0.001～2.000	过筛
	2	氧化铝及二氧化硅含量	%	≥70	试验室化学分析
	3	烧失量	%	≤12	试验室烧结法
	4	每层铺筑厚度	mm	±50	水准仪
	5	含水量（与最优含水量比较）	%	±2	取样后试验室确定

2.1.6 强夯地基

（1）施工前应检查夯锤重量、尺寸，落距控制手段，排水设施及被夯地基的土质。

（2）施工中应检查落距、夯击遍数、夯点位置、夯击范围。

（3）施工结束后，检查被夯地基的强度并进行承载力检验。

（4）强夯地基质量检验标准应符合表 2-1-5 的规定。

强夯地基质量检验标准　　表 2-1-5

项	序	检查项目	允许偏差或允许值		检查方法
			单位	数值	
主控项目	1	地基强度	设计要求		按规定方法
	2	地基承载力	设计要求		按规定方法
一般项目	1	夯锤落距	mm	±300	钢索设标志
	2	锤重	kg	±100	称重
	3	夯击遍数及顺序	设计要求		计数法
	4	夯点间距	mm	±500	用钢尺量
	5	夯击范围（超出基础范围距离）	设计要求		用钢尺量
	6	前后两遍间歇时间	设计要求		

2.1.7 注浆地基

（1）施工前应掌握有关技术文件（注浆点位置、浆液配比、注浆施工技术参数、检测要求等）。浆液组成材料的性能应符合设计要求，注浆设备应确保正常运转。

（2）施工中应经常抽查浆液的配比及主要性能指标，注浆的顺序、注浆过程中的压力控制等。

（3）施工结束后，应检查注浆体强度、承载力等。检查孔数为总量的2%～5%，不合格率大于或等于20%时应进行二次注浆。检验应在注浆后15d（砂土、黄土）或60d（黏性土）进行。

（4）注浆地基的质量检验标准应符合表2-1-6的规定。

注浆地基质量检验标准 **表2-1-6**

项	序	检查项目		允许偏差或允许值		检查方法
				单位	数值	
主控项目	1	原材料检验	水泥	设计要求		查产品合格证书或抽样送检
			注浆用砂：粒径 细度模数 含泥量及有机物含量	mm %	＜2.5 ＜2.0 ＜3	试验室试验
			注浆用黏土：塑性指数 粘粒含量 含砂量 有机物含量	 % % %	＞14 ＞25 ＜5 ＜3	试验室试验
			粉煤灰：细度	不粗于同时使用的水泥		试验室试验
			烧失量	%	＜3	
			水玻璃：模数	2.5～3.3		抽样送检
			其他化学浆液	设计要求		查产品合格证书或抽样送检
	2	注浆体强度		设计要求		取样检验
	3	地基承载力		设计要求		按规定方法
一般项目	1	各种注浆材料称量误差		%	＜3	抽查
	2	注浆孔位		mm	±20	用钢尺量
	3	注浆孔深		mm	±100	量测注浆管长度
	4	注浆压力（与设计参数比）		%	±10	检查压力表读数

2.1.8 预压地基

（1）施工前应检查施工监测措施，沉降、孔隙水压力等原始数据，排水设施，砂井（包括袋装砂井）、塑料排水带等位置。塑料排水带的质量标准应符合附录B的规定。

（2）堆载施工应检查堆载高度、沉降速率。真空预压施工应检查密封膜的密封性能、真空表读数等。

（3）施工结束后，应检查地基土的强度及要求达到的其他物理力学指标，重要建筑物地基应做承载力检验。

（4）预压地基和塑料排水带质量检验标准应符合表2-1-7的规定。

预压地基和塑料排水带质量检验标准　　表2-1-7

项	序	检查项目	允许偏差或允许值		检查方法
			单位	数值	
主控项目	1	预压载荷	%	≤2	水准仪
	2	固结度（与设计要求比）	%	≤2	根据设计要求采用不同的方法
	3	承载力或其他性能指标	设计要求		按规定方法
一般项目	1	沉降速率（与控制值比）	%	±10	水准仪
	2	砂井或塑料排水带位置	mm	±100	用钢尺量
	3	砂井或塑料排水带插入深度	mm	±200	插入时用经纬仪检查
	4	插入塑料排水带时的回带长度	mm	≤500	用钢尺量
	5	塑料排水带或砂井高出砂垫层距离	mm	≥200	用钢尺量
	6	插入塑料排水带的回带根数	%	<5	目测

注：如真空预压，主控项目中预压载荷的检查为真空度降低值<2%。

2.1.9 振冲地基

（1）施工前应检查振冲器的性能，电流表、电压表的准确度及填料的性能。

（2）施工中应检查密实电流、供水压力、供水量、填料量、孔底留振时间、振冲点位置、振冲器施工参数等（施工参数由振冲试验或设计确定）。

（3）施工结束后，应在有代表性的地段做地基强度或地基承载力检验。

（4）振冲地基质量检验标准应符合表 2-1-8 的规定。

振冲地基质量检验标准 **表 2-1-8**

项	序	检查项目	允许偏差或允许值		检查方法
			单位	数值	
主控项目	1	填料粒径	设计要求		抽样检查
	2	密实电流（黏性土）	A	50～55	电流表读数
		密实电流（砂性土或粉土）	A	40～50	
		（以上为功率 30kW 振冲器）			
		密实电流（其他类型振冲器）	A_0	（1.5～2.0）	电流表读数，A_0 为空振电流
	3	地基承载力	设计要求		按规定方法
一般项目	1	填料含泥量	%	<5	抽样检查
	2	振冲器喷水中心与孔径中心偏差	mm	≤50	用钢尺量
	3	成孔中心与设计孔位中心偏差	mm	≤100	用钢尺量
	4	桩体直径	mm	<50	用钢尺量
	5	孔深	mm	±200	量钻杆或重锤测

2.1.10 高压喷射注浆地基

（1）施工前应检查水泥、外掺剂等的质量，桩位，压力表、流量表的精度和灵敏度，高压喷射设备的性能等。

（2）施工中应检查施工参数（压力、水泥浆量、提升速度、旋转速度等）及施工程序。

（3）施工结束后，应检验桩体强度、平均直径、桩身中心位置、桩体质量及承载力等。桩体质量及承载力检验应在施工结束后28d进行。

（4）高压喷射注浆地基质量检验标准应符合表2-1-9的规定。

高压喷射注浆地基质量检验标准　　表2-1-9

项	序	检查项目	允许偏差或允许值		检查方法
			单位	数值	
主控项目	1	水泥及外掺剂质量	符合出厂要求		查产品合格证书或抽样送检
	2	水泥用量	设计要求		查看流量表及水泥浆水灰比
	3	桩体强度或完整性检验	设计要求		按规定方法
	4	地基承载力	设计要求		按规定方法
一般项目	1	钻孔位置	mm	≤50	用钢尺量
	2	钻孔垂直度	%	≤1.5	经纬仪测钻杆或实测
	3	孔深	mm	±200	用钢尺量
	4	注浆压力	按设定参数指标		查看压力表
	5	桩体搭接	mm	>200	用钢尺量
	6	桩体直径	mm	≤50	开挖后用钢尺量
	7	桩身中心允许偏差		≤0.2*D*	开挖后桩顶下500mm处用钢尺量，*D*为桩径

2.1.11　水泥土搅拌桩地基

（1）施工前应检查水泥及外掺剂的质量、桩位、搅拌机工作性能及各种计量设备完好程度（主要是水泥浆流量计及其他计量装置）。

（2）施工中应检查机头提升速度、水泥浆或水泥注入量、搅拌桩的长度及标高。

(3) 施工结束后，应检查桩体强度、桩体直径及地基承载力。

(4) 进行强度检验时，对承重水泥土搅拌桩应取 90d 后的试件；对支护水泥土搅拌桩应取 28d 后的试件。

(5) 水泥土搅拌桩地基质量检验标准应符合表 2-1-10 的规定。

水泥土搅拌桩地基质量检验标准　　表 2-1-10

项	序	检查项目	允许偏差或允许值		检查方法
			单位	数值	
主控项目	1	水泥及外掺剂质量	设计要求		查产品合格证书或抽样送检
	2	水泥用量	参数指标		查看流量计
	3	桩体强度	设计要求		按规定办法
	4	地基承载力	设计要求		按规定办法
一般项目	1	机头提升速度	m/min	≤0.5	量机头上升距离及时间
	2	桩底标高	mm	±200	测机头深度
	3	桩顶标高	mm	+100 −50	水准仪（最上部 500mm 不计入）
	4	桩位偏差	mm	<50	用钢尺量
	5	桩径		<0.04D	用钢尺量，D 为桩径
	6	垂直度	%	≤1.5	经纬仪
	7	搭接	mm	>200	用钢尺量

2.1.12 土和灰土挤密桩复合地基

(1) 施工前应对土及灰土的质量、桩孔放样位置等做检查。

(2) 施工中应对桩孔直径、桩孔深度、夯击次数、填料的含水量等做检查。

（3）施工结束后，应检验成桩的质量及地基承载力。

（4）土和灰土挤密桩地基质量检验标准应符合表 2-1-11 的规定。

土和灰土挤密桩地基质量检验标准 **表 2-1-11**

项	序	检查项目	允许偏差或允许值		检查方法
			单位	数值	
主控项目	1	桩体及桩间土干密度	设计要求		现场取样检查
	2	桩长	mm	+500	测桩管长度或垂球测孔深
	3	地基承载力	设计要求		按规定的方法
	4	桩径	mm	−20	用钢尺量
一般项目	1	土料有机质含量	%	≤5	试验室焙烧法
	2	石灰粒径	mm	≤5	筛分法
	3	桩位偏差		满堂布桩≤0.40D 条基布桩≤0.25D	用钢尺量，D 为桩径
	4	垂直度	%	≤1.5	用经纬仪测桩管
	5	桩径	mm	−20	用钢尺量

注：桩径允许偏差负值是指个别断面。

2.1.13 水泥粉煤灰碎石桩复合地基

（1）水泥、粉煤灰、砂及碎石等原材料应符合设计要求。

（2）施工中应检查桩身混合料的配合比、坍落度和提拔钻杆速度（或提拔套管速度）、成孔深度、混合料灌入量等。

（3）施工结束后，应对桩顶标高、桩位、桩体质量、地基承载力以及褥垫层的质量做检查。

（4）水泥粉煤灰碎石桩复合地基的质量检验标准应符合表 2-1-12 的规定。

水泥粉煤灰碎石桩复合地基质量检验标准　表 2-1-12

项	序	检查项目	允许偏差或允许值		检查方法
			单位	数值	
主控项目	1	原材料	设计要求		查产品合格证书或抽样送检
	2	桩径	mm	－20	用钢尺量或计算填料量
	3	桩身强度	设计要求		查 28d 试块强度
	4	地基承载力	设计要求		按规定的办法
一般项目	1	桩身完整性	按桩基检测技术规范		按桩基检测技术规范
	2	桩位偏差		满堂布桩≤0.40D 条基布桩≤0.25D	用钢尺量，D 为桩径
	3	桩垂直度	%	≤1.5	用经纬仪测桩管
	4	桩长	mm	＋100	测桩管长度或垂球测孔深
	5	褥垫层夯填度	≤0.9		用钢尺量

注：1. 夯填度指夯实后的褥垫层厚度与虚体厚度的比值。
2. 桩径允许偏差负值是指个别断面。

2.1.14　夯实水泥土桩复合地基

（1）水泥及夯实用土料的质量应符合设计要求。

（2）施工中应检查孔位、孔深、孔径、水泥和土的配比、混合料含水量等。

（3）施工结束后，应对桩体质量及复合地基承载力做检验，褥垫层应检查其夯填度。

（4）夯实水泥土桩复合地基的质量检验标准应符合表 2-1-13 的规定。

夯实水泥土桩复合地基质量检验标准　表 2-1-13

项	序	检查项目	允许偏差或允许值		检查方法
			单位	数值	
主控项目	1	桩径	mm	－20	用钢尺量
	2	桩长	mm	＋500	测桩孔深度
	3	桩体干密度	设计要求		现场取样检查
	4	地基承载力	设计要求		按规定的方法

续表

项	序	检查项目	允许偏差或允许值		检查方法
			单位	数值	
一般项目	1	土料有机质含量	%	≤5	焙烧法
	2	含水量（与最优含水量比）	%	±2	烘干法
	3	土料粒径	mm	≤20	筛分法
	4	水泥质量	设计要求		查产品质量合格证书或抽样送检
	5	桩位偏差		满堂布桩≤0.40D 条基布桩≤0.25D	用钢尺量，D为桩径
	6	桩孔垂直度	%	≤1.5	用经纬仪测桩管
	7	褥垫层夯填度	≤0.9		用钢尺量

注：见表 2-1-12。

（5）夯扩桩的质量检验标准可按本节执行。

2.1.15 砂桩地基

（1）施工前应检查砂料的含泥量及有机质含量、样桩的位置等。

（2）施工中检查每根砂桩的桩位、灌砂量、标高、垂直度等。

（3）施工结束后，应检验被加固地基的强度或承载力。

（4）砂桩地基的质量检验标准应符合表 2-1-14 的规定。

砂桩地基的质量检验标准 **表 2-1-14**

项	序	检查项目	允许偏差或允许值		检查方法
			单位	数值	
主控项目	1	灌砂量	%	≥95	实际用砂量与计算体积比
	2	地基强度	设计要求		按规定方法
	3	地基承载力	设计要求		按规定方法

续表

项	序	检查项目	允许偏差或允许值		检查方法
			单位	数值	
一般项目	1	砂料的含泥量	%	≤3	试验室测定
	2	砂料的有机质含量	%	≤5	焙烧法
	3	桩位	mm	≤50	用钢尺量
	4	砂桩标高	mm	±150	水准仪
	5	垂直度	%	≤1.5	经纬仪检查桩管垂直度

2.2 桩基础

2.2.1 一般规定

（1）桩位的放样允许偏差如下：

群桩　　　20mm；

单排桩　　10mm。

（2）桩基工程的桩位验收，除设计有规定外，应按下述要求进行：

1）当桩顶设计标高与施工场地标高相同时，或桩基施工结束后，有可能对桩位进行检查时，桩基工程的验收应在施工结束后进行。

2）当桩顶设计标高低于施工场地标高，送桩后无法对桩位进行检查时，对打入桩可在每根桩桩顶沉至场地标高时，进行中间验收，待全部桩施工结束，承台或底板开挖到设计标高后，再做最终验收。对灌注桩可对护筒位置做中间验收。

（3）打（压）入桩（预制混凝土方桩、先张法预应力管桩、钢桩）的桩位偏差，必须符合表 2-2-1 的规定。斜桩倾斜度的偏差不得大于倾斜角正切值的 15%（倾斜角系桩的纵向中心线与铅垂线间夹角）。

预制桩（钢桩）桩位的允许偏差（mm）　　表 2-2-1

项	项　目	允许偏差
1	盖有基础梁的桩： （1）垂直基础梁的中心线 （2）沿基础梁的中心线	 100+0.01H 150+0.01H
2	桩数为 1～3 根桩基中的桩	100
3	桩数为 4～16 根桩基中的桩	1/2 桩径或边长
4	桩数大于 16 根桩基中的桩： （1）最外边的桩 （2）中间桩	 1/3 桩径或边长 1/2 桩径或边长

注：H 为施工现场地面标高与桩顶设计标高的距离。

（4）灌注桩的桩位偏差必须符合表 2-2-2 的规定，桩顶标高至少要比设计标高高出 0.5m，桩底清孔质量按不同的成桩工艺有不同的要求，应按本章的各节要求执行。每浇注 50m^3 必须有 1 组试件，小于 50m^3 的桩，每根桩必须有 1 组试件。

灌注桩的平面位置和垂直度的允许偏差　　表 2-2-2

序号	成孔方法		桩径允许偏差（mm）	垂直度允许偏差（%）	桩位允许偏差（mm）	
					1～3 根、单排桩基垂直于中心线方向和群桩基础的边桩	条形桩基沿中心线方向和群桩基础的中间桩
1	泥浆护壁钻孔桩	D≤1000mm	±50	<1	D/6，且不大于 100	D/4，且不大于 150
		D>1000mm	±50		100+0.01H	150+0.01H
2	套管成孔灌注桩	D≤500mm	−20	<1	70	150
		D>500mm			100	150
3	干成孔灌注桩		−20	<1	70	150
4	人工挖孔桩	混凝土护壁	+50	<0.5	50	150
		钢套管护壁	+50	<1	100	200

注：1. 桩径允许偏差的负值是指个别断面。
2. 采用复打、反插法施工的桩，其桩径允许偏差不受上表限制。
3. H 为施工现场地面标高与桩顶设计标高的距离，D 为设计桩径。

(5) 工程桩应进行承载力检验。对于地基基础设计等级为甲级或地质条件复杂，成桩质量可靠性低的灌注桩，应采用静载荷试验的方法进行检验，检验桩数不应少于总数的1%，且不应少于3根，当总桩数少于50根时，不应少于2根。

(6) 桩身质量应进行检验。对设计等级为甲级或地质条件复杂，成检质量可靠性低的灌注桩，抽检数量不应少于总数的30%，且不应少于20根；其他桩基工程的抽检数量不应少于总数的20%，且不应少于10根；对混凝土预制桩及地下水位以上且终孔后经过核验的灌注桩，检验数量不应少于总桩数的10%，且不得少于10根。每个柱子承台下不得少于1根。

(7) 对砂、石子、钢材、水泥等原材料的质量、检验项目、批量和检验方法，应符合国家现行标准的规定。

(8) 除2.2.1一般规定中第(5)、(6)条规定的主控项目外，其他主控项目应全部检查，对一般项目，除已明确规定外，其他可按20%抽查，但混凝土灌注桩应全部检查。

2.2.2 静力压桩

(1) 静力压桩包括锚杆静压桩及其他各种非冲击力沉桩。

(2) 施工前应对成品桩（锚杆静压成品桩一般均由工厂制造，运至现场堆放）做外观及强度检验，接桩用焊条或半成品硫磺胶泥应有产品合格证书，或送有关部门检验，压桩用压力表、锚杆规格及质量也应进行检查。硫磺胶泥半成品应每100kg做一组试件（3件）。

(3) 压桩过程中应检查压力、桩垂直度、接桩间歇时间、桩的连接质量及压入深度。重要工程应对电焊接桩的接头做10%的探伤检查。对承受反力的结构应加强观测。

(4) 施工结束后，应做桩的承载力及桩体质量检验。

(5) 锚杆静压桩质量检验标准应符合表2-2-3的规定。

2.2.3 先张法预应力管桩

(1) 施工前应检查进入现场的成品桩，接桩用电焊条等产品质量。

静力压桩质量检验标准 **表 2-2-3**

项	序	检查项目	允许偏差或允许值 单位	允许偏差或允许值 数值	检查方法
主控项目	1	桩体质量检验	按基桩检测技术规范		按基桩检测技术规范
	2	桩位偏差	见表 2-2-1		用钢尺量
	3	承载力	按基桩检测技术规范		按基桩检测技术规范
一般项目	1	成品桩质量：外观	表面平整，颜色均匀，掉角深度＜10mm，蜂窝面积小于总面积 0.5％		直观
		外形尺寸	见本规范表 5.4.5		见表 2-2-6
		强度	满足设计要求		查产品合格证书或钻芯试压
	2	硫磺胶泥质量（半成品）	设计要求		查产品合格证书或抽样送检
	3	接桩 电焊接桩：焊缝质量	见表 2-2-8		见表 2-2-8
		接桩 电焊结束后停歇时间	min	＞1.0	秒表测定
		接桩 硫磺胶泥接桩：胶泥浇注时间	min	＜2	秒表测定
		接桩 浇注后停歇时间	min	＞7	秒表测定
	4	电焊条质量	设计要求		查产品合格证书
	5	压桩压力（设计有要求时）	％	±5	查压力表读数
	6	接桩时上下节平面偏差	mm	＜10	用钢尺量
		接桩时节点弯曲矢高		＜1/1000l	用钢尺量，l为两节桩长
	7	桩顶标高	mm	±50	水准仪

（2）施工过程中应检查桩的贯入情况、桩顶完整状况、电焊接桩质量、桩体垂直度、电焊后的停歇时间。重要工程应对电焊

接头做10%的焊缝探伤检查。

（3）施工结束后，应做承载力检验及桩体质量检验。

（4）先张法预应力管桩的质量检验应符合表2-2-4的规定。

先张法预应力管桩质量检验标准　　表2-2-4

项	序	检查项目	允许偏差或允许值		检查方法
			单位	数值	
主控项目	1	桩体质量检验	按基桩检测技术规范		按基桩检测技术规范
	2	桩位偏差	见表2-2-1		用钢尺量
	3	承载力	按基桩检测技术规范		按基桩检测技术规范
一般项目	1	成品桩质量 外观	无蜂窝、露筋、裂缝、色感均匀、桩顶处无孔隙		直观
		桩径	mm	±5	用钢尺量
		管壁厚度	mm	±5	用钢尺量
		桩尖中心线	mm	<2	用钢尺量
		顶面平整度	mm	10	用水平尺量
		桩体弯曲		<1/1000*l*	用钢尺量，*l*为桩长
	2	接桩：焊缝质量	见本规范表2-2-8		见表2-2-8
		电焊结束后停歇时间	min	>1.0	秒表测定
		上下节平面偏差	mm	<10	用钢尺量
		节点弯曲矢高		<1/1000*l*	用钢尺量，*l*为两节桩长
	3	停锤标准	设计要求		现场实测或查沉桩记录
	4	桩顶标高	mm	±50	水准仪

2.2.4 混凝土预制桩

（1）桩在现场预制时，应对原材料、钢筋骨架（见表2-2-5）、混凝土强度进行检查；采用工厂生产的成品桩时，桩进场后应进行外观及尺寸检查。

预制桩钢筋骨架质量检验标准（mm） **表 2-2-5**

项	序	检查项目	允许偏差或允许值	检查方法
主控项目	1	主筋距桩顶距离	±5	用钢尺量
	2	多节桩锚固钢筋位置	5	用钢尺量
	3	多节桩预埋铁件	±3	用钢尺量
	4	主筋保护层厚度	±5	用钢尺量
一般项目	1	主筋间距	±5	用钢尺量
	2	桩尖中心线	10	用钢尺量
	3	箍筋间距	±20	用钢尺量
	4	桩顶钢筋网片	±10	用钢尺量
	5	多节桩锚固钢筋长度	±10	用钢尺量

（2）施工中应对桩体垂直度、沉桩情况、桩顶完整状况、接桩质量等进行检查，对电焊接桩，重要工程应做 10%的焊缝探伤检查。

（3）施工结束后，应对承载力及桩体质量做检验。

（4）对长桩或总锤击数超过 500 击的锤击桩，应符合桩体强度及 28d 龄期的两项条件才能锤击。

（5）钢筋混凝土预制桩的质量检验标准应符合表 2-2-6 的规定。

钢筋混凝土预制桩的质量检验标准 **表 2-2-6**

项	序	检查项目	允许偏差或允许值		检查方法
			单位	数值	
主控项目	1	桩体质量检验	按基桩检测技术规范		按基桩检测技术规范
	2	桩位偏差	见表 2-2-1		用钢尺量
	3	承载力	按基桩检测技术规范		按基桩检测技术规范
一般项目	1	砂、石、水泥、钢材等原材料（现场预制时）	符合设计要求		查出厂质保文件或抽样送检
	2	混凝土配合比及强度（现场预制时）	符合设计要求		检查称量及查试块记录

续表

项	序	检查项目	允许偏差或允许值		检查方法
			单位	数值	
一般项目	3	成品桩外形	表面平整，颜色均匀，掉角深度＜10mm，蜂窝面积小于总面积0.5％		直观
	4	成品桩裂缝（收缩裂缝或起吊、装运、堆放引起的裂缝）	深度＜20mm，宽度＜0.25mm，横向裂缝不超过边长的一半		裂缝测定仪，该项在地下水有侵蚀地区及锤击数超过500击的长桩不适用
	5	成品桩尺寸：横截面边长 桩顶对角线差 桩尖中心线 桩身弯曲矢高 桩顶平整度	mm mm mm mm	±5 ＜10 ＜10 ＜1/1000l ＜2	用钢尺量 用钢尺量 用钢尺量 用钢尺量，l为桩长 用水平尺量
	6	电焊接桩：焊缝质量	见表2-2-8		见表2-2-8
		电焊结束后停歇时间 上下节平面偏差 节点弯曲矢高	min mm 	＞1.0 ＜10 ＜1/1000l	秒表测定 用钢尺量 用钢尺量，l为两节桩长
	7	硫磺胶泥接桩： 胶泥浇注时间 浇注后停歇时间	 min min	 ＜2 ＞7	 秒表测定 秒表测定
	8	桩顶标高	mm	±50	水准仪
	9	停锤标准	设计要求		现场实测或查沉桩记录

混凝土预制桩的表面应平整、密实，制作允许偏差应符合表2-2-7的规定。

混凝土预制桩制作允许偏差　　表 2-2-7

桩型	项目	允许偏差（mm）
钢筋混凝土实心桩	横截面边长	±5
	桩顶对角线之差	≤5
	保护层厚度	±5
	桩身弯曲矢高	不大于1‰桩长且不大于20
	桩尖偏心	≤10
	桩端面倾斜	≤0.005
	桩节长度	±20
钢筋混凝土管桩	直径	±5
	长度	±0.5%桩长
	管壁厚度	−5
	保护层厚度	+10，−5
	桩身弯曲（度）矢高	1‰桩长
	桩尖偏心	≤10
	桩头板平整度	≤2
	桩头板偏心	≤2

注：本表引自《建筑桩基技术规范》JGJ 94—2008。

2.2.5 钢桩

（1）施工前应检查进入现场的成品钢桩，成品桩的质量标准应符合表 2-3-8 的规定。

（2）施工中应检查钢桩的垂直度、沉入过程、电焊连接质量、电焊后的停歇时间、桩顶锤击后的完整状况。电焊质量除常规检查外，应做 10%的焊缝探伤检查。

（3）施工结束后应做承载力检验。

（4）钢桩施工质量检验标准应符合表 2-2-8 及表 2-2-9 的规定。

成品钢桩质量检验标准　　表 2-2-8

项	序	检查项目	允许偏差或允许值		检查方法
			单位	数值	
主控项目	1	钢桩外径或断面尺寸：桩端桩身		±0.5%D ±1D	用钢尺量，D 为外径或边长
	2	矢高		<1/1000l	用钢尺量，l 为桩长

续表

项	序	检查项目	允许偏差或允许值		检查方法
			单位	数值	
一般项目	1	长度	mm	+10	用钢尺量
	2	端部平整度	mm	≤2	用水平尺量
	3	H钢桩的方正度 $h>300$ $h<300$	mm mm	$T+T'\leqslant 8$ $T+T'\leqslant 6$	用钢尺量，h、T、T'见图示
	4	端部平面与桩中心线的倾斜值	mm	≤2	用水平尺量

钢桩施工质量检验标准 表 2-2-9

项	序	检查项目	允许偏差或允许值		检查方法
			单位	数值	
主控项目	1	桩位偏差	见表 2-2-1		用钢尺量
	2	承载力	按基桩检测技术规范		按基桩检测技术规范
一般项目	1	电焊接桩焊缝： (1) 上下节端部错口 (外径≥700mm) (外径<700mm) (2) 焊缝咬边深度 (3) 焊缝加强层高度 (4) 焊缝加强层宽度	mm mm mm mm mm	≤3 ≤2 ≤0.5 2 2	用钢尺量 用钢尺量 焊缝检查仪 焊缝检查仪 焊缝检查仪
		(5) 焊缝电焊质量外观	无气孔，无焊瘤，无裂缝		直观
		(6) 焊缝探伤检验	满足设计要求		按设计要求
	2	电焊结束后停歇时间	min	>1.0	秒表测定
	3	节点弯曲矢高		<1/1000l	用钢尺量，l为两节桩长
	4	桩顶标高	mm	±50	水准仪
	5	停锤标准	设计要求		用钢尺量或沉桩记录

2.2.6 混凝土灌注桩

（1）施工前应对水泥、砂、石子（如现场搅拌）、钢材等原材料进行检查，对施工组织设计中制定的施工顺序、监测手段（包括仪器、方法）也应检查。

（2）施工中应对成孔、清渣、放置钢筋笼、灌注混凝土等进行全过程检查，人工挖孔桩尚应复验孔底持力层土（岩）性。嵌岩桩必须有桩端持力层的岩性报告。

（3）施工结束后，应检查混凝土强度，并应做桩体质量及承载力的检验。

（4）混凝土灌注桩的质量检验标准应符合表2-2-10、表2-2-11的规定。

混凝土灌注桩钢筋笼质量检验标准(mm)　　表2-2-10

项	序	检查项目	允许偏差或允许值	检查方法
主控项目	1	主筋间距	±10	用钢尺量
	2	长度	±100	用钢尺量
一般项目	1	钢筋材质检验	设计要求	抽样送检
	2	箍筋间距	±20	用钢尺量
	3	直径	±10	用钢尺量

混凝土灌注桩质量检验标准　　表2-2-11

项	序	检查项目	允许偏差或允许值		检查方法
			单位	数值	
主控项目	1	桩位	见表2-2-2		基坑开挖前量护筒，开挖后量桩中心
	2	孔深	mm	+300	只深不浅，用重锤测，或测钻杆、套管长度，嵌岩桩应确保进入设计要求的嵌岩深度
	3	桩体质量检验	按基桩检测技术规范。如钻芯取样，大直径嵌岩桩应钻至桩尖下50cm		按基桩检测技术规范
	4	混凝土强度	设计要求		试件报告或钻芯取样送检
	5	承载力	按基桩检测技术规范		按基桩检测技术规范

续表

项	序	检查项目	允许偏差或允许值		检查方法
			单位	数值	
一般项目	1	垂直度	见表 2-2-2		测套管或钻杆，或用超声波探测，干施工时吊垂球
	2	桩径	见表 2-2-2		井径仪或超声波检测，干施工时用钢尺量，人工挖孔桩不包括内衬厚度
	3	泥浆比重（黏土或砂性土中）	1.15～1.20		用比重计测，清孔后在距孔底 50cm 处取样
	4	泥浆面标高（高于地下水位）	m	0.5～1.0	目测
	5	沉渣厚度： 端承桩 摩擦桩	 mm mm	 ≤50 ≤150	用沉渣仪或重锤测量
	6	混凝土坍落度： 水下灌注 干施工	 mm mm	 160～220 70～100	坍落度仪
	7	钢筋笼安装深度	mm	±100	用钢尺量
	8	混凝土充盈系数	>1		检查每根桩的实际灌注量
	9	桩顶标高	mm	+30 −50	水准仪，需扣除桩顶浮浆层及劣质桩体

（5）人工挖孔桩、嵌岩桩的质量检验应按本节执行。

灌注桩成孔施工允许偏差　　表 2-2-12

成孔方法		桩径允许偏差（mm）	垂直度允许偏差（%）	桩位允许偏差（mm）	
				1～3 根桩、条形桩基沿垂直轴线方向和群桩基础中的边桩	条形桩基沿轴线方向和群桩基础的中间桩
泥浆护壁钻、挖、冲孔桩	d≤1000mm	±50	1	$d/6$ 且不大于 100	$d/4$ 且不大于 150
	d>1000mm	±50		$100+0.01H$	$150+0.01H$

续表

成孔方法		桩径允许偏差（mm）	垂直度允许偏差（%）	桩位允许偏差（mm）	
				1～3根桩、条形桩基沿垂直轴线方向和群桩基础中的边桩	条形桩基沿轴线方向和群桩基础的中间桩
锤击（振动）沉管振动冲击沉管成孔	$d\leqslant500mm$	−20	1	70	150
	$d>500mm$			100	150
螺旋钻、机动洛阳铲干作业成孔		−20	1	70	150
人工挖孔桩	现浇混凝土护壁	±50	0.5	50	150
	长钢套管护壁	±20	1	100	200

注：1. 桩径允许偏差的负值是指个别断面；
2. H为施工现场地面标高与桩顶设计标高的距离，d为设计桩径；
3. 本表引自《建筑桩基技术规范》JGJ 94。

2.3 土方工程

2.3.1 一般规定

（1）土方工程施工前应进行挖、填方的平衡计算，综合考虑土方运距最短、运程合理和各个工程项目的合理施工程序等，做好土方平衡调配，减少重复挖运。

土方平衡调配应尽可能与城市规划和农田水利相结合将余土一次性运到指定弃土场，做到文明施工。

（2）当土方工程挖方较深时，施工单位应采取措施，防止基坑底部土的隆起并避免危害周边环境。

（3）在挖方前，应做好地面排水和降低地下水位工作。

（4）平整场地的表面坡度应符合设计要求，如设计无要求时，排水沟方向的坡度不应小于2‰。平整后的场地表面应逐点检查。检查点为每100～400m^2取1点，但不应少于10点；长度、宽度和边坡均为每20m取1点，每边不应少于1点。

（5）土方工程施工，应经常测量和校核其平面位置、水平标高和边坡坡度。平面控制桩和水准控制点应采取可靠的保护措施，定期复测和检查。土方不应堆在基坑边缘。

（6）对雨季和冬季施工还应遵守国家现行有关标准。

2.3.2　土方开挖

（1）土方开挖前应检查定位放线、排水和降低地下水位系统，合理安排土方运输车的行走路线及弃土场。

（2）施工过程中应检查平面位置、水平标高、边坡坡度、压实度、排水、降低地下水位系统，并随时观测周围的环境变化。

（3）临时性挖方的边坡值应符合表 2-3-1 的规定。

临时性挖方边坡值　　表 2-3-1

土的类别		边坡值（高：宽）
砂土（不包括细砂、粉砂）		1：1.25～1：1.50
一般性黏土	硬	1：0.75～1：1.00
	硬、塑	1：1.00～1：1.25
	软	1：1.50 或更缓
碎石类土	充填坚硬、硬塑黏性土	1：0.50～1：1.00
	充填砂土	1：1.00～1：1.50

注：1. 设计有要求时，应符合设计标准。

2. 如采用降水或其他加固措施，可不受本表限制，但应计算复核。

3. 开挖深度，对软土不应超过 4m，对硬土不应超过 8m。

（4）土方开挖工程的质量检验标准应符合表 2-3-2 的规定。

土方开挖工程质量检验标准（mm）　　表 2-3-2

项	序	项目	允许偏差或允许值					检验方法
			柱基基坑基槽	挖方场地平整		管沟	地（路）面基层	
				人工	机械			
主控项目	1	标高	−50	±30	±50	−50	−50	水准仪
	2	长度、宽度（由设计中心线向两边量）	+200 −50	+300 −100	+500 −150	+100	—	经纬仪，用钢尺量
	3	边坡	设计要求					观察或用坡度尺检查

续表

<table>
<tr><th rowspan="3">项</th><th rowspan="3">序</th><th rowspan="3">项目</th><th colspan="5">允许偏差或允许值</th><th rowspan="3">检验方法</th></tr>
<tr><th rowspan="2">柱基基坑基槽</th><th colspan="2">挖方场地平整</th><th rowspan="2">管沟</th><th rowspan="2">地(路)面基层</th></tr>
<tr><th>人工</th><th>机械</th></tr>
<tr><td rowspan="2">一般项目</td><td>1</td><td>表面平整度</td><td>20</td><td>20</td><td>50</td><td>20</td><td>20</td><td>用 2m 靠尺和楔形塞尺检查</td></tr>
<tr><td>2</td><td>基底土性</td><td colspan="5">设计要求</td><td>观察或土样分析</td></tr>
</table>

注：地（路）面基层的偏差只适用于直接在挖、填方上做地（路）面的基层。

2.3.3 土方回填

（1）土方回填前应清除基底的垃圾、树根等杂物，抽除坑穴积水、淤泥，验收基底标高。如在耕植土或松土上填方，应在基底压实后再进行。

（2）对填方土料应按设计要求验收后方可填入。

（3）填方施工过程中应检查排水措施，每层填筑厚度、含水量控制、压实程度。填筑厚度及压实遍数应根据土质，压实系数及所用机具确定。如无试验依据，应符合表 2-3-3 的规定。

填土施工时的分层厚度及压实遍数 **表 2-3-3**

压实机具	分层厚度（mm）	每层压实遍数
平碾	250～300	6～8
振动压实机	250～350	3～4
柴油打夯机	200～250	3～4
人工打夯	＜200	3～4

（4）填方施工结束后，应检查标高、边坡坡度、压实程度等，检验标准应符合表 2-3-4 的规定。

填土工程质量检验标准（mm） **表 2-3-4**

<table>
<tr><th rowspan="3">项</th><th rowspan="3">序</th><th rowspan="3">检查项目</th><th colspan="5">允许偏差或允许值</th><th rowspan="3">检查方法</th></tr>
<tr><th rowspan="2">桩基基坑基槽</th><th colspan="2">场地平整</th><th rowspan="2">管沟</th><th rowspan="2">地（路）面基础层</th></tr>
<tr><th>人工</th><th>机械</th></tr>
<tr><td rowspan="2">主控项目</td><td>1</td><td>标高</td><td>－50</td><td>±30</td><td>±50</td><td>－50</td><td>－50</td><td>水准仪</td></tr>
<tr><td>2</td><td>分层压实系数</td><td colspan="5">设计要求</td><td>按规定方法</td></tr>
</table>

续表

项	序	检查项目	允许偏差或允许值					检查方法
			桩基基坑基槽	场地平整		管沟	地（路）面基础层	
				人工	机械			
一般项目	1	回填土料	设计要求					取样检查或直观鉴别
	2	分层厚度及含水量	设计要求					水准仪及抽样检查
	3	表面平整度	20	20	30	20	20	用靠尺或水准仪

2.4 基坑工程

2.4.1 一般规定

（1）在基坑（槽）或管沟工程等开挖施工中，现场不宜进行放坡开挖，当可能对邻近建（构）筑物、地下管线、永久性道路产生危害时，应对基坑（槽）、管沟进行支护后再开挖。

（2）基坑（槽）、管沟开挖前应做好下述工作：

1）基坑（槽）、管沟开挖前，应根据支护结构形式、挖深、地质条件、施工方法、周围环境、工期、气候和地面载荷等资料制定施工方案、环境保护措施、监测方案，经审批后方可施工。

2）土方工程施工前，应对降水、排水措施进行设计，系统应经检查和试运转，一切正常时方可开始施工。

3）有关围护结构的施工质量验收可按2.1地基、2.2桩基础及本章的规定执行，验收合格后方可进行土方开挖。

（3）土方开挖的顺序、方法必须与设计工况相一致，并遵循“开槽支撑，先撑后挖，分层开挖，严禁超挖”的原则。

（4）基坑（槽）、管沟的挖土应分层进行。在施工过程中基坑（槽）、管沟边堆置土方不应超过设计荷载，挖方时不应碰撞或损伤支护结构、降水设施。

（5）基坑（槽）、管沟土方施工中应对支护结构、周围环境进行观察和监测，如出现异常情况应及时处理，待恢复正常后方可继续施工。

（6）基坑（槽）、管沟开挖至设计标高后，应对坑底进行保护，经验槽合格后，方可进行垫层施工。对特大型基坑，宜分区分块挖至设计标高，分区分块及时浇筑垫层。必要时，可加强垫层。

（7）基坑（槽）、管沟土方工程验收必须确保支护结构安全和周围环境安全为前提。当设计有指标时，以设计要求为依据，如无设计指标时应按表 2-4-1 的规定执行。

基坑变形的监控值（cm）　　表 2-4-1

基坑类别	围护结构墙顶位移监控值	围护结构墙体最大位移监控值	地面最大沉降监控值
一级基坑	3	5	3
二级基坑	6	8	6
三级基坑	8	10	10

注：1. 符合下列情况之一，为一级基坑：
1）重要工程或支护结构做主体结构的一部分；
2）开挖深度大于 10m；
3）与邻近建筑物，重要设施的距离在开挖深度以内的基坑；
4）基坑范围内有历史文物、近代优秀建筑、重要管线等需严加保护的基坑。
2. 三级基坑为开挖深度小于 7m，且周围环境无特别要求时的基坑。
3. 除一级和三级外的基坑属二级基坑。
4. 当周围已有的设施有特殊要求时，尚应符合这些要求。

2.4.2 排桩墙支护工程

（1）排桩墙支护结构包括灌注桩、预制桩、板桩等类型桩构成的支护结构。

（2）灌注桩、预制桩的检验标准应符合本规范第 5 章的规定。钢板桩均为工厂成品，新桩可按出厂标准检验，重复使用的钢板桩应符合表 2-4-2 的规定，混凝土板桩应符合表 2-4-3 的规定。

重复使用的钢板桩检验标准 **表 2-4-2**

序	检查项目	允许偏差或允许值		检查方法
		单位	数值	
1	桩垂直度	%	<1	用钢尺量
2	桩身弯曲度		<2%l	用钢尺量，l 为桩长
3	齿槽平直度及光滑度	无电焊渣或毛刺		用 1m 长的桩段做通过试验
4	桩长度	不小于设计长度		用钢尺量

混凝土板桩制作标准 **表 2-4-3**

项	序	检查项目	允许偏差或允许值		检查方法
			单位	数值	
主控项目	1	桩长度	mm	+10 0	用钢尺量
	2	桩身弯曲度		<0.1%l	用钢尺量，l 为桩长
一般项目	1	保护层厚度	mm	±5	用钢尺量
	2	模截面相对两面之差	mm	5	用钢尺量
	3	桩尖对桩轴线的位移	mm	10	用钢尺量
	4	桩厚度	mm	+10 0	用钢尺量
	5	凹凸槽尺寸	mm	±3	用钢尺量

（3）排桩墙支护的基坑，开挖后应及时支护，每一道支撑施工应确保基坑变形在设计要求的控制范围内。

（4）在含水地层范围内的排桩墙支护基坑，应有确实可靠的止水措施，确保基坑施工及邻近构筑物的安全。

（5）除有特殊要求外，排桩的施工偏差应符合下列规定：

1）桩位的允许偏差应为 50mm；

2）桩垂直度的允许偏差应为 0.5%；

3）预埋件位置的允许偏差应为 20mm；

4）桩的其他施工允许偏差应符合现行行业标准《建筑桩基

技术规范》JGJ 94 的规定。

注：本条引自《建筑基坑支护技术规程》JGJ 120—2012 备案号 J 1412—2012。

2.4.3 水泥土桩墙支护工程

（1）水泥土墙支护结构指水泥土搅拌桩（包括加筋水泥土搅拌桩）、高压喷射注浆桩所构成的围护结构。

（2）水泥土搅拌桩及高压喷射注浆桩的质量检验应满足 2.1.10 和 2.1.11 的规定。

（3）加筋水泥土桩应符合表 2-4-4 的规定。

加筋水泥土桩质量检验标准 **表 2-4-4**

序	检查项目	允许偏差或允许值		检查方法
		单位	数值	
1	型钢长度	mm	±10	用钢尺量
2	型钢垂直度	%	<1	经纬仪
3	型钢插入标高	mm	±30	水准仪
4	型钢插入平面位置	mm	10	用钢尺量

2.4.4 锚杆及土钉墙支护工程

（1）锚杆及土钉墙支护工程施工前应熟悉地质资料、设计图纸及周围环境，降水系统应确保正常工作，必须的施工设备如挖掘机、钻机、压浆泵、搅拌机等应能正常运转。

（2）一般情况下，应遵循分段开挖、分段支护的原则，不宜按一次挖就再行支护的方式施工。

（3）施工中应对锚杆或土钉位置，钻孔直径、深度及角度，锚杆或土钉插入长度，注浆配比、压力及注浆量，喷锚墙面厚度及强度、锚杆或土钉应力等进行检查。

（4）每段支护体施工完后，应检查坡顶或坡面位移，坡顶沉降及周围环境变化，如有异常情况应采取措施，恢复正常后方可继续施工。

（5）锚杆及土钉墙支护工程质量检验应符合表 2-4-5 的规定。

锚杆及土钉墙支护工程质量检验标准　　表 2-4-5

项	序	检查项目	允许偏差或允许值		检查方法
			单位	数值	
主控项目	1	锚杆土钉长度	mm	±30	用钢尺量
	2	锚杆锁定力	设计要求		现场实测
一般项目	1	锚杆或土钉位置	mm	±100	用钢尺量
	2	钻孔倾斜度	°	±1	测钻机倾角
	3	浆体强度	设计要求		试样送检
	4	注浆量	大于理论计算浆量		检查计量数据
	5	土钉墙面厚度	mm	±10	用钢尺量
	6	墙体强度	设计要求		试样送检

（6）土钉墙的施工偏差应符合下列要求：

1）土钉位置的允许偏差应为 100mm；

2）土钉倾角的允许偏差应为 3°；

3）土钉杆体长度不应小于设计长度；

4）钢筋网间距的允许偏差应为±30mm；

5）微型桩桩位的允许偏差应为 50mm；

6）微型桩垂直度的允许偏差应为 0.5%。

（7）复合土钉墙中预应力锚杆的施工应符合《建筑基坑支护技术规程》JGJ 120—2012、备案号 J 1412—2012 第 4.8 节的有关规定。微型桩的施工应符合现行行业标准《建筑桩基技术规范》JGJ 94 的有关规定。水泥土桩的施工应符合《建筑基坑支护技术规程》JGJ 120—2012、备案号 J 1412—2012 第 7.2 节的有关规定。

（8）土钉墙的质量检测应符合下列规定：

1）应对土钉的抗拔承载力进行检测，土钉检测数量不宜少于土钉总数的 1%，且同一土层中的土钉检测数量不应少于 3 根；对安全等级为二级、三级的土钉墙，抗拔承载力检测值分别不应小于土钉轴向拉力标准值的1.3倍、1.2倍；检测土钉应采用随机抽样的方法选取；检测试验应在注浆固结体强度达到10MPa或达到设计强度的70%后进行，应按本规程附录D的试验方法进行；当检测的土钉不合格时，应扩大检测数量；

2）应进行土钉墙面层喷射混凝土的现场试块强度试验，每500m^2喷射混凝土面积的试验数量不应少于一组，每组试块不应少于3个；

3）应对土钉墙的喷射混凝土面层厚度进行检测，每500m^2喷射混凝土面积的检测数量不应少于一组，每组的检测点不应少于3个；全部检测点的面层厚度平均值不应小于厚度设计值，最小厚度不应小于厚度设计值的80%；

4）复合土钉墙中的预应力锚杆，应按本规程第4.8.8条的规定进行抗拔承载力检测；

5）复合土钉墙中的水泥土搅拌桩或旋喷桩用作截水帷幕时，应按《建筑基坑支护技术规程》JGJ 120—2012、备案号J 1412—2012第7.2.14条的规定进行质量检测。

注：第（6）、（7）、（8）条引自《建筑基坑支护技术规程》JGJ 120—2012、备案号J 1412—2012。

2.4.5 钢或混凝土支撑系统

（1）支撑系统包括围图及支撑，当支撑较长时（一般超过15m），还包括支撑下的立柱及相应的立柱桩。

（2）施工前应熟悉支撑系统的图纸及各种计算工况，掌握开挖及支撑设置的方式、预顶力及周围环境保护的要求。

（3）施工过程中应严格控制开挖和支撑的程序及时间，对支撑的位置（包括立柱及立柱桩的位置）、每层开挖深度、预加顶力（如需要时）、钢围图与围护体或支撑与围图的密贴度应做周密检查。

（4）全部支撑安装结束后，仍应维持整个系统的正常运转直至支撑全部拆除。

（5）作为永久性结构的支撑系统尚应符合现行国家标准《混

凝土结构工程施工质量验收规范》GB 50204 的要求。

（6）钢或混凝土支撑系统工程质量检验标准应符合表 2-4-6 的规定。

钢及混凝土支撑系统工程质量检验标准　　　表 2-4-6

项	序	检查项目	允许偏差或允许值		检查方法
			单位	数量	
主控项目	1	支撑位置：标高 平面	mm mm	30 100	水准仪 用钢尺量
	2	预加顶力	kN	±50	油泵读数或传感器
一般项目	1	围囹标高	mm	30	水准仪
	2	立柱桩	参见 2.2 桩基础		参见本规范第 5 章
	3	立柱位置：标高 平面	mm mm	30 50	水准仪 用钢尺量
	4	开挖超深（开槽放支撑不在此范围）	mm	<200	水准仪
	5	支撑安装时间	设计要求		用钟表估测

2.4.6　地下连续墙

（1）地下连续墙均应设置导墙，导墙形式有预制及现浇两种，现浇导墙形状有“L”形或倒“L”形，可根据不同土质选用。

（2）地下墙施工前宜先试成槽，以检验泥浆的配比、成槽机的选型并可复核地质资料。

（3）作为永久结构的地下连续墙，其抗渗质量标准可按现行国家标准《地下防水工程施工质量验收规范》GB 50208 执行。

（4）地下墙槽段间的连接接头形式，应根据地下墙的使用要求选用，且应考虑施工单位的经验，无论选用何种接头，在浇注混凝土前，接头处必须刷洗干净，不留任何泥砂或污物。

（5）地下墙与地下室结构顶板、楼板、底板及梁之间连接可预埋钢筋或接驳器（锥螺纹或直螺纹），对接驳器也应按原材料检验要求，抽样复验。数量每500套为一个检验批，每批应抽查3件，复验内容为外观、尺寸、抗拉试验等。

（6）施工前应检验进场的钢材、电焊条。已完工的导墙应检查其净空尺寸，墙面平整度与垂直度。检查泥浆用的仪器、泥浆循环系统应完好。地下连续墙应用商品混凝土。

（7）施工中应检查成槽的垂直度、槽底的淤积物厚度、泥浆比重、钢筋笼尺寸、浇注导管位置、混凝土上升速度、浇注面标高、地下墙连接面的清洗程度、商品混凝土的坍落度、锁口管或接头箱的拔出时间及速度等。

（8）成槽结束后应对成槽的宽度、深度及倾斜度进行检验，重要结构每段槽段都应检查，一般结构可抽查总槽段数的20%，每槽段应抽查1个段面。

（9）永久性结构的地下墙，在钢筋笼沉放后，应做二次清孔，沉渣厚度应符合要求。

（10）每50m^3地下墙应做1组试件，每幅槽段不得少于1组，在强度满足设计要求后方可开挖土方。

（11）作为永久性结构的地下连续墙，土方开挖后应进行逐段检查，钢筋混凝土底板也应符合现行国家标准《混凝土结构工程施工质量验收规范》GB 50204的规定。

（12）地下墙的钢筋笼检验标准应符合表2-2-9的规定。其他标准应符合表2-4-7的规定。

地下墙质量检验标准 **表2-4-7**

项	序	检查项目	允许偏差或允许值		检查方法
			单位	数值	
主控项目	1	墙体强度	设计要求		查试件记录或取芯试压
	2	垂直度：永久结构 临时结构		1/300 1/150	测声波测槽仪或成槽机上的监测系统

续表

项	序	检查项目		允许偏差或允许值		检查方法
				单位	数值	
一般项目	1	导墙尺寸	宽度	mm	W+40	用钢尺量，W 为地下墙设计厚度
			墙面平整度	mm	<5	用钢尺量
			导墙平面位置	mm	±10	用钢尺量
	2	沉渣厚度：永久结构		mm	≤100	重锤测或沉积物测定仪测
		临时结构		mm	≤200	
	3	槽深		mm	+100	重锤测
	4	混凝土坍落度		mm	180～220	坍落度测定器
	5	钢筋笼尺寸		见表 2-2-10		见表 2-2-11
	6	地下墙表面平整度	永久结构	mm	<100	此为均匀黏土层，松散及易坍土层由设计决定
			临时结构	mm	<150	
			插入式结构	mm	<20	
	7	永久结构时的预埋件位置	水平向	mm	≤10	用钢尺量
			垂直向	mm	≤20	水准仪

2.4.7 沉井与沉箱

（1）沉井是下沉结构，必须掌握确凿的地质资料，钻孔可按下述要求进行：

1）面积在 200m² 以下（包括 200m²）的沉井（箱），应有一个钻孔（可布置在中心位置）。

2）面积在 200m² 以上的沉井（箱），在四角（圆形为相互垂直的两直径端点）应各布置一个钻孔。

3）特大沉井（箱）可根据具体情况增加钻孔。

4）钻孔底标高应深于沉井的终沉标高。

5）每座沉井（箱）应有一个钻孔提供土的各项物理力学指标、地下水位和地下水含量资料。

（2）沉井（箱）的施工应由具有专业施工经验的单位承担。

（3）沉井制作时，承垫木或砂垫层的采用，与沉井的结构情况、地质条件、制作高度等有关。无论采用何种形式，均应有沉井制作时的稳定计算及措施。

（4）多次制作和下沉的沉井（箱），在每次制作接高时，应对下卧层作稳定复核计算，并确定确保沉井接高的稳定措施。

（5）沉井采用排水封底，应确保终沉时，井内不发生管涌、涌土及沉井止沉稳定。如不能保证时，应采用水下封底。

（6）沉井施工除应符合本规范规定外，尚应符合现行国家标准《混凝土结构工程施工质量验收规范》GB 50204 及《地下防水工程施工质量验收规范》GB 50208 的规定。

（7）沉井（箱）在施工前应对钢筋、电焊条及焊接成形的钢筋半成品进行检验。如不用商品混凝土，则应对现场的水泥、骨料做检验。

（8）混凝土浇筑前，应对模板尺寸、预埋件位置、模板的密封性进行检验。拆模后应检查浇注质量（外观及强度），符合要求后方可下沉。浮运沉井尚需做起浮可能性检查。下沉过程中应对下沉偏差做过程控制检查。下沉后的接高应对地基强度、沉井的稳定做检查。封底结束后，应对底板的结构（有无裂缝）及渗漏做检查。有关渗漏验收标准应符合现行国家标准《地下防水工程施工质量验收规范》GB 50208 的规定。

（9）沉井（箱）竣工后的验收应包括沉井（箱）的平面位置、终端标高、结构完整性、渗水等进行综合检查。

（10）沉井（箱）的质量检验标准应符合表 2-4-8 的要求。

沉井（箱）的质量检验标准　　表 2-4-8

项	序	检查项目	允许偏差或允许值		检查方法
			单位	数值	
主控项目	1	混凝土强度	满足设计要求（下沉前必须达到 70%设计强度）		查试件记录或抽样送检
	2	封底前，沉井（箱）的下沉稳定	mm/8h	<10	水准仪

续表

项	序	检查项目		允许偏差或允许值		检查方法
				单位	数值	
主控项目	3	封底结束后的位置： 刃脚平均标高（与设计标高比）		mm	<100	水准仪
		刃脚平面中心线位移			<1%H	经纬仪，H为下沉总深度，H<10m时，控制在100mm之内
		四角中任何两角的底面高差			<1%l	水准仪，l为两角的距离，但不超过300mm，l<10m时，控制在100mm之内
一般项目	1	钢材、对接钢筋、水泥、骨料等原材料检查		符合设计要求		查出厂质保书或抽样送检
	2	结构体外观		无裂缝，无风窝、空洞，不露筋		直观
	3	平面尺寸：长与宽		%	±0.5	用钢尺量，最大控制在100mm之内
		曲线部分半径		%	±0.5	用钢尺量，最大控制在50mm之内
		两对角线差		%	1.0	用钢尺量
		预埋件		mm	20	用钢尺量
	4	下沉过程中的偏差	高差	%	1.5～2.0	水准仪，但最大不超过1m
			平面轴线		<1.5%H	经纬仪，H为下沉深度，最大应控制在300mm之内，此数值不包括高差引起的中线位移
	5	封底混凝土坍落度		cm	18～22	坍落度测定器

注：主控项目3的三项偏差可同时存在，下沉总深度，系指下沉前后刃脚之高差。

2.4.8 降水与排水

（1）降水与排水是配合基坑开挖的安全措施，施工前应有降水与排水设计。当在基坑外降水时，应有降水范围的估算，对重要建筑物或公共设施在降水过程中应监测。

（2）对不同的土质应用不同的降水形式，表 2-4-9 为常用的降水形式。

降水类型及适用条件 **表 2-4-9**

适用条件 / 降水类型	渗透系数（cm/s）	可能降低的水位深度（m）
轻型井点 多级轻型井点	10^{-2}～10^{-5}	3～6 6～12
喷射井点	10^{-3}～10^{-6}	8～20
电渗井点	$<10^{-6}$	宜配合其他形式降水使用
深井井管	$\geqslant10^{-5}$	>10

（3）降水系统施工完后，应试运转，如发现井管失效，应采取措施使其恢复正常，如无可能恢复则应报废，另行设置新的井管。

（4）降水系统运转过程中应随时检查观测孔中的水位。

（5）基坑内明排水应设置排水沟及集水井，排水沟纵坡宜控制在 1‰～2‰。

（6）降水与排水施工的质量检验标准应符合表 2-4-10 的规定。

降水与排水施工质量检验标准 **表 2-4-10**

序	检查项目	允许值或允许偏差		检查方法
		单位	数值	
1	排水沟坡度	‰	1～2	目测：坑内不积水，沟内排水畅通
2	井管（点）垂直度	%	1	插管时目测
3	井管（点）间距（与设计相比）	%	≤150	用钢尺量

续表

序	检查项目	允许值或允许偏差		检查方法
		单位	数值	
4	井管（点）插入深度（与设计相比）	mm	≤200	水准仪
5	过滤砂砾料填灌（与计算值相比）	mm	≤5	检查回填料用量
6	井点真空度：轻型井点 喷射井点	kPa kPa	>60 >93	真空度表 真空度表
7	电渗井点阴阳极距离：轻型井点 喷射井点	mm mm	80～100 120～150	用钢尺量 用钢尺量

2.5 分部（子分部）工程质量验收

（1）分项工程、分部（子分部）工程质量的验收，均应在施工单位自检合格的基础上进行。施工单位确认自检合格后提出工程验收申请，工程验收时应提供下列技术文件和记录：

1）原材料的质量合格证和质量鉴定文件；

2）半成品如预制桩、钢桩、钢筋笼等产品合格证书；

3）施工记录及隐蔽工程验收文件；

4）检测试验及见证取样文件；

5）其他必须提供的文件或记录。

（2）对隐蔽工程应进行中间验收。

（3）分部（子分部）工程验收应由总监理工程师或建设单位项目负责人组织勘察、设计单位及施工单位的项目负责人、技术质量负责人，共同按设计要求和本规范及其他有关规定进行。

（4）验收工作应按下列规定进行：

1）分项工程的质量验收应分别按主控项目和一般项目验收；

2）隐蔽工程应在施工单位自检合格后，于隐蔽前通知有关人员检查验收，并形成中间验收文件；

3）分部（子分部）工程的验收，应在分项工程通过验收的基础上，对必要的部位进行见证检验。

（5）主控项目必须符合验收标准规定，发现问题应立即处理直至符合要求，一般项目应有80％合格。混凝土试件强度评定不合格或对试件的代表性有怀疑时，应采用钻芯取样，检测结果符合设计要求可按合格验收。

3 砌体工程

3.1 基本规定

（1）砌体结构工程所用的材料应有产品合格证书、产品性能型式检验报告，质量应符合国家现行有关标准的要求。块体、水泥、钢筋、外加剂尚应有材料主要性能的进场复验报告，并应符合设计要求。严禁使用国家明令淘汰的材料。

（2）砌体结构的标高、轴线，应引自基准控制点。

（3）砌筑基础前，应校核放线尺寸，允许偏差应符合表3-1-1的规定。

放线尺寸的允许偏差 **表3-1-1**

长度 L、宽度 B (m)	允许偏差 (mm)	长度 L、宽度 B (m)	允许偏差 (mm)
L(或 B)≤30	±5	60<L(或 B)≤90	±15
30<L(或 B)≤60	±10	L(或 B)>90	±20

(4)伸缩缝、沉降缝、防震缝中的模板应拆除干净，不得夹有砂浆、块体及碎渣等杂物。

(5)砌筑顺序应符合下列规定：

1)基底标高不同时，应从低处砌起，并应由高处向低处搭砌。当设计无要求时，搭接长度 L 不应小于基础底的高差 H，搭接长度范围内下层基础应扩大砌筑(图3-1-1)；

2)砌体的转角处和交接处应同时砌筑，当不能同时砌筑时，应按规定留槎、接槎。

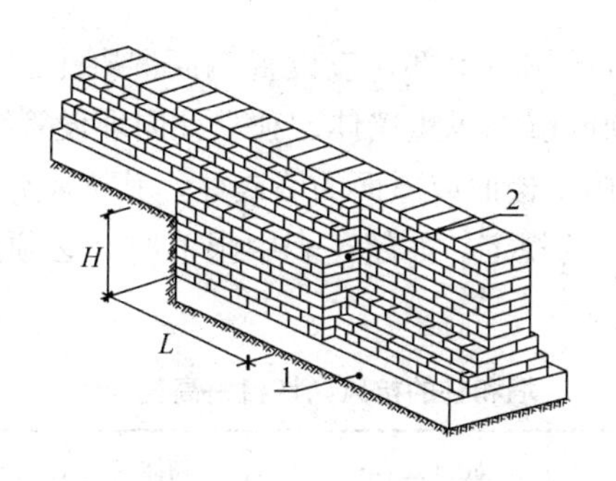

图 3-1-1　基底标高不同时的搭砌示意图(条形基础)

1—混凝土垫层；2—基础扩大部分

(6)砌筑墙体应设置皮数杆。

(7)在墙上留置临时施工洞口，其侧边离交接处墙面不应小于500mm，洞口净宽度不应超过1m。抗震设防烈度为9度地区建筑物的临时施工洞口位置，应会同设计单位确定。临时施工洞口应做好补砌。

(8)不得在下列墙体或部位设置脚手眼：

1)120mm厚墙、清水墙、料石墙、独立柱和附墙柱；

2)过梁上与过梁成60°角的三角形范围及过梁净跨度1/2的高度范围内；

3)宽度小于1m的窗间墙；

4)门窗洞口两侧石砌体300mm，其他砌体200mm范围内；转角处石砌体600mm，其他砌体450mm范围内；

5)梁或梁垫下及其左右500mm范围内；

6)设计不允许设置脚手眼的部位；

7)轻质墙体；

8)夹心复合墙外叶墙。

(9)脚手眼补砌时，应清除脚手眼内掉落的砂浆、灰尘；脚手眼处砖及填塞用砖应湿润，并应填实砂浆。

(10)设计要求的洞口、沟槽、管道应于砌筑时正确留出或预埋，未经设计同意，不得打凿墙体和在墙体上开凿水平沟槽。宽度超过 300mm 的洞口上部，应设置钢筋混凝土过梁。不应在截面长边小于 500mm 的承重墙体、独立柱内埋设管线。

(11)尚未施工楼面或屋面的墙或柱，其抗风允许自由高度不得超过表 3-1-2 的规定。如超过表中限值时，必须采用临时支撑等有效措施。

墙和柱的抗风允许自由高度(m)　　表 3-1-2

墙(柱)厚(mm)	砌体密度>1600(kg/m³)			砌体密度 1300～1600(kg/m³)		
	风载(kN/m²)			风载(kN/m²)		
	0.3(约7级风)	0.4(约8级风)	0.5(约9级风)	0.3(约7级风)	0.4(约8级风)	0.5(约9级风)
190	—	—	—	1.4	1.1	0.7
240	2.8	2.1	1.4	2.2	1.7	1.1
370	5.2	3.9	2.6	4.2	3.2	2.1
490	8.6	6.5	4.3	7.0	5.2	3.5
620	14.0	10.5	7.0	11.4	8.6	5.7

注：1. 本表适用于施工处相对标高 H 在 10m 范围的情况。如 10m$<H\leqslant$15m，15m$<H\leqslant$20m 时，表中的允许自由高度应分别乘以 0.9、0.8 的系数；如 $H>$20m 时，应通过抗倾覆验算确定其允许自由高度；

2. 当所砌筑的墙有横墙或其他结构与其连接，而且间距小于表中相应墙、柱的允许自由高度的 2 倍时，砌筑高度可不受本表的限制；

3. 当砌体密度小于 1300kg/m³ 时，墙和柱的允许自由高度应另行验算确定。

(12) 砌筑完基础或每一楼层后，应校核砌体的轴线和标高。在允许偏差范围内，轴线偏差可在基础顶面或楼面上校正，标高偏差宜通过调整上部砌体灰缝厚度校正。

(13) 搁置预制梁、板的砌体顶面应平整，标高一致。

(14) 砌体施工质量控制等级分为三级，并应按表 3-1-3 划分。

施工质量控制等级 **表 3-1-3**

项 目	施工质量控制等级		
	A	B	C
现场质量管理	监督检查制度健全，并严格执行；施工方有在岗专业技术管理人员，人员齐全，并持证上岗	监督检查制度基本健全，并能执行；施工方有在岗专业技术管理人员，人员齐全，并持证上岗	有监督检查制度；施工方有在岗专业技术管理人员
砂浆、混凝土强度	试块按规定制作，强度满足验收规定，离散性小	试块按规定制作，强度满足验收规定，离散性较小	试块按规定制作，强度满足验收规定，离散性大
砂浆拌合	机械拌合；配合比计量控制严格	机械拌合；配合比计量控制一般	机械或人工拌合；配合比计量控制较差
砌筑工人	中级工以上，其中，高级工不少于30%	高、中级工不少于70%	初级工以上

注：1. 砂浆、混凝土强度离散性大小根据强度标准差确定；
2. 配筋砌体不得为C级施工。

（15）砌体结构中钢筋（包括夹心复合墙内外叶墙间的拉结件或钢筋）的防腐，应符合设计规定。

（16）雨天不宜在露天砌筑墙体，对下雨当日砌筑的墙体应进行遮盖。继续施工时，应复核墙体的垂直度，如果垂直度超过允许偏差，应拆除重新砌筑。

（17）砌体施工时，楼面和屋面堆载不得超过楼板的允许荷载值。当施工层进料口处施工荷载较大时，楼板下宜采取临时支撑措施。

（18）正常施工条件下，砖砌体、小砌块砌体每日砌筑高度宜控制在 1.5m 或一步脚手架高度内；石砌体不宜超过 1.2m。

（19）砌体结构工程检验批的划分应同时符合下列规定：

1）所用材料类型及同类型材料的强度等级相同；

2）不超过 250m³ 砌体；

3）主体结构砌体一个楼层（基础砌体可按一个楼层计）；填充墙砌体量少时可多个楼层合并。

（20）砌体结构工程检验批验收时，其主控项目应全部符合规定；一般项目应有 80%及以上的抽检处符合规定；有允许偏差的项目，最大超差值为允许偏差值的 1.5 倍。

（21）砌体结构分项工程中检验批抽检时，各抽检项目的样本最小容量除有特殊要求外，按不应小于 5 确定。

（22）在墙体砌筑过程中，当砌筑砂浆初凝后，块体被撞动或需移动时，应将砂浆清除后再铺浆砌筑。

（23）分项工程检验批质量验收可按附录 A 填写。

3.2 砌筑砂浆

（1）水泥使用应符合下列规定：

1）水泥进场时应对其品种、等级、包装或散装仓号、出厂日期等进行检查，并应对其强度、安定性进行复验，其质量必须符合现行国家标准《通用硅酸盐水泥》GB 175 的有关规定。

2）当在使用中对水泥质量有怀疑或水泥出厂超过三个月(快硬硅酸盐水泥超过一个月）时，应复查试验，并按复验结果使用。

3）不同品种的水泥，不得混合使用。

抽检数量：按同一生产厂家、同品种、同等级、同批号连续进场的水泥，袋装水泥不超过 200t 为一批，散装水泥不超过 500t 为一批，每批抽样不少于一次。

检验方法：检查产品合格证、出厂检验报告和进场复验报告。

（2）砂浆用砂宜采用过筛中砂，并应满足下列要求：

1）不应混有草根、树叶、树枝、塑料、煤块、炉渣等杂物；

2）砂中含泥量、泥块含量、石粉含量、云母、轻物质、有机物、硫化物、硫酸盐及氯盐含量（配筋砌体砌筑用砂）等应符合现行行业标准《普通混凝土用砂、石质量及检验方法标准》JGJ 52 的有关规定；

3）人工砂、山砂及特细砂，应经试配能满足砌筑砂浆技术条件要求。

（3）拌制水泥混合砂浆的粉煤灰、建筑生石灰、建筑生石灰粉及石灰膏应符合下列规定：

1）粉煤灰、建筑生石灰、建筑生石灰粉的品质指标应符合现行行业标准《粉煤灰在混凝土及砂浆中应用技术规程》JGJ 28、《建筑生石灰》JC/T 479、《建筑生石灰粉》JC/T 480 的有关规定；

2）建筑生石灰、建筑生石灰粉熟化为石灰膏，其熟化时间分别不得少于 7d 和 2d；沉淀池中储存的石灰膏，应防止干燥、冻结和污染，严禁采用脱水硬化的石灰膏；建筑生石灰粉、消石灰粉不得替代石灰膏配制水泥石灰砂浆；

3）石灰膏的用量，应按稠度 120mm±5mm 计量，现场施工中石灰膏不同稠度的换算系数，可按表 3-2-1 确定。

石灰膏不同稠度的换算系数　　表 3-2-1

稠度（mm）	120	110	100	90	80	70	60	50	40	30
换算系数	1.00	0.99	0.97	0.95	0.93	0.92	0.90	0.88	0.87	0.86

（4）拌制砂浆用水的水质，应符合现行行业标准《混凝土用水标准》JGJ 63 的有关规定。

（5）砌筑砂浆应进行配合比设计。当砌筑砂浆的组成材料有变更时，其配合比应重新确定。砌筑砂浆的稠度宜按表 3-2-2 的规定采用。

砌筑砂浆的稠度　　表 3-2-2

砌体种类	砂浆稠度（mm）
烧结普通砖砌体 蒸压粉煤灰砖砌体	70～90

续表

砌体种类	砂浆稠度(mm)
混凝土实心砖、混凝土多孔砖砌体 普通混凝土小型空心砌块砌体 蒸压灰砂砖砌体	50～70
烧结多孔砖、空心砖砌体 轻骨料小型空心砌块砌体 蒸压加气混凝土砌块砌体	60～80
石砌体	30～50

注：1. 采用薄灰砌筑法砌筑蒸压加气混凝土砌块砌体时，加气混凝土粘结砂浆的加水量按照其产品说明书控制；

2. 当砌筑其他块体时，其砌筑砂浆的稠度可根据块体吸水特性及气候条件确定。

（6）施工中不应采用强度等级小于M5水泥砂浆替代同强度等级水泥混合砂浆，如需替代，应将水泥砂浆提高一个强度等级。

（7）在砂浆中掺入的砌筑砂浆增塑剂、早强剂、缓凝剂、防冻剂、防水剂等砂浆外加剂，其品种和用量应经有资质的检测单位检验和试配确定。所用外加剂的技术性能应符合国家现行有关标准《砌筑砂浆增塑剂》JG/T 164、《混凝土外加剂》GB 8076、《砂浆、混凝土防水剂》JC 474的质量要求。

（8）配制砌筑砂浆时，各组分材料应采用质量计量，水泥及各种外加剂配料的允许偏差为±2%；砂、粉煤灰、石灰膏等配料的允许偏差为±5%。

（9）砌筑砂浆应采用机械搅拌，搅拌时间自投料完起算应符合下列规定：

1）水泥砂浆和水泥混合砂浆不得少于120s；

2）水泥粉煤灰砂浆和掺用外加剂的砂浆不得少于180s；

3）掺增塑剂的砂浆，其搅拌方式、搅拌时间应符合现行行业标准《砌筑砂浆增塑剂》JG/T 164的有关规定；

4）干混砂浆及加气混凝土砌块专用砂浆宜按掺用外加剂的砂浆确定搅拌时间或按产品说明书采用。

（10）现场拌制的砂浆应随拌随用，拌制的砂浆应在3h内使用完毕；当施工期间最高气温超过30℃时，应在2h内使用完毕。预拌砂浆及蒸压加气混凝土砌块专用砂浆的使用时间应按照厂方提供的说明书确定。

（11）砌体结构工程使用的湿拌砂浆，除直接使用外必须储存在不吸水的专用容器内，并根据气候条件采取遮阳、保温、防雨雪等措施，砂浆在储存过程中严禁随意加水。

（12）砌筑砂浆试块强度验收时其强度合格标准应符合下列规定：

1）同一验收批砂浆试块强度平均值应大于或等于设计强度等级值的1.10倍；

2）同一验收批砂浆试块抗压强度的最小一组平均值应大于或等于设计强度等级值的85％。

注：1. 砌筑砂浆的验收批，同一类型、强度等级的砂浆试块不应少于3组；同一验收批砂浆只有1组或2组试块时，每组试块抗压强度平均值应大于或等于设计强度等级值的1.10倍；对于建筑结构的安全等级为一级或设计使用年限为50年及以上的房屋，同一验收批砂浆试块的数量不得少于3组；

2. 砂浆强度应以标准养护，28d龄期的试块抗压强度为准；

3. 制作砂浆试块的砂浆稠度应与配合比设计一致。

抽检数量：每一检验批且不超过250m^{3}砌体的各类、各强度等级的普通砌筑砂浆，每台搅拌机应至少抽检一次。验收批的预拌砂浆、蒸压加气混凝土砌块专用砂浆，抽检可为3组。

检验方法：在砂浆搅拌机出料口或在湿拌砂浆的储存容器出料口随机取样制作砂浆试块（现场拌制的砂浆，同盘砂浆只应做1组试块），试块标养28d后做强度试验。预拌砂浆中的湿拌砂浆稠度应在进场时取样检验。

（13）当施工中或验收时出现下列情况，可采用现场检验方法对砂浆或砌体强度进行实体检测，并判定其强度：

1）砂浆试块缺乏代表性或试块数量不足；

2）对砂浆试块的试验结果有怀疑或有争议；

3）砂浆试块的试验结果，不能满足设计要求；

4）发生工程事故，需要进一步分析事故原因。

3.3 砖砌体工程

3.3.1 一般规定

（1）砌体砌筑时，混凝土多孔砖、混凝土实心砖、蒸压灰砂砖、蒸压粉煤灰砖等块体的产品龄期不应小于28d。

（2）有冻胀环境和条件的地区，地面以下或防潮层以下的砌体，不应采用多孔砖。

（3）不同品种的砖不得在同一楼层混砌。

（4）砌筑烧结普通砖、烧结多孔砖、蒸压灰砂砖、蒸压粉煤灰砖砌体时，砖应提前1～2d适度湿润，严禁采用干砖或处于吸水饱和状态的砖砌筑，块体湿润程度宜符合下列规定：

1）烧结类块体的相对含水率60%～70%；

2）混凝土多孔砖及混凝土实心砖不需浇水湿润，但在气候干燥炎热的情况下，宜在砌筑前对其喷水湿润。其他非烧结类块体的相对含水率40%～50%。

（5）采用铺浆法砌筑砌体，铺浆长度不得超过750mm；当施工期间气温超过30℃时，铺浆长度不得超过500mm。

（6）240mm厚承重墙的每层墙的最上一皮砖，砖砌体的阶台水平面上及挑出层的外皮砖，应整砖丁砌。

（7）弧拱式及平拱式过梁的灰缝应砌成楔形缝，拱底灰缝宽度不宜小于5mm，拱顶灰缝宽度不应大于15mm，拱体的纵向及横向灰缝应填实砂浆；平拱式过梁拱脚下面应伸入墙内不小于20mm；砖砌平拱过梁底应有1%的起拱。

（8）砖过梁底部的模板及其支架拆除时，灰缝砂浆强度不应低于设计强度的75%。

（9）多孔砖的孔洞应垂直于受压面砌筑。半盲孔多孔砖的封底面应朝上砌筑。

（10）竖向灰缝不应出现瞎缝、透明缝和假缝。

（11）砖砌体施工临时间断处补砌时，必须将接槎处表面清理干净，洒水湿润，并填实砂浆，保持灰缝平直。

（12）夹心复合墙的砌筑应符合下列规定：

1）墙体砌筑时，应采取措施防止空腔内掉落砂浆和杂物；

2）拉结件设置应符合设计要求，拉结件在叶墙上的搁置长度不应小于叶墙厚度的2/3，并不应小于60mm；

3）保温材料品种及性能应符合设计要求。保温材料的浇注压力不应对砌体强度、变形及外观质量产生不良影响。

3.3.2　主控项目

（1）砖和砂浆的强度等级必须符合设计要求。

抽检数量：每一生产厂家，烧结普通砖、混凝土实心砖每15万块，烧结多孔砖、混凝土多孔砖、蒸压灰砂砖及蒸压粉煤灰砖每10万块各为一验收批，不足上述数量时按1批计，抽检数量为1组。砂浆试块的抽检数量按3.2砌筑砂浆第（12）条的有关规定执行。

检验方法：查砖和砂浆试块试验报告。

（2）砌体灰缝砂浆应密实饱满，砖墙水平灰缝的砂浆饱满度不得低于80%；砖柱水平灰缝和竖向灰缝饱满度不得低于90%。

抽检数量：每检验批抽查不应少于5处。

检验方法：用百格网检查砖底面与砂浆的粘结痕迹面积，每处检测3块砖，取其平均值。

（3）砖砌体的转角处和交接处应同时砌筑，严禁无可靠措施的内外墙分砌施工。在抗震设防烈度为8度及8度以上地区，对不能同时砌筑而又必须留置的临时间断处应砌成斜槎，普通砖砌体斜槎水平投影长度不应小于高度的2/3，多孔砖砌体的斜槎长高比不应小于1/2。斜槎高度不得超过一步脚手架的高度。

抽检数量：每检验批抽查不应少于5处。

检验方法：观察检查。

（4）非抗震设防及抗震设防烈度为 6 度、7 度地区的临时间断处，当不能留斜槎时，除转角处外，可留直槎，但直槎必须做成凸槎，且应加设拉结钢筋，拉结钢筋应符合下列规定：

1）每 120mm 墙厚放置 1ϕ6 拉结钢筋（120mm 厚墙应放置 2ϕ6 拉结钢筋）；

2）间距沿墙高不应超过 500mm，且竖向间距偏差不应超过 100mm；

3）埋入长度从留槎处算起每边均不应小于 500mm，对抗震设防烈度 6 度、7 度的地区，不应小于 1000mm；

4）末端应有 90°弯钩（图 3-3-1）。

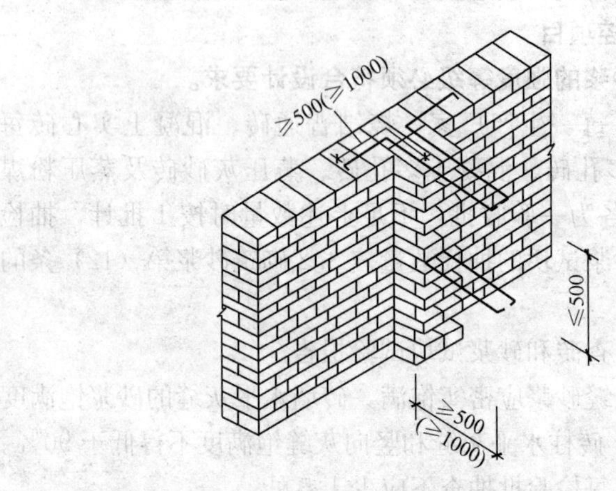

图 3-3-1 直槎处拉结钢筋示意图

抽检数量：每检验批抽查不应少于 5 处。

检验方法：观察和尺量检查。

3.3.3 一般项目

（1）砖砌体组砌方法应正确，内外搭砌，上、下错缝。清水墙、窗间墙无通缝；混水墙中不得有长度大于 300mm 的通缝，长度 200～300mm 的通缝每间不超过 3 处，且不得位于同一面墙体上。砖柱不得采用包心砌法。

抽检数量：每检验批抽查不应少于5处。

检验方法：观察检查。砌体组砌方法抽检每处应为3～5m。

（2）砖砌体的灰缝应横平竖直，厚薄均匀，水平灰缝厚度及竖向灰缝宽度宜为10mm，但不应小于8mm，也不应大于12mm。

抽检数量：每检验批抽查不应少于5处。

检验方法：水平灰缝厚度用尺量10皮砖砌体高度折算；竖向灰缝宽度用尺量2m砌体长度折算。

（3）砖砌体尺寸、位置的允许偏差及检验应符合表3-3-1的规定。

砖砌体尺寸、位置的允许偏差及检验　　表3-3-1

<table>
<tr><th>项次</th><th colspan="3">项目</th><th>允许偏差（mm）</th><th>检验方法</th><th>抽检数量</th></tr>
<tr><td>1</td><td colspan="3">轴线位移</td><td>10</td><td>用经纬仪和尺或用其他测量仪器检查</td><td>承重墙、柱全数检查</td></tr>
<tr><td>2</td><td colspan="3">基础、墙、柱顶面标高</td><td>±15</td><td>用水准仪和尺检查</td><td>不应少于5处</td></tr>
<tr><td rowspan="3">3</td><td rowspan="3">墙面垂直度</td><td colspan="2">每层</td><td>5</td><td>用2m托线板检查</td><td>不应少于5处</td></tr>
<tr><td rowspan="2">全高</td><td>≤10m</td><td>10</td><td rowspan="2">用经纬仪、吊线和尺或用其他测量仪器检查</td><td rowspan="2">外墙全部阳角</td></tr>
<tr><td>>10m</td><td>20</td></tr>
<tr><td rowspan="2">4</td><td rowspan="2" colspan="2">表面平整度</td><td>清水墙、柱</td><td>5</td><td rowspan="2">用2m靠尺和楔形塞尺检查</td><td rowspan="2">不应少于5处</td></tr>
<tr><td>混水墙、柱</td><td>8</td></tr>
<tr><td rowspan="2">5</td><td rowspan="2" colspan="2">水平灰缝平直度</td><td>清水墙</td><td>7</td><td rowspan="2">拉5m线和尺检查</td><td rowspan="2">不应少于5处</td></tr>
<tr><td>混水墙</td><td>10</td></tr>
<tr><td>6</td><td colspan="3">门窗洞口高、宽（后塞口）</td><td>±10</td><td>用尺检查</td><td>不应少于5处</td></tr>
<tr><td>7</td><td colspan="3">外墙上下窗口偏移</td><td>20</td><td>以底层窗口为准，用经纬仪或吊线检查</td><td>不应少于5处</td></tr>
<tr><td>8</td><td colspan="3">清水墙游丁走缝</td><td>20</td><td>以每层第一皮砖为准，用吊线和尺检查</td><td>不应少于5处</td></tr>
</table>

3.4 混凝土小型空心砌块砌体工程

3.4.1 一般规定

（1）施工前，应按房屋设计图编绘小砌块平、立面排块图，施工中应按排块图施工。

（2）施工采用的普通混凝土小型空心砌块和轻骨料混凝土小型空心砌块（以下简称小砌块）等砌体工程的产品龄期不应小于28d。

（3）砌筑小砌块时，应清除表面污物，剔除外观质量不合格的小砌块。

（4）砌筑小砌块砌体，宜选用专用小砌块砌筑砂浆。

（5）底层室内地面以下或防潮层以下的砌体，应采用强度等级不低于C20（或Cb20）的混凝土灌实小砌块的孔洞。

（6）砌筑普通混凝土小型空心砌块砌体，不需对小砌块浇水湿润，如遇天气干燥炎热，宜在砌筑前对其喷水湿润；对轻骨料混凝土小砌块，应提前浇水湿润，块体的相对含水率宜为40%～50%。雨天及小砌块表面有浮水时，不得施工。

（7）承重墙体使用的小砌块应完整、无破损、无裂缝。

（8）小砌块墙体应孔对孔、肋对肋错缝搭砌。单排孔小砌块的搭接长度应为块体长度的1/2；多排孔小砌块的搭接长度可适当调整，但不宜小于小砌块长度的1/3，且不应小于90mm。墙体的个别部位不能满足上述要求时，应在灰缝中设置拉结钢筋或钢筋网片，但竖向通缝仍不得超过两皮小砌块。

（9）小砌块应将生产时的底面朝上反砌于墙上。

（10）小砌块墙体宜逐块坐（铺）浆砌筑。

（11）在散热器、厨房和卫生间等设备的卡具安装处砌筑的小砌块，宜在施工前用强度等级不低于C20（或Cb20）的混凝土将其孔洞灌实。

（12）每步架墙（柱）砌筑完后，应随即刮平墙体灰缝。

(13) 芯柱处小砌块墙体砌筑应符合下列规定：

1) 每一楼层芯柱处第一皮砌块应采用开口小砌块；

2) 砌筑时应随砌随清除小砌块孔内的毛边，并将灰缝中挤出的砂浆刮净。

(14) 芯柱混凝土宜选用专用小砌块灌孔混凝土。浇筑芯柱混凝土应符合下列规定：

1) 每次连续浇筑的高度宜为半个楼层，但不应大于1.8m；

2) 浇筑芯柱混凝土时，砌筑砂浆强度应大于1MPa；

3) 清除孔内掉落的砂浆等杂物，并用水冲淋孔壁；

4) 浇筑芯柱混凝土前，应先注入适量与芯柱混凝土成分相同的去石砂浆；

5) 每浇筑400～500mm高度捣实一次，或边浇筑边捣实。

(15) 小砌块复合夹心墙的砌筑应符合3.3.1中第(12)条的规定。

3.4.2 主控项目

(1) 小砌块和芯柱混凝土、砌筑砂浆的强度等级必须符合设计要求。

抽检数量：每一生产厂家，每1万块小砌块为一验收批，不足1万块按一批计，抽检数量为1组；用于多层以上建筑的基础和底层的小砌块抽检数量不应少于2组。砂浆试块的抽检数量应符合3.2砌筑砂浆第(12)条的有关规定。

检验方法：检查小砌块和芯柱混凝土、砌筑砂浆试块试验报告。

(2) 砌体水平灰缝和竖向灰缝的砂浆饱满度，按净面积计算不得低于90%。

抽检数量：每检验批抽查不应少于5处。

检验方法：用专用百格网检测小砌块与砂浆粘结痕迹，每处检测3块小砌块，取其平均值。

(3) 墙体转角处和纵横交接处应同时砌筑。临时间断处应砌成斜槎，斜槎水平投影长度不应小于斜槎高度。施工洞口可预留

直槎，但在洞口砌筑和补砌时，应在直槎上下搭砌的小砌块孔洞内用强度等级不低于C20（或Cb20）的混凝土灌实。

抽检数量：每检验批抽查不应少于5处。

检验方法：观察检查。

（4）小砌块砌体的芯柱在楼盖处应贯通，不得削弱芯柱截面尺寸；芯柱混凝土不得漏灌。

抽检数量：每检验批抽查不应少于5处。

检验方法：观察检查。

3.4.3　一般项目

（1）砌体的水平灰缝厚度和竖向灰缝宽度宜为10mm，但不应小于8mm，也不应大于12mm。

抽检数量：每检验批抽查不应少于5处。

检验方法：水平灰缝厚度用尺量5皮小砌块的高度折算；竖向灰缝宽度用尺量2m砌体长度折算。

（2）小砌块砌体尺寸、位置的允许偏差应按表3-3-1的规定执行。

3.5　石砌体工程

3.5.1　一般规定

（1）石砌体包括毛石、毛料石、粗料石、细料石等砌体工程。

（2）石砌体采用的石材应质地坚实，无裂纹和无明显风化剥落；用于清水墙、柱表面的石材，尚应色泽均匀；石材的放射性应经检验，其安全性应符合现行国家标准《建筑材料放射性核素限量》GB 6566的有关规定。

（3）石材表面的泥垢、水锈等杂质，砌筑前应清除干净。

（4）砌筑毛石基础的第一皮石块应坐浆，并将大面向下；砌筑料石基础的第一皮石块应用丁砌层坐浆砌筑。

（5）毛石砌体的第一皮及转角处、交接处和洞口处，应用较大的平毛石砌筑。每个楼层（包括基础）砌体的最上一皮，宜选用较大的毛石砌筑。

(6) 毛石砌筑时，对石块间存在较大的缝隙，应先向缝内填灌砂浆并捣实，然后再用小石块嵌填，不得先填小石块后填灌砂浆，石块间不得出现无砂浆相互接触现象。

(7) 砌筑毛石挡土墙应按分层高度砌筑，并应符合下列规定：

1) 每砌 3～4 皮为一个分层高度，每个分层高度应将顶层石块砌平；

2) 两个分层高度间分层处的错缝不得小于 80mm。

(8) 料石挡土墙，当中间部分用毛石砌筑时，丁砌料石伸入毛石部分的长度不应小于 200mm。

(9) 毛石、毛料石、粗料石、细料石砌体灰缝厚度应均匀，灰缝厚度应符合下列规定：

1) 毛石砌体外露面的灰缝厚度不宜大于 40mm；

2) 毛料石和粗料石的灰缝厚度不宜大于 20mm；

3) 细料石的灰缝厚度不宜大于 5mm。

(10) 挡土墙的泄水孔当设计无规定时，施工应符合下列规定：

1) 泄水孔应均匀设置，在每米高度上间隔 2m 左右设置一个泄水孔；

2) 泄水孔与土体间铺设长宽各为 300mm、厚 200mm 的卵石或碎石作疏水层。

(11) 挡土墙内侧回填土必须分层夯填，分层松土厚度宜为 300mm。墙顶土面应有适当坡度使流水流向挡土墙外侧面。

(12) 在毛石和实心砖的组合墙中，毛石砌体与砖砌体应同时砌筑，并每隔 4～6 皮砖用 2～3 皮丁砖与毛石砌体拉结砌合；两种砌体间的空隙应填实砂浆。

(13) 毛石墙和砖墙相接的转角处和交接处应同时砌筑。转角处、交接处应自纵墙（或横墙）每隔 4～6 皮砖高度引出不小于 120mm 与横墙（或纵墙）相接。

3.5.2　主控项目

(1) 石材及砂浆强度等级必须符合设计要求。

抽检数量：同一产地的同类石材抽检不应少于1组。砂浆试块的抽检数量执行3.2砌筑砂浆中第（12）条的有关规定。

检验方法：料石检查产品质量证明书，石材、砂浆检查试块试验报告。

（2）砌体灰缝的砂浆饱满度不应小于80%。

抽检数量：每检验批抽查不应少于5处。

检验方法：观察检查。

3.5.3　一般项目

（1）石砌体尺寸、位置的允许偏差及检验方法应符合表3-5-1的规定。

石砌体尺寸、位置的允许偏差及检验方法　　表3-5-1

项次	项　目		允许偏差（mm）							检验方法
			毛石砌体		料石砌体					
					毛料石		粗料石		细料石	
			基础	墙	基础	墙	基础	墙	墙、柱	
1	轴线位置		20	15	20	15	15	10	10	用经纬仪和尺检查，或用其他测量仪器检查
2	基础和墙砌体顶面标高		±25	±15	±25	±15	±15	±15	±10	用水准仪和尺检查
3	砌体厚度		+30	+20 −10	+30	+20 −10	+15	+10 −5	+10 −5	用尺检查
4	墙面垂直度	每层	—	20	—	20	—	10	7	用经纬仪、吊线和尺检查或用其他测量仪器检查
		全高	—	30	—	30	—	25	10	

续表

项次	项目		允许偏差（mm）							检验方法
			毛石砌体		料石砌体					
			基础	墙	毛料石		粗料石		细料石	
					基础	墙	基础	墙	墙、柱	
5	表面平整度	清水墙、柱	—	—	—	20	—	10	5	细料石用2m靠尺和楔形塞尺检查，其他用两直尺垂直于灰缝拉2m线和尺检查
		混水墙、柱	—	—	—	20	—	15	—	
6	清水墙水平灰缝平直度		—	—	—	—	—	10	5	拉10m线和尺检查

抽检数量：每检验批抽查不应少于5处。

（2）石砌体的组砌形式应符合下列规定：

1）内外搭砌，上下错缝，拉结石、丁砌石交错设置；

2）毛石墙拉结石每0.7m^{2}墙面不应少于1块。

抽检数量：每检验批抽查不应少于5处。

检验方法：观察检查。

3.6 配筋砌体工程

3.6.1 一般规定

（1）配筋砌体工程除应满足本章要求和规定外，尚应符合3.3砖砌体工程和3.4混凝土小型空心砌块砌体工程的规定。

（2）施工配筋小砌块砌体剪力墙，应采用专用的小砌块砌筑砂浆砌筑，专用小砌块灌孔混凝土浇筑芯柱。

（3）设置在灰缝内的钢筋，应居中置于灰缝内，水平灰缝厚度应大于钢筋直径4mm以上。

3.6.2 主控项目

（1）钢筋的品种、规格、数量和设置部位应符合设计要求。

检验方法：检查钢筋的合格证书、钢筋性能复试试验报告、隐蔽工程记录。

（2）构造柱、芯柱、组合砌体构件、配筋砌体剪力墙构件的混凝土及砂浆的强度等级应符合设计要求。

抽检数量：每检验批砌体，试块不应少于1组，验收批砌体试块不得少于3组。

检验方法：检查混凝土和砂浆试块试验报告。

（3）构造柱与墙体的连接应符合下列规定：

1）墙体应砌成马牙槎，马牙槎凹凸尺寸不宜小于60mm，高度不应超过300mm，马牙槎应先退后进，对称砌筑；马牙槎尺寸偏差每一构造柱不应超过2处；

2）预留拉结钢筋的规格、尺寸、数量及位置应正确，拉结钢筋应沿墙高每隔500mm设2ϕ6，伸入墙内不宜小于600mm，钢筋的竖向移位不应超过100mm，且竖向移位每一构造柱不得超过2处；

3）施工中不得任意弯折拉结钢筋。

抽检数量：每检验批抽查不应少于5处。

检验方法：观察检查和尺量检查。

（4）配筋砌体中受力钢筋的连接方式及锚固长度、搭接长度应符合设计要求。

抽检数量：每检验批抽查不应少于5处。

检验方法：观察检查。

3.6.3　一般项目

（1）构造柱一般尺寸允许偏差及检验方法应符合表3-6-1的规定。

构造柱一般尺寸允许偏差及检验方法　　表3-6-1

项次	项　目	允许偏差（mm）	检　验　方　法
1	中心线位置	10	用经纬仪和尺检查或用其他测量仪器检查

续表

项次	项　目			允许偏差（mm）	检　验　方　法
2	层间错位			8	用经纬仪和尺检查或用其他测量仪器检查
3	垂直度	每层		10	用 2m 托线板检查
		全高	≤10m	15	用经纬仪、吊线和尺检查或用其他测量仪器检查
			>10m	20	

抽检数量：每检验批抽查不应少于 5 处。

（2）设置在砌体灰缝中钢筋的防腐保护应符合设计规定，且钢筋防护层完好，不应有肉眼可见裂纹、剥落和擦痕等缺陷。

抽检数量：每检验批抽查不应少于 5 处。

检验方法：观察检查。

（3）网状配筋砖砌体中，钢筋网规格及放置间距应符合设计规定。每一构件钢筋网沿砌体高度位置超过设计规定一皮砖厚不得多于一处。

抽检数量：每检验批抽查不应少于 5 处。

检验方法：通过钢筋网成品检查钢筋规格，钢筋网放置间距采用局部剔缝观察，或用探针刺入灰缝内检查，或用钢筋位置测定仪测定。

（4）钢筋安装位置的允许偏差及检验方法应符合表 3-6-2 的规定。

钢筋安装位置的允许偏差及检验方法　　　　表 3-6-2

项　目		允许偏差（mm）	检　验　方　法
受力钢筋保护层厚度	网状配筋砌体	±10	检查钢筋网成品，钢筋网放置位置局部剔缝观察，或用探针刺入灰缝内检查，或用钢筋位置测定仪测定
	组合砖砌体	±5	支模前观察与尺量检查
	配筋小砌块砌体	±10	浇筑灌孔混凝土前观察与尺量检查
配筋小砌块砌体墙凹槽中水平钢筋间距		±10	钢尺量连续三档，取最大值

抽检数量：每检验批抽查不应少于5处。

3.7 填充墙砌体工程

3.7.1 一般规定

（1）填充墙砌体适用于烧结空心砖、蒸压加气混凝土砌块、轻骨料混凝土小型空心砌块等填充墙砌体工程。

（2）砌筑填充墙时，轻骨料混凝土小型空心砌块和蒸压加气混凝土砌块的产品龄期不应小于28d，蒸压加气混凝土砌块的含水率宜小于30%。

（3）烧结空心砖、蒸压加气混凝土砌块、轻骨料混凝土小型空心砌块等的运输、装卸过程中，严禁抛掷和倾倒；进场后应按品种、规格堆放整齐，堆置高度不宜超过2m。蒸压加气混凝土砌块在运输及堆放中应防止雨淋。

（4）吸水率较小的轻骨料混凝土小型空心砌块及采用薄灰砌筑法施工的蒸压加气混凝土砌块，砌筑前不应对其浇（喷）水湿润；在气候干燥炎热的情况下，对吸水率较小的轻骨料混凝土小型空心砌块宜在砌筑前喷水湿润。

（5）采用普通砌筑砂浆砌筑填充墙时，烧结空心砖、吸水率较大的轻骨料混凝土小型空心砌块应提前1～2d浇（喷）水湿润。蒸压加气混凝土砌块采用蒸压加气混凝土砌块砌筑砂浆或普通砌筑砂浆砌筑时，应在砌筑当天对砌块砌筑面喷水湿润。块体湿润程度宜符合下列规定：

1）烧结空心砖的相对含水率60%～70%；

2）吸水率较大的轻骨料混凝土小型空心砌块、蒸压加气混凝土砌块的相对含水率40%～50%。

（6）在厨房、卫生间、浴室等处采用轻骨料混凝土小型空心砌块、蒸压加气混凝土砌块砌筑墙体时，墙底部宜现浇混凝土坎台，其高度宜为150mm。

（7）填充墙拉结筋处的下皮小砌块宜采用半盲孔小砌块或用混凝土灌实孔洞的小砌块；薄灰砌筑法施工的蒸压加气混凝土砌

块砌体，拉结筋应放置在砌块上表面设置的沟槽内。

（8）蒸压加气混凝土砌块、轻骨料混凝土小型空心砌块不应与其他块体混砌，不同强度等级的同类块体也不得混砌。

注：窗台处和因安装门窗需要，在门窗洞口处两侧填充墙上、中、下部可采用其他块体局部嵌砌；对与框架柱、梁不脱开方法的填充墙，填塞填充墙顶部与梁之间缝隙可采用其他块体。

（9）填充墙砌体砌筑，应待承重主体结构检验批验收合格后进行。填充墙与承重主体结构间的空（缝）隙部位施工，应在填充墙砌筑 14d 后进行。

3.7.2 主控项目

（1）烧结空心砖、小砌块和砌筑砂浆的强度等级应符合设计要求。

抽检数量：烧结空心砖每 10 万块为一验收批，小砌块每 1 万块为一验收批，不足上述数量时按一批计，抽检数量为 1 组。砂浆试块的抽检数量执行 3.2 砌筑砂浆第（12）条的有关规定。

检验方法：查砖、小砌块进场复验报告和砂浆试块试验报告。

（2）填充墙砌体应与主体结构可靠连接，其连接构造应符合设计要求，未经设计同意，不得随意改变连接构造方法。每一填充墙与柱的拉结筋的位置超过一皮块体高度的数量不得多于一处。

抽检数量：每检验批抽查不应少于 5 处。

检验方法：观察检查。

（3）填充墙与承重墙、柱、梁的连接钢筋，当采用化学植筋的连接方式时，应进行实体检测。锚固钢筋拉拔试验的轴向受拉非破坏承载力检验值应为 6.0kN。抽检钢筋在检验值作用下应基材无裂缝、钢筋无滑移宏观裂损现象；持荷 2min 期间荷载值降低不大于 5%。检验批验收可按附录 B 通过正常检验一次、二次抽样判定。填充墙砌体植筋锚固力检测记录可按附录 C 填写。

抽检数量：按表 3-7-1 确定。

检验方法：原位试验检查。

检验批抽检锚固钢筋样本最小容量　　　　表 3-7-1

检验批的容量	样本最小容量	检验批的容量	样本最小容量
≤90	5	281～500	20
91～150	8	501～1200	32
151～280	13	1201～3200	50

3.7.3　一般项目

（1）填充墙砌体尺寸、位置的允许偏差及检验方法应符合表 3-7-1 的规定。

填充墙砌体尺寸、位置的允许偏差及检验方法　　　表 3-7-2

项次	项　目		允许偏差（mm）	检　验　方　法
1	轴线位移		10	用尺检查
2	垂直度（每层）	≤3m	5	用 2m 托线板或吊线、尺检查
		＞3m	10	
3	表面平整度		8	用 2m 靠尺和楔形尺检查
4	门窗洞口高、宽（后塞口）		±10	用尺检查
5	外墙上、下窗口偏移		20	用经纬仪或吊线检查

抽检数量：每检验批抽查不应少于 5 处。

（2）填充墙砌体的砂浆饱满度及检验方法应符合表 3-7-3 的规定。

填充墙砌体的砂浆饱满度及检验方法　　　　表 3-7-3

砌体分类	灰缝	饱满度及要求	检验方法
空心砖砌体	水平	≥80％	采用百格网检查块体底面或侧面砂浆的粘结痕迹面积
	垂直	填满砂浆，不得有透明缝、瞎缝、假缝	
蒸压加气混凝土砌块、轻骨料混凝土小型空心砌块砌体	水平	≥80％	
	垂直	≥80％	

抽检数量：每检验批抽查不应少于 5 处。

（3）填充墙留置的拉结钢筋或网片的位置应与块体皮数相符合。拉结钢筋或网片应置于灰缝中，埋置长度应符合设计要求，竖向位置偏差不应超过一皮高度。

抽检数量：每检验批抽查不应少于 5 处。

检验方法：观察和用尺量检查。

（4）砌筑填充墙时应错缝搭砌，蒸压加气混凝土砌块搭砌长度不应小于砌块长度的 1/3；轻骨料混凝土小型空心砌块搭砌长度不应小于 90mm；竖向通缝不应大于 2 皮。

抽检数量：每检验批抽查不应少于 5 处。

检验方法：观察检查。

（5）填充墙的水平灰缝厚度和竖向灰缝宽度应正确，烧结空心砖、轻骨料混凝土小型空心砌块砌体的灰缝应为 8～12mm；蒸压加气混凝土砌块砌体当采用水泥砂浆、水泥混合砂浆或蒸压加气混凝土砌块砌筑砂浆时，水平灰缝厚度和竖向灰缝宽度不应超过 15mm；当蒸压加气混凝土砌块砌体采用蒸压加气混凝土砌块粘结砂浆时，水平灰缝厚度和竖向灰缝宽度宜为 3～4mm。

抽检数量：每检验批抽查不应少于 5 处。

检验方法：水平灰缝厚度用尺量 5 皮小砌块的高度折算；竖向灰缝宽度用尺量 2m 砌体长度折算。

3.8 冬期施工

（1）当室外日平均气温连续 5d 稳定低于 5℃时，砌体工程应采取冬期施工措施。

注：1. 气温根据当地气象资料确定；

2. 冬期施工期限以外，当日最低气温低于 0℃时，也应按本章的规定执行。

（2）冬期施工的砌体工程质量验收除应符合本章要求外，尚应符合现行行业标准《建筑工程冬期施工规程》JGJ/T 104 的有关规定。

(3) 砌体工程冬期施工应有完整的冬期施工方案。

(4) 冬期施工所用材料应符合下列规定：

1) 石灰膏、电石膏等应防止受冻，如遭冻结，应经融化后使用；

2) 拌制砂浆用砂，不得含有冰块和大于 10mm 的冻结块；

3) 砌体用块体不得遭水浸冻。

(5) 冬期施工砂浆试块的留置，除应按常温规定要求外，尚应增加 1 组与砌体同条件养护的试块，用于检验转入常温 28d 的强度。如有特殊需要，可另外增加相应龄期的同条件养护的试块。

(6) 地基土有冻胀性时，应在未冻的地基上砌筑，并应防止在施工期间和回填土前地基受冻。

(7) 冬期施工中砖、小砌块浇（喷）水湿润应符合下列规定：

1) 烧结普通砖、烧结多孔砖、蒸压灰砂砖、蒸压粉煤灰砖、烧结空心砖、吸水率较大的轻骨料混凝土小型空心砌块在气温高于 0℃条件下砌筑时，应浇水湿润；在气温低于、等于 0℃条件下砌筑时，可不浇水，但必须增大砂浆稠度；

2) 普通混凝土小型空心砌块、混凝土多孔砖、混凝土实心砖及采用薄灰砌筑法的蒸压加气混凝土砌块施工时，不应对其浇（喷）水湿润；

3) 抗震设防烈度为 9 度的建筑物，当烧结普通砖、烧结多孔砖、蒸压粉煤灰砖、烧结空心砖无法浇水湿润时，如无特殊措施，不得砌筑。

(8) 拌合砂浆时水的温度不得超过 80℃，砂的温度不得超过 40℃。

(9) 采用砂浆掺外加剂法、暖棚法施工时，砂浆使用温度不应低于 5℃。

(10) 采用暖棚法施工，块体在砌筑时的温度不应低于 5℃，距离所砌的结构底面 0.5m 处的棚内温度也不应低于 5℃。

（11）在暖棚内的砌体养护时间，应根据暖棚内温度，按表3-8-1确定。

暖棚法砌体的养护时间 **表 3-8-1**

暖棚的温度（℃）	5	10	15	20
养护时间（d）	≥6	≥5	≥4	≥3

（12）采用外加剂法配制的砌筑砂浆，当设计无要求，且最低气温等于或低于－15℃时，砂浆强度等级应较常温施工提高一级。

（13）配筋砌体不得采用掺氯盐的砂浆施工。

3.9 子分部工程验收

（1）砌体工程验收前，应提供下列文件和记录：

1）设计变更文件；

2）施工执行的技术标准；

3）原材料出厂合格证书、产品性能检测报告和进场复验报告；

4）混凝土及砂浆配合比通知单；

5）混凝土及砂浆试件抗压强度试验报告单；

6）砌体工程施工记录；

7）隐蔽工程验收记录；

8）分项工程检验批的主控项目、一般项目验收记录；

9）填充墙砌体植筋锚固力检测记录；

10）重大技术问题的处理方案和验收记录；

11）其他必要的文件和记录。

（2）砌体子分部工程验收时，应对砌体工程的观感质量作出总体评价。

（3）当砌体工程质量不符合要求时，应按现行国家标准《建筑工程施工质量验收统一标准》GB 50300 有关规定执行。

（4）有裂缝的砌体应按下列情况进行验收：

1）对不影响结构安全性的砌体裂缝，应予以验收，对明显影响使用功能和观感质量的裂缝，应进行处理；

2）对有可能影响结构安全性的砌体裂缝，应由有资质的检测单位检测鉴定，需返修或加固处理的，待返修或加固处理满足使用要求后进行二次验收。

附录A 砌体工程检验批质量验收记录

1. 为统一砌体结构工程检验批质量验收记录用表，特列出附表 A-1～附表 A-5，以供质量验收采用。

2. 对配筋砌体工程检验批质量验收记录，除应采用附表 A-4 外，尚应配合采用附表 A-1 或附表 A-2。

3. 对附表 A-1～附表 A-5 中有数值要求的项目，应填写检测数据。

砖砌体工程检验批质量验收记录　　附表 A-1

<table>
<tr><td colspan="2">工程名称</td><td></td><td>分项工程名称</td><td></td><td>验收部位</td><td></td></tr>
<tr><td colspan="2">施工单位</td><td colspan="3"></td><td>项目经理</td><td></td></tr>
<tr><td colspan="2">施工执行标准名称及编号</td><td colspan="3"></td><td>专业工长</td><td></td></tr>
<tr><td colspan="2">分包单位</td><td colspan="3"></td><td>施工班组组长</td><td></td></tr>
<tr><td rowspan="8">主控项目</td><td colspan="2">质量验收规范的规定</td><td colspan="2">施工单位检查评定记录</td><td colspan="2">监理（建设）单位验收记录</td></tr>
<tr><td>1. 砖强度等级</td><td>设计要求 MU</td><td colspan="2"></td><td colspan="2" rowspan="7"></td></tr>
<tr><td>2. 砂浆强度等级</td><td>设计要求 M</td><td colspan="2"></td></tr>
<tr><td>3. 斜槎留置</td><td rowspan="3">按 3.3.2 主控项目第（3）（4）条</td><td colspan="2"></td></tr>
<tr><td>4. 转角、交接处</td><td colspan="2"></td></tr>
<tr><td>5. 直槎拉结钢筋及接槎处理</td><td colspan="2"></td></tr>
<tr><td rowspan="2">6. 砂浆饱满度</td><td>≥80%（墙）</td><td colspan="2"></td></tr>
<tr><td>≥90%（柱）</td><td colspan="2"></td></tr>
</table>

续表

	质量验收规范的规定		施工单位检查评定记录	监理(建设)单位验收记录
一般项自	1. 轴线位移	≤10mm		
	2. 垂直度(每层)	≤5mm		
	3. 组砌方法	按 3.3.3 一般项目第(1)(2)条		
	4. 水平灰缝厚度			
	5. 竖向灰缝宽度			
	6. 基础、墙、柱顶面标高	±15mm 以内		
	7. 表面平整度	≤5mm(清水)		
		≤8mm(混水)		
	8. 门窗洞口高、宽(后塞口)	±10mm 以内		
	9. 窗口偏移	≤20mm		
	10. 水平灰缝平直度	≤7mm(清水)		
		≤10mm(混水)		
	11. 清水墙游丁走缝	≤20mm		
施工单位检查评定结果	项目专业质量检查员：　项目专业质量(技术)负责人： 年　月　日			
监理(建设)单位验收结论	监理工程师(建设单位项目工程师)： 年　月　日			

注：本表由施工项目专业质量检查员填写，监理工程师(建设单位项目技术负责人)组织项目专业质量(技术)负责人等进行验收。

混凝土小型空心砌块砌体工程检验批质量验收记录 附表 A-2

工程名称		分项工程名称		验收部位	
施工单位				项目经理	
施工执行标准名称及编号				专业工长	
分包单位				施工班组组长	
	质量验收规范的规定		施工单位检查评定记录	监理(建设)单位验收记录	
主控项目	1. 小砌块强度等级	设计要求 MU			
	2. 砂浆强度等级	设计要求 M			
	3. 混凝土强度等级	设计要求 C			
	4. 转角、交接处	按 3.4.2 主控项目第(3)(4)条			
	5. 斜槎留置				
	6. 施工洞口砌法				
	7. 芯柱贯通楼盖				
	8. 芯柱混凝土灌实				
	9. 水平缝饱满度	≥90%			
	10. 竖向缝饱满度	≥90%			
一般项目	1. 轴线位移	≤10mm			
	2. 垂直度(每层)	≤5mm			
	3. 水平灰缝厚度	8mm～12mm			
	4. 竖向灰缝宽度	8mm～12mm			
	5. 顶面标高	±15mm 以内			
	6. 表面平整度	≤5mm(清水)			
		≤8mm(混水)			
	7. 门窗洞口	±10mm 以内			
	8. 窗口偏移	≤20mm			
	9. 水平灰缝平直度	≤7mm(清水)			
		≤10mm(混水)			
施工单位检查评定结果	项目专业质量检查员： 项目专业质量(技术)负责人： 年 月 日				
监理(建设)单位验收结论	监理工程师(建设单位项目工程师)： 年 月 日				

注：本表由施工项目专业质量检查员填写，监理工程师(建设单位项目技术负责人)组织项目专业质量(技术)负责人等进行验收。

石砌体工程检验批质量验收记录　　附表 A-3

工程名称			分项工程名称		验收部位	
施工单位					项目经理	
施工执行标准名称及编号					专业工长	
分包单位					施工班组组长	
主控项目	质量验收规范的规定		施工单位检查评定记录		监理(建设)单位验收记录	
	1. 石材强度等级	设计要求 MU				
	2. 砂浆强度等级	设计要求 M				
	3. 砂浆饱满度	≥80%				
一般项目	1. 轴线位移	按表 3-5-1				
	2. 砌体顶面标高					
	3. 砌体厚度					
	4. 垂直度(每层)					
	5. 表面平整度					
	6. 水平灰缝平直度					
	7. 组砌形式	按 3.5.3 一般项目第(2)条				
施工单位检查评定结果	项目专业质量检查员：　项目专业质量(技术)负责人： 年　月　日					
监理(建设)单位验收结论	监理工程师(建设单位项目工程师)： 年　月　日					

注：本表由施工项目专业质量检查员填写，监理工程师(建设单位项目技术负责人)组织项目专业质量(技术)负责人等进行验收。

配筋砌体工程检验批质量验收记录　　附表 A-4

<table>
<tr><td colspan="2">工程名称</td><td colspan="2"></td><td>分项工程名称</td><td></td><td>验收部位</td><td></td></tr>
<tr><td colspan="2">施工单位</td><td colspan="4"></td><td>项目经理</td><td></td></tr>
<tr><td colspan="2">施工执行标准
名称及编号</td><td colspan="4"></td><td>专业工长</td><td></td></tr>
<tr><td colspan="2">分包单位</td><td colspan="4"></td><td>施工班组
组长</td><td></td></tr>
<tr><td rowspan="8">主控项目</td><td colspan="2">质量验收规范的规定</td><td colspan="3">施工单位
检查评定记录</td><td colspan="2">监理（建设）
单位验收记录</td></tr>
<tr><td>1. 钢筋品种、规格、数量和设置部位</td><td>按 3-6-2 主控项目第(1)条</td><td colspan="3"></td><td colspan="2" rowspan="8"></td></tr>
<tr><td>2. 混凝土强度等级</td><td>设计要求 C</td><td colspan="3"></td></tr>
<tr><td>3. 马牙槎尺寸</td><td rowspan="5">按 3.6.2 主控项目第(3)(4)条</td><td colspan="3"></td></tr>
<tr><td>4. 马牙槎拉结筋</td><td colspan="3"></td></tr>
<tr><td>5. 钢筋连接</td><td colspan="3"></td></tr>
<tr><td>6. 钢筋锚固长度</td><td colspan="3"></td></tr>
<tr><td>7. 钢筋搭接长度</td><td colspan="3"></td></tr>
<tr><td rowspan="8">一般项目</td><td>1. 构造柱中心线位置</td><td>≤10mm</td><td colspan="3"></td><td colspan="2" rowspan="8"></td></tr>
<tr><td>2. 构造柱层间错位</td><td>≤8mm</td><td colspan="3"></td></tr>
<tr><td>3. 构造柱垂直度(每层)</td><td>≤10mm</td><td colspan="3"></td></tr>
<tr><td>4. 灰缝钢筋防腐</td><td rowspan="5">按 3.6.3 一般项目第(2)(3)(4)条</td><td colspan="3"></td></tr>
<tr><td>5. 网状配筋规格</td><td colspan="3"></td></tr>
<tr><td>6. 网状配筋位置</td><td colspan="3"></td></tr>
<tr><td>7. 钢筋保护层厚度</td><td colspan="3"></td></tr>
<tr><td>8. 凹槽中水平钢筋间距</td><td colspan="3"></td></tr>
<tr><td colspan="2">施工单位检查
评定结果</td><td colspan="6">项目专业质量检查员：　项目专业质量(技术)负责人：
年　月　日</td></tr>
<tr><td colspan="2">监理(建设)单位
验收结论</td><td colspan="6">监理工程师(建设单位项目工程师)：
年　月　日</td></tr>
</table>

注：本表由施工项目专业质量检查员填写，监理工程师(建设单位项目技术负责人)组织项目专业质量(技术)负责人等进行验收。

填充墙砌体工程检验批质量验收记录　　附表 A-5

工程名称		分项工程名称		验收部位	
施工单位				项目经理	
施工执行标准名称及编号				专业工长	
分包单位				施工班组组长	

	质量验收规范的规定			施工单位检查评定记录	监理（建设）单位验收记录
主控项目	1. 块体强度等级		设计要求 MU		
	2. 砂浆强度等级		设计要求 M		
	3. 与主体结构连接		按 3-3-2 主控项目第（2）（3）条		
	4. 植筋实体检测			见填充墙砌体植筋锚固力检测记录	
一般项目	1. 轴线位移		≤10mm		
	2. 墙面垂直度（每层）	≤3m	≤5mm		
		＞3m	≤10mm		
	3. 表面平整度		≤8mm		
	4. 门窗洞口		±10mm		
	5. 窗口偏移		≤20mm		
	6. 水平缝砂浆饱满度		按 3.3.3 一般项目第（2）（3）（4）（5）条		
	7. 竖缝砂浆饱满度				
	8. 拉结筋、网片位置				
	9. 拉结筋、网片埋置长度				
	10. 搭砌长度				
	11. 灰缝厚度				
	12. 灰缝宽度				
施工单位检查评定结果	项目专业质量检查员：　　项目专业质量（技术）负责人： 年　月　日				
监理（建设）单位验收结论	监理工程师（建设单位项目工程师）： 年　月　日				

注：本表由施工项目专业质量检查员填写，监理工程师（建设单位项目技术负责人）组织项目专业质量（技术）负责人等进行验收。

附录B　填充墙砌体植筋锚固力检验抽样判定

1. 填充墙砌体植筋锚固力检验抽样判定应按附表B-1、附表B-2判定。

正常一次性抽样的判定　　附表B-1

样本容量	合格判定数	不合格判定数	样本容量	合格判定数	不合格判定数
5	0	1	20	2	3
8	1	2	32	3	4
13	1	2	50	5	6

正常二次性抽样的判定　　附表B-2

抽样次数与样本容量	合格判定数	不合格判定数	抽样次数与样本容量	合格判定数	不合格判定数
(1) －5 (2) －10	0 1	2 2	(1) －20 (2) －40	1 3	3 4
(1) －8 (2) －16	0 1	2 2	(1) －32 (2) －64	2 6	5 7
(1) －13 (2) －26	0 3	3 4	(1) －50 (2) －100	3 9	6 10

注：本表应用参照现行国家标准《建筑结构检测技术标准》GB/T 50344－2004第3.3.14条条文说明。

附录C　填充墙砌体植筋锚固力检测记录

填充墙砌体植筋锚固力检测记录应按附表C-1填写。

填充墙砌体植筋锚固力检测记录　　　　附表 C-1

共　页　第　页

工程名称		分项工程名称		植筋日期	
施工单位		项目经理			
分包单位		施工班组组长		检测日期	
检测执行标准及编号					
试件编号	实测荷载（kN）	检测部位		检测结果	
		轴　线	层	完好	不符合要求情况
监理（建设）单位验收结论					
备注	1. 植筋埋置深度（设计）：　mm； 2. 设备型号：　　； 3. 基材混凝土设计强度等级为（C　）； 4. 锚固钢筋拉拔承载力检验值：6.0kN				

复核：　　　　检测：　　　　记录：

4. 木结构工程

4.1 方木与原木结构

4.1.1 一般规定

（1）方木与原木结构适用于由方木、原木及板材制作和安装的木结构工程。

（2）材料、构配件的质量控制应以一幢方木、原木结构房屋为一个检验批；构件制作安装质量控制应以整幢房屋的一楼层或变形缝间的一楼层为一个检验批。

4.1.2 主控项目

（1）方木、原木结构的形式、结构布置和构件尺寸，应符合设计文件的规定。

检查数量：检验批全数。

检验方法：实物与施工设计图对照、丈量。

（2）结构用木材应符合设计文件的规定，并应具有产品质量合格证书。

检查数量：检验批全数。

检验方法：实物与设计文件对照，检查质量合格证书、标识。

（3）进场木材均应作弦向静曲强度见证检验，其强度最低值应符合表 4-1-1 的要求。

木材静曲强度检验标准　　表 4-1-1

木材种类	针叶材				阔叶材				
强度等级	TC11	TC13	TC15	TC17	TB11	TB13	TB15	TB17	TB20
最低强度（N/mm^2）	44	51	58	72	58	68	78	88	98

检查数量：每一检验批每一树种的木材随机抽取3株（根）。

检验方法：附录A。

（4）方木、原木及板材的目测材质等级不应低于表4-1-2的规定，不得采用普通商品材的等级标准替代。方木、原木及板材的目测材质等级应按附录A评定。

检查数量：检验批全数。

检验方法：附录A。

方木、原木结构构件木材的材质等级　　表4-1-2

项　次	构　件　名　称	材质等级
1	受拉或拉弯构件	$Ⅰ_a$
2	受弯或压弯构件	$Ⅱ_a$
3	受压构件及次要受弯构件（如吊顶小龙骨）	$Ⅲ_a$

（5）各类构件制作时及构件进场时木材的平均含水率，应符合下列规定：

1）原木或方木不应大于25％。

2）板材及规格材不应大于20％。

3）受拉构件的连接板不应大于18％。

4）处于通风条件不畅环境下的木构件的木材，不应大于20％。

检查数量：每一检验批每一树种每一规格木材随机抽取5根。

检验方法：附录B。

（6）承重钢构件和连接所用钢材应有产品质量合格证书和化学成分的合格证书。进场钢材应见证检验其抗拉屈服强度、极限强度和延伸率，其值应满足设计文件规定的相应等级钢材的材质标准指标，且不应低于现行国家标准《碳素结构钢》GB 700有关Q235及以上等级钢材的规定。－30℃以下使用的钢材不宜低于Q235D或相应屈服强度钢材D等级的冲击韧性规定。钢木屋架下弦所用圆钢，除应作抗拉屈服强度、极限强度和延伸率性能检验外，尚应作冷弯检验，并应满足设计文件规定的圆钢材质标准。

检查数量：每检验批每一钢种随机抽取两件。

检验方法：取样方法、试样制备及拉伸试验方法应分别符合现行国家标准《钢材力学及工艺性能试验取样规定》GB 2975、《金属拉伸试验试样》GB 6397 和《金属材料室温拉伸试验方法》GB/T 228 的有关规定。

(7) 焊条应符合现行国家标准《碳钢焊条》GB 5117 和《低合金钢焊条》GB 5118 的有关规定，型号应与所用钢材匹配，并应有产品质量合格证书。

检查数量：检验批全数。

检验方法：实物与产品质量合格证书对照检查。

(8) 螺栓、螺帽应有产品质量合格证书，其性能应符合现行国家标准《六角头螺栓》GB 5782 和《六角头螺栓-C 级》GB 5780 的有关规定。

检查数量：检验批全数。

检验方法：实物与产品质量合格证书对照检查。

(9) 圆钉应有产品质量合格证书，其性能应符合现行行业标准《一般用途圆钢钉》YB/T 5002 的有关规定。设计文件规定钉子的抗弯屈服强度时，应作钉子抗弯强度见证检验。

检查数量：每检验批每一规格圆钉随机抽取 10 枚。

检验方法：检查产品质量合格证书、检测报告。强度见证检验方法应符合附录 C 的规定。

(10) 圆钢拉杆应符合下列要求：

1) 圆钢拉杆应平直，接头应采用双面绑条焊。绑条直径不应小于拉杆直径的 75%，在接头一侧的长度不应小于拉杆直径的 4 倍。焊脚高度和焊缝长度应符合设计文件的规定。

2) 螺帽下垫板应符合设计文件的规定，且不应低于 4.1.3 一般项目第 (3) 条第 2 款的要求。

3) 钢木屋架下弦圆钢拉杆、桁架主要受拉腹杆、蹬式节点拉杆及螺栓直径大于 20mm 时，均应采用双螺帽自锁。受拉螺杆伸出螺帽的长度，不应小于螺杆直径的80%。

检查数量：检验批全数。

检验方法：丈量、检查交接检验报告。

(11) 承重钢构件中，节点焊缝焊脚高度不得小于设计文件的规定，除设计文件另有规定外，焊缝质量不得低于三级，－30℃以下工作的受拉构件焊缝质量不得低于二级。

检查数量：检验批全部受力焊缝。

检验方法：按现行行业标准《建筑钢结构焊接技术规范》JGJ 81的有关规定检查，并检查交接检验报告。

(12) 钉连接、螺栓连接节点的连接件（钉、螺栓）的规格、数量，应符合设计文件的规定。

检查数量：检验批全数。

检验方法：目测、丈量。

(13) 木桁架支座节点的齿连接，端部木材不应有腐朽、开裂和斜纹等缺陷，剪切面不应位于木材髓心侧；螺栓连接的受拉接头，连接区段木材及连接板均应采用I_a等材，并应符合附录A的有关规定；其他螺栓连接接头也应避开木材腐朽、裂缝、斜纹和松节等缺陷部位。

检查数量：检验批全数。

检验方法：目测。

(14) 在抗震设防区的抗震措施应符合设计文件的规定。当抗震设防烈度为8度及以上时，应符合下列要求：

1) 屋架支座处应有直径不小于20mm的螺栓锚固在墙或混凝土圈梁上。当支承在木柱上时，柱与屋架间应有木夹板式的斜撑，斜撑上段应伸至屋架上弦节点处，并应用螺栓连接（图4-1-1）。柱与屋架下弦应有暗榫，并应用U形铁连接。桁架木腹杆与上弦杆连接处的扒钉应改用螺栓压紧承压面，与下弦连接处则应采用双面扒钉。

2) 屋面两侧应对称斜向放檩条，檐口瓦应与挂瓦条扎牢。

3) 檩条与屋架上弦应用螺栓连接，双脊檩应互相拉结。

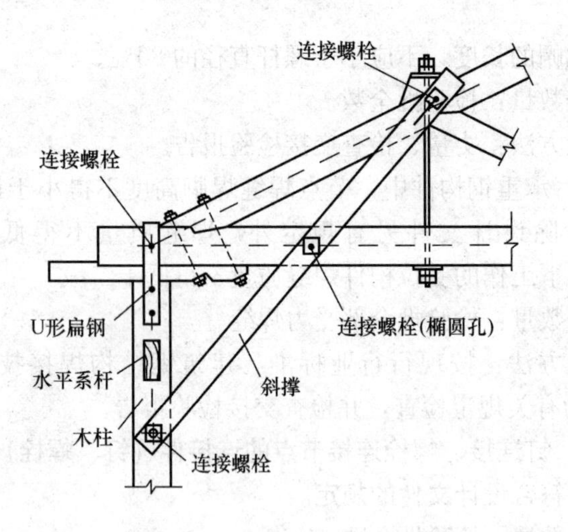

图 4-1-1　屋架与木柱的连接

4）柱与基础间应有预埋的角钢连接，并应用螺栓固定。

5）木屋盖房屋，节点处檩条应固定在山墙及内横墙的卧梁埋件上，支承长度不应小于 120mm，并应有螺栓可靠锚固。

检查数量：检验批全数。

检验方法：目测、丈量。

4.1.3　一般项目

（1）各种原木、方木构件制作的允许偏差不应超出表 4-1-3 的规定。

检查数量：检验批全数。

检验方法：表 4-1-3。

方木、原木结构和胶合木结构桁架、梁和柱制作允许偏差　表 4-1-3

项次	项　目		允许偏差（mm）	检验方法
1	构件截面尺寸	方木和胶合木构件截面的高度、宽度	−3	钢尺量
		板材厚度、宽度	−2	
		原木构件梢径	−5	

续表

<table>
<tr><th>项次</th><th colspan="3">项　目</th><th>允许偏差
(mm)</th><th>检验方法</th></tr>
<tr><td rowspan="2">2</td><td rowspan="2">构件长度</td><td colspan="2">长度不大于 15m</td><td>±10</td><td rowspan="2">钢尺量桁架支座节点中心间距，梁、柱全长</td></tr>
<tr><td colspan="2">长度大于 15m</td><td>±15</td></tr>
<tr><td rowspan="2">3</td><td rowspan="2">桁架高度</td><td colspan="2">长度不大于 15m</td><td>±10</td><td rowspan="2">钢尺量脊节点中心与下弦中心距离</td></tr>
<tr><td colspan="2">长度大于 15m</td><td>±15</td></tr>
<tr><td rowspan="2">4</td><td rowspan="2">受压或压弯构件纵向弯曲</td><td colspan="2">方木、胶合木构件</td><td>$L/500$</td><td rowspan="2">拉线钢尺量</td></tr>
<tr><td colspan="2">原木构件</td><td>$L/200$</td></tr>
<tr><td>5</td><td colspan="3">弦杆节点间距</td><td>±5</td><td rowspan="2">钢尺量</td></tr>
<tr><td>6</td><td colspan="3">齿连接刻槽深度</td><td>±2</td></tr>
<tr><td rowspan="3">7</td><td rowspan="3">支座节点受剪面</td><td colspan="2">长度</td><td>−10</td><td rowspan="7">钢尺量</td></tr>
<tr><td rowspan="2">宽度</td><td>方木、胶合木</td><td>−3</td></tr>
<tr><td>原木</td><td>−4</td></tr>
<tr><td rowspan="3">8</td><td rowspan="3">螺栓中心间距</td><td colspan="2">进孔处</td><td>±0.2d</td></tr>
<tr><td rowspan="2">出孔处</td><td>垂直木纹方向</td><td>±0.5d
且不大于
4B/100</td></tr>
<tr><td>顺木纹方向</td><td>±1d</td></tr>
<tr><td>9</td><td colspan="3">钉进孔处的中心间距</td><td>±1d</td><td>—</td></tr>
<tr><td rowspan="2">10</td><td colspan="3" rowspan="2">桁架起拱</td><td>±20</td><td>以两支座节点下弦中心线为准，拉一水平线，用钢尺量</td></tr>
<tr><td>−10</td><td>两跨中下弦中心线与拉线之间距离</td></tr>
</table>

注：d 为螺栓或钉的直径；L 为构件长度；B 为板的总厚度。

（2）齿连接应符合下列要求：

1）除应符合设计文件的规定外，承压面应与压杆的轴线垂直。单齿连接压杆轴线应通过承压面中心；双齿连接，第一齿顶点应位于上、下弦杆上边缘的交点处，第二齿顶点应位于上弦杆轴线与下弦杆上边缘的交点处，第二齿承压面应比第一齿承压面至少深 20mm。

2）承压面应平整，局部隙缝不应超过 1mm，非承压面应留外口约 5mm 的楔形缝隙。

3）桁架支座处齿连接的保险螺栓应垂直于上弦杆轴线，木腹杆与上、下弦杆间应有扒钉扣紧。

4）桁架端支座垫木的中心线，方木桁架应通过上、下弦杆净截面中心线的交点；原木桁架则应通过上、下弦杆毛截面中心线的交点。

检查数量：检验批全数。

检验方法：目测、丈量，检查交接检验报告。

（3）螺栓连接（含受拉接头）的螺栓数目、排列方式、间距、边距和端距，除应符合设计文件的规定外，尚应符合下列要求：

1）螺栓孔径不应大于螺栓杆直径 1mm，也不应小于或等于螺栓杆直径。

2）螺帽下应设钢垫板，其规格除应符合设计文件的规定外，厚度不应小于螺杆直径的 30%，方形垫板的边长不应小于螺杆直径的 3.5 倍，圆形垫板的直径不应小于螺杆直径的 4 倍，螺帽拧紧后螺栓外露长度不应小于螺杆直径的 80%。螺纹段剩留在木构件内的长度不应大于螺杆直径的 1.0 倍。

3）连接件与被连接件间的接触面应平整，拧紧螺帽后局部可允许有缝隙，但缝宽不应超过 1mm。

检查数量：检验批全数。

检验方法：目测、丈量。

（4）钉连接应符合下列规定：

1）圆钉的排列位置应符合设计文件的规定。

2）被连接件间的接触面应平整，钉紧后局部缝隙宽度不应超过 1mm，钉帽应与被连接件外表面齐平。

3）钉孔周围不应有木材被胀裂等现象。

检查数量：检验批全数。

检验方法：目测、丈量。

（5）木构件受压接头的位置应符合设计文件的规定，应采用承压面垂直于构件轴线的双盖板连接（平接头），两侧盖板厚度均不应小于对接构件宽度的 50%，高度应与对接构件高度一致。承压面应锯平并彼此顶紧，局部缝隙不应超过 1mm。螺栓直径、数量、排列应符合设计文件的规定。

检查数量：检验批全数。

检验方法：目测、丈量，检查交接检验报告。

（6）木桁架、梁及柱的安装允许偏差不应超出表 4-1-4 的规定。

检查数量：检验批全数。

检验方法：表 4-1-4。

（7）屋面木构架的安装允许偏差不应超出表 4-1-5 的规定。

检查数量：检验批全数。

检验方法：目测、丈量。

（8）屋盖结构支撑系统的完整性应符合设计文件规定。

检查数量：检验批全数。

检验方法：对照设计文件、丈量实物，检查交接检验报告。

方木、原木结构和胶合木结构桁架、梁和柱安装允许偏差　　表 4-1-4

项次	项　目	允许偏差（mm）	检验方法
1	结构中心线的间距	±20	钢尺量
2	垂直度	H/200 且不大于 15	吊线钢尺量
3	受压或压弯构件纵向弯曲	L/300	吊（拉）线钢尺量
4	支座轴线对支承面中心位移	10	钢尺量
5	支座标高	±5	用水准仪

注：H 为桁架或柱的高度；L 为构件长度。

方木、原木结构和胶合木结构屋面木构架的安装允许偏差　表 4-1-5

<table>
<tr><th>项次</th><th colspan="2">项　目</th><th>允许偏差
(mm)</th><th>检验方法</th></tr>
<tr><td rowspan="5">1</td><td rowspan="5">檩　条、
椽条</td><td>方木、胶合木截面</td><td>−2</td><td>钢尺量</td></tr>
<tr><td>原木梢径</td><td>−5</td><td>钢尺量，椭圆时取大小径的平均值</td></tr>
<tr><td>间距</td><td>−10</td><td>钢尺量</td></tr>
<tr><td>方木、胶合木上表面平直</td><td>4</td><td rowspan="2">沿坡拉线钢尺量</td></tr>
<tr><td>原木上表面平直</td><td>7</td></tr>
<tr><td>2</td><td colspan="2">油毡搭接宽度</td><td>−10</td><td rowspan="2">钢尺量</td></tr>
<tr><td>3</td><td colspan="2">挂瓦条间距</td><td>±5</td></tr>
<tr><td rowspan="2">4</td><td rowspan="2">封山、封
檐板平直</td><td>下边缘</td><td>5</td><td rowspan="2">拉 10m 线，不足 10m 拉通线，钢尺量</td></tr>
<tr><td>表面</td><td>8</td></tr>
</table>

4.2　胶合木结构

4.2.1　一般规定

(1) 胶合木结构适用于主要承重构件由层板胶合木制作和安装的木结构工程。

(2) 层板胶合木可采用分别由普通胶合木层板、目测分等或机械分等层板按规定的构件截面组坯胶合而成的普通层板胶合木、目测分等与机械分等同等组合胶合木，以及异等组合的对称与非对称组合胶合木。

(3) 层板胶合木构件应由经资质认证的专业加工企业加工生产。

(4) 材料、构配件的质量控制应以一幢胶合木结构房屋为一个检验批；构件制作安装质量控制应以整幢房屋的一楼层或变形缝间的一楼层为一个检验批。

4.2.2　主控项目

(1) 胶合木结构的结构形式、结构布置和构件截面尺寸，应

符合设计文件的规定。

检查数量：检验批全数。

检验方法：实物与设计文件对照、丈量。

(2) 结构用层板胶合木的类别、强度等级和组坯方式，应符合设计文件的规定，并应有产品质量合格证书和产品标识，同时应有满足产品标准规定的胶缝完整性检验和层板指接强度检验合格证书。

检查数量：检验批全数。

检验方法：实物与证明文件对照。

(3) 胶合木受弯构件应作荷载效应标准组合作用下的抗弯性能见证检验。在检验荷载作用下胶缝不应开裂，原有漏胶胶缝不应发展，跨中挠度的平均值不应大于理论计算值的 1.13 倍，最大挠度不应大于表 4-2-1 的规定。

检查数量：每一检验批同一胶合工艺、同一层板类别、树种组合、构件截面组坯的同类型构件随机抽取 3 根。

检验方法：附录 D。

荷载效应标准组合作用下受弯木构件的挠度限值　表 4-2-1

项次	构件类别		挠度限值（m）
1	檩条	$L \leqslant 3.3$m	$L/200$
		$L > 3.3$m	$L/250$
2	主梁		$L/250$

注：L 为受弯构件的跨度。

(4) 弧形构件的曲率半径及其偏差应符合设计文件的规定，层板厚度不应大于 $R/125$（R 为曲率半径）。

检查数量：检验批全数。

检验方法：钢尺丈量。

(5) 层板胶合木构件平均含水率不应大于 15%，同一构件各层板间含水率差别不应大于 5%。

检查数量：每一检验批每一规格胶合木构件随机抽取5根。

检验方法：附录B。

（6）钢材、焊条、螺栓、螺帽的质量应分别符合4.1方木与原木结构4.1.2主控项目中第（6）～（8）条的规定。

（7）各连接节点的连接件类别、规格和数量应符合设计文件的规定。桁架端节点齿连接胶合木端部的受剪面及螺栓连接中的螺栓位置，不应与漏胶胶缝重合。

检查数量：检验批全数。

检验方法：目测、丈量。

4.2.3　一般项目

（1）层板胶合木构造及外观应符合下列要求：

1）层板胶合木的各层木板木纹应平行于构件长度方向。各层木板在长度方向应为指接。受拉构件和受弯构件受拉区截面高度的1/10范围内同一层板上的指接间距，不应小于1.5m，上、下层板间指接头位置应错开不小于木板厚的10倍。层板宽度方向可用平接头，但上、下层板间接头错开的距离不应小于40mm。

2）层板胶合木胶缝应均匀，厚度应为0.1mm～0.3mm。厚度超过0.3mm的胶缝的连续长度不应大于300mm，且厚度不得超过1mm。在构件承受平行于胶缝平面剪力的部位，漏胶长度不应大于75mm，其他部位不应大于150mm。在第3类使用环境条件下，层板宽度方向的平接头和板底开槽的槽内均应用胶填满。

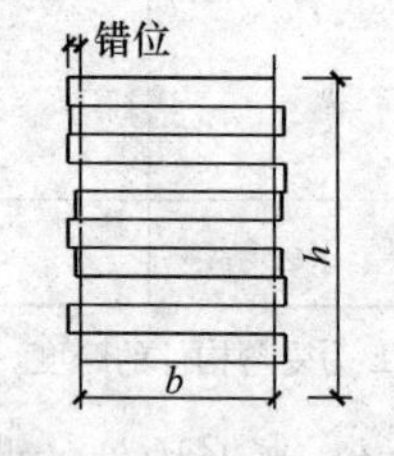

图4-2-1　外观C级层板错位示意

注：b—截面宽度；h—截面高度

3）胶合木结构的外观质量除设计文件另有规定外，木结构工程应按下列规定验收：

① A级，结构构件外露，外观要求很高而需油漆，构件表面洞孔需用木材修补，木材表面应用砂纸打磨。

② B级，结构构件外露，外表要求用机具刨光油漆，表面允许有偶尔的漏刨、细小的缺陷和空隙，但不允许有松软节的孔洞。

③ C级，结构构件不外露，构件表面无需加工刨光。

对于外观要求为C级的构件截面，可允许层板有错位（图4-2-1），截面尺寸允许偏差和层板错位应符合表4-2-2的要求。

检查数量：检验批全数。

检验方法：厚薄规（塞尺）、量器、目测。

外观C级时的胶合木构件截面的允许偏差（mm）　**表4-2-2**

截面的高度或宽度	截面高度或宽度的允许偏差	错位的最大值
（h或b）＜100	±2	4
100≤（h或b）＜300	±3	5
300≤（h或b）	±6	6

（2）胶合木构件的制作偏差不应超出表4-1-3的规定。

检查数量：检验批全数。

检验方法：角尺、钢尺丈量，检查交接检验报告。

（3）齿连接、螺栓连接、圆钢拉杆及焊缝质量，应符合4.1方木与原木结构中4.1.2主控项目第（10）、（11）条和4.1.3一般项目中第（2）、（3）条的规定。

（4）金属节点构造、用料规格及焊缝质量应符合设计文件的规定。除设计文件另有规定外，与其相连的各构件轴线应相交于金属节点的合力作用点，与各构件相连的连接类型应符合设计文件的规定，并应符合4.1方木与原木结构中4.1.3一般项目第（3）～（5）条的规定。

检查数量：检验批全数。

检验方法：目测、丈量。

（5）胶合木结构安装偏差不应超出表4-1-4的规定。

检查数量：过程控制检验批全数，分项验收抽取总数10%

复检。

检验方法：表 4-1-4。

4.3 轻型木结构

4.3.1 一般规定

（1）轻型木结构适用于由规格材及木基结构板材为主要材料制作与安装的木结构工程。

（2）轻型木结构材料、构配件的质量控制应以同一建设项目同期施工的每幢建筑面积不超过 300m^2、总建筑面积不超过 3000m^2 的轻型木结构建筑为一检验批，不足 3000m^2 者应视为一检验批，单体建筑面积超过 300m^2 时，应单独视为一检验批；轻型木结构制作安装质量控制应以一幢房屋的一层为一检验批。

4.3.2 主控项目

（1）轻型木结构的承重墙（包括剪力墙）、柱、楼盖、屋盖布置、抗倾覆措施及屋盖抗掀起措施等，应符合设计文件的规定。

检查数量：检验批全数。

检验方法：实物与设计文件对照。

（2）进场规格材应有产品质量合格证书和产品标识。

检查数量：检验批全数。

检验方法：实物与证书对照。

（3）每批次进场目测分等规格材应由有资质的专业分等人员做目测等级见证检验或做抗弯强度见证检验；每批次进场机械分等规格材应作抗弯强度见证检验，并应符合附录 E 的规定。

检查数量：检验批中随机取样，数量应符合附录 E 的规定。

检验方法：附录 E。

（4）轻型木结构各类构件所用规格材的树种、材质等级和规格，以及覆面板的种类和规格，应符合设计文件的规定。

检查数量：全数检查。

检验方法：实物与设计文件对照，检查交接报告。

（5）规格材的平均含水率不应大于20%。

检查数量：每一检验批每一树种每一规格等级规格材随机抽取5根。

检验方法：附录B。

（6）木基结构板材应有产品质量合格证书和产品标识，用作楼面板、屋面板的木基结构板材应有该批次干、湿态集中荷载、均布荷载及冲击荷载检验的报告，其性能不应低于附录F的规定。

进场木基结构板材应作静曲强度和静曲弹性模量见证检验，所测得的平均值应不低于产品说明书的规定。

检验数量：每一检验批每一树种每一规格等级随机抽取3张板材。

检验方法：按现行国家标准《木结构覆板用胶合板》GB/T 22349的有关规定进行见证试验，检查产品质量合格证书，该批次木基结构板干、湿态集中力、均布荷载及冲击荷载下的检验合格证书。检查静曲强度和弹性模量检验报告。

（7）进场结构复合木材和工字形木搁栅应有产品质量合格证书，并应有符合设计文件规定的平弯或侧立抗弯性能检验报告。

进场工字形木搁栅和结构复合木材受弯构件，应作荷载效应标准组合作用下的结构性能检验，在检验荷载作用下，构件不应发生开裂等损伤现象，最大挠度不应大于表4-2-1的规定，跨中挠度的平均值不应大于理论计算值的1.13倍。

检验数量：每一检验批每一规格随机抽取3根。

检验方法：按附录D的规定进行，检查产品质量合格证书、结构复合木材材料强度和弹性模量检验报告及构件性能检验报告。

（8）齿板桁架应由专业加工厂加工制作，并应有产品质量合格证书。

检查数量：检验批全数。

检验方法：实物与产品质量合格证书对照检查。

(9) 钢材、焊条、螺栓和圆钉应符合4.2胶合木结构4.2.2主控项目第(6)～(9)条的规定。

(10) 金属连接件应冲压成型，并应具有产品质量合格证书和材质合格保证。镀锌防锈层厚度不应小于275g/m^2。

检查数量：检验批全数。

检验方法：实物与产品质量合格证书对照检查。

(11) 轻型木结构各类构件间连接的金属连接件的规格、钉连接的用钉规格与数量，应符合设计文件的规定。

检查数量：检验批全数。

检验方法：目测、丈量。

(12) 当采用构造设计时，各类构件间的钉连接不应低于附录G的规定。

检查数量：检验批全数。

检验方法：目测、丈量。

4.3.3 一般项目

(1) 承重墙(含剪力墙)的下列各项应符合设计文件的规定，且不应低于现行国家标准《木结构设计规范》GB 50005有关构造的规定：

1) 墙骨间距。

2) 墙体端部、洞口两侧及墙体转角和交接处，墙骨的布置和数量。

3) 墙骨开槽或开孔的尺寸和位置。

4) 地梁板的防腐、防潮及与基础的锚固措施。

5) 墙体顶梁板规格材的层数、接头处理及在墙体转角和交接处的两层顶梁板的布置。

6) 墙体覆面板的等级、厚度及铺钉布置方式。

7) 墙体覆面板与墙骨钉连接用钉的间距。

8) 墙体与楼盖或基础间连接件的规格尺寸和布置。

检查数量：检验批全数。

检验方法：对照实物目测检查。

（2）楼盖下列各项应符合设计文件的规定，且不应低于现行国家标准《木结构设计规范》GB 50005 有关构造的规定：

1）拼合梁钉或螺栓的排列、连续拼合梁规格材接头的形式和位置。

2）搁栅或拼合梁的定位、间距和支承长度。

3）搁栅开槽或开孔的尺寸和位置。

4）楼盖洞口周围搁栅的布置和数量；洞口周围搁栅间的连接、连接件的规格尺寸及布置。

5）楼盖横撑、剪刀撑或木底撑的材质等级、规格尺寸和布置。

检查数量：检验批全数。

检验方法：目测、丈量。

（3）齿板桁架的进场验收，应符合下列规定：

1）规格材的树种、等级和规格应符合设计文件的规定。

2）齿板的规格、类型应符合设计文件的规定。

3）桁架的几何尺寸偏差不应超过表 4-3-1 的规定。

4）齿板的安装位置偏差不应超过图 4-3-1 所示的规定

桁架制作允许误差（mm）　　**表 4-3-1**

	相同桁架间尺寸差	与设计尺寸间的误差
桁架长度	12.5	18.5
桁架高度	6.5	12.5

注：1. 桁架长度指不包括悬挑或外伸部分的桁架总长，用于限定制作误差；

2. 桁架高度指不包括悬挑或外伸等上、下弦杆突出部分的全榀桁架最高部位处的高度，为上弦顶面到下弦底面的总高度，用于限定制作误差。

5）齿板连接的缺陷面积，当连接处的构件宽度大于 50mm 时，不应超过齿板与该构件接触面积的 20%；当构件宽度小于 50mm 时，不应超过齿板与该构件接触面积的 10%。缺陷面积应为齿板与构件接触面范围内的木材表面缺陷面积与板齿倒伏面积之和。

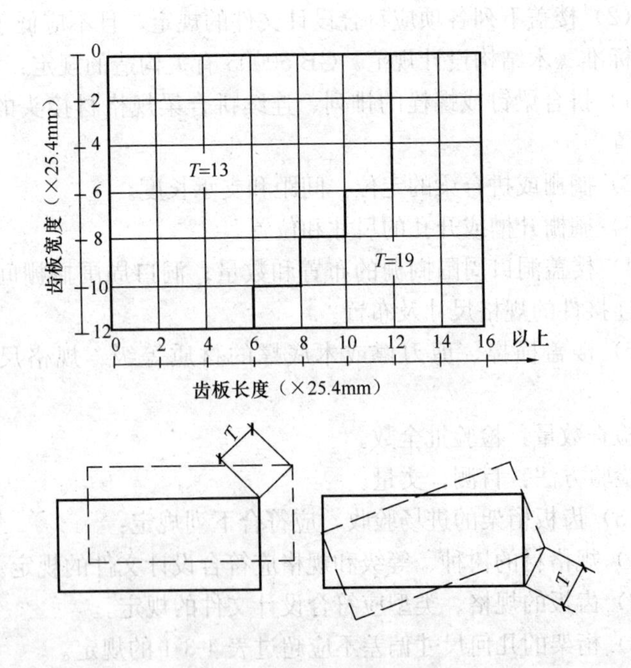

图 4-3-1　齿板位置偏差允许值

6）齿板连接处木构件的缝隙不应超过图 4-3-2 所示的规定。除设计文件有特殊规定外，宽度超过允许值的缝隙，均应有宽度不小于 19mm、厚度与缝隙宽度相当的金属片填实，并应有螺纹钉固定在被填塞的构件上。

检查数量：检验批全数的 20%。

检验方法：目测、量器测量。

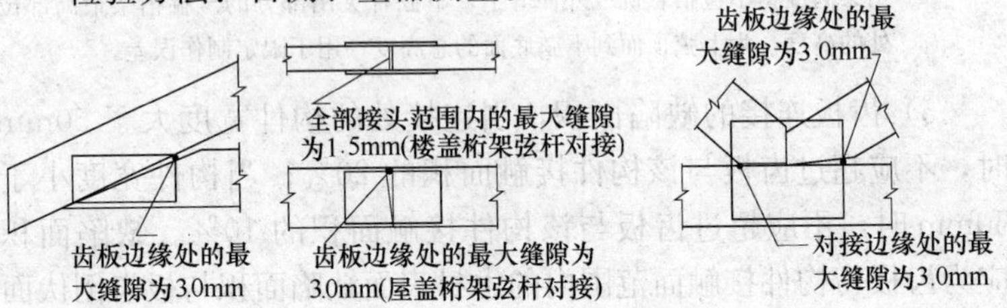

图 4-3-2　齿板桁架木构件间允许缝隙限值

（4）屋盖下列各项应符合设计文件的规定，且不应低于现行国家标准《木结构设计规范》GB 50005 有关构造的规定：

1）椽条、天棚搁栅或齿板屋架的定位、间距和支承长度；

2）屋盖洞口周围椽条与顶棚搁栅的布置和数量；洞口周围椽条与顶棚搁栅间的连接、连接件的规格尺寸及布置；

3）屋面板铺钉方式及与搁栅连接用钉的间距。

检查数量：检验批全数。

检验方法：钢尺或卡尺量、目测。

（5）轻型木结构各种构件的制作与安装偏差，不应大于表 4-3-2 的规定。

检查数量：检验批全数。

检验方法：表 4-3-2。

（6）轻型木结构的保温措施和隔气层的设置等，应符合设计文件的规定。

检查数量：检验批全数。

检验方法：对照设计文件检查。

轻型木结构的制作安装允许偏差　　表 4-3-2

项次	项目			允许偏差（mm）	检验方法
1	楼盖主梁、柱子及连接件	楼盖主梁	截面宽度/高度	±6	钢板尺量
			水平度	±1/200	水平尺量
			垂直度	±3	直角尺和钢板尺量
			间距	±6	钢尺量
			拼合梁的钉间距	+30	钢尺量
			拼合梁的各构件的截面高度	±3	钢尺量
			支承长度	−6	钢尺量

续表

项次	项目			允许偏差（mm）	检验方法
2	楼盖主梁、柱子及连接件	柱子	截面尺寸	±3	钢尺量
			拼合柱的钉间距	+30	钢尺量
			柱子长度	±3	钢尺量
			垂直度	±1/200	靠尺量
3		连接件	连接件的间距	±6	钢尺量
			同一排列连接件之间的错位	±6	钢尺量
			构件上安装连接件开槽尺寸	连接件尺寸±3	卡尺量
			端距/边距	±6	钢尺量
			连接钢板的构件开槽尺寸	±6	卡尺量
4	楼（屋）盖施工	楼（屋）盖	搁栅间距	±40	钢尺量
			楼盖整体水平度	±1/250	水平尺量
			楼盖局部水平度	±1/150	水平尺量
			搁栅截面高度	±3	钢尺量
			搁栅支承长度	−6	钢尺量
5		楼（屋）盖	规定的钉间距	+30	钢尺量
			钉头嵌入楼、屋面板表面的最大深度	+3	卡尺量
6		楼（屋）盖齿板连接桁架	桁架间距	±40	钢尺量
			桁架垂直度	±1/200	直角尺和钢尺量
			齿板安装位置	±6	钢尺量
			弦杆、腹杆、支撑	19	钢尺量
			桁架高度	13	钢尺量

续表

项次	项目			允许偏差（mm）	检验方法
7	墙体施工	墙骨柱	墙骨间距	±40	钢尺量
			墙体垂直度	±1/200	直角尺和钢尺量
			墙体水平度	±1/150	水平尺量
			墙体角度偏差	±1/270	直角尺和钢尺量
			墙骨长度	±3	钢尺量
			单根墙骨柱的出平面偏差	±3	钢尺量
8		顶梁板、底梁板	顶梁板、底梁板的平直度	+1/150	水平尺量
			顶梁板作为弦杆传递荷载时的搭接长度	±12	钢尺量
9		墙面板	规定的钉间距	+30	钢尺量
			钉头嵌入墙面板表面的最大深度	+3	卡尺量
			木框架上墙面板之间的最大缝隙	+3	卡尺量

4.4 木结构的防护

4.4.1 一般规定

（1）木结构防护适用于木结构防腐、防虫和防火。

（2）设计文件规定需要作阻燃处理的木构件应按现行国家标准《建筑设计防火规范》GB 50016 的有关规定和不同构件类别的耐火极限、截面尺寸选择阻燃剂和防护工艺，并应由具有专业资质的企业施工。对于长期暴露在潮湿环境下的木构件，尚应采取防止阻燃剂流失的措施。

（3）木材防腐处理应根据设计文件规定的各木构件用途和防腐要求，按表 4-4-1 的规定确定其使用环境类别并选择合适的防腐剂。防腐处理宜采用加压法施工，并应由具有专业资质的企业施工。经防腐药剂处理后的木构件不宜再进行锯解、刨削等加工处理。确需作局部加工处理导致局部未被浸渍药剂的木材外露时，该部位的木材应进行防腐修补。

木构的使用环境 **表 4-4-1**

使用分类	使用条件	应用环境	常用构件
C1	户内，且不接触土壤	在室内干燥环境中使用，能避免气候和水分的影响	木梁、木柱等
C2	户内，且不接触土壤	在室内环境中使用，有时受潮湿和水分的影响，但能避免气候的影响	木梁、木柱等
C3	户外，但不接触土壤	在室外环境中使用，暴露在各种气候中，包括淋湿，但不长期浸泡在水中	木梁等
C4	户外，且接触土壤或浸在淡水中	在室外环境中使用，暴露在各种气候中，且与地面接触或长期浸泡在淡水中	木柱等

（4）阻燃剂、防火涂料以及防腐、防虫等药剂，不得危及人畜安全，不得污染环境。

（5）木结构防护工程的检验批可分别按 4.1～4.3 中对应的方木与原木结构、胶合木结构或轻型木结构的检验批划分。

4.4.2 主控项目

（1）所使用的防腐、防虫及防火和阻燃药剂应符合设计文件表明的木构件（包括胶合木构件等）使用环境类别和耐火等级，且应有质量合格证书的证明文件。经化学药剂防腐处理后的每批次木构件（包括成品防腐木材），应有符合附录 H 规定的药物有效性成分的载药量和透入度检验合格报告。

检查数量：检验批全数。

检验方法：实物对照、检查检验报告。

（2）经化学药剂防腐处理后进场的每批次木构件应进行透入度见证检验，透入度应符合附录K的规定。

检查数量：每检验批随机抽取5～10根构件，均匀地钻取20个（油性药剂）或48个（水性药剂）芯样。

检验方法：现行国家标准《木结构试验方法标准》GB/T 50329。

（3）木结构构件的各项防腐构造措施应符合设计文件的规定，并应符合下列要求：

1）首层木楼盖应设置架空层，方木、原木结构楼盖底面距室内地面不应小于400mm，轻型木结构不应小于150mm。支承楼盖的基础或墙上应设通风口，通风口总面积不应小于楼盖面积的1/150，架空空间应保持良好通风。

2）非经防腐处理的梁、檩条和桁架等支承在混凝土构件或砌体上时，宜设防腐垫木，支承面间应有卷材防潮层。梁、檩条和桁架等支座不应封闭在混凝土或墙体中，除支承面外，该部位构件的两侧面、顶面及端面均应与支承构件间留30mm以上能与大气相通的缝隙。

3）非经防腐处理的柱应支承在柱墩上，支承面间应有卷材防潮层。柱与土壤严禁接触，柱墩顶面距土地面的高度不应小于300mm。当采用金属连接件固定并受雨淋时，连接件不应存水。

4）木屋盖设吊顶时，屋盖系统应有老虎窗、山墙百叶窗等通风装置。寒冷地区保温层设在吊顶内时，保温层顶距桁架下弦的距离不应小于100mm。

5）屋面系统的内排水天沟不应直接支承在桁架、屋面梁等承重构件上。

检查数量：检验批全数。

检验方法：对照实物、逐项检查。

（4）木构件需作防火阻燃处理时，应由专业工厂完成，所使用的阻燃药剂应具有有效性检验报告和合格证书，阻燃剂应采用加压浸渍法施工。经浸渍阻燃处理的木构件，应有符合设计文件规定的药物吸收干量的检验报告。采用喷涂法施工的防火涂层厚度应均匀，见证检验的平均厚度不应小于该药物说明书的规定值。

检查数量：每检验批随机抽取 20 处测量涂层厚度。

检验方法：卡尺测量、检查合格证书。

（5）凡木构件外部需用防火石膏板等包覆时，包覆材料的防火性能应有合格证书，厚度应符合设计文件的规定。

检查数量：检验批全数。

检验方法：卡尺测量、检查产品合格证书。

（6）炊事、采暖等所用烟道、烟囱应用不燃材料制作且密封，砖砌烟囱的壁厚不应小于 240mm，并应有砂浆抹面，金属烟囱应外包厚度不小于 70mm 的矿棉保护层和耐火极限不低于 1.00h 的防火板，其外边缘距木构件的距离不应小于 120mm，并应有良好通风。烟囱出屋面处的空隙应用不燃材料封堵。

检查数量：检验批全数。

检验方法：对照实物。

（7）墙体、楼盖、屋盖空腔内现场填充的保温、隔热、吸声等材料，应符合设计文件的规定，且防火性能不应低于难燃性 B_1 级。

检查数量：检验批全数。

检验方法：实物与设计文件对照、检查产品合格证书。

（8）电源线敷设应符合下列要求：

1）敷设在墙体或楼盖中的电源线应用穿金属管线或检验合格的阻燃型塑料管。

2）电源线明敷时，可用金属线槽或穿金属管线。

3）矿物绝缘电缆可采用支架或沿墙明敷。

检查数量：检验批全数。

检验方法：对照实物、查验交接检验报告。

（9）埋设或穿越木结构的各类管道敷设应符合下列要求：

1）管道外壁温度达到120℃及以上时，管道和管道的包覆材料及施工时的胶粘剂等，均应采用检验合格的不燃材料。

2）管道外壁温度在120℃以下时，管道和管道的包覆材料等应采用检验合格的难燃性不低于 B_1 的材料。

检查数量：检验批全数。

检验方法：对照实物，查验交接检验报告。

（10）木结构中外露钢构件及未作镀锌处理的金属连接件，应按设计文件的规定采取防锈蚀措施。

检查数量：检验批全数。

检验方法：实物与设计文件对照。

4.4.3　一般项目

（1）经防护处理的木构件，其防护层有损伤或因局部加工而造成防护层缺损时，应进行修补。

检查数量：检验批全数。

检验方法：根据设计文件与实物对照检查，检查交接报告。

（2）墙体和顶棚采用石膏板（防火或普通石膏板）作覆面板并兼作防火材料时，紧固件（钉子或木螺钉）贯入构件的深度不应小于表4-4-2的规定。

检查数量：检验批全数。

检验方法：实物与设计文件对照，检查交接报告。

石膏板紧固件贯入木构件的深度（mm）　**表4-4-2**

耐火极限	墙体		顶棚	
	钉	木螺钉	钉	木螺钉
0.75h	20	20	30	30
1.00h	20	20	45	45
1.50h	20	20	60	60

(3) 木结构外墙的防护构造措施应符合设计文件的规定。

检查数量：检验批全数。

检验方法：根据设计文件与实物对照检查，检查交接报告。

(4) 楼盖、楼梯、顶棚以及墙体内最小边长超过25mm的空腔，其贯通的竖向高度超过3m，水平长度超过20m时，均应设置防火隔断。天花板、屋顶空间，以及未占用的阁楼空间所形成的隐蔽空间面积超过300m^2，或长边长度超过20m时，均应设防火隔断，并应分隔成隐蔽空间。防火隔断应采用下列材料：

1) 厚度不小于40mm的规格材。

2) 厚度不小于20mm且由钉交错钉合的双层木板。

3) 厚度不小于12mm的石膏板、结构胶合板或定向木片板。

4) 厚度不小于0.4mm的薄钢板。

5) 厚度不小于6mm的钢筋混凝土板。

检查数量：检验批全数。

检验方法：根据设计文件与实物对照检查，检查交接报告。

4.5 木结构子分部工程验收

(1) 木结构子分部工程质量验收的程序和组合，应符合现行国家标准《建筑工程施工质量验收统一标准》GB 50300的有关规定。

(2) 检验批及木结构分项工程质量合格，应符合下列规定：

1) 检验批主控项目检验结果应全部合格。

2) 检验批一般项目检验结果应有80%以上的检查点合格，且最大偏差不应超过允许偏差的1.2倍。

3) 木结构分项工程所含检验批检验结果均应合格，且应有各检验批质量验收的完整记录。

(3) 木结构子分部工程质量验收应符合下列规定：

1) 子分部工程所含分项工程的质量验收均应合格。

2）子分部工程所含分项工程的质量资料和验收记录应完整。

3）安全功能检测项目的资料应完整，抽检的项目均应合格。

4）外观质量验收应符合4.2.3一般项目中第（1）条第3）款的规定。

（4）木结构工程施工质量不合格时，应按现行国家标准《建筑工程施工质量验收统一标准》GB 50300的有关规定进行处理。

附录A 木材强度等级检验方法

附A.1 一般规定

1. 本检验方法适用于已列入现行国家标准《木结构设计规范》GB 50005树种的原木、方木和板材的木材强度等级检验。

2. 当检验某一树种的木材强度等级时，应根据其弦向静曲强度的检测结果进行判定。

附A.2 取样及检测方法

1. 试材应在每检验批每一树种木材中随机抽取3株（根）木料，应在每株（根）试材的髓心外切取3个无疵弦向静曲强度试件为一组，试件尺寸和含水率应符合现行国家标准《木材抗弯强度试验方法》GB/T 1936.1的有关规定。

2. 弦向静曲强度试验和强度实测计算方法，应按现行国家标准《木材抗弯强度试验方法》GB/T 1936.1有关规定进行，并应将试验结果换算至木材含水率为12%时的数值。

3. 各组试件静曲强度试验结果的平均值中的最低值不低于表4-1-1的规定值时，应为合格。

附A.3 方木、原木及板材材质标准

1. 方木的材质标准应符合附表A-1的规定。

方木材质标准 **附表 A-1**

项次	缺陷名称		木材等级 Ⅰa	Ⅱa	Ⅲa
1	腐朽		不允许	不允许	不允许
2	木节	在构件任一面任何150mm长度上所有木节尺寸的总和与所在面宽的比值	≤1/3（连接部位≤1/4）	≤2/5	≤1/2
		死节	不允许	允许，但不包括腐朽节，直径不应大于20mm，且每延米中不得多于1个	允许，但不包括腐朽节，直径不应大于50mm，且每延米中不得多于2个
3	斜纹	斜率	≤5%	≤8%	≤12%
4	裂缝	在连接的受剪面上	不允许	不允许	不允许
		在连接部位的受剪面附近，其裂缝深度（有对面裂缝时，用两者之和）不得大于材宽的	≤1/4	≤1/3	不限
5	髓心		不在受剪面上	不限	不限
6	虫眼		不允许	允许表层虫眼	允许表层虫眼

2. 木节尺寸应按垂直于构件长度方向测量，并应取沿构件长度方向150mm范围内所有木节尺寸的总和（附图A-1*a*）。直

径小于 10mm 的木节应不计，所测面上呈条状的木节应不量（附图 A-1*b*）。

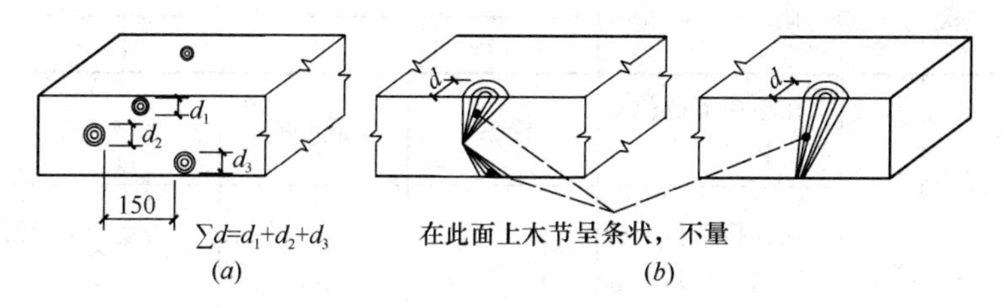

附图 A-1　木节量测法

（*a*）量测的木节；（*b*）不量测的条状木节

3. 原木的材质标准应符合附表 A-2 的规定。

原木材质标准　　**附表 A-2**

<table>
<tr><th rowspan="2">项次</th><th rowspan="2" colspan="2">缺 陷 名 称</th><th colspan="3">木 材 等 级</th></tr>
<tr><th>Ⅰa</th><th>Ⅱa</th><th>Ⅲa</th></tr>
<tr><td>1</td><td colspan="2">腐　朽</td><td>不允许</td><td>不允许</td><td>不允许</td></tr>
<tr><td rowspan="3">2</td><td rowspan="3">木节</td><td>在构件任何 150mm 长度上沿周长所有木节尺寸的总和，与所测部位原木周长的比值</td><td>≤1/4</td><td>≤1/3</td><td>≤2/5</td></tr>
<tr><td>每个木节的最大尺寸与所测部位原木周长的比值</td><td>≤1/10（普通部位）；≤1/12（连接部位）</td><td>≤1/6</td><td>≤1/6</td></tr>
<tr><td>死节</td><td>不允许</td><td>不允许</td><td>允许，但直径不大于原木直径的 1/5，每 2m 长度内不多于 1 个</td></tr>
<tr><td>3</td><td>扭纹</td><td>斜率</td><td>≤8%</td><td>≤12%</td><td>≤15%</td></tr>
</table>

续表

项次	缺陷名称		木材等级		
			Ⅰa	Ⅱa	Ⅲa
4	裂缝	在连接部位的受剪面上	不允许	不允许	不允许
		在连接部位的受剪面附近，其裂缝深度（有对面裂缝时，两者之和）与原木直径的比值	≤1/4	≤1/3	不限
5	髓心	位置	不在受剪面上	不限	不限
6	虫眼		不允许	允许表层虫眼	允许表层虫眼

注：木节尺寸按垂直于构件长度方向测量。直径小于 10mm 的木节不计。

4. 板材的材质标准应符合附表 A-3 的规定。

板材材质标准 **附表 A-3**

项次	缺陷名称		木材等级		
			Ⅰa	Ⅱa	Ⅲa
1	腐朽		不允许	不允许	不允许
2	木节	在构件任一面任何 150mm 长度上所有木节尺寸的总和与所在面宽的比值	≤1/4（连接部位≤1/5）	≤1/3	≤2/5
		死节	不允许	允许，但不包括腐朽节，直径不应大于 20mm，且每延米中不得多于 1 个	允许，但不包括腐朽节，直径不应大于 50mm，且每延米中不得多于 2 个

续表

项次	缺陷名称		木材等级		
			I_a	II_a	III_a
3	斜纹	斜率	≤5%	≤8%	≤12%
4	裂缝	连接部位的受剪面及其附近	不允许	不允许	不允许
5	髓心		不允许	不允许	不允许

附录B 木材含水率检验方法

附B.1 一般规定

1. 本检验方法适用于木材进场后构件加工前的木材和已制作完成的木构件的含水率测定。

2. 原木、方木（含板材）和层板宜采用烘干法（重量法）测定，规格材以及层板胶合木等木构件亦可采用电测法测定。

附B.2 取样及测定方法

1. 烘干法测定含水率时，应从每检验批同一树种同一规格材的树种中随机抽取5根木料作试材，每根试材应在距端头200mm处沿截面均匀地截取5个尺寸为20mm×20mm×20mm的试样，应按现行国家标准《木材含水率测定方法》GB/T 1931的有关规定测定每个试件中的含水率。

2. 电测法测定含水率时，应从检验批的同一树种，同一规格的规格材，层板胶合木构件或其他木构件随机抽取5根为试材，应从每根试材距两端200mm起，沿长度均匀分布地取三个截面，对于规格材或其他木构件，每一个截面的四面中部应各测定含水率，对于层板胶合木构件，则应在两侧测定每层层板的含水率。

3. 电测仪器应由当地计量行政部门标定认证。测定时应严格按仪表使用要求操作，并应正确选择木材的密度和温度等参数，测定深度不应小于 20mm，且应有将其测量值调整至截面平均含水率的可靠方法。

附 B.3 判定规则

1. 烘干法应以每根试材的 5 个试样平均值为该试材含水率，应以 5 根试材中的含水率最大值为该批木料的含水率，并不应大于本规范有关木材含水率的规定。

2. 规格材应以每根试材的 12 个测点的平均值为每根试材的含水率，5 根试材的最大值应为检验批该树种该规格的含水率代表值。

3. 层板胶合木构件的三个截面上各层层板含水率的平均值应为该构件含水率，同一层板的 6 个含水率平均值应作该层层板的含水率代表值。

附录 C 钉弯曲试验方法

附 C.1 一般规定

1. 本试验方法适用于测定木结构连接中钉在静荷载作用下的弯曲屈服强度。

2. 钉在跨度中央受集中荷载弯曲（附图 C-1），根据荷载-挠度曲线确定其弯曲屈服强度。

附 C.2 仪器设备

1. 一台压头按等速运行经过标定的试验机，准确度应达到±1%。

2. 钢制的圆柱形滚轴支座，直径应为 9.5mm（附图 C-1），当试件变形时滚轴应能转动。钢制的圆柱面压头，直径应为 9.5mm（附图 C-1）。

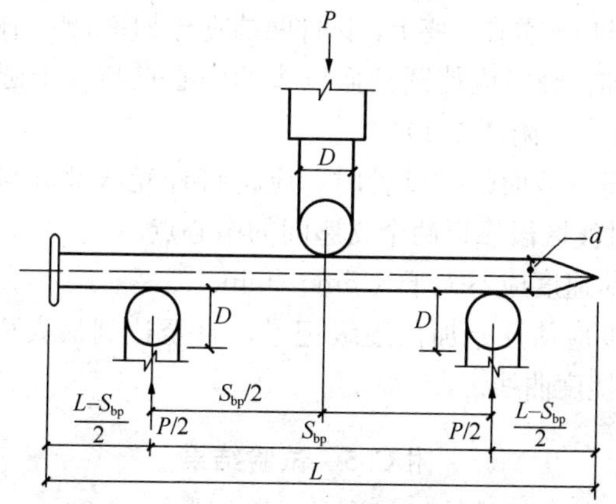

附图 C-1　跨度中点加载的钉弯曲试验

D—滚轴直径；d—钉杆直径；L—钉子长度

S_{bp}—跨度；P—施加的荷载

3. 挠度测量仪表的最小分度值应不大于 0.025mm。

附 C.3　试件的准备

1. 对于杆身光滑的钉除采用成品钉外，也可采用已经冷拔用以制钉的钢丝作试件；木螺钉、麻花钉等杆身变截面的钉应采用成品钉作试件。

2. 钉的直径应在每个钉的长度中点测量。准确度应达到 0.025mm。对于钉杆部分变截面的钉，应以无螺纹部分的钉杆直径为准。

3. 试件长度不应小于 40mm。

附 C.4　试验步骤

1. 钉的试验跨度应符合附表 C-1 的规定。

钉的试验跨度　　**附表 C-1**

钉的直径（mm）	$d \leqslant 4.0$	$4.0 < d \leqslant 6.5$	$d > 6.5$
试验跨度（mm）	40	65	95

2. 试件应放置在支座上，试件两端应与支座等距（附图C-1）。

3. 施加荷载时应使圆柱面压头的中心点与每个圆柱形支座的中心点等距（附图 C-1）。

4. 杆身变截面的钉试验时，应将钉杆光滑部分与变截面部分之间的过渡区段靠近两个支座间的中心点。

5. 加荷速度应不大于 6.5mm/min。

6. 挠度应从开始加荷逐级记录，直至达到最大荷载，并应绘制荷载-挠度曲线。

附 C.5　试验结果

1. 对照荷载-挠度曲线的直线段，沿横坐标向右平移 5%钉的直径，绘制与其平行的直线（附图 C-2），应取该直线与荷载-挠度曲线交点的荷载值作为钉的屈服荷载。如果该直线未与荷载-挠度曲线相交，则应取最大荷载作为钉的屈服荷载。

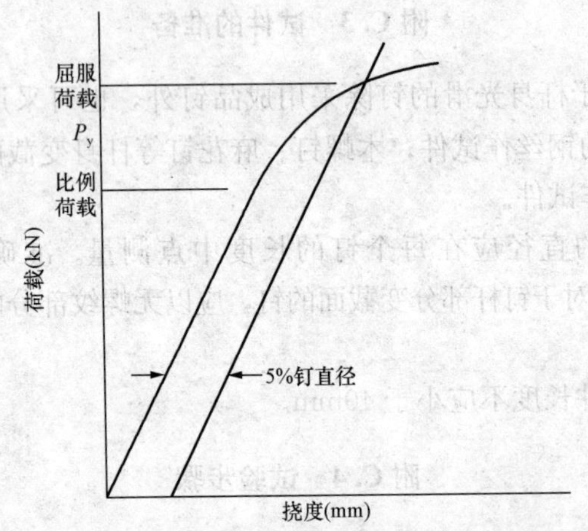

附图 C-2　钉弯曲试验的荷载-挠度典型曲线

2. 钉的抗弯屈服强度 f_y 应按下式计算：

$$f_y = \frac{3P_yS_{bp}}{2d^3} \tag{C-1}$$

式中　f_y——钉的抗弯屈服强度；

d——钉的直径；

P_y——屈服荷载；

S_{bp}——钉的试验跨度。

3. 钉的抗弯屈服强度应取全部试件屈服强度的平均值，并不应低于设计文件的规定。

附录 D 受弯木构件力学性能检验方法

附 D.1 一般规定

1. 本检验方法适用于层板胶合木和结构复合木材制作的受弯构件（梁、工字形木搁栅等）的力学性能检验，可根据受弯构件在设计规定的荷载效应标准组合作用下构件未受损伤和跨中挠度实测值判定。

2. 经检验合格的试件仍可用作工程用材。

附 D.2 取样方法、数量及几何参数

1. 在进场的同一批次、同一工艺制作的同类型受弯构件中应随机抽取 3 根作试件。当同类型的构件尺寸规格不同时，试件应在受荷条件不利或跨度较大的构件中抽取。

2. 试件的木材含水率不应大于 15%。

3. 量取每根受弯构件跨中和距两支座各 500mm 处的构件截面高度和宽度，应精确至±1.0mm，并应以平均截面高度和宽度计算构件截面的惯性矩；工字形木搁栅应以产品公称惯性矩为计算依据。

附 D.3 试验装置与试验方法

1. 试件应按设计计算跨度（l_0）简支地安装在支墩上（附图 D-1）。滚动铰支座滚直径不应小于 60mm，垫板宽度应与构件截面宽度一致，垫板长度应由木材局部横纹承压强度决定，垫板厚度应由钢板的受弯承载力决定，但不应小于 8mm。

2. 当构件截面高宽比大于 3 时，应设置防止构件发生侧向

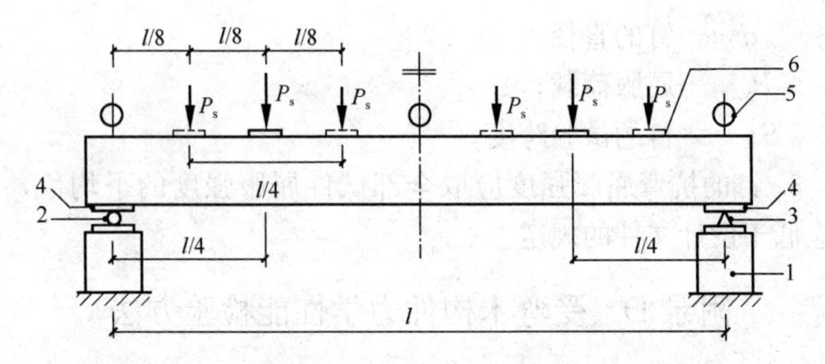

附图 D-1　受弯构件试验

1—支墩；2—滚动铰支座；3—固定铰支座；4—垫板；5—位移计（百分表）；6—加载垫板；P_s—加载点的荷载；l—试件跨度

失稳的装置，支撑点应设在两支座和各加载点处，装置不应约束构件在荷载作用下的竖向变形。

3. 当构件计算跨度 $l_0 \leqslant 4m$ 时，应采用两集中力四分点加载；当 $l_0 > 4m$ 时，应采用四集中力八分点加载。两种加载方案的最大试验荷载（检验荷载）P_{smax}（含构件及设备重力）应按下列公式计算：

$$P_{smax} = \frac{4M_s}{l_0} \tag{D-1}$$

$$P_{smax} = \frac{2M}{l_0} \tag{D-2}$$

式中　M_s——设计规定的荷载效应标准组合（N·mm）。

4. 荷载应分五相同等级，应以相同时间间隔加载至试验荷载 P_{smax}，并应在 10min 之内完成。实际加载量应扣除构件自重和加载设备的重力作用。加载误差不应超过±1%。

5. 构件在各级荷载下的跨中挠度，应通过在构件的两支座和跨中位置安装的 3 个位移计测定。当位移计为百分表时，其准确度等级应为 1 级；当采用位移传感器时，准确度不应低于 1 级，最小分度值不宜大于试件最大挠度的 1%；应快速记录位移计在各级试验荷载下的读数，或采用数据采集系统记录荷载和各位移传感器的读数，同时应填写附表 D-1；应仔细检查各级荷载作用下，构件的损伤情况。

位移计读数记录

附表 D-1

<table>
<tr><td>委托单位</td><td colspan="2"></td><td>委托日期</td><td></td><td colspan="3">构件名称</td><td colspan="2"></td><td>试验日期</td><td colspan="2"></td></tr>
<tr><td>试件含水率</td><td colspan="2"></td><td>截面尺寸</td><td></td><td colspan="3">荷载效应标准组合（N·mm）</td><td colspan="2"></td><td>见证号</td><td colspan="2"></td></tr>
<tr><td rowspan="2">№</td><td>荷载级别</td><td>加载时间</td><td colspan="3">百分表 1</td><td colspan="3">百分表 2</td><td colspan="3">百分表 3</td><td>损伤记录</td></tr>
<tr><td>每级荷载（kN）</td><td>测读时间</td><td>A_{1i}</td><td>ΔA_{1i}</td><td>$\Sigma\Delta A_{1i}$</td><td>A_{2i}</td><td>ΔA_{2i}</td><td>$\Sigma\Delta A_{2i}$</td><td>A_{3i}</td><td>ΔA_{3i}</td><td>$\Sigma\Delta A_{3i}$</td><td></td></tr>
<tr><td>1</td><td></td><td></td><td></td><td></td><td></td><td></td><td></td><td></td><td></td><td></td><td></td><td></td></tr>
<tr><td>2</td><td></td><td></td><td></td><td></td><td></td><td></td><td></td><td></td><td></td><td></td><td></td><td></td></tr>
<tr><td>3</td><td></td><td></td><td></td><td></td><td></td><td></td><td></td><td></td><td></td><td></td><td></td><td></td></tr>
<tr><td>…</td><td></td><td></td><td></td><td></td><td></td><td></td><td></td><td></td><td></td><td></td><td></td><td></td></tr>
<tr><td>N</td><td></td><td></td><td></td><td></td><td></td><td></td><td></td><td></td><td></td><td></td><td></td><td></td></tr>
</table>

记录：　　　　　　　　审核：

附 D.4 跨中实测挠度计算

1. 各级荷载作用下的跨中挠度实测值，应按下式计算：

$$w_i = \Sigma\Delta A_{2i} - \frac{1}{2}(\Sigma\Delta A_{1i} + \Sigma\Delta A_{3i}) \quad \text{(D-3)}$$

2. 荷载效应标准组合作用下的跨中挠度 w_s，应按下式计算：

$$w_s = \left(w_5 + w_3 \frac{P_0}{P_3}\right)\eta \quad \text{(D-4)}$$

式中 w_5——第五级荷载作用下的跨中挠度；

w_3——第三级荷载作用下的跨中挠度；

P_3——第三级时外加荷载的总量（每个加载点处的三级外加荷载量）；

P_0——构件自重和加载设备自重按弯矩等效原则折算至加载点处的荷载；

η——荷载形式修正系数，当设计荷载简图为均布荷载时，对两集中力加载方案 η=0.91，四集中力加载方案为 1.0，其他设计荷载简图可按材料力学以跨中弯矩等效时挠度计算公式换算。

附 D.5 判定规则

1. 试件在加载过程中不应有新的损伤出现，并应用 3 个试件跨中实测挠度的平均值与理论计算挠度比较，同时应用 3 个试件中跨中挠度实测值中的最大值与本章规定的允许挠度比较，满足要求者应为合格。试验跨度 l_0 未取实际构件跨度时，应以实测挠度平均值与理论计算值的比较结果为评定依据。

2. 受弯构件挠度理论计算值应以附 D.2 取样方法数量及几何参数中第 3 条获得的构件截面尺寸、所采用的试验荷载简图、外加荷载量（P_{smax} 中扣除试件及设备自重）和设计文件表明的材料弹性模量，按工程力学计算原则计算确定，实测挠度平均值应取按附式（D-3）计算的挠度平均值。

附录E　规格材材质等级检验方法

附 E.1　一般规定

1. 本检验方法适用于已列入现行国家标准《木结构设计规范》GB 50005 的各目测等级规格材和机械分等规格材材质等级检验。

2. 目测分等规格材可任选抗弯强度见证检验或目测等级见证检验，机械分等规格材应选用抗弯强度见证检验。

附 E.2　规格材目测等级见证检验

1. 目测分等规格材的材质等级应符合附表 E-1 的规定。

目测分等[1]规格材材质标准　　附表 E-1

项次	缺陷名称[2]	材质等级		
		I_c	II_c	III_c
1	振裂和干裂	允许个别长度不超过 600mm，但不贯通；贯通时，应按劈裂要求检验		贯通：长度不超过 600mm 不贯通：900mm 长或不超过 1/4 构件长 干裂无限制；贯通干裂应按劈裂要求检验
2	漏刨	构件的 10%轻度漏刨[3]		轻度漏刨不超过构件的 5%，包含长达 600mm 的散布漏刨[5]，或重度漏刨[4]
3	劈裂	$b/6$		$1.5b$

续表

项次	缺陷名称[2]	材质等级		
		I_c	II_c	III_c
4	斜纹：斜率不大于（%）	8	10	12
5	钝棱[6]	$h/4$ 和 $b/4$，全长或与其相当，如果在1/4长度内钝棱不超过 $h/2$ 或 $b/3$		$h/3$ 和 $b/3$，全长或与其相当，如果在 1/4 长度内钝棱不超过 $2h/3$或 $b/2$
6	针孔虫眼	每 25mm 的节孔允许 48 个针孔虫眼，以最差材面为准		
7	大虫眼	每 25mm 的节孔允许 12 个 6mm 的大虫眼，以最差材面为准		
8	腐朽—材心[17]	不允许		当 $h>40$mm 时不允许，否则 $h/3$ 或 $b/3$
9	腐朽—白腐[17]	不允许		1/3 体积
10	腐朽—蜂窝腐[17]	不允许		$b/6$ 坚实[13]
11	腐朽—局部片状腐[17]	不允许		$b/6$ 宽[13],[14]
12	腐朽—不健全材	不允许		最大尺寸 $b/12$ 和 50mm 长，或等效的多个小尺寸[13]
13	扭曲、横弯和顺弯[7]	1/2 中度		轻度

续表

项次	缺陷名称[2]	材质等级								
		I_{c}			II_{c}			III_{c}		
14	木节和节孔[16]高度（mm）	健全节、卷入节和均布节[8]		非健全节，松节和节孔[9]	健全节、卷入节和均布节		非健全节，松节和节孔[10]	任何木节		节孔[11]
		材边	材心		材边	材心		材边	材心	
	40	10	10	10	13	13	13	16	16	16
	65	13	13	13	19	19	19	22	22	22
	90	19	22	19	25	38	25	32	51	32
	115	25	38	22	32	48	29	41	60	35
	140	29	48	25	38	57	32	48	73	38
	185	38	57	32	51	70	38	64	89	51
	235	48	67	32	64	93	38	83	108	64
	285	57	76	32	76	95	38	95	121	76

项次	缺陷名称[2]	材质等级	
		IV_{c}	V_{c}
1	振裂和干裂	贯通—1/3 构件长 不贯通—全长 3 面振裂—1/6 构件长 干裂无限制 贯通干裂参见劈裂要求	不贯通—全长 贯通和三面振裂 1/3 构件长
2	漏刨	散布漏刨伴有不超过构件10%的重度漏刨[4]	任何面的散布漏刨中，宽面含不超过 10%的重度漏刨[4]
3	劈裂	$L/6$	$2b$
4	斜纹：斜率不大于（%）	25	25
5	钝棱[6]	$h/2$ 或 $b/2$，全长或与其相当，如果在 1/4 长度内钝棱不超过 $7h/8$ 或 $3b/4$	$h/3$ 或 $b/3$，全长或与其相当，如果在 1/4 长度内钝棱不超过 $h/2$ 或 $3b/4$

续表

项次	缺陷名称[2]	材质等级					
		Ⅳc			Ⅴc		
6	针孔虫眼	每 25mm 的节孔允许 48 个针虫眼，以最差材面为准					
7	大虫眼	每 25mm 的节孔允许 12 个 6mm 的大虫眼，以最差材面为准					
8	腐朽—材心[17]	1/3 截面[13]			1/3 截面[15]		
9	腐朽—白腐[17]	无限制			无限制		
10	腐朽—蜂窝腐[17]	100%坚实			100%坚实		
11	腐朽—局部片状腐[17]	1/3 截面			1/3 截面		
12	腐朽—不健全材	1/3 截面，深入部分 1/6 长度[15]			1/3 截面，深入部分 1/6 长度[15]		
13	扭曲，横弯和顺弯[7]	中度			1/2 中度		
14	木节和节孔[16] 高度（mm）	任何木节		节孔[12]	任何木节		节孔
		材边	材心				
	40	19	19	19	19	19	19
	65	32	32	32	32	32	32
	90	44	64	44	44	64	38
	115	57	76	48	57	76	44
	140	70	95	51	70	95	51
	185	89	114	64	89	114	64
	235	114	140	76	114	140	76
	285	140	165	89	140	165	89

续表

项次	缺陷名称[2]	材质等级	
		Ⅵc	Ⅶc
1	振裂和干裂	表层—不长于600mm 贯通干裂同劈裂	贯通：600mm长 不贯通：900mm长或不超过1/4构件长
2	漏刨	构件的10%轻度漏刨[3]	轻度漏刨不超过构件的5%，包含长达600mm的散布漏刨[5]或重度漏刨[4]
3	劈裂	b	$1.5b$
4	斜纹：斜率不大于（%）	17	25
5	钝棱[6]	$h/4$或$b/4$，全长或与其相当，如果在1/4长度内钝棱不超过$h/2$或$b/3$	$h/3$或$b/3$，全长或与其相当，如果在1/4长度内钝棱不超过$2h/3$或$b/2$，$\leqslant L/4$
6	针孔虫眼	每25mm的节孔允许48个针孔虫眼，以最差材面为准	
7	大虫眼	每25mm的节孔允许12个6mm的大虫眼，以最差材面为准	
8	腐朽—材心[17]	不允许	$h/3$或$b/3$
9	腐朽—白腐[18]	不允许	1/3体积
10	腐朽—蜂窝腐[19]	不允许	$b/6$
11	腐朽—局部片状腐[20]	不允许	$b/6$[14]
12	腐朽—不健全材	不允许	最大尺寸$b/12$和50mm长，或等效的小尺寸[13]
13	扭曲，横弯和顺弯[7]	1/2中度	轻度

续表

项次	缺陷名称[2]	材质等级			
		Ⅵc		Ⅶc	
14	木节和节孔[16]高度（mm）	健全节、卷入节和均布节[8]	非健全节松节和节孔[10]	任何木节	节孔[11]
	40	—	—	—	—
	65	19	16	25	19
	90	32	19	38	25
	115	38	25	51	32
	140	—	—	—	—
	185	—	—	—	—
	235	—	—	—	—
	285	—	—	—	—

注：[1] 目测分等应包括构件所有材面以及两端。b 为构件宽度，h 为构件厚度，L 为构件长度。

[2] 除本注解中已说明，缺陷定义详见国家标准《锯材缺陷》GB/T 4823—1995。

[3] 指深度不超过 1.6mm 的一组漏刨，漏刨之间的表面刨光。

[4] 重度漏刨为宽面上深度为 3.2mm、长度为全长的漏刨。

[5] 部分或全部漏刨，或全面糙面。

[6] 离材端全部或部分占据材面的钝棱，当表面要求满足允许漏刨规定，窄面上破坏要求满足允许节孔的规定(长度不超过同一等级最大节孔直径的 2 倍)，钝棱的长度可为 300mm，每根构件允许出现一次。含有该缺陷的构件不得超过总数的 5%。

[7] 顺弯允许值是横弯的 2 倍。

[8] 卷入节是指被树脂或树皮包围不与周围木材连生的木节，均布节是指在构件任何 150mm 长度上所有木节尺寸的总和必须小于容许最大木节尺寸的 2 倍。

[9] 每 1.2m 有一个或数个小节孔，小节孔直径之和与单个节孔直径相等。

[10] 每 0.9m 有一个或数个小节孔，小节孔直径之和与单个节孔直径相等。

[11] 每 0.6m 有一个或数个小节孔，小节孔直径之和与单个节孔直径相等。

[12] 每 0.3m 有一个或数个小节孔，小节孔直径之和与单个节孔直径相等。

[13] 仅允许厚度为 40mm。

[14] 假如构件窄面均有局部片状腐，长度限制为节孔尺寸的 2 倍。

[15] 钉入边不得破坏。

[16] 节孔可全部或部分贯通构件。除非特别说明，节孔的测量方法与节子相同。

[17] 材心腐朽指某些树种沿髓心发展的局部腐朽，用目测鉴定。心材腐朽存在于活树中，在被砍伐的木材中不会发展。

[18] 白腐指木材中白色或棕色的小壁孔或斑点，由白腐菌引起。白腐存在于活树中，在使用时不会发展。

[19] 蜂窝腐与白腐相似但囊孔更大。含蜂窝腐的构件较未含蜂窝腐的构件不易腐朽。

[20] 局部片状腐指柏树中槽状或壁孔状的区域。所有引起局部片状腐的木腐菌在树砍伐后不再生长。

2. 取样方法和检验方法应符合下列规定：

(1) 进场的每批次同一树种或树种组合、同一目测等级的规格材应作为一个检验批，每检验批应按附表 E-2 规定的数目随机抽取检验样本。

每检验批规格材抽样数量（根） **附表 E-2**

检验批容量	2～8	9～15	16～25	26～50	51～90
抽样数量	3	5	8	13	20
检验批容量	91～150	151～280	281～500	501～1200	1201～3200
抽样数量	32	50	80	125	200
检验批容量	3201～10000	10001～35000	35001～150000	150001～500000	＞500000
抽样数量	315	500	800	1250	2000

(2) 应采用目测、丈量方法，并应符合附表 E-2 的规定。

3. 样本中不符合该目测等级的规格材的根数不应大于附表 E-3 规定的合格判定数。

规格材目测检验合格判定数（根） **附表 E-3**

抽样数量	2～5	8～13	20	32	50	80	125	200	＞315
合格判定数	0	1	2	3	5	7	10	14	21

附 E.3 规格材抗弯强度见证检验

1. 规格材抗弯强度见证检验应采用复式抽样法，试样应从每一进场批次、每一强度等级和每一规格尺寸的规格材中随机抽取，第 1 次抽取 28 根。试样长度不应小于“$17h+200$mm”（h 为规格材截面高度）。

2. 规格材试样应在试验地通风良好的室内静待数天，使同批次规格材试样间含水率最大偏差不大于 2%。规格材试样应测定平均含水率 w，平均含水率应大于等于 10%，且应小于等于23%。

3. 规格材试样在检验荷载 P_k 作用下的三分点侧立抗弯试验，应按现行国家标准《木结构试验方法标准》GB/T 50329进行（附图E-1）。试样跨度不应小于17h，安装时试样的拉、压边应随机放置，并应经1min等速加载至检验荷载 P_k。

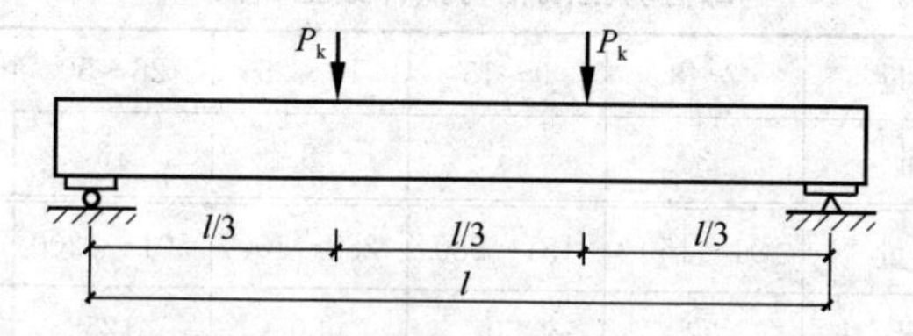

附图E-1 试样三分点侧立抗弯试验

P_k—加载点的荷载；l—规格材跨度

4. 规格材侧立抗弯试验的检验荷载应按下列公式计算：

$$P_k = f_b \frac{bh^2}{2l} \tag{E-1}$$

$$f_b = f_{bk} K_z K_l K_w \tag{E-2}$$

$$K_l = \left(\frac{l}{l_0}\right)^{0.14} \tag{E-3}$$

$$\left.\begin{array}{ll} f_{bk} \geqslant 16.66\text{N/mm}^2 & K_w = 1 + \dfrac{(15-w)(1-16.66/f_{bk})}{25} \\ f_{bk} < 16.66\text{N/mm}^2 & K_w = 1.0 \end{array}\right\} \tag{E-4}$$

式中 b——规格材的截面宽度；

h——规格材的截面高度；

l——试样的跨度；

l_0——试样标准跨度，取3.658m；

f_{bk}——规格材抗弯强度检验值，可按附表E-4取值；

K_z——规格材抗弯强度的截面尺寸调整系数，可按附表E-5取值；

K_l——规格材抗弯强度的跨度调整系数；

K_w——规格材抗弯强度的含水率调整系数；

w——试验时规格材的平均含水率。

进口北美目测分等规格材抗弯强度检验值（N/mm²）　　附表 E-4

等　级	花旗松-落叶松（南）	花旗松-落叶松（北）	铁杉-冷杉（南）	铁杉-冷杉（北）	南方松	云杉-松-冷杉	其他北美树种
Ⅰc	21.60	20.25	20.25	18.90	27.00	17.55	13.10
Ⅱc	14.85	12.29	14.85	14.85	17.55	12.69	8.64
Ⅲc	13.10	12.29	12.29	14.85	14.85	12.69	8.64
Ⅳc、Ⅴc	7.56	6.89	7.29	8.37	8.37	7.29	5.13
Ⅵc	14.85	13.50	14.85	16.20	16.20	14.85	10.13
Ⅶc	8.37	7.56	7.97	9.45	9.05	7.97	5.81

注：1. 表中所列强度检验值为规格材的抗弯强度特征值。

2. 机械分等规格材的抗弯强度检验值应取所在等级规格材的抗弯强度特征值。

规格材强度截面尺寸调整系数　　附表 E-5

等　级	截面高度（mm）	截面宽度（mm）	
		40、65	90
Ⅰc、Ⅱc、Ⅲc、Ⅳc、Ⅴc	≤90	1.5	1.5
	115	1.4	1.4
	140	1.3	1.3
	185	1.2	1.2
	235	1.1	1.2
	285	1.0	1.1
Ⅵc、Ⅶc	≤90	1.0	1.0

注：Ⅵc、Ⅶc 规格材截面高度均小于等于 90mm。

5. 规格材合格与否应按检验荷载 P_k 作用下试件破坏的根数判定。28 根试件中小于等于 1 根发生破坏时，应为合格。试件破坏数大于 3 根时，应为不合格。试件破坏数为 2 根时，应另随机抽取 53 根试件进行规格材侧立抗弯试验。试件破坏数小于等于 2 根时，应为合格，大于 2 根时应为不合格。试验中未发生破坏的试件，可作为相应等级的规格材继续在工程中使用。

附录 F　木基结构板材的力学性能指标

1. 木基结构板材在集中静载和冲击荷载作用下的力学性能，不应低于附表 F-1 的规定。

木基结构板材在集中静载和冲击荷载作用下的力学指标[1]　附表 F-1

用途	标准跨度（最大允许跨度）(mm)	试验条件	冲击荷载 (N·m)	最小极限荷载[2] (kN)		0.89kN 集中静载作用下的最大挠度[3] (mm)
				集中静载	冲击后集中静载	
楼面板	400(410)	干态及湿态重新干燥	102	1.78	1.78	4.8
楼面板	500(500)	干态及湿态重新干燥	102	1.78	1.78	5.6
楼面板	600(610)	干态及湿态重新干燥	102	1.78	1.78	6.4
楼面板	800(820)	干态及湿态重新干燥	122	2.45	1.78	5.3
楼面板	1200(1220)	干态及湿态重新干燥	203	2.45	1.78	8.0
屋面板	400(410)	干态及湿态	102	1.78	1.33	11.1
屋面板	500(500)	干态及湿态	102	1.78	1.33	11.9
屋面板	600(610)	干态及湿态	102	1.78	1.33	12.7
屋面板	800(820)	干态及湿态	122	1.78	1.33	12.7
屋面板	1200(1220)	干态及湿态	203	1.78	1.33	12.7

注：[1]　本表为单个试验的指标。

[2]　100%的试件应能承受表中规定的最小极限荷载值。

[3]　至少 90%的试件挠度不大于表中的规定值。在干态及湿态重新干燥试验条件下，木基结构板材在静载和冲击荷载后静载的挠度，对于屋面板只检查静载的挠度，对于湿态试验条件下的屋面板，不检查挠度指标。

2. 木基结构板材在均布荷载作用下的力学性能，不应低于附表 F-2 的规定。

木基结构板材在均布荷载作用下的力学指标　　附表 F-2

用途	标准跨度（最大允许跨度）(mm)	试验条件	性能指标[1]	
			最小极限荷载[2] (kPa)	最大挠度[3] (mm)
楼面板	400（410）	干态及湿态重新干燥	15.8	1.1
	500（500）	干态及湿态重新干燥	15.8	1.3
	600（610）	干态及湿态重新干燥	15.8	1.7
	800（820）	干态及湿态重新干燥	15.8	2.3
	1200（1220）	干态及湿态重新干燥	10.8	3.4
屋面板	400（410）	干态	7.2	1.7
	500（500）	干态	7.2	2.0
	600（610）	干态	7.2	2.5
	800（820）	干态	7.2	3.4
	1000（1020）	干态	7.2	4.4
	1200（1220）	干态	7.2	5.1

注：[1] 本表为单个试验的指标。

[2] 100%的试件应能承受表中规定的最小极限荷载值。

[3] 每批试件的平均挠度不应大于表中的规定值。为 4.79kPa 均布荷载作用下的楼面最大挠度；或 1.68kPa 均布荷载作用下的屋面最大挠度。

附录 G　按构造设计的轻型木结构钉连接要求

1. 按构造设计的轻型木结构的钉连接应符合附表 G-1 的规定。

按构造设计的轻型木结构的钉连接要求　　附表 G-1

序号	连接构件名称	最小钉长 (mm)	钉的最小数量或最大间距
1	楼盖搁栅与墙体顶梁板或底梁板——斜向钉连接	80	2 颗
2	边框梁或封边板与墙体顶梁板或底梁板——斜向钉连接	60	150mm

续表

序号	连接构件名称	最小钉长（mm）	钉的最小数量或最大间距
3	楼盖搁栅木底撑或扁钢底撑与楼盖搁栅	60	2 颗
4	搁栅间剪刀撑	60	每端 2 颗
5	开孔周边双层封边梁或双层加强搁栅	80	300mm
6	木梁两侧附加托木与木梁	80	每根搁栅处 2 颗
7	搁栅与搁栅连接板	80	每端 2 颗
8	被切搁栅与开孔封头搁栅（沿开孔周边垂直钉连接）	80	5 颗
		100	3 颗
9	开孔处每根封头搁栅与封边搁栅的连接（沿开孔周边垂直钉连接）	80	5 颗
		100	3 颗
10	墙骨与墙体顶梁板或底梁板，采用斜向钉连接或垂直钉连接	60	4 颗
		100	2 颗
11	开孔两侧双根墙骨柱，或在墙体交接或转角处的墙骨处	80	750mm
12	双层顶梁板	80	600mm
13	墙体底梁板或地梁板与搁栅或封头块（用于外墙）	80	400mm
14	内隔墙与框架或楼面板	80	600mm
15	非承重墙开孔顶部水平构件每端	80	2 颗
16	过梁与墙骨	80	每端 2 颗
17	顶棚搁栅与墙体顶梁板——每侧采用斜向钉连接	80	2 颗
18	屋面椽条、桁架或屋面搁栅与墙体顶梁板——斜向钉连接	80	3 颗
19	椽条板与顶棚搁栅	100	2 颗
20	椽条与搁栅（屋脊板有支座时）	80	3 颗
21	两侧椽条在屋脊通过连接板连接，连接板与每根椽条的连接	60	4 颗
22	椽条与屋脊板——斜向钉连接或垂直钉连接	80	3 颗

续表

序号	连接构件名称	最小钉长（mm）	钉的最小数量或最大间距
23	椽条拉杆每端与椽条	80	3 颗
24	椽条拉杆侧向支撑与拉杆	60	2 颗
25	屋脊椽条与屋脊或屋谷椽条	80	2 颗
26	椽条撑杆与椽条	80	3 颗
27	椽条撑杆与承重墙——斜向钉连接	80	2 颗

2. 按构造设计的轻型木结构中椽条与顶棚搁栅的钉连接，应符合附表 G-2 的规定。

椽条与顶棚搁栅钉连接（屋脊无支承）　　　附表 G-2

屋面坡度	椽条间距（mm）	钉长不小于 80mm 的最少钉数											
		椽条与每根顶棚搁栅连接						椽条每隔 1.2m 与顶棚搁栅连接					
		房屋宽度达到 8m			房屋宽度达到 9.8m			房屋宽度达到 8m			房屋宽度达到 9.8m		
		屋面雪荷（kPa）			屋面雪荷（kPa）			屋面雪荷（kPa）			屋面雪荷（kPa）		
		≤1.0	1.5	≥2.0	≤1.0	1.5	≥2.0	≤1.0	1.5	≥2.0	≤1.0	1.5	≥2.0
1∶3	400	4	5	6	5	7	8	11	—	—	—	—	—
	600	6	8	9	8	—	—	11	—	—	—	—	—
1∶2.4	400	4	4	5	5	6	7	7	10	—	9	—	—
	600	5	7	8	7	9	11	7	10	—	—	—	—
1∶2	400	4	4	4	4	4	5	6	8	9	8	—	—
	600	4	5	6	5	7	8	6	8	9	8	—	—
1∶1.71	400	4	4	4	4	4	4	5	7	8	7	9	11
	600	4	4	5	5	6	7	5	7	8	7	9	11
1∶1.33	400	4	4	4	4	4	4	4	5	6	5	6	7
	600	4	4	4	4	4	5	4	5	6	5	6	7
1∶1	400	4	4	4	4	4	4	4	4	4	4	4	5
	600	4	4	4	4	4	4	4	4	4	4	4	5

附录 H 各类木结构构件防护处理载药量及透入度要求

附 H.1 方木与原木结构、轻型木结构构件

1. 方木、原木结构、轻型木结构构件采用的防腐、防虫药剂及其以活性成分计的最低载药量检验结果，应符合附表 H-1 的规定。需油漆的木构件宜采用水溶性或以易挥发的碳氢化合物为溶剂的油溶性防护剂。

2. 防护施工应在木构件制作完成后进行，并应选择正确的处理工艺。常压浸渍法可用于木构件处于 C1 类环境条件的防护处理；其他环境条件均应用加压浸渍法，特殊情况下可采用冷热槽浸渍法；对于不易吸收药剂的树种，浸渍前可在木材上顺纹刻痕，但刻痕深度不宜大于 16mm。浸渍完成后的药剂透入度检验结果不应低于附表 H-2 的规定。喷洒法和涂刷法应仅用于已经防护处理的木构件，因钻孔、开槽等操作造成未吸收药剂的木材外露而进行的防护修补。

不同使用条件下使用的防腐木材及其制品应达到的最低载药量 **附表 H-1**

<table>
<tr><th colspan="3">防腐剂</th><th rowspan="3">活性成分</th><th rowspan="3">组成比例（%）</th><th colspan="4">最低载药量（kg/m³）</th></tr>
<tr><th rowspan="2">类别</th><th colspan="2" rowspan="2">名称</th><th colspan="4">使用环境</th></tr>
<tr><th>C1</th><th>C2</th><th>C3</th><th>C4A</th></tr>
<tr><td rowspan="3">水溶性</td><td colspan="2">硼化合物[1]</td><td>三氧化二硼</td><td>100</td><td>2.8</td><td>2.8[2]</td><td>NR[3]</td><td>NR</td></tr>
<tr><td rowspan="2">季铵铜（ACQ）</td><td rowspan="2">ACQ-2</td><td>氧化铜</td><td>66.7</td><td rowspan="2">4.0</td><td rowspan="2">4.0</td><td rowspan="2">4.0</td><td rowspan="2">6.4</td></tr>
<tr><td>二癸基二甲基氯化铵（DDAC）</td><td>33.3</td></tr>
</table>

续表

防腐剂			活性成分	组成比例（%）	最低载药量（kg/m³）			
类别	名称				使用环境			
					C1	C2	C3	C4A
水溶性	季铵铜（ACQ）	ACQ-3	氧化铜	66.7	4.0	4.0	4.0	6.4
			十二烷基苄基二甲基氯化铵（BAC）	33.3				
		ACQ-4	氧化铜	66.7	4.0	4.0	4.0	6.4
			DDAC	33.3				
	铜唑（CuAz）	CuAz-1	铜	49	3.3	3.3	3.3	6.5
			硼酸	49				
			戊唑醇	2				
		CuAz-2	铜	96.1	1.7	1.7	1.7	3.3
			戊唑醇	3.9				
		CuAz-3	铜	96.1	1.7	1.7	1.7	3.3
			丙环唑	3.9				
		CuAz-4	铜	96.1	1.0	1.0	1.0	2.4
			戊唑醇	1.95				
			丙环唑	1.95				
	唑醇啉（PTI）		戊唑醇	47.6	0.21	0.21	0.21	NR
			丙环唑	47.6				
			吡虫啉	4.8				
	酸性铬酸铜（ACC）		氧化铜	31.8	NR	4.0	4.0	8.0
			三氧化铬	68.2				
	柠檬酸铜（CC）		氧化铜	62.3	4.0	4.0	4.0	NR
			柠檬酸	37.7				
油溶性	8-羟基喹啉铜（Cu8）		铜	100	0.32	0.32	0.32	NR
	环烷酸铜（CuN）		铜	100	NR	NR	0.64	NR

注：[1] 硼化合物包括硼酸、四硼酸钠、八硼酸钠、五硼酸钠等及其混合物；

[2] 有白蚁危害时C2环境下硼化合物应为4.5kg/m³；

[3] NR为不建议使用。

防护剂透入度检测规定　　　　附表 H-2

木材特征	透入深度或边材透入率		钻孔采样数量（个）	试样合格率（%）
	t<125mm	t≥125mm		
易吸收不需要刻痕	63mm 或 85%（C1、C2）、90%（C3、C4A）	63mm 或 85%（C1、C2）、90%（C3、C4A）	20	80
需要刻痕	10mm 或 85%（C1、C2）、90%（C3、C4A）	13mm 或 85%（C1、C2）、90%（C3、C4A）	20	80

注：t 为需处理木材的厚度；是否刻痕根据木材的可处理性、天然耐久性及设计要求确定。

附 H.2　胶合木结构构件、结构胶合板及结构复合材构件

1. 胶合木结构可采用的防腐、防火药剂类别和规定的检测深度内以有效活性成分计的载药量不应低于附表 H-3 的规定。胶合木结构宜在层板胶合、构件加工工序完成（包括钻孔、开槽等局部处理）后进行防护处理，并宜采用油溶性药剂；必要时可先作层板的防护处理，再进行胶合和构件加工。不论何种顺序，其药剂透入度不得小于附表 H-4 的规定。

胶合木防护药剂最低载药量与检测深度　　　　附表 H-3

药剂类别	药剂名称		胶合前处理 最低载药量（kg/m³）使用环境 C1	C2	C3	C4A	胶合前处理 检测深度（mm）	胶合后处理 最低载药量（kg/m³）使用环境 C1	C2	C3	C4A	胶合后处理 检测深度（mm）
水溶性	硼化合物		2.8	2.8*	NR	NR	13～25	NR	NR	NR	NR	—
水溶性	季铵铜 ACQ	ACQ-2	4.0	4.0	4.0	6.4	13～25	NR	NR	NR	NR	—
水溶性	季铵铜 ACQ	ACQ-3	4.0	4.0	4.0	6.4	13～25	NR	NR	NR	NR	—
水溶性	季铵铜 ACQ	ACQ-4	4.0	4.0	4.0	6.4	13～25	NR	NR	NR	NR	—

续表

药剂			胶合前处理					胶合后处理				
类别	名称		最低载药量（kg/m³）				检测深度（mm）	最低载药量（kg/m³）				检测深度（mm）
			使用环境					使用环境				
			C1	C2	C3	C4A		C1	C2	C3	C4A	
水溶性	铜唑（CuAz）	CuAz-1	3.3	3.3	3.3	6.5	13～25	NR	NR	NR	NR	—
		CuAz-2	1.7	1.7	1.7	3.3	13～25	NR	NR	NR	NR	—
		CuAz-3	1.7	1.7	1.7	3.3	13～25	NR	NR	NR	NR	—
		CuAz-4	1.0	1.0	1.0	2.4	13～25	NR	NR	NR	NR	—
	唑醇啉（PTI）		0.21	0.21	0.21	NR	13～25	NR	NR	NR	NR	—
	酸性铬酸铜（ACC）		NR	4.0	4.0	8.0	13～25	NR	NR	NR	NR	—
	柠檬酸铜（CC）		4.0	4.0	4.0	NR	13～25	NR	NR	NR	NR	—
油溶性	8-羟基喹啉铜（Cu8）		0.32	0.32	0.32	NR	13～25	0.32	0.32	0.32	NR	0～15
	环烷酸铜（CuN）		NR	NR	0.64	NR	13～25	0.64	0.64	0.64	NR	0～15

注：* 有白蚁危害时应为4.5kg/m³。

2. 对于胶合后处理的木构件，应从每一批量中的20个构件中随机钻孔取样；对于胶合前处理的木构件，应从每一批量中20块内层被接长的木板侧边各钻取一个试样。试样的透入深度或边材透入率应符合附表H-4的要求。

胶合木构件防护药剂透入深度或边材透入率　　附表H-4

木材特征	使用环境		钻孔采样的数量（个）
	C1、C2或C3	C4A	
易吸收不需要刻痕	75mm或90%	75mm或90%	20
需要刻痕	25mm	32mm	20

3. 结构胶合板和结构复合材（旋切板胶合木、旋切片胶合木）防护剂的最低保持量及其检测深度，应符合附表 H-5 的要求。

结构胶合板、结构复合材防护剂的最低载药量与检测深度 **附表 H-5**

<table>
<tr><th colspan="3">药　剂</th><th colspan="5">结构胶合板</th><th colspan="5">结构复合材</th></tr>
<tr><th rowspan="3">类别</th><th rowspan="3" colspan="2">名　称</th><th colspan="4">最低载药量（kg/m³）</th><th rowspan="3">检测深度（mm）</th><th colspan="4">最低载药量（kg/m³）</th><th rowspan="3">检测深度（mm）</th></tr>
<tr><th colspan="4">使用环境</th><th colspan="4">使用环境</th></tr>
<tr><th>C1</th><th>C2</th><th>C3</th><th>C4A</th><th>C1</th><th>C2</th><th>C3</th><th>C4A</th></tr>
<tr><td rowspan="11">水溶性</td><td colspan="2">硼化合物</td><td>2.8</td><td>2.8*</td><td>NR</td><td>NR</td><td>0～10</td><td>NR</td><td>NR</td><td>NR</td><td>NR</td><td>—</td></tr>
<tr><td rowspan="3">季铵铜 ACQ</td><td>ACQ-2</td><td>4.0</td><td>4.0</td><td>4.0</td><td>6.4</td><td>0～10</td><td>NR</td><td>NR</td><td>NR</td><td>NR</td><td>—</td></tr>
<tr><td>ACQ-3</td><td>4.0</td><td>4.0</td><td>4.0</td><td>6.4</td><td>0～10</td><td>NR</td><td>NR</td><td>NR</td><td>NR</td><td>—</td></tr>
<tr><td>ACQ-4</td><td>4.0</td><td>4.0</td><td>4.0</td><td>6.4</td><td>0～10</td><td>NR</td><td>NR</td><td>NR</td><td>NR</td><td>—</td></tr>
<tr><td rowspan="4">铜唑（CuAz）</td><td>CuAz-1</td><td>3.3</td><td>3.3</td><td>3.3</td><td>6.5</td><td>0～10</td><td>NR</td><td>NR</td><td>NR</td><td>NR</td><td>—</td></tr>
<tr><td>CuAz-2</td><td>1.7</td><td>1.7</td><td>1.7</td><td>3.3</td><td>0～10</td><td>NR</td><td>NR</td><td>NR</td><td>NR</td><td>—</td></tr>
<tr><td>CuAz-3</td><td>1.7</td><td>1.7</td><td>1.7</td><td>3.3</td><td>0～10</td><td>NR</td><td>NR</td><td>NR</td><td>NR</td><td>—</td></tr>
<tr><td>CuAz-4</td><td>1.0</td><td>1.0</td><td>1.0</td><td>2.4</td><td>0～10</td><td>NR</td><td>NR</td><td>NR</td><td>NR</td><td>—</td></tr>
<tr><td colspan="2">唑醇啉（PTI）</td><td>0.21</td><td>0.21</td><td>0.21</td><td>NR</td><td>0～10</td><td>NR</td><td>NR</td><td>NR</td><td>NR</td><td>—</td></tr>
<tr><td colspan="2">酸性铬酸铜（ACC）</td><td>NR</td><td>4.0</td><td>4.0</td><td>8.0</td><td>0～10</td><td>NR</td><td>NR</td><td>NR</td><td>NR</td><td>—</td></tr>
<tr><td colspan="2">柠檬酸铜（CC）</td><td>4.0</td><td>4.0</td><td>4.0</td><td>NR</td><td>0～10</td><td>NR</td><td>NR</td><td>NR</td><td>NR</td><td>—</td></tr>
<tr><td rowspan="2">油溶性</td><td colspan="2">8-羟基喹啉铜（Cu8）</td><td>0.32</td><td>0.32</td><td>0.32</td><td>NR</td><td>0～10</td><td>0.32</td><td>0.32</td><td>0.32</td><td>NR</td><td>0～10</td></tr>
<tr><td colspan="2">环烷酸铜（CuN）</td><td>0.64</td><td>0.64</td><td>0.64</td><td>NR</td><td>0～10</td><td>0.64</td><td>0.64</td><td>0.64</td><td>0.96</td><td>0～10</td></tr>
</table>

注：* 有白蚁危害时应为 4.5kg/m³。

5 混凝土结构工程

本章适用于建筑工程混凝土结构施工质量的验收。

混凝土结构工程施工质量的验收，尚应符合国家现行有关标准的规定。

5.1 基本规定

（1）混凝土结构子分部工程可划分为模板、钢筋、预应力、混凝土、现浇结构和装配式结构等分项工程。各分项工程可根据与生产和施工方式相一致且便于控制施工质量的原则，按进场批次、工作班、楼层、结构缝或施工段划分为若干检验批。

（2）混凝土结构子分部工程的质量验收，应在钢筋、预应力、混凝土、现浇结构和装配式结构等相关分项工程验收合格的基础上，进行质量控制资料检查、观感质量验收及5.8.1结构实体检验。

（3）分项工程的质量验收应在所含检验批验收合格的基础上，进行质量验收记录检查。

（4）检验批的质量验收应包括实物检查和资料检查，并应符合下列规定：

1）主控项目的质量经抽样检验均应合格。

2）一般项目的质量经抽样检验应合格；一般项目当采用计数抽样检验时，除本章有专门规定外，其合格点率应达到80%及以上，且不得有严重缺陷。

3）应具有完整的质量检验记录，重要工序应具有完整的施工操作记录。

（5）检验批抽样样本应随机抽取，并应满足分布均匀、具有代表性的要求。

（6）不合格检验批的处理应符合下列规定：

1）材料、构配件、器具及半成品检验批不合格时不得使用；

2）混凝土浇筑前施工质量不合格的检验批，应返工、返修，并应重新验收；

3）混凝土浇筑后施工质量不合格的检验批，应按本章有关规定进行处理。

（7）获得认证的产品或来源稳定且连续三批均一次检验合格的产品，进场验收时检验批的容量可按本章的有关规定扩大一倍，且检验批容量仅可扩大一倍。扩大检验批后的检验中，出现不合格情况时，应按扩大前的检验批容量重新验收，且该产品不得再次扩大检验批容量。

（8）混凝土结构工程采用的材料、构配件、器具及半成品应按进场批次进行检验。属于同一工程项目且同期施工的多个单位工程，对同一厂家生产的同批材料、构配件、器具及半成品，可统一划分检验批进行验收。

（9）检验批、分项工程、混凝土结构子分部工程的质量验收可按附录A记录。

5.2 模板分项工程

5.2.1 一般规定

（1）模板工程应编制施工方案。爬升式模板工程、工具式模板工程及高大模板支架工程的施工方案，应按有关规定进行技术论证。

（2）模板及支架应根据安装、使用和拆除工况进行设计，并应满足承载力、刚度和整体稳固性要求。

（3）模板及支架的拆除应符合现行国家标准《混凝土结构工程施工规范》GB 50666的规定和施工方案的要求。

5.2.2 模板安装

5.2.2.1 主控项目

（1）模板及支架用材料的技术指标应符合国家现行有关标准

的规定。进场时应抽样检验模板和支架材料的外观、规格和尺寸。

检查数量：按国家现行有关标准的规定确定。

检验方法：检查质量证明文件；观察，尺量。

(2) 现浇混凝土结构模板及支架的安装质量，应符合国家现行有关标准的规定和施工方案的要求。

检查数量：按国家现行有关标准的规定确定。

检验方法：按国家现行有关标准的规定执行。

(3) 后浇带处的模板及支架应独立设置。

检查数量：全数检查。

检验方法：观察。

(4) 支架竖杆或竖向模板安装在土层上时，应符合下列规定：

1) 土层应坚实、平整，其承载力或密实度应符合施工方案的要求；

2) 应有防水、排水措施；对冻胀性土，应有预防冻融措施；

3) 支架竖杆下应有底座或垫板。

检查数量：全数检查。

检验方法：观察；检查土层密实度检测报告、土层承载力验算或现场检测报告。

5.2.2.2 一般项目

(1) 模板安装应符合下列规定：

1) 模板的接缝应严密；

2) 模板内不应有杂物、积水或冰雪等；

3) 模板与混凝土的接触面应平整、清洁；

4) 用作模板的地坪、胎膜等应平整、清洁，不应有影响构件质量的下沉、裂缝、起砂或起鼓；

5) 对清水混凝土及装饰混凝土构件，应使用能达到设计效果的模板。

检查数量：全数检查。

检验方法：观察。

（2）隔离剂的品种和涂刷方法应符合施工方案的要求。隔离剂不得影响结构性能及装饰施工；不得沾污钢筋、预应力筋、预埋件和混凝土接槎处；不得对环境造成污染。

检查数量：全数检查。

检验方法：检查质量证明文件；观察。

（3）模板的起拱应符合现行国家标准《混凝土结构工程施工规范》GB 50666 的规定，并应符合设计及施工方案的要求。

检查数量：在同一检验批内，对梁，跨度大于 18m 时应全数检查，跨度不大于 18m 时应抽查构件数量的 10%，且不应少于 3 件；对板，应按有代表性的自然间抽查 10%，且不应少于 3 间；对大空间结构，板可按纵、横轴线划分检查面，抽查 10%，且不应少于 3 面。

检验方法：水准仪或尺量。

（4）现浇混凝土结构多层连续支模应符合施工方案的规定。上下层模板支架的竖杆宜对准。竖杆下垫板的设置应符合施工方案的要求。

检查数量：全数检查。

检验方法：观察。

（5）固定在模板上的预埋件和预留孔洞不得遗漏，且应安装牢固。有抗渗要求的混凝土结构中的预埋件，应按设计及施工方案的要求采取防渗措施。

预埋件和预留孔洞的位置应满足设计和施工方案的要求。当设计无具体要求时，其位置偏差应符合表 5-2-1 的规定。

预埋件和预留孔洞的安装允许偏差　　表 5-2-1

项目		允许偏差（mm）
预埋板中心线位置		3
预埋管、预留孔中心线位置		3
插筋	中心线位置	5
	外露长度	+10，0

续表

项　　目		允许偏差（mm）
预埋螺栓	中心线位置	2
	外露长度	+10，0
预留洞	中心线位置	10
	尺寸	+10，0

注：检查中心线位置时，沿纵、横两个方向量测，并取其中偏差的较大值。

检查数量：在同一检验批内，对梁、柱和独立基础，应抽查构件数量的 10％ ，且不应少于 3 件；对墙和板，应按有代表性的自然间抽查 10％，且不应少于 3 间；对大空间结构，墙可按相邻轴线间高度 5m 左右划分检查面，板可按纵、横轴线划分检查面，抽查 10％，且均不应少于 3 面。

检验方法：观察，尺量。

（6）现浇结构模板安装的偏差及检验方法应符合表5-2-2的规定。

现浇结构模板安装的允许偏差及检验方法　　表 5-2-2

项　　目		允许偏差（mm）	检验方法
轴线位置		5	尺量
底模上表面标高		±5	水准仪或拉线、尺量
模板内部尺寸	基础	±10	尺量
	柱、墙、梁	±5	尺量
	楼梯相邻踏步高差	5	尺量
柱、墙垂直度	层高≤6m	8	经纬仪或吊线、尺量
	层高＞6m	10	经纬仪或吊线、尺量
相邻模板表面高差		2	尺量
表面平整度		5	2m 靠尺和塞尺量测

注：检查轴线位置，当有纵横两个方向时，沿纵、横两个方向量测，并取其中偏差的较大值。

检查数量：在同一检验批内，对梁、柱和独立基础，应抽查构件数量的 10％，且不应少于 3 件；对墙和板，应按有代表性的自然间抽查10%，且不应少于3间；对大空间结构，墙可按相邻轴线间高度5m左右划分检查面，板可按纵、横轴线划分检查面，抽查10%，且均不应少于3面。

（7）预制构件模板安装的偏差及检验方法应符合表5-2-3的规定。

预制构件模板安装的允许偏差及检验方法　　表5-2-3

项　目		允许偏差（mm）	检验方法
长度	梁、板	±4	尺量两侧边，取其中较大值
	薄腹梁、桁架	±8	
	柱	0，−10	
	墙板	0，−5	
宽度	板、墙板	0，−5	尺量两端及中部，取其中较大值
	梁、薄腹梁、桁架	+2，−5	
高（厚）度	板	+2，−3	尺量两端及中部，取其中较大值
	墙板	0，−5	
	梁、薄腹梁、桁架、柱	+2，−5	
侧向弯曲	梁、板、柱	$L/1000$ 且≤15	拉线、尺量最大弯曲处
	墙板、薄腹梁、桁架	$L/1500$ 且≤15	
板的表面平整度		3	2m靠尺和塞尺量测
相邻模板表面高差		1	尺量
对角线差	板	7	尺量两对角线
	墙板	5	
翘曲	板、墙板	$L/1500$	水平尺在两端量测
设计起拱	薄腹梁、桁架、梁	±3	拉线、尺量跨中

注：L 为构件长度（mm）。

检查数量：首次使用及大修后的模板应全数检查；使用中的模板应抽查10%，且不应少于5件，不足5件时应全数检查。

（8）组合钢楼板采用预组装模板施工时，模板的预组装应在组装平台或经平整处理过的场地上进行。组装完毕后应予编号，并应按表5-2-4的组装质量标准逐块检验后进行试吊，试吊完毕后应进行复查，并再检查配件的数量、位置和紧固情况。

钢模板施工组装质量标准（mm）　　表5-2-4

项　目	允许偏差
两块模板之间拼接缝隙	≤2.0
相邻模板面的高低差	≤2.0
组装模板板面平面度	≤2.0（用2m长平尺检查）
组装模板板面的长宽尺寸	≤长度和宽度的1/1000，最大±4.0
组装模板两对角线长度差值	≤对角线长度的1/1000，最大≤7.0

（9）高层建筑混凝土结构工程采用大模板、滑动模板、爬升模板安装时，应遵守以下规定：

1）大模板的安装允许偏差应符合表5-2-5的规定。

大模板安装允许偏差　　表5-2-5

项　目	允许偏差（mm）	检测方法
位置	3	钢尺检测
标高	±5	水准仪或拉线、尺量
上口宽度	±2	钢尺检测
垂直度	3	2m托线板检测

2）滑模装置组装的允许偏差应符合表5-2-6的规定。

滑模装置组装的允许偏差　　表5-2-6

<table>
<tr><th colspan="2">项　目</th><th>允许偏差（mm）</th><th>检测方法</th></tr>
<tr><td colspan="2">模板结构轴线与相应结构轴线位置</td><td>3</td><td>钢尺检测</td></tr>
<tr><td rowspan="2">围圈位置偏差</td><td>水平方向</td><td>3</td><td rowspan="2">钢尺检测</td></tr>
<tr><td>垂直方向</td><td>3</td></tr>
<tr><td rowspan="2">提升架的垂直偏差</td><td>平面内</td><td>3</td><td rowspan="2">2m托线板检测</td></tr>
<tr><td>平面外</td><td>2</td></tr>
</table>

续表

项　目		允许偏差（mm）	检测方法
安放千斤顶的提升架横梁相对标高偏差		5	水准仪或拉线、尺量
考虑倾斜度后模板尺寸的偏差	上口	－1	钢尺检测
	下口	＋2	
千斤顶安装位置偏差	平面内	5	钢尺检测
	平面外	5	
圆模直径、方模边长的偏差		5	钢尺检测
相邻两块模板平面平整偏差		2	钢尺检测

3）爬升模板组装允许偏差应符合表 5-2-7 的规定。

爬升模板组装允许偏差　　表 5-2-7

项　目	允许偏差	检测方法
墙面留穿墙螺栓孔位置 穿墙螺栓孔直径	±5mm ±2mm	钢尺检测
大模板	同表 5-2-5	
爬升支架： 标高 垂直度	 ±5mm 5mm 或爬升支架高度的 0.1%	 与水平线钢尺检测 挂线坠

（10）清水混凝土模板制作及安装要求：

1）模板制作尺寸的允许偏差与检验方法应符合表 5-2-8 的规定。

清水混凝土模板制作尺寸允许偏差与检验方法　　表 5-2-8

项次	项　目	允许偏差（mm）		检验方法
		普通清水混凝土	饰面清水混凝土	
1	模板高度	±2	±2	尺量
2	模板宽度	±1	±1	尺量
3	整块模板对角线	≤3	≤3	塞尺、尺量

续表

项次	项　目	允许偏差（mm）		检验方法
		普通清水混凝土	饰面清水混凝土	
4	单块板面对角线	≤3	≤2	塞尺、尺量
5	板面平整度	3	2	2m 靠尺、塞尺
6	边肋平直度	2	2	2m 靠尺、塞尺
7	相邻面板拼缝高低差	≤1.0	≤0.5	平尺、塞尺
8	相邻面板拼缝间隙	≤0.8	≤0.8	塞尺、尺量
9	连接孔中心距	±1	±1	游标卡尺
10	边框连接孔与板面距离	±0.5	±0.5	游标卡尺

检查数量：全数检查。

2）模板板面应干净，隔离剂应涂刷均匀。模板间的拼缝应平整、严密，模板支撑应设置正确、连接牢固。

检查方法：观察。

检查数量：全数检查。

3）模板安装尺寸允许偏差与检验方法应符合表 5-2-9 的规定。

清水混凝土模板安装尺寸允许偏差与检验方法　　表 5-2-9

<table>
<tr><th rowspan="2">项次</th><th rowspan="2" colspan="2">项　目</th><th colspan="2">允许偏差（mm）</th><th rowspan="2">检验方法</th></tr>
<tr><th>普通清水混凝土</th><th>饰面清水混凝土</th></tr>
<tr><td>1</td><td>轴线位移</td><td>墙、柱、梁</td><td>4</td><td>3</td><td>尺量</td></tr>
<tr><td>2</td><td>截面尺寸</td><td>墙、柱、梁</td><td>±4</td><td>±3</td><td>尺量</td></tr>
<tr><td>3</td><td colspan="2">标高</td><td>±5</td><td>±3</td><td>水准仪、尺量</td></tr>
<tr><td>4</td><td colspan="2">相邻板面高低差</td><td>3</td><td>2</td><td>尺量</td></tr>
<tr><td rowspan="2">5</td><td rowspan="2">模板垂直度</td><td>不大于 5m</td><td>4</td><td>3</td><td rowspan="2">经纬仪、线坠、尺量</td></tr>
<tr><td>大于 5m</td><td>6</td><td>5</td></tr>
<tr><td>6</td><td colspan="2">表面平整度</td><td>3</td><td>2</td><td>塞尺、尺量</td></tr>
</table>

续表

项次	项目		允许偏差（mm）		检验方法
			普通清水混凝土	饰面清水混凝土	
7	阴阳角	方正	3	2	方尺、塞尺
		顺直	3	2	线尺
8	预留洞口	中心线位移	8	6	拉线、尺量
		孔洞尺寸	+8，0	+4，0	
9	预埋件、管、螺栓	中心线位移	3	2	拉线、尺量
10	门窗洞口	中心线位移	8	5	拉线、尺量
		宽、高	±6	±4	
		对角线	8	6	

检查数量：全数检查。

5.3 钢筋分项工程

5.3.1 一般规定

（1）浇筑混凝土之前，应进行钢筋隐蔽工程验收。隐蔽工程验收应包括下列主要内容：

1）纵向受力钢筋的牌号、规格、数量、位置；

2）钢筋的连接方式、接头位置、接头质量、接头面积百分率、搭接长度、锚固方式及锚固长度；

3）箍筋、横向钢筋的牌号、规格、数量、间距、位置，箍筋弯钩的弯折角度及平直段长度；

4）预埋件的规格、数量和位置。

（2）钢筋、成型钢筋进场检验，当满足下列条件之一时，其检验批容量可扩大一倍：

1）获得认证的钢筋、成型钢筋；

2）同一厂家、同一牌号、同一规格的钢筋，连续三批均一次检验合格；

3）同一厂家、同一类型、同一钢筋来源的成型钢筋，连续三批均一次检验合格。

5.3.2 材料

5.3.2.1 主控项目

(1) 钢筋进场时，应按国家现行相关标准的规定抽取试件作屈服强度、抗拉强度、伸长率、弯曲性能和重量偏差检验，检验结果应符合相应标准的规定。

检查数量：按进场批次和产品的抽样检验方案确定。

检验方法：检查质量证明文件和抽样检验报告。

(2) 成型钢筋进场时，应抽取试件作屈服强度、抗拉强度、伸长率和重量偏差检验，检验结果应符合国家现行有关标准的规定。

对由热轧钢筋制成的成型钢筋，当有施工单位或监理单位的代表驻厂监督生产过程，并提供原材钢筋力学性能第三方检验报告时，可仅进行重量偏差检验。

检查数量：同一厂家、同一类型、同一钢筋来源的成型钢筋，不超过30t为一批，每批中每种钢筋牌号、规格均应至少抽取1个钢筋试件，总数不应少于3个。

检验方法：检查质量证明文件和抽样检验报告。

(3) 对按一、二、三级抗震等级设计的框架和斜撑构件（含梯段）中的纵向受力普通钢筋应采用HRB335E、HRB400E、HRB500E、HRBF335E、HRBF400E或HRBF500E钢筋，其强度和最大力下总伸长率的实测值应符合下列规定：

1) 抗拉强度实测值与屈服强度实测值的比值不应小于1.25;

2) 屈服强度实测值与屈服强度标准值的比值不应大于1.30;

3) 最大力下总伸长率不应小于9%。

检查数量：按进场的批次和产品的抽样检验方案确定。

检验方法：检查抽样检验报告。

5.3.2.2 一般项目

(1) 钢筋应平直、无损伤，表面不得有裂纹、油污、颗粒状或片状老锈。

检查数量：全数检查。

检验方法：观察。

（2）成型钢筋的外观质量和尺寸偏差应符合国家现行有关标准的规定。

检查数量：同一厂家、同一类型的成型钢筋，不超过 30t 为一批，每批随机抽取 3 个成型钢筋。

检验方法：观察，尺量。

（3）钢筋机械连接套筒、钢筋锚固板以及预埋件等的外观质量应符合国家现行有关标准的规定。

检查数量：按国家现行有关标准的规定确定。

检验方法：检查产品质量证明文件；观察，尺量。

5.3.3 钢筋加工

5.3.3.1 主控项目

（1）钢筋弯折的弯弧内直径应符合下列规定：

1）光圆钢筋，不应小于钢筋直径的 2.5 倍；

2）335MPa 级、400MPa 级带肋钢筋，不应小于钢筋直径的 4 倍；

3）500MPa 级带肋钢筋，当直径为 28mm 以下时不应小于钢筋直径的 6 倍，当直径为 28mm 及以上时不应小于钢筋直径的 7 倍；

4）箍筋弯折处尚不应小于纵向受力钢筋的直径。

检查数量：同一设备加工的同一类型钢筋，每工作班抽查不应少于 3 件。

检验方法：尺量。

（2）纵向受力钢筋的弯折后平直段长度应符合设计要求。光圆钢筋末端做 180°弯钩时，弯钩的平直段长度不应小于钢筋直径的 3 倍。

检查数量：同一设备加工的同一类型钢筋，每工作班抽查不应少于 3 件。

检验方法：尺量。

（3）箍筋、拉筋的末端应按设计要求做弯钩，并应符合下列规定：

1）对一般结构构件，箍筋弯钩的弯折角度不应小于 90°，弯折后平直段长度不应小于箍筋直径的 5 倍；对有抗震设防要求或设计有专门要求的结构构件，箍筋弯钩的弯折角度不应小于 135°，弯折后平直段长度不应小于箍筋直径的 10 倍；

2）圆形箍筋的搭接长度不应小于其受拉锚固长度，且两末端弯钩的弯折角度不应小于 135°，弯折后平直段长度对一般结构构件不应小于箍筋直径的 5 倍，对有抗震设防要求的结构构件不应小于箍筋直径的 10 倍；

3）梁、柱复合箍筋中的单肢箍筋两端弯钩的弯折角度均不应小于 135°，弯折后平直段长度应符合本条第 1 款对箍筋的有关规定。

检查数量：同一设备加工的同一类型钢筋，每工作班抽查不应少于 3 件。

检验方法：尺量。

（4）盘卷钢筋调直后应进行力学性能和重量偏差检验，其强度应符合国家现行有关标准的规定，其断后伸长率、重量偏差应符合表 5-3-1 的规定。力学性能和重量偏差检验应符合下列规定：

盘卷钢筋调直后的断后伸长率、重量偏差要求　　表 5-3-1

<table>
<tr><th rowspan="2">钢筋牌号</th><th rowspan="2">断后伸长率
A（%）</th><th colspan="2">重量偏差（%）</th></tr>
<tr><th>直径 6mm～12mm</th><th>直径 14mm～16mm</th></tr>
<tr><td>HPB300</td><td>≥21</td><td>≥−10</td><td>—</td></tr>
<tr><td>HRB335、HRBF335</td><td>≥16</td><td rowspan="4">≥−8</td><td rowspan="4">≥−6</td></tr>
<tr><td>HRB400、HRBF400</td><td>≥15</td></tr>
<tr><td>RRB400</td><td>≥13</td></tr>
<tr><td>HRB500、HRBF500</td><td>≥14</td></tr>
</table>

注：断后伸长率 A 的量测标距为 5 倍钢筋直径。

1）应对3个试件先进行重量偏差检验，再取其中2个试件进行力学性能检验。

2）重量偏差应按下式计算：

$$\Delta = \frac{W_d - W_0}{W_0} \times 100 \quad (5\text{-}3\text{-}1)$$

式中：Δ——重量偏差（%）；

W_d——3个调直钢筋试件的实际重量之和（kg）；

W_0——钢筋理论重量（kg），取每米理论重量（kg/m）与3个调直钢筋试件长度之和（m）的乘积。

3）检验重量偏差时，试件切口应平滑并与长度方向垂直，其长度不应小于500mm；长度和重量的量测精度分别不应低于1mm和1g。

采用无延伸功能的机械设备调直的钢筋，可不进行本条规定的检验。

检查数量：同一设备加工的同一牌号、同一规格的调直钢筋，重量不大于30t为一批，每批见证抽取3个试件。

检验方法：检查抽样检验报告。

5.3.3.2 一般项目

(1) 钢筋加工的形状、尺寸应符合设计要求，其偏差应符合表5-3-2的规定。

钢筋加工的允许偏差 **表5-3-2**

项目	允许偏差（mm）
受力钢筋沿长度方向的净尺寸	±10
弯起钢筋的弯折位置	±20
箍筋外廓尺寸	±5

检查数量：同一设备加工的同一类型钢筋，每工作班抽查不应少于3件。

检验方法：尺量。

5.3.4 钢筋连接

5.3.4.1 主控项目

（1）钢筋的连接方式应符合设计要求。

检查数量：全数检查。

检验方法：观察。

（2）钢筋采用机械连接或焊接连接时，钢筋机械连接接头、焊接接头的力学性能、弯曲性能应符合国家现行有关标准的规定。接头试件应从工程实体中截取。

检查数量：按现行行业标准《钢筋机械连接技术规程》JGJ 107和《钢筋焊接及验收规程》JGJ 18的规定确定（见附录G、附录H，以下同）。

检验方法：检查质量证明文件和抽样检验报告。

（3）钢筋采用机械连接时，螺纹接头应检验拧紧扭矩值，挤压接头应量测压痕直径，检验结果应符合现行行业标准《钢筋机械连接技术规程》JGJ 107的相关规定。

检查数量：按现行行业标准《钢筋机械连接技术规程》JGJ 107的规定确定。

检验方法：采用专用扭力扳手或专用量规检查。

5.3.4.2 一般项目

（1）钢筋接头的位置应符合设计和施工方案要求。有抗震设防要求的结构中，梁端、柱端箍筋加密区范围内不应进行钢筋搭接。接头末端至钢筋弯起点的距离不应小于钢筋直径的10倍。

检查数量：全数检查。

检验方法：观察，尺量。

（2）钢筋机械连接接头、焊接接头的外观质量应符合现行行业标准《钢筋机械连接技术规程》JGJ 107和《钢筋焊接及验收规程》JGJ 18的规定。

检查数量：按现行行业标准《钢筋机械连接技术规程》JGJ 107和《钢筋焊接及验收规程》JGJ 18的规定确定。

检验方法：观察，尺量。

（3）当纵向受力钢筋采用机械连接接头或焊接接头时，同一连接区段内纵向受力钢筋的接头面积百分率应符合设计要求；当设计无具体要求时，应符合下列规定：

1）受拉接头，不宜大于50%；受压接头，可不受限制；

2）直接承受动力荷载的结构构件中，不宜采用焊接；当采用机械连接时，不应超过50%。

检查数量：在同一检验批内，对梁、柱和独立基础，应抽查构件数量的10%，且不应少于3件；对墙和板，应按有代表性的自然间抽查10%，且不应少于3间；对大空间结构，墙可按相邻轴线间高度5m左右划分检查面，板可按纵横轴线划分检查面，抽查10%，且均不应少于3面。

检验方法：观察，尺量。

注：1　接头连接区段是指长度为35d且不小于500mm的区段，d为相互连接两根钢筋的直径较小值。

2　同一连接区段内纵向受力钢筋接头面积百分率为接头中点位于该连接区段内的纵向受力钢筋截面面积与全部纵向受力钢筋截面面积的比值。

（4）当纵向受力钢筋采用绑扎搭接接头时，接头的设置应符合下列规定：

1）接头的横向净间距不应小于钢筋直径，且不应小于25mm；

2）同一连接区段内，纵向受拉钢筋的接头面积百分率应符合设计要求；当设计无具体要求时，应符合下列规定：

1）梁类、板类及墙类构件，不宜超过25%；基础筏板，不宜超过50%。

2）柱类构件，不宜超过50%。

3）当工程中确有必要增大接头面积百分率时，对梁类构件，不应大于50%。

检查数量：在同一检验批内，对梁、柱和独立基础，应抽查构件数量的10%，且不应少于3件；对墙和板，应按有代表性的自然间抽查10%，且不应少于3间；对大空间结构，墙可按相邻轴线间高度5m左右划分检查面，板可按纵横轴线划分检查面，抽查10%，且均不应少于3面。

检验方法：观察，尺量。

注：1 接头连接区段是指长度为1.3倍搭接长度的区段。搭接长度取相互连接两根钢筋中较小直径计算。

2 同一连接区段内纵向受力钢筋接头面积百分率为接头中点位于该连接区段长度内的纵向受力钢筋截面面积与全部纵向受力钢筋截面面积的比值。

(5) 梁、柱类构件的纵向受力钢筋搭接长度范围内箍筋的设置应符合设计要求；当设计无具体要求时，应符合下列规定：

1) 箍筋直径不应小于搭接钢筋较大直径的1/4；

2) 受拉搭接区段的箍筋间距不应大于搭接钢筋较小直径的5倍，且不应大于100mm；

3) 受压搭接区段的箍筋间距不应大于搭接钢筋较小直径的10倍，且不应大于200mm；

4) 当柱中纵向受力钢筋直径大于25mm时，应在搭接接头两个端面外100mm范围内各设置二道箍筋，其间距宜为50mm。

检查数量：在同一检验批内，应抽查构件数量的10%，且不应少于3件。

检验方法：观察，尺量。

5.3.5 钢筋安装

5.3.5.1 主控项目

(1) 钢筋安装时，受力钢筋的牌号、规格和数量必须符合设计要求。

检查数量：全数检查。

检验方法：观察，尺量。

(2) 钢筋应安装牢固。受力钢筋的安装位置、锚固方式应符合设计要求。

检查数量：全数检查。

检验方法：观察，尺量。

5.3.5.2 一般项目

钢筋安装偏差及检验方法应符合表 5-3-3 的规定，受力钢筋保护层厚度的合格点率应达到 90%及以上，且不得有超过表中数值 1.5 倍的尺寸偏差。

钢筋安装允许偏差和检验方法　　表 5-3-3

项目		允许偏差（mm）	检验方法
绑扎钢筋网	长、宽	±10	尺量
	网眼尺寸	±20	尺量连续三档，取最大偏差值
绑扎钢筋骨架	长	±10	尺量
	宽、高	±5	尺量
纵向受力钢筋	锚固长度	−20	尺量
	间距	±10	尺量两端、中间各一点，取最大偏差值
	排距	±5	
纵向受力钢筋、箍筋的混凝土保护层厚度	基础	±10	尺量
	柱、梁	±5	尺量
	板、墙、壳	±3	尺量
绑扎箍筋、横向钢筋间距		±20	尺量连续三档，取最大偏差值
钢筋弯起点位置		20	尺量
预埋件	中心线位置	5	尺量
	水平高差	+3，0	塞尺量测

注：1. 检查中心线位置时，沿纵、横两个方向量测，并取其中偏差的较大值。
　　2. 钢筋间隔件的应用见附录 J。

检查数量：在同一检验批内，对梁、柱和独立基础，应抽查构件数量的 10%，且不应少于 3 件；对墙和板，应按有代表性的自然间抽查 10%，且不应少于 3 间；对大空间结构，墙可按相邻轴线间高度 5m 左右划分检查面，板可按纵、横轴线划分检查面，抽查 10%，且均不应少于 3 面。

5.4 预应力分项工程

5.4.1 一般规定

(1) 浇筑混凝土之前，应进行预应力隐蔽工程验收。隐蔽工程验收应包括下列主要内容：

1) 预应力筋的品种、规格、级别、数量和位置；

2) 成孔管道的规格、数量、位置、形状、连接以及灌浆孔、排气兼泌水孔；

3) 局部加强钢筋的牌号、规格、数量和位置；

4) 预应力筋锚具和连接器及锚垫板的品种、规格、数量和位置。

(2) 预应力筋、锚具、夹具、连接器、成孔管道的进场检验，当满足下列条件之一时，其检验批容量可扩大一倍：

1) 获得认证的产品；

2) 同一厂家、同一品种、同一规格的产品，连续三批均一次检验合格。

(3) 预应力筋张拉机具及压力表应定期维护。张拉设备和压力表应配套标定和使用，标定期限不应超过半年。

5.4.2 材料

5.4.2.1 主控项目

(1) 预应力筋进场时，应按国家现行相关标准的规定抽取试件作抗拉强度、伸长率检验，其检验结果应符合相应标准的规定。

检查数量：按进场的批次和产品的抽样检验方案确定。

检验方法：检查质量证明文件和抽样检验报告。

(2) 无粘结预应力钢绞线进场时，应进行防腐润滑脂量和护套厚度的检验，检验结果应符合现行行业标准《无粘结预应力钢绞线》JG 161 的规定。

经观察认为涂包质量有保证时，无粘结预应力筋可不作油脂量和护套厚度的抽样检验。

检查数量：按现行行业标准《无粘结预应力钢绞线》JG 161 的规定确定。

检验方法：观察，检查质量证明文件和抽样检验报告。

（3）预应力筋用锚具应和锚垫板、局部加强钢筋配套使用，锚具、夹具和连接器进场时，应按现行行业标准《预应力筋用锚具、夹具和连接器应用技术规程》JGJ 85 的相关规定对其性能进行检验，检验结果应符合该标准的规定。

锚具、夹具和连接器用量不足检验批规定数量的 50%，且供货方提供有效的检验报告时，可不作静载锚固性能检验。

检查数量：按现行行业标准《预应力筋用锚具、夹具和连接器应用技术规程》JGJ 85 的规定确定。

检验方法：检查质量证明文件、锚固区传力性能试验报告和抽样检验报告。

（4）处于三 a、三 b 类环境条件下的无粘结预应力筋用锚具系统，应按现行行业标准《无粘结预应力混凝土结构技术规程》JGJ 92 的相关规定检验其防水性能，检验结果应符合该标准的规定。

检查数量：同一品种、同一规格的锚具系统为一批，每批抽取 3 套。

检验方法：检查质量证明文件和抽样检验报告。

（5）孔道灌浆用水泥应采用硅酸盐水泥或普通硅酸盐水泥，水泥、外加剂的质量应分别符合 5.5.2.1 主控项目第（1）条、第（2）条的规定；成品灌浆材料的质量应符合现行国家标准《水泥基灌浆材料应用技术规范》GB/T 50448 的规定。

检查数量：按进场批次和产品的抽样检验方案确定。

检验方法：检查质量证明文件和抽样检验报告。

5.4.2.2 一般项目

（1）预应力筋进场时，应进行外观检查，其外观质量应符合下列规定：

1）有粘结预应力筋的表面不应有裂纹、小刺、机械损伤、氧化铁皮和油污等，展开后应平顺、不应有弯折；

2）无粘结预应力钢绞线护套应光滑、无裂缝，无明显褶皱；轻微破损处应外包防水塑料胶带修补，严重破损者不得使用。

检查数量：全数检查。

检验方法：观察。

（2）预应力筋用锚具、夹具和连接器进场时，应进行外观检查，其表面应无污物、锈蚀、机械损伤和裂纹。

检查数量：全数检查。

检验方法：观察。

（3）预应力成孔管道进场时，应进行管道外观质量检查、径向刚度和抗渗漏性能检验，其检验结果应符合下列规定：

1）金属管道外观应清洁，内外表面应无锈蚀、油污、附着物、孔洞；金属波纹管不应有不规则褶皱，咬口应无开裂、脱扣；钢管焊缝应连续；

2）塑料波纹管的外观应光滑、色泽均匀，内外壁不应有气泡、裂口、硬块、油污、附着物、孔洞及影响使用的划伤；

3）径向刚度和抗渗漏性能应符合现行行业标准《预应力混凝土桥梁用塑料波纹管》JT/T 529 或《预应力混凝土用金属波纹管》JG 225 的规定。

检查数量：外观应全数检查；径向刚度和抗渗漏性能的检查数量应按进场的批次和产品的抽样检验方案确定。

检验方法：观察，检查质量证明文件和抽样检验报告。

5.4.3　制作与安装

5.4.3.1　主控项目

（1）预应力筋安装时，其品种、规格、级别和数量必须符合设计要求。

检查数量：全数检查。

检验方法：观察，尺量。

（2）预应力筋的安装位置应符合设计要求。

检查数量：全数检查。

检验方法：观察，尺量。

5.4.3.2 一般项目

（1）预应力筋端部锚具的制作质量应符合下列规定：

1）钢绞线挤压锚具挤压完成后，预应力筋外端露出挤压套筒的长度不应小于1mm；

2）钢绞线压花锚具的梨形头尺寸和直线锚固段长度不应小于设计值；

3）钢丝镦头不应出现横向裂纹，镦头的强度不得低于钢丝强度标准值的98%。

检查数量：对挤压锚，每工作班抽查5%，且不应少于5件；对压花锚，每工作班抽查3件；对钢丝镦头强度，每批钢丝检查6个镦头试件。

检验方法：观察，尺量，检查镦头强度试验报告。

（2）预应力筋或成孔管道的安装质量应符合下列规定：

1）成孔管道的连接应密封；

2）预应力筋或成孔管道应平顺，并应与定位支撑钢筋绑扎牢固；

3）当后张有粘结预应力筋曲线孔道波峰和波谷的高差大于300mm，且采用普通灌浆工艺时，应在孔道波峰设置排气孔；

4）锚垫板的承压面应与预应力筋或孔道曲线末端垂直，预应力筋或孔道曲线末端直线段长度应符合表5-4-1规定。

预应力筋曲线起始点与张拉锚固点之间直线段最小长度 **表5-4-1**

预应力筋张拉控制力 N（kN）	$N \leqslant 1500$	$1500 < N \leqslant 6000$	$N > 6000$
直线段最小长度（mm）	400	500	600

检查数量：第1）～3）款应全数检查；第4）款应抽查预应力束总数的10%，且不少于5束。

检验方法：观察，尺量。

(3) 预应力筋或成孔管道定位控制点的竖向位置偏差应符合表5-4-2的规定，其合格点率应达到90%及以上，且不得有超过表中数值1.5倍的尺寸偏差。

预应力筋或成孔管道定位控制点的竖向位置允许偏差　　表5-4-2

构件截面高（厚）度（mm）	$h \leqslant 300$	$300 < h \leqslant 1500$	$h > 1500$
允许偏差（mm）	±5	±10	±15

检查数量：在同一检验批内，应抽查各类型构件总数的10%，且不少于3个构件，每个构件不应少于5处。

检验方法：尺量。

5.4.4　张拉和放张

5.4.4.1　主控项目

(1) 预应力筋张拉或放张前，应对构件混凝土强度进行检验。同条件养护的混凝土立方体试件抗压强度应符合设计要求，当设计无具体要求时应符合下列规定：

1) 应达到配套锚固产品技术要求的混凝土最低强度且不应低于设计混凝土强度等级值的75%；

2) 对采用消除应力钢丝或钢绞线作为预应力筋的先张法构件，不应低于30MPa。

检查数量：全数检查。

检验方法：检查同条件养护试件抗压强度试验报告。

(2) 对后张法预应力结构构件，钢绞线出现断裂或滑脱的数量不应超过同一截面钢绞线总根数的3%，且每根断裂的钢绞线断丝不得超过一丝；对多跨双向连续板，其同一截面应按每跨计算。

检查数量：全数检查。

检验方法：观察，检查张拉记录。

(3) 先张法预应力筋张拉锚固后，实际建立的预应力值与工程设计规定检验值的相对允许偏差为±5%。

检查数量：每工作班抽查预应力筋总数的1%，且不应少于3根。

检验方法：检查预应力筋应力检测记录。

5.4.4.2 一般项目

（1）预应力筋张拉质量应符合下列规定：

1）采用应力控制方法张拉时，张拉力下预应力筋的实测伸长值与计算伸长值的相对允许偏差为±6%；

2）最大张拉应力应符合现行国家标准《混凝土结构工程施工规范》GB 50666 的规定。

检查数量：全数检查。

检验方法：检查张拉记录。

（2）先张法预应力构件，应检查预应力筋张拉后的位置偏差，张拉后预应力筋的位置与设计位置的偏差不应大于 5mm，且不应大于构件截面短边边长的 4%。

检查数量：每工作班抽查预应力筋总数的 3%，且不应少于3束。

检验方法：尺量。

（3）锚固阶段张拉端预应力筋的内缩量应符合设计要求；当设计无具体要求时，应符合表 5-4-3 的规定。

张拉端预应力筋的内缩量限值 **表 5-4-3**

<table>
<tr><th colspan="2">锚具类别</th><th>内缩量限值（mm）</th></tr>
<tr><td rowspan="2">支承式锚具
（镦头锚具等）</td><td>螺帽缝隙</td><td>1</td></tr>
<tr><td>每块后加垫板的缝隙</td><td>1</td></tr>
<tr><td colspan="2">锥塞式锚具</td><td>5</td></tr>
<tr><td rowspan="2">夹片式锚具</td><td>有顶压</td><td>5</td></tr>
<tr><td>无顶压</td><td>6～8</td></tr>
</table>

检查数量：每工作班抽查预应力筋总数的 3%，且不少于3束。

检验方法：尺量。

5.4.5 灌浆及封锚

5.4.5.1 主控项目

(1) 预留孔道灌浆后，孔道内水泥浆应饱满、密实。

检查数量：全数检查。

检验方法：观察，检查灌浆记录。

(2) 灌浆用水泥浆的性能应符合下列规定：

1) 3h 自由泌水率宜为 0，且不应大于 1%，泌水应在 24h 内全部被水泥浆吸收；

2) 水泥浆中氯离子含量不应超过水泥重量的 0.06%；

3) 当采用普通灌浆工艺时，24h 自由膨胀率不应大于 6%；当采用真空灌浆工艺时，24h 自由膨胀率不应大于 3%。

检查数量：同一配合比检查一次。

检验方法：检查水泥浆性能试验报告。

(3) 现场留置的灌浆用水泥浆试件的抗压强度不应低于 30MPa。

试件抗压强度检验应符合下列规定：

1) 每组应留取 6 个边长为 70.7mm 的立方体试件，并应标准养护 28d；

2) 试件抗压强度应取 6 个试件的平均值；当一组试件中抗压强度最大值或最小值与平均值相差超过 20%时，应取中间 4 个试件强度的平均值。

检查数量：每工作班留置一组。

检验方法：检查试件强度试验报告。

(4) 锚具的封闭保护措施应符合设计要求。当设计无具体要求时，外露锚具和预应力筋的混凝土保护层厚度不应小于：一类环境时 20mm，二 a、二 b 类环境时 50mm，三 a、三 b 类环境时 80mm。

检查数量：在同一检验批内，抽查预应力筋总数的 5%，且不应少于 5 处。

检验方法：观察，尺量。

5.4.5.2 一般项目

后张法预应力筋锚固后，锚具外预应力筋的外露长度不应小于其直径的1.5倍，且不应小于30mm。

检查数量：在同一检验批内，抽查预应力筋总数的3%，且不应少于5束。

检验方法：观察，尺量。

5.5 混凝土分项工程

5.5.1 一般规定

(1) 混凝土强度应按现行国家标准《混凝土强度检验评定标准》GB/T 50107的规定分批检验评定。划入同一检验批的混凝土，其施工持续时间不宜超过3个月。

检验评定混凝土强度时，应采用28d或设计规定龄期的标准养护试件。

试件成型方法及标准养护条件应符合现行国家标准《普通混凝土力学性能试验方法标准》GB/T 50081的规定。采用蒸汽养护的构件，其试件应先随构件同条件养护，然后再置入标准养护条件下继续养护至28d或设计规定龄期。

(2) 当采用非标准尺寸试件时，应将其抗压强度乘以尺寸折算系数，折算成边长为150mm的标准尺寸试件抗压强度。尺寸折算系数应按现行国家标准《混凝土强度检验评定标准》GB/T 50107采用。

(3) 当混凝土试件强度评定不合格时，应委托具有资质的检测机构按国家现行有关标准的规定对结构构件中的混凝土强度进行检测推定，并应按5.8.2混凝土子分部工程验收第(2)条的规定进行处理。

(4) 混凝土有耐久性指标要求时，应按现行行业标准《混凝土耐久性检验评定标准》JGJ/T 193的规定检验评定。

(5) 大批量、连续生产的同一配合比混凝土，混凝土生产单位应提供基本性能试验报告。

(6) 预拌混凝土的原材料质量、制备等应符合现行国家标准《预拌混凝土》GB/T 14902 的规定。

(7) 水泥、外加剂进场检验，当满足下列条件之一时，其检验批容量可扩大一倍：

1) 获得认证的产品；

2) 同一厂家、同一品种、同一规格的产品，连续三次进场检验均一次检验合格。

5.5.2 原材料

5.5.2.1 主控项目

(1) 水泥进场时，应对其品种、代号、强度等级、包装或散装编号、出厂日期等进行检查，并应对水泥的强度、安定性和凝结时间进行检验，检验结果应符合现行国家标准《通用硅酸盐水泥》GB 175 等的相关规定。

检查数量：按同一厂家、同一品种、同一代号、同一强度等级、同一批号且连续进场的水泥，袋装不超过 200t 为一批，散装不超过 500t 为一批，每批抽样数量不应少于一次。

检验方法：检查质量证明文件和抽样检验报告。

(2) 混凝土外加剂进场时，应对其品种、性能、出厂日期等进行检查，并应对外加剂的相关性能指标进行检验，检验结果应符合现行国家标准《混凝土外加剂》GB 8076 和《混凝土外加剂应用技术规范》GB 50119 等的规定。

检查数量：按同一厂家、同一品种、同一性能、同一批号且连续进场的混凝土外加剂，不超过 50t 为一批，每批抽样数量不应少于一次。

检验方法：检查质量证明文件和抽样检验报告。

5.5.2.2 一般项目

(1) 混凝土用矿物掺合料进场时，应对其品种、技术指标、出厂日期等进行检查，并应对矿物掺合料的相关技术指标进行检验，检验结果应符合国家现行有关标准的规定。

检查数量：按同一厂家、同一品种、同一技术指标、同一批号且连续进场的矿物掺合料，粉煤灰、石灰石粉、磷渣粉和钢铁渣粉不超过200t为一批，粒化高炉矿渣粉和复合矿物掺合料不超过500t为一批，沸石粉不超过120t为一批，硅灰不超过30t为一批，每批抽样数量不应少于一次。

检验方法：检查质量证明文件和抽样检验报告。

(2) 混凝土原材料中的粗骨料、细骨料质量应符合现行行业标准《普通混凝土用砂、石质量及检验方法标准》JGJ 52的规定，使用经过净化处理的海砂应符合现行行业标准《海砂混凝土应用技术规范》JGJ 206的规定，再生混凝土骨料应符合现行国家标准《混凝土用再生粗骨料》GB/T 25177和《混凝土和砂浆用再生细骨料》GB/T 25176的规定。

检查数量：按现行行业标准《普通混凝土用砂、石质量及检验方法标准》JGJ 52的规定确定。

检验方法：检查抽样检验报告。

(3) 混凝土拌制及养护用水应符合现行行业标准《混凝土用水标准》JGJ 63的规定。采用饮用水时，可不检验；采用中水、搅拌站清洗水、施工现场循环水等其他水源时，应对其成分进行检验。

检查数量：同一水源检查不应少于一次。

检验方法：检查水质检验报告。

5.5.3　混凝土拌合物

5.5.3.1　主控项目

(1) 预拌混凝土进场时，其质量应符合现行国家标准《预拌混凝土》GB/T 14902的规定。

检查数量：全数检查。

检验方法：检查质量证明文件。

(2) 混凝土拌合物不应离析。

检查数量：全数检查。

检验方法：观察。

(3) 混凝土中氯离子含量和碱总含量应符合现行国家标准《混凝土结构设计规范》GB 50010的规定和设计要求。

检查数量：同一配合比的混凝土检查不应少于一次。

检验方法：检查原材料试验报告和氯离子、碱的总含量计算书。

(4) 首次使用的混凝土配合比应进行开盘鉴定，其原材料、强度、凝结时间、稠度等应满足设计配合比的要求。

检查数量：同一配合比的混凝土检查不应少于一次。

检验方法：检查开盘鉴定资料和强度试验报告。

5.5.3.2 一般项目

(1) 混凝土拌合物稠度应满足施工方案的要求。

检查数量：对同一配合比混凝土，取样应符合下列规定：

1) 每拌制100盘且不超过100m^{3}时，取样不得少于一次；

2) 每工作班拌制不足100盘时，取样不得少于一次；

3) 连续浇筑超过1000m^{3}时，每200m^{3}取样不得少于一次；

4) 每一楼层取样不得少于一次。

检验方法：检查稠度抽样检验记录。

(2) 混凝土有耐久性指标要求时，应在施工现场随机抽取试件进行耐久性检验，其检验结果应符合国家现行有关标准的规定和设计要求。

检查数量：同一配合比的混凝土，取样不应少于一次，留置试件数量应符合国家现行标准《普通混凝土长期性能和耐久性能试验方法标准》GB/T 50082和《混凝土耐久性检验评定标准》JGJ/T 193的规定。

检验方法：检查试件耐久性试验报告。

(3) 混凝土有抗冻要求时，应在施工现场进行混凝土含气量检验，其检验结果应符合国家现行有关标准的规定和设计要求。

检查数量：同一配合比的混凝土，取样不应少于一次，取样数量应符合现行国家标准《普通混凝土拌合物性能试验方法标准》GB/T 50080的规定。

检验方法：检查混凝土含气量试验报告。

5.5.4 混凝土施工

5.5.4.1 主控项目

混凝土的强度等级必须符合设计要求。用于检验混凝土强度的试件应在浇筑地点随机抽取。

检查数量：对同一配合比混凝土，取样与试件留置应符合下列规定：

1）每拌制 100 盘且不超过 100m^3时，取样不得少于一次；

2）每工作班拌制不足 100 盘时，取样不得少于一次；

3）连续浇筑超过 1000m^3时，每 200m^3取样不得少于一次；

4）每一楼层取样不得少于一次；

5）每次取样应至少留置一组试件。

检验方法：检查施工记录及混凝土强度试验报告。

5.5.4.2 一般项目

（1）后浇带的留设位置应符合设计要求。后浇带和施工缝的留设及处理方法应符合施工方案要求。

检查数量：全数检查。

检验方法：观察。

（2）混凝土浇筑完毕后应及时进行养护，养护时间以及养护方法应符合施工方案要求。

检查数量：全数检查。

检验方法：观察，检查混凝土养护记录。

5.6 现浇结构分项工程

5.6.1 一般规定

（1）现浇结构质量验收应符合下列规定：

1）现浇结构质量验收应在拆模后、混凝土表面未作修整和装饰前进行，并应作出记录；

2）已经隐蔽的不可直接观察和量测的内容，可检查隐蔽工程验收记录；

3）修整或返工的结构构件或部位应有实施前后的文字及图像记录。

（2）现浇结构的外观质量缺陷应由监理单位、施工单位等各方根据其对结构性能和使用功能影响的严重程度按表 5-6-1 确定。

现浇结构外观质量缺陷 **表 5-6-1**

名称	现 象	严重缺陷	一般缺陷
露筋	构件内钢筋未被混凝土包裹而外露	纵向受力钢筋有露筋	其他钢筋有少量露筋
蜂窝	混凝土表面缺少水泥砂浆而形成石子外露	构件主要受力部位有蜂窝	其他部位有少量蜂窝
孔洞	混凝土中孔穴深度和长度均超过保护层厚度	构件主要受力部位有孔洞	其他部位有少量孔洞
夹渣	混凝土中夹有杂物且深度超过保护层厚度	构件主要受力部位有夹渣	其他部位有少量夹渣
疏松	混凝土中局部不密实	构件主要受力部位有疏松	其他部位有少量疏松
裂缝	裂缝从混凝土表面延伸至混凝土内部	构件主要受力部位有影响结构性能或使用功能的裂缝	其他部位有少量不影响结构性能或使用功能的裂缝
连接部位缺陷	构件连接处混凝土有缺陷或连接钢筋、连接件松动	连接部位有影响结构传力性能的缺陷	连接部位有基本不影响结构传力性能的缺陷
外形缺陷	缺棱掉角、棱角不直、翘曲不平、飞边凸肋等	清水混凝土构件有影响使用功能或装饰效果的外形缺陷	其他混凝土构件有不影响使用功能的外形缺陷
外表缺陷	构件表面麻面、掉皮、起砂、沾污等	具有重要装饰效果的清水混凝土构件有外表缺陷	其他混凝土构件有不影响使用功能的外表缺陷

(3) 装配式结构现浇部分的外观质量、位置偏差、尺寸偏差验收应符合本节要求。

(4) 清水混凝土外观质量与检验方法应符合表 5-6-2 的规定。

检查数量：抽查各检验批的 30%，且不应少于 5 件。

清水混凝土外观质量与检验方法　　表 5-6-2

项次	项目	普通清水混凝土	饰面清水混凝土	检查方法
1	颜色	无明显色差	颜色基本一致，无明显色差	距离墙面 5m 观察
2	修补	少量修补痕迹	基本无修补痕迹	距离墙面 5m 观察
3	气泡	气泡分散	最大直径不大于 8mm，深度不大于 2mm，每平方米气泡面积不大于 $20cm^2$	尺量
4	裂缝	宽度小于 0.2mm	宽度小于 0.2mm，且长度不大于 1000mm	尺量、刻度放大镜
5	光洁度	无明显漏浆、流淌及冲刷痕迹	无漏浆、流淌及冲刷痕迹，无油迹、墨迹及锈斑，无粉化物	观察
6	对拉螺栓孔眼	—	排列整齐，孔洞封堵密实，凹孔棱角清晰圆滑	观察、尺量
7	明缝	—	位置规律、整齐，深度一致，水平交圈	观察、尺量
8	蝉缝	—	横平竖直，水平交圈，竖向成线	观察、尺量

5.6.2 外观质量

5.6.2.1 主控项目

现浇结构的外观质量不应有严重缺陷。

对已经出现的严重缺陷，应由施工单位提出技术处理方案，并经监理单位认可后进行处理；对裂缝或连接部位的严重缺陷及其他影响结构安全的严重缺陷，技术处理方案尚应经设计单位认可。对经处理的部位应重新验收。

检查数量：全数检查。

检验方法：观察，检查处理记录。

5.6.2.2 一般项目

现浇结构的外观质量不应有一般缺陷。

对已经出现的一般缺陷，应由施工单位按技术处理方案进行处理。对经处理的部位应重新验收。

检查数量：全数检查。

检验方法：观察，检查处理记录。

5.6.3 位置和尺寸偏差

5.6.3.1 主控项目

现浇结构不应有影响结构性能或使用功能的尺寸偏差；混凝土设备基础不应有影响结构性能或设备安装的尺寸偏差。

对超过尺寸允许偏差且影响结构性能或安装、使用功能的部位，应由施工单位提出技术处理方案，并经监理、设计单位认可后进行处理。对经处理的部位应重新验收。

检查数量：全数检查。

检验方法：量测，检查处理记录。

5.6.3.2 一般项目

(1) 现浇结构的位置和尺寸偏差及检验方法应符合表 5-6-3 的规定。

检查数量：按楼层、结构缝或施工段划分检验批。在同一检验批内，对梁、柱和独立基础，应抽查构件数量的 10%，且不应少于 3 件；对墙和板，应按有代表性的自然间抽查 10%，且不应少于 3 间；对大空间结构，墙可按相邻轴线间高度 5m 左右划分检查面，板可按纵、横轴线划分检查面，抽查 10%，且均不应少于 3 面；对电梯井，应全数检查。

现浇结构位置和尺寸允许偏差及检验方法　　表 5-6-3

项　目			允许偏差（mm）	检验方法
轴线位置	整体基础		15	经纬仪及尺量
	独立基础		10	经纬仪及尺量
	柱、墙、梁		8	尺量
垂直度	层高	≤6m	10	经纬仪或吊线、尺量
		>6m	12	经纬仪或吊线、尺量
	全高（H）≤300m		H/30000+20	经纬仪、尺量
	全高（H）>300m		H/10000 且≤80	经纬仪、尺量
标高	层高		±10	水准仪或拉线、尺量
	全高		±30	水准仪或拉线、尺量
截面尺寸	基础		+15，−10	尺量
	柱、梁、板、墙		+10，−5	尺量
	楼梯相邻踏步高差		6	尺量
电梯井	中心位置		10	尺量
	长、宽尺寸		+25，0	尺量
表面平整度			8	2m 靠尺和塞尺量测
预埋件中心位置	预埋板		10	尺量
	预埋螺栓		5	尺量
	预埋管		5	尺量
	其他		10	尺量
预留洞、孔中心线位置			15	尺量

注：1　检查柱轴线、中心线位置时，沿纵、横两个方向测量，并取其中偏差的较大值。

2　H 为全高，单位为 mm。

（2）现浇设备基础的位置和尺寸应符合设计和设备安装的要

求。其位置和尺寸偏差及检验方法应符合表5-6-4的规定。

现浇设备基础位置和尺寸允许偏差及检验方法　　表5-6-4

项目		允许偏差（mm）	检验方法
坐标位置		20	经纬仪及尺量
不同平面标高		0，-20	水准仪或拉线、尺量
平面外形尺寸		±20	尺量
凸台上平面外形尺寸		0，-20	尺量
凹槽尺寸		+20，0	尺量
平面水平度	每米	5	水平尺、塞尺量测
	全长	10	水准仪或拉线、尺量
垂直度	每米	5	经纬仪或吊线、尺量
	全高	10	经纬仪或吊线、尺量
预埋地脚螺栓	中心位置	2	尺量
	顶标高	+20，0	水准仪或拉线、尺量
	中心距	±2	尺量
	垂直度	5	吊线、尺量
预埋地脚螺栓孔	中心线位置	10	尺量
	截面尺寸	+20，0	尺量
	深度	+20，0	尺量
	垂直度	h/100且≤10	吊线、尺量
预埋活动地脚螺栓锚板	中心线位置	5	尺量
	标高	+20，0	水准仪或拉线、尺量
	带槽锚板平整度	5	直尺、塞尺量测
	带螺纹孔锚板平整度	2	直尺、塞尺量测

注：1　检查坐标、中心线位置时，应沿纵、横两个方向测量，并取其中偏差的较大值。

2　h为预埋地脚螺栓孔孔深，单位为mm。

检查数量：全数检查。

（3）清水混凝土结构允许偏差与检查方法，应符合表5-6-5

的规定。

清水混凝土结构允许偏差与检查方法　　表 5-6-5

项次	项目		允许偏差（mm）		检查方法
			普通清水混凝土	饰面清水混凝土	
1	轴线位移	墙、柱、梁	6	5	尺量
2	截面尺寸	墙、柱、梁	±5	±3	尺量
3	垂直度	层高	8	5	经纬仪、线坠、尺量
		全高（H）	H/1000，且≤30	H/1000，且≤30	
4	表面平整度		4	3	2m 靠尺、塞尺
5	角线顺直		4	3	拉线、尺量
6	预留洞口中心线位移		10	8	尺量
7	标高	层高	±8	±5	水准仪、尺量
		全高	±30	±30	
8	阴阳角	方正	4	3	尺量
		顺直	4	3	
9	阳台、雨罩位置		±8	±5	尺量
10	明缝直线度		—	3	拉 5m 线，不足 5m 拉通线，钢尺检查
11	蝉缝错台		—	2	尺量
12	蟑缝交圈		—	5	拉 5m 线，不足 5m 拉通线，钢尺检查

检查数量：抽查各检验批的 30%，且不应小于 5 件。

5.7 装配式结构分项工程

5.7.1 一般规定

（1）装配式结构连接部位及叠合构件浇筑混凝土之前，应进行隐蔽工程验收。隐蔽工程验收应包括下列主要内容：

1）混凝土粗糙面的质量，键槽的尺寸、数量、位置；

2）钢筋的牌号、规格、数量、位置、间距，箍筋弯钩的弯折角度及平直段长度；

3）钢筋的连接方式、接头位置、接头数量、接头面积百分率、搭接长度、锚固方式及锚固长度；

4）预埋件、预留管线的规格、数量、位置。

（2）装配式结构的接缝施工质量及防水性能应符合设计要求和国家现行有关标准的规定。

5.7.2 预制构件

5.7.2.1 主控项目

（1）预制构件的质量应符合本规范、国家现行有关标准的规定和设计的要求。

检查数量：全数检查。

检验方法：检查质量证明文件或质量验收记录。

（2）专业企业生产的预制构件进场时，预制构件结构性能检验应符合下列规定：

1）梁板类简支受弯预制构件进场时应进行结构性能检验，并应符合下列规定：

① 结构性能检验应符合国家现行有关标准的有关规定及设计的要求，检验要求和试验方法应符合附录B的规定。

② 钢筋混凝土构件和允许出现裂缝的预应力混凝土构件应进行承载力、挠度和裂缝宽度检验；不允许出现裂缝的预应力混凝土构件应进行承载力、挠度和抗裂检验。

③ 对大型构件及有可靠应用经验的构件，可只进行裂缝宽度、抗裂和挠度检验。

④ 对使用数量较少的构件，当能提供可靠依据时，可不进行结构性能检验。

2）对其他预制构件，除设计有专门要求外，进场时可不做结构性能检验。

3）对进场时不做结构性能检验的预制构件，应采取下列措施：

① 施工单位或监理单位代表应驻厂监督生产过程。

② 当无驻厂监督时，预制构件进场时应对其主要受力钢筋数量、规格、间距、保护层厚度及混凝土强度等进行实体检验。

检验数量：同一类型预制构件不超过1000个为一批，每批随机抽取1个构件进行结构性能检验。

检验方法：检查结构性能检验报告或实体检验报告。

注："同类型"是指同一钢种、同一混凝土强度等级、同一生产工艺和同一结构形式。抽取预制构件时，宜从设计荷载最大、受力最不利或生产数量最多的预制构件中抽取。

(3) 预制构件的外观质量不应有严重缺陷，且不应有影响结构性能和安装、使用功能的尺寸偏差。

检查数量：全数检查。

检验方法：观察，尺量；检查处理记录。

(4) 预制构件上的预埋件、预留插筋、预埋管线等的规格和数量以及预留孔、预留洞的数量应符合设计要求。

检查数量：全数检查。

检验方法：观察。

5.7.2.2 一般项目

(1) 预制构件应有标识。

检查数量：全数检查。

检验方法：观察。

(2) 预制构件的外观质量不应有一般缺陷。

检查数量：全数检查。

检验方法：观察，检查处理记录。

(3) 预制构件尺寸偏差及检验方法应符合表5-7-1的规定；设计有专门规定时，尚应符合设计要求。施工过程中临时使用的预埋件，其中心线位置允许偏差可取表5-7-1中规定数值的2倍。

检查数量：同一类型的构件，不超过100个为一批，每批应抽查构件数量的5%，且不应少于3个。

预制构件尺寸允许偏差及检验方法　　表5-7-1

<table>
<tr><th colspan="3">项　目</th><th>允许偏差
（mm）</th><th>检验方法</th></tr>
<tr><td rowspan="4">长度</td><td rowspan="3">楼板、梁、柱、桁架</td><td><12m</td><td>±5</td><td rowspan="4">尺量</td></tr>
<tr><td>≥12m且<18m</td><td>±10</td></tr>
<tr><td>≥18m</td><td>±20</td></tr>
<tr><td colspan="2">墙板</td><td>±4</td></tr>
<tr><td rowspan="2">宽度、高（厚）度</td><td colspan="2">楼板、梁、柱、桁架</td><td>±5</td><td rowspan="2">尺量一端及中部，取其中偏差绝对值较大处</td></tr>
<tr><td colspan="2">墙板</td><td>±4</td></tr>
<tr><td rowspan="2">表面平整度</td><td colspan="2">楼板、梁、柱、墙板内表面</td><td>5</td><td rowspan="2">2m靠尺和塞尺量测</td></tr>
<tr><td colspan="2">墙板外表面</td><td>3</td></tr>
<tr><td rowspan="2">侧向弯曲</td><td colspan="2">楼板、梁、柱</td><td>$L/750$ 且≤20</td><td rowspan="2">拉线、直尺量测最大侧向弯曲处</td></tr>
<tr><td colspan="2">墙板、桁架</td><td>$L/1000$ 且≤20</td></tr>
<tr><td rowspan="2">翘曲</td><td colspan="2">楼板</td><td>$L/750$</td><td rowspan="2">调平尺在两端量测</td></tr>
<tr><td colspan="2">墙板</td><td>$L/1000$</td></tr>
<tr><td rowspan="2">对角线</td><td colspan="2">楼板</td><td>10</td><td rowspan="2">尺量两个对角线</td></tr>
<tr><td colspan="2">墙板</td><td>5</td></tr>
<tr><td rowspan="2">预留孔</td><td colspan="2">中心线位置</td><td>5</td><td rowspan="2">尺量</td></tr>
<tr><td colspan="2">孔尺寸</td><td>±5</td></tr>
<tr><td rowspan="2">预留洞</td><td colspan="2">中心线位置</td><td>10</td><td rowspan="2">尺量</td></tr>
<tr><td colspan="2">洞口尺寸、深度</td><td>±10</td></tr>
<tr><td rowspan="6">预埋件</td><td colspan="2">预埋板中心线位置</td><td>5</td><td rowspan="6">尺量</td></tr>
<tr><td colspan="2">预埋板与混凝土面平面高差</td><td>0，−5</td></tr>
<tr><td colspan="2">预埋螺栓</td><td>2</td></tr>
<tr><td colspan="2">预埋螺栓外露长度</td><td>+10，−5</td></tr>
<tr><td colspan="2">预埋套筒、螺母中心线位置</td><td>2</td></tr>
<tr><td colspan="2">预埋套筒、螺母与混凝土面平面高差</td><td>±5</td></tr>
</table>

续表

项　目		允许偏差(mm)	检验方法
预留插筋	中心线位置	5	尺量
	外露长度	+10，−5	
键槽	中心线位置	5	尺量
	长度、宽度	±5	
	深度	±10	

注：1. L 为构件长度，单位为 mm；

2. 检查中心线、螺栓和孔道位置偏差时，沿纵、横两个方向量测，并取其中偏差较大值。

（4）预制构件的粗糙面的质量及键槽的数量应符合设计要求。

检查数量：全数检查。

检验方法：观察。

5.7.3　安装与连接

5.7.3.1　主控项目

（1）预制构件临时固定措施应符合施工方案的要求。

检查数量：全数检查。

检验方法：观察。

（2）钢筋采用套筒灌浆连接时，灌浆应饱满、密实，其材料及连接质量应符合国家现行行业标准《钢筋套筒灌浆连接应用技术规程》JGJ 355 的规定。

检查数量：按国家现行行业标准《钢筋套筒灌浆连接应用技术规程》JGJ 355 的规定确定。

检验方法：检查质量证明文件、灌浆记录及相关检验报告。

（3）钢筋采用焊接连接时，其接头质量应符合现行行业标准《钢筋焊接及验收规程》JGJ 18 的规定。

检查数量：按现行行业标准《钢筋焊接及验收规程》JGJ 18 的有关规定确定。

检验方法：检查质量证明文件及平行加工试件的检验报告。

（4）钢筋采用机械连接时，其接头质量应符合现行行业标准《钢筋机械连接技术规程》JGJ 107 的规定。

检查数量：按现行行业标准《钢筋机械连接技术规程》JGJ 107 的规定确定。

检验方法：检查质量证明文件、施工记录及平行加工试件的检验报告。

（5）预制构件采用焊接、螺栓连接等连接方式时，其材料性能及施工质量应符合国家现行标准《钢结构工程施工质量验收规范》GB 50205 和《钢筋焊接及验收规程》JGJ 18 的相关规定。

检查数量：按国家现行标准《钢结构工程施工质量验收规范》GB 50205 和《钢筋焊接及验收规程》JGJ 18 的规定确定。

检验方法：检查施工记录及平行加工试件的检验报告。

（6）装配式结构采用现浇混凝土连接构件时，构件连接处后浇混凝土的强度应符合设计要求。

检查数量：按 5.5.4.1 主控项目第（1）条的规定确定。

检验方法：检查混凝土强度试验报告。

（7）装配式结构施工后，其外观质量不应有严重缺陷，且不应有影响结构性能和安装、使用功能的尺寸偏差。

检查数量：全数检查。

检验方法：观察，量测；检查处理记录。

5.7.3.2 一般项目

（1）装配式结构施工后，其外观质量不应有一般缺陷。

检查数量：全数检查。

检验方法：观察，检查处理记录。

（2）装配式结构施工后，预制构件位置、尺寸偏差及检验方法应符合设计要求；当设计无具体要求时，应符合表 5-7-2 的规定。预制构件与现浇结构连接部位的表面平整度应符合表 5-7-2 的规定。

装配式结构构件位置和尺寸允许偏差及检验方法　表 5-7-2

<table>
<tr><th colspan="3">项　　目</th><th>允许偏差
(mm)</th><th>检验方法</th></tr>
<tr><td rowspan="2">构件轴线位置</td><td colspan="2">竖向构件（柱、墙板、桁架）</td><td>8</td><td rowspan="2">经纬仪及尺量</td></tr>
<tr><td colspan="2">水平构件（梁、楼板）</td><td>5</td></tr>
<tr><td>标高</td><td colspan="2">梁、柱、墙板
楼板底面或顶面</td><td>±5</td><td>水准仪或拉线、尺量</td></tr>
<tr><td rowspan="2">构件垂直度</td><td rowspan="2">柱、墙板安装后的高度</td><td>≤6m</td><td>5</td><td rowspan="2">经纬仪或吊线、尺量</td></tr>
<tr><td>>6m</td><td>10</td></tr>
<tr><td>构件倾斜度</td><td colspan="2">梁、桁架</td><td>5</td><td>经纬仪或吊线、尺量</td></tr>
<tr><td rowspan="4">相邻构件平整度</td><td rowspan="2">梁、楼板底面</td><td>外露</td><td>3</td><td rowspan="4">2m 靠尺和塞尺量测</td></tr>
<tr><td>不外露</td><td>5</td></tr>
<tr><td rowspan="2">柱、墙板</td><td>外露</td><td>5</td></tr>
<tr><td>不外露</td><td>8</td></tr>
<tr><td>构件搁置长度</td><td colspan="2">梁、板</td><td>±10</td><td>尺量</td></tr>
<tr><td>支座、支垫中心位置</td><td colspan="2">板、梁、柱、墙板、桁架</td><td>10</td><td>尺量</td></tr>
<tr><td colspan="3">墙板接缝宽度</td><td>±5</td><td>尺量</td></tr>
</table>

检查数量：按楼层、结构缝或施工段划分检验批。在同一检验批内，对梁、柱和独立基础，应抽查构件数量的 10%，且不应少于 3 件；对墙和板，应按有代表性的自然间抽查 10%，且不应少于 3 间；对大空间结构，墙可按相邻轴线间高度 5m 左右划分检查面，板可按纵、横轴线划分检查面，抽查 10%，且均不应少于 3 面。

5.8　混凝土结构子分部工程

5.8.1　结构实体检验

（1）对涉及混凝土结构安全的有代表性的部位应进行结构实

体检验。结构实体检验应包括混凝土强度、钢筋保护层厚度、结构位置与尺寸偏差以及合同约定的项目；必要时可检验其他项目。

结构实体检验应由监理单位组织施工单位实施，并见证实施过程。施工单位应制定结构实体检验专项方案，并经监理单位审核批准后实施。除结构位置与尺寸偏差外的结构实体检验项目，应由具有相应资质的检测机构完成。

（2）结构实体混凝土强度应按不同强度等级分别检验，检验方法宜采用同条件养护试件方法；当未取得同条件养护试件强度或同条件养护试件强度不符合要求时，可采用回弹-取芯法进行检验。

结构实体混凝土同条件养护试件强度检验应符合附录C的规定；结构实体混凝土回弹-取芯法强度检验应符合附录D的规定。

混凝土强度检验时的等效养护龄期可取日平均温度逐日累计达到600℃·d时所对应的龄期，且不应小于14d。日平均温度为0℃及以下的龄期不计入。

冬期施工时，等效养护龄期计算时温度可取结构构件实际养护温度，也可根据结构构件的实际养护条件，按照同条件养护试件强度与在标准养护条件下28d龄期试件强度相等的原则由监理、施工等各方共同确定。

（3）钢筋保护层厚度检验应符合附录E的规定。

（4）结构位置与尺寸偏差检验应符合附录F的规定。

（5）结构实体检验中，当混凝土强度或钢筋保护层厚度检验结果不满足要求时，应委托具有资质的检测机构按国家现行有关标准的规定进行检测。

5.8.2　混凝土结构子分部工程验收

（1）混凝土结构子分部工程施工质量验收合格应符合下列规定：

1）所含分项工程质量验收应合格；

2）应有完整的质量控制资料；

3）观感质量验收应合格；

4）结构实体检验结果应符合 5.8.1 结构实体检验的要求。

（2）当混凝土结构施工质量不符合要求时，应按下列规定进行处理：

1）经返工、返修或更换构件、部件的，应重新进行验收；

2）经有资质的检测机构按国家现行有关标准检测鉴定达到设计要求的，应予以验收；

3）经有资质的检测机构按国家现行有关标准检测鉴定达不到设计要求，但经原设计单位核算并确认仍可满足结构安全和使用功能的，可予以验收；

4）经返修或加固处理能够满足结构可靠性要求的，可根据技术处理方案和协商文件进行验收。

（3）混凝土结构子分部工程施工质量验收时，应提供下列文件和记录：

1）设计变更文件；

2）原材料质量证明文件和抽样检验报告；

3）预拌混凝土的质量证明文件；

4）混凝土、灌浆料的性能检验报告；

5）钢筋接头的试验报告；

6）预制构件的质量证明文件和安装验收记录；

7）预应力筋用锚具、连接器的质量证明文件和抽样检验报告；

8）预应力筋安装、张拉的检验记录；

9）钢筋套筒灌浆连接及预应力孔道灌浆记录；

10）隐蔽工程验收记录；

11）混凝土工程施工记录；

12）混凝土试件的试验报告；

13）分项工程验收记录；

14）结构实体检验记录；

15）工程的重大质量问题的处理方案和验收记录；

16）其他必要的文件和记录。

（4）混凝土结构工程子分部工程施工质量验收合格后，应按有关规定将验收文件存档备案。

附录A 质量验收记录

1．检验批质量验收可按附表A1-1记录。

______**检验批质量验收记录** **附表A1-1**

编号：

<table>
<tr><td colspan="3">单位（子单位）工程名称</td><td></td><td>分部（子分部）工程名称</td><td></td><td>分项工程名称</td><td></td></tr>
<tr><td colspan="3">施工单位</td><td></td><td>项目负责人</td><td></td><td>检验批容量</td><td></td></tr>
<tr><td colspan="3">分包单位</td><td></td><td>分包单位项目负责人</td><td></td><td>检验批部位</td><td></td></tr>
<tr><td colspan="3">施工依据</td><td colspan="2"></td><td>验收依据</td><td colspan="2"></td></tr>
<tr><td colspan="3">验收项目</td><td>设计要求及规范规定</td><td>样本总数</td><td>最小/实际抽样数量</td><td>检查记录</td><td>检查结果</td></tr>
<tr><td rowspan="8">主控项目</td><td>1</td><td></td><td></td><td></td><td></td><td></td><td></td></tr>
<tr><td>2</td><td></td><td></td><td></td><td></td><td></td><td></td></tr>
<tr><td>3</td><td></td><td></td><td></td><td></td><td></td><td></td></tr>
<tr><td>4</td><td></td><td></td><td></td><td></td><td></td><td></td></tr>
<tr><td>5</td><td></td><td></td><td></td><td></td><td></td><td></td></tr>
<tr><td>6</td><td></td><td></td><td></td><td></td><td></td><td></td></tr>
<tr><td>7</td><td></td><td></td><td></td><td></td><td></td><td></td></tr>
<tr><td>8</td><td></td><td></td><td></td><td></td><td></td><td></td></tr>
<tr><td rowspan="5">一般项目</td><td>1</td><td></td><td></td><td></td><td></td><td></td><td></td></tr>
<tr><td>2</td><td></td><td></td><td></td><td></td><td></td><td></td></tr>
<tr><td>3</td><td></td><td></td><td></td><td></td><td></td><td></td></tr>
<tr><td>4</td><td></td><td></td><td></td><td></td><td></td><td></td></tr>
<tr><td>5</td><td></td><td></td><td></td><td></td><td></td><td></td></tr>
<tr><td colspan="3">施工单位检查结果</td><td colspan="5">专业工长：
项目专业质量检查员：
年 月 日</td></tr>
<tr><td colspan="3">监理单位验收结论</td><td colspan="5">专业监理工程师：
年 月 日</td></tr>
</table>

2. 分项工程质量验收可按附表 A1-2 记录。

______分项工程质量验收记录 **附表 A1-2**

编号：

单位（子单位）工程名称		分部（子分部）工程名称			
分项工程数量		检验批数量			
施工单位		项目负责人		项目技术负责人	
分包单位		分包单位项目负责人		分包内容	

序号	检验批名称	检验批容量	部位/区段	施工单位检查结果	监理单位验收结论
1					
2					
3					
4					
5					
6					
7					
8					
9					
10					
11					
12					
13					
14					
15					
说明：					

施工单位检查结果	项目专业技术负责人： 年 月 日
监理单位验收结论	专业监理工程师： 年 月 日

3. 混凝土结构子分部工程质量验收可按附表A1-3记录。

混凝土结构子分部工程质量验收记录　　附表 A1-3

编号：

<table>
<tr><td colspan="2">单位（子单位）
工程名称</td><td colspan="3"></td><td>分项工程
数量</td><td></td></tr>
<tr><td colspan="2">施工单位</td><td colspan="2"></td><td>项目负责人</td><td>技术(质量)
负责人</td><td></td></tr>
<tr><td colspan="2">分包单位</td><td colspan="2"></td><td>分包单位
负责人</td><td>分包内容</td><td></td></tr>
<tr><td>序号</td><td>分项工程名称</td><td>检验批数量</td><td colspan="2">施工单位检查结果</td><td colspan="2">监理单位
验收结论</td></tr>
<tr><td>1</td><td>钢筋分项工程</td><td></td><td colspan="2"></td><td colspan="2"></td></tr>
<tr><td>2</td><td>预应力分项工程</td><td></td><td colspan="2"></td><td colspan="2"></td></tr>
<tr><td>3</td><td>混凝土分项工程</td><td></td><td colspan="2"></td><td colspan="2"></td></tr>
<tr><td>4</td><td>现浇结构分项工程</td><td></td><td colspan="2"></td><td colspan="2"></td></tr>
<tr><td>5</td><td>装配式结构分项工程</td><td></td><td colspan="2"></td><td colspan="2"></td></tr>
<tr><td colspan="3">质量控制资料</td><td colspan="2"></td><td colspan="2"></td></tr>
<tr><td colspan="3">结构实体检验报告</td><td colspan="4"></td></tr>
<tr><td colspan="3">观感质量检验结果</td><td colspan="4"></td></tr>
<tr><td>综合验收结论</td><td colspan="6"></td></tr>
<tr><td colspan="2">施工单位
项目负责人：
年　月　日</td><td colspan="2">设计单位
项目负责人：
年　月　日</td><td colspan="3">监理单位
总监理工程师：
年　月　日</td></tr>
</table>

附录B　受弯预制构件结构性能检验

附B.1　检验要求

1. 预制构件的承载力检验应符合下列规定：

(1) 当按现行国家标准《混凝土结构设计规范》GB 50010的规定进行检验时，应满足下式的要求：

$$\gamma_u^0 \geqslant \gamma_0[\gamma_u] \quad \text{(附 B1-1)}$$

式中：γ_u^0——构件的承载力检验系数实测值，即试件的荷载实测值与荷载设计值（均包括自重）的比值；

γ_0——结构重要性系数，按设计要求的结构等级确定，当无专门要求时取1.0；

$[\gamma_u]$——构件的承载力检验系数允许值，按附表B1-1取用。

(2) 当按构件实配钢筋进行承载力检验时，应满足下式的要求：

$$\gamma_u^0 \geqslant \gamma_0 \eta[\gamma_u] \quad \text{(附 B1-2)}$$

式中：η——构件承载力检验修正系数，根据现行国家标准《混凝土结构设计规范》GB 50010按实配钢筋的承载力计算确定。

构件的承载力检验系数允许值　　附表 B1-1

受力情况	达到承载能力极限状态的检验标志		$[\gamma_u]$
受弯	受拉主筋处的最大裂缝宽度达到1.5mm；或挠度达到跨度的1/50	有屈服点热轧钢筋	1.20
		无屈服点钢筋（钢丝、钢绞线、冷加工钢筋、无屈服点热轧钢筋）	1.35
	受压区混凝土破坏	有屈服点热轧钢筋	1.30
		无屈服点钢筋（钢丝、钢绞线、冷加工钢筋、无屈服点热轧钢筋）	1.50
	受拉主筋拉断		1.50

续表

受力情况	达到承载能力极限状态的检验标志	$[\gamma_u]$
受弯构件的受剪	腹部斜裂缝达到1.5mm，或斜裂缝末端受压混凝土剪压破坏	1.40
	沿斜截面混凝土斜压、斜拉破坏；受拉主筋在端部滑脱或其他锚固破坏	1.55
	叠合构件叠合面、接槎处	1.45

2. 预制构件的挠度检验应符合下列规定：

(1) 当按现行国家标准《混凝土结构设计规范》GB 50010规定的挠度允许值进行检验时，应满足下式的要求：

$$a_s^0 \leqslant [a_s] \tag{附 B1-3}$$

式中：a_s^0——在检验用荷载标准组合值或荷载准永久组合值作用下的构件挠度实测值；

$[a_s]$——挠度检验允许值，按附录B第3条的有关规定计算。

(2) 当按构件实配钢筋进行挠度检验或仅检验构件的挠度、抗裂或裂缝宽度时，应满足下式的要求：

$$a_s^0 \leqslant 1.2a_s^c \tag{附 B1-4}$$

a_s^0 应同时满足公式（附B1-3）的要求。

式中：a_s^c——在检验用荷载标准组合值或荷载准永久组合值作用下，按实配钢筋确定的构件短期挠度计算值，按现行国家标准《混凝土结构设计规范》GB 50010确定。

3. 挠度检验允许值 $[a_s]$ 应按下列公式进行计算：

按荷载准永久组合值计算钢筋混凝土受弯构件

$$[a_s] = [a_f]/\theta \tag{附 B1-5}$$

按荷载标准组合值计算预应力混凝土受弯构件

$$[a_s] = \frac{M_k}{M_q(\theta - 1) + M_k}[a_f] \tag{附 B1-6}$$

式中：M_k——按荷载标准组合值计算的弯矩值；

M_q——按荷载准永久组合值计算的弯矩值；

θ——考虑荷载长期效应组合对挠度增大的影响系数，按现行国家标准《混凝土结构设计规范》GB 50010 确定；

$[a_f]$——受弯构件的挠度限值，按现行国家标准《混凝土结构设计规范》GB 50010 确定。

4. 预制构件的抗裂检验应满足公式（附 B1-7）的要求：

$$\gamma_{cr}^{0} \geqslant [\gamma_{cr}] \qquad (附 B1-7)$$

$$[\gamma_{cr}] = 0.95 \frac{\sigma_{pc} + \gamma f_{tk}}{\sigma_{ck}} \qquad (附 B1-8)$$

式中：γ_{cr}^{0}——构件的抗裂检验系数实测值，即试件的开裂荷载实测值与检验用荷载标准组合值（均包括自重）的比值；

$[\gamma_{cr}]$——构件的抗裂检验系数允许值；

σ_{pc}——由预加力产生的构件抗拉边缘混凝土法向应力值，按现行国家标准《混凝土结构设计规范》GB 50010 确定；

γ——混凝土构件截面抵抗矩塑性影响系数，按现行国家标准《混凝土结构设计规范》GB 50010 确定；

f_{tk}——混凝土抗拉强度标准值；

σ_{ck}——按荷载标准组合值计算的构件抗拉边缘混凝土法向应力值，按现行国家标准《混凝土结构设计规范》GB 50010 确定。

5. 预制构件的裂缝宽度检验应满足下式的要求：

$$w_{s,max}^{0} \leqslant [w_{max}] \qquad (附 B1-9)$$

式中：$w_{s,max}^{0}$——在检验用荷载标准组合值或荷载准永久组合值作用下，受拉主筋处的最大裂缝宽度实测值；

$[w_{max}]$——构件检验的最大裂缝宽度允许值，按附表 B1-2 取用。

构件的最大裂缝宽度允许值（mm）　　附表 B1-2

设计要求的最大裂缝宽度限值	0.1	0.2	0.3	0.4
$[w_{max}]$	0.07	0.15	0.20	0.25

6. 预制构件结构性能检验的合格判定应符合下列规定：

（1）当预制构件结构性能的全部检验结果均满足附 B.1 检验要求第 1 条～第 5 条的检验要求时，该批构件可判为合格；

（2）当预制构件的检验结果不满足第（1）款的要求，但又能满足第二次检验指标要求时，可再抽两个预制构件进行二次检验。第二次检验指标，对承载力及抗裂检验系数的允许值应取附 B.1 检验要求第 1 条和第 4 条规定的允许值减 0.05；对挠度的允许值应取附 B.1 检验要求第 3 条规定允许值的 1.10 倍；

（3）当进行二次检验时，如第一个检验的预制构件的全部检验结果均满足附 B.1 检验要求第 1 条～第 5 条的要求，该批构件可判为合格；如两个预制构件的全部检验结果均满足第二次检验指标的要求，该批构件也可判为合格。

附 B.2　检 验 方 法

1. 进行结构性能检验时的试验条件应符合下列规定：

（1）试验场地的温度应在 0℃以上；

（2）蒸汽养护后的构件应在冷却至常温后进行试验；

（3）预制构件的混凝土强度应达到设计强度的 100%以上；

（4）构件在试验前应量测其实际尺寸，并检查构件表面，所有的缺陷和裂缝应在构件上标出；

（5）试验用的加荷设备及量测仪表应预先进行标定或校准。

2. 试验预制构件的支承方式应符合下列规定：

（1）对板、梁和桁架等简支构件，试验时应一端采用铰支承，另一端采用滚动支承。铰支承可采用角钢、半圆型钢或焊于钢板上的圆钢，滚动支承可采用圆钢；

（2）对四边简支或四角简支的双向板，其支承方式应保证支承处构件能自由转动，支承面可相对水平移动；

（3）当试验的构件承受较大集中力或支座反力时，应对支承部分进行局部受压承载力验算；

（4）构件与支承面应紧密接触；钢垫板与构件、钢垫板与支墩间，宜铺砂浆垫平；

（5）构件支承的中心线位置应符合设计的要求。

3. 试验荷载布置应符合设计的要求。当荷载布置不能完全与设计的要求相符时，应按荷载效应等效的原则换算，并应计入荷载布置改变后对构件其他部位的不利影响。

4. 加载方式应根据设计加载要求、构件类型及设备等条件选择。当按不同形式荷载组合进行加载试验时，各种荷载应按比例增加，并应符合下列规定：

（1）荷重块加载可用于均布加载试验。荷重块应按区格成垛堆放，垛与垛之间的间隙不宜小于100mm，荷重块的最大边长不宜大于500mm。

（2）千斤顶加载可用于集中加载试验。集中加载可采用分配梁系统实现多点加载。千斤顶的加载值宜采用荷载传感器量测，也可采用油压表量测。

（3）梁或桁架可采用水平对顶加荷方法，此时构件应垫平且不应妨碍构件在水平方向的位移。梁也可采用竖直对顶的加荷方法。

（4）当屋架仅作挠度、抗裂或裂缝宽度检验时，可将两榀屋架并列，安放屋面板后进行加载试验。

5. 加载过程应符合下列规定：

（1）预制构件应分级加载。当荷载小于标准荷载时，每级荷载不应大于标准荷载值的20%；当荷载大于标准荷载时，每级荷载不应大于标准荷载值的10%；当荷载接近抗裂检验荷载值时，每级荷载不应大于标准荷载值的5%；当荷载接近承载力检验荷载值时，每级荷载不应大于荷载设计值的5%；

（2）试验设备重量及预制构件自重应作为第一次加载的一

部分；

（3）试验前宜对预制构件进行预压，以检查试验装置的工作是否正常，但应防止构件因预压而开裂；

（4）对仅作挠度、抗裂或裂缝宽度检验的构件应分级卸载。

6. 每级加载完成后，应持续 10min ～15min；在标准荷载作用下，应持续 30min。在持续时间内，应观察裂缝的出现和开展，以及钢筋有无滑移等；在持续时间结束时，应观察并记录各项读数。

7. 进行承载力检验时，应加载至预制构件出现附表 B-1 所列承载能力极限状态的检验标志之一后结束试验。当在规定的荷载持续时间内出现上述检验标志之一时，应取本级荷载值与前一级荷载值的平均值作为其承载力检验荷载实测值；当在规定的荷载持续时间结束后出现上述检验标志之一时，应取本级荷载值作为其承载力检验荷载实测值。

8. 挠度量测应符合下列规定：

（1）挠度可采用百分表、位移传感器、水平仪等进行观测。接近破坏阶段的挠度，可采用水平仪或拉线、直尺等测量。

（2）试验时，应量测构件跨中位移和支座沉陷。对宽度较大的构件，应在每一量测截面的两边或两肋布置测点，并取其量测结果的平均值作为该处的位移。

（3）当试验荷载竖直向下作用时，对水平放置的试件，在各级荷载下的跨中挠度实测值应按下列公式计算：

$$a_t^0 = a_q^0 + a_g^0 \quad \text{（附 B2-1）}$$

$$a_q^0 = v_m^0 - \frac{1}{2}(v_l^0 + v_r^0) \quad \text{（附 B2-2）}$$

$$a_g^0 = \frac{M_g}{M_b} a_b^0 \quad \text{（附 B2-3）}$$

式中：a_t^0——全部荷载作用下构件跨中的挠度实测值，mm；

a_q^0——外加试验荷载作用下构件跨中的挠度实测值，mm；

a_g^0——构件自重及加荷设备重产生的跨中挠度值，mm；

v_m^0——外加试验荷载作用下构件跨中的位移实测值，mm；

v_l^0，v_r^0——外加试验荷载作用下构件左、右端支座沉陷的实测值，mm；

M_g——构件自重和加荷设备重产生的跨中弯矩值，kN·m；

M_b——从外加试验荷载开始至构件出现裂缝的前一级荷载为止的外加荷载产生的跨中弯矩值，kN·m；

a_b^0——从外加试验荷载开始至构件出现裂缝的前一级荷载为止的外加荷载产生的跨中挠度实测值，mm。

(4) 当采用等效集中力加载模拟均布荷载进行试验时，挠度实测值应乘以修正系数 ψ。当采用三分点加载时 ψ 可取 0.98；当采用其他形式集中力加载时，ψ 应经计算确定。

9. 裂缝观测应符合下列规定：

(1) 观察裂缝出现可采用放大镜。试验中未能及时观察到正截面裂缝的出现时，可取荷载-挠度曲线上第一弯转段两端点切线的交点的荷载值作为构件的开裂荷载实测值；

(2) 在对构件进行抗裂检验时，当在规定的荷载持续时间内出现裂缝时，应取本级荷载值与前一级荷载值的平均值作为其开裂荷载实测值；当在规定的荷载持续时间结束后出现裂缝时，应取本级荷载值作为其开裂荷载实测值；

(3) 裂缝宽度宜采用精度为 0.05mm 的刻度放大镜等仪器进行观测，也可采用满足精度要求的裂缝检验卡进行观测；

(4) 对正截面裂缝，应量测受拉主筋处的最大裂缝宽度；对斜截面裂缝，应量测腹部斜裂缝的最大裂缝宽度。当确定受弯构件受拉主筋处的裂缝宽度时，应在构件侧面量测。

10. 试验时应采用安全防护措施，并应符合下列规定：

(1) 试验的加荷设备、支架、支墩等，应有足够的承载力安全储备；

(2) 试验屋架等大型构件时，应根据设计要求设置侧向支承；侧向支承应不妨碍构件在其平面内的位移；

（3）试验过程中应采取安全措施保护试验人员和试验设备安全。

11. 试验报告应符合下列规定：

（1）试验报告内容应包括试验背景、试验方案、试验记录、检验结论等，不得有漏项缺检；

（2）试验报告中的原始数据和观察记录应真实、准确，不得任意涂抹篡改；

（3）试验报告宜在试验现场完成，并应及时审核、签字、盖章、登记归档。

附录C　结构实体混凝土同条件养护试件强度检验

1. 同条件养护试件的取样和留置应符合下列规定：

（1）同条件养护试件所对应的结构构件或结构部位，应由施工、监理等各方共同选定，且同条件养护试件的取样宜均匀分布于工程施工周期内；

（2）同条件养护试件应在混凝土浇筑入模处见证取样；

（3）同条件养护试件应留置在靠近相应结构构件的适当位置，并应采取相同的养护方法；

（4）同一强度等级的同条件养护试件不宜少于10组，且不应少于3组。每连续两层楼取样不应少于1组；每2000m^3取样不得少于一组。

2. 每组同条件养护试件的强度值应根据强度试验结果按现行国家标准《普通混凝土力学性能试验方法标准》GB/T 50081的规定确定。

3. 对同一强度等级的同条件养护试件，其强度值应除以0.88后按现行国家标准《混凝土强度检验评定标准》GB/T 50107的有关规定进行评定，评定结果符合要求时可判结构实体混凝土强度合格。

附录D　结构实体混凝土回弹-取芯法强度检验

1. 回弹构件的抽取应符合下列规定：

(1) 同一混凝土强度等级的柱、梁、墙、板，抽取构件最小数量应符合附表 D1-1 的规定，并应均匀分布；

(2) 不宜抽取截面高度小于 300mm 的梁和边长小于 300mm 的柱。

回弹构件抽取最小数量　　**附表 D1-1**

构件总数量	最小抽样数量
20 以下	全数
20～150	20
151～280	26
281～500	40
501～1200	64
1201～3200	100

2. 每个构件应选取不少于 5 个测区进行回弹检测及回弹值计算，并应符合现行行业标准《回弹法检测混凝土抗压强度技术规程》JGJ/T 23 对单个构件检测的有关规定。楼板构件的回弹宜在板底进行。

3. 对同一强度等级的混凝土，应将每个构件 5 个测区中的最小测区平均回弹值进行排序，并在其最小的 3 个测区各钻取 1 个芯样。芯样应采用带水冷却装置的薄壁空心钻钻取，其直径宜为 100mm，且不宜小于混凝土骨料最大粒径的 3 倍。

4. 芯样试件的端部宜采用环氧胶泥或聚合物水泥砂浆补平，也可采用硫黄胶泥修补。加工后芯样试件的尺寸偏差与外观质量应符合下列规定：

(1) 芯样试件的高度与直径之比实测值不应小于 0.95，也不应大于 1.05；

(2) 沿芯样高度的任一直径与其平均值之差不应大于 2mm；

(3) 芯样试件端面的不平整度在 100mm 长度内不应大

于0.1mm；

（4）芯样试件端面与轴线的不垂直度不应大于1°；

（5）芯样不应有裂缝、缺陷及钢筋等杂物。

5. 芯样试件尺寸的量测应符合下列规定：

（1）应采用游标卡尺在芯样试件中部互相垂直的两个位置测量直径，取其算术平均值作为芯样试件的直径，精确至0.1mm；

（2）应采用钢板尺测量芯样试件的高度，精确至1mm；

（3）垂直度应采用游标量角器测量芯样试件两个端线与轴线的夹角，精确至0.1°；

（4）平整度应采用钢板尺或角尺紧靠在芯样试件端面上，一面转动钢板尺，一面用塞尺测量钢板尺与芯样试件端面之间的缝隙；也可采用其他专用设备测量。

6. 芯样试件应按现行国家标准《普通混凝土力学性能试验方法标准》GB/T 50081 中圆柱体试件的规定进行抗压强度试验。

7. 对同一强度等级的混凝土，当符合下列规定时，结构实体混凝土强度可判为合格：

（1）三个芯样的抗压强度算术平均值不小于设计要求的混凝土强度等级值的88%；

（2）三个芯样抗压强度的最小值不小于设计要求的混凝土强度等级值的80%。

附录E　结构实体钢筋保护层厚度检验

1. 结构实体钢筋保护层厚度检验构件的选取应均匀分布，并应符合下列规定：

（1）对非悬挑梁板类构件，应各抽取构件数量的2%且不少于5个构件进行检验。

（2）对悬挑梁，应抽取构件数量的5%且不少于10个构件进行检验；当悬挑梁数量少于10个时，应全数检验。

（3）对悬挑板，应抽取构件数量的10%且不少于20个构件进行检验；当悬挑板数量少于 20 个时，应全数检验。

2. 对选定的梁类构件，应对全部纵向受力钢筋的保护层厚度进行检验；对选定的板类构件，应抽取不少于 6 根纵向受力钢筋的保护层厚度进行检验。对每根钢筋，应选择有代表性的不同部位量测 3 点取平均值。

3. 钢筋保护层厚度的检验，可采用非破损或局部破损的方法，也可采用非破损方法并用局部破损方法进行校准。当采用非破损方法检验时，所使用的检测仪器应经过计量检验，检测操作应符合相应规程的规定。

钢筋保护层厚度检验的检测误差不应大于 1mm。

4. 钢筋保护层厚度检验时，纵向受力钢筋保护层厚度的允许偏差应符合附表 E1-1 的规定。

结构实体纵向受力钢筋保护层厚度的允许偏差　　附表 E1-1

构件类型	允许偏差（mm）
梁	+10，−7
板	+8，−5

5. 梁类、板类构件纵向受力钢筋的保护层厚度应分别进行验收，并应符合下列规定：

（1）当全部钢筋保护层厚度检验的合格率为 90％及以上时，可判为合格；

（2）当全部钢筋保护层厚度检验的合格率小于 90％但不小于 80％时，可再抽取相同数量的构件进行检验；当按两次抽样总和计算的合格率为 90％及以上时，仍可判为合格；

（3）每次抽样检验结果中不合格点的最大偏差均不应大于附录 E 第 4 条规定允许偏差的 1.5 倍。

附录 F　结构实体位置与尺寸偏差检验

1. 结构实体位置与尺寸偏差检验构件的选取应均匀分布，并应符合下列规定：

（1）梁、柱应抽取构件数量的1%，且不应少于3个构件；

（2）墙、板应按有代表性的自然间抽取1%，且不应少于3间；

（3）层高应按有代表性的自然间抽查1%，且不应少于3间。

2. 对选定的构件，检验项目及检验方法应符合附表F1-1的规定，允许偏差及检验方法应符合表5-6-3和表5-7-2的规定，精确至1mm。

结构实体位置与尺寸偏差检验项目及检验方法　　附表F1-1

项　目	检　验　方　法
柱截面尺寸	选取柱的一边量测柱中部、下部及其他部位，取3点平均值
柱垂直度	沿两个方向分别量测，取较大值
墙厚	墙身中部量测3点，取平均值；测点间距不应小于1m
梁高	量测一侧边跨中及两个距离支座0.1m处，取3点平均值；量测值可取腹板高度加上此处楼板的实测厚度
板厚	悬挑板取距离支座0.1m处，沿宽度方向取包括中心位置在内的随机3点取平均值；其他楼板，在同一对角线上量测中间及距离两端各0.1m处，取3点平均值
层高	与板厚测点相同，量测板顶至上层楼板板底净高，层高量测值为净高与板厚之和，取3点平均值

3. 墙厚、板厚、层高的检验可采用非破损或局部破损的方法，也可采用非破损方法并用局部破损方法进行校准。当采用非破损方法检验时，所使用的检测仪器应经过计量检验，检测操作应符合国家现行有关标准的规定。

4. 结构实体位置与尺寸偏差项目应分别进行验收，并应符合下列规定：

（1）当检验项目的合格率为80%及以上时，可判为合格；

（2）当检验项目的合格率小于80%但不小于70%时，可再抽取相同数量的构件进行检验；当按两次抽样总和计算的合格率为80%及以上时，仍可判为合格。

附录G 钢筋机械连接

附G.1 接头的设计原则和性能等级

1. 接头的设计应满足强度及变形性能的要求。

2. 接头连接件的屈服承载力和受拉承载力的标准值不应小于被连接钢筋的屈服承载力和受拉承载力标准值的1.10倍。

3. 接头应根据其性能等级和应用场合，对单向拉伸性能、高应力反复拉压、大变形反复拉压、抗疲劳等各项性能确定相应的检验项目。

4. 接头应根据抗拉强度、残余变形以及高应力和大变形条件下反复拉压性能的差异，分为下列三个性能等级：

Ⅰ级 接头抗拉强度等于被连接钢筋的实际拉断强度或不小于1.10倍钢筋抗拉强度标准值，残余变形小并具有高延性及反复拉压性能。

Ⅱ级 接头抗拉强度不小于被连接钢筋抗拉强度标准值，残余变形较小并具有高延性及反复拉压性能。

Ⅲ级 接头抗拉强度不小于被连接钢筋屈服强度标准值的1.25倍，残余变形较小并具有一定的延性及反复拉压性能。

5. Ⅰ级、Ⅱ级、Ⅲ级接头的抗拉强度必须符合附表G1-1的规定。

接头的抗拉强度 **附表G1-1**

接头等级	Ⅰ级		Ⅱ级	Ⅲ级
抗拉强度	$f_{mst}^{0} \geqslant f_{stk}$ 或 $f_{mst}^{0} \geqslant 1.10 f_{stk}$	断于钢筋 断于接头	$f_{mst}^{0} \geqslant f_{stk}$	$f_{mst}^{0} \geqslant 1.25 f_{yk}$

6. Ⅰ级、Ⅱ级、Ⅲ级接头应能经受规定的高应力和大变形反复拉压循环，且在经历拉压循环后，其抗拉强度仍应符合附表G1-1的规定。

7. Ⅰ级、Ⅱ级、Ⅲ级接头的变形性能应符合附表G1-2的规定。

接头的变形性能 **附表 G1-2**

接头等级		Ⅰ级	Ⅱ级	Ⅲ级
单向拉伸	残余变形（mm）	$u_0 \leqslant 0.10$（$d \leqslant 32$） $u_0 \leqslant 0.14$（$d > 32$）	$u_0 \leqslant 0.14$（$d \leqslant 32$） $u_0 \leqslant 0.16$（$d > 32$）	$u_0 \leqslant 0.14$（$d \leqslant 32$） $u_0 \leqslant 0.16$（$d > 32$）
	最大力总伸长率（%）	$A_{sgt} \geqslant 6.0$	$A_{sgt} \geqslant 6.0$	$A_{sgt} \geqslant 3.0$
高应力反复拉压	残余变形（mm）	$u_{20} \leqslant 0.3$	$u_{20} \leqslant 0.3$	$u_{20} \leqslant 0.3$
大变形反复拉压	残余变形（mm）	$u_4 \leqslant 0.3$ 且 $u_8 \leqslant 0.6$	$u_4 \leqslant 0.3$ 且 $u_8 \leqslant 0.6$	$u_4 \leqslant 0.6$

注：当频遇荷载组合下，构件中钢筋应力明显高于 $0.6f_{yk}$时，设计部门可对单向拉伸残余变形 u_0 的加载峰值提出调整要求。

8. 对直接承受动力荷载的结构构件，设计应根据钢筋应力变化幅度提出接头的抗疲劳性能要求。当设计无专门要求时，接头的疲劳应力幅限值不应小于国家标准《混凝土结构设计规范》GB 50010—2002 中表 4.2.5-1 普通钢筋疲劳应力幅限值的 80%。

附 G.2 接头的应用

1. 结构设计图纸中应列出设计选用的钢筋接头等级和应用部位。接头等级的选定应符合下列规定：

（1）混凝土结构中要求充分发挥钢筋强度或对延性要求高的部位应优先选用Ⅱ级接头。当在同一连接区段内必须实施 100% 钢筋接头的连接时，应采用Ⅰ级接头。

（2）混凝土结构中钢筋应力较高但对延性要求不高的部位可采用Ⅲ级接头。

2. 钢筋连接件的混凝土保护层厚度宜符合现行国家标准《混凝土结构设计规范》GB 50010 中受力钢筋的混凝土保护层最小厚度的规定，且不得小于 15mm。连接件之间的横向净距不宜小于 25mm。

3. 结构构件中纵向受力钢筋的接头宜相互错开。钢筋机械连接的连接区段长度应按 $35d$ 计算。在同一连接区段内有接头的受力钢筋截面面积占受力钢筋总截面面积的百分率（以下简称接头百分率），应符合下列规定：

（1）接头宜设置在结构构件受拉钢筋应力较小部位，当需要在高应力部位设置接头时，在同一连接区段内Ⅲ级接头的接头百分率不应大于25%，Ⅱ级接头的接头百分率不应大于50%。Ⅰ级接头的接头百分率除第3条中第（2）款所列情况外可不受限制。

（2）接头宜避开有抗震设防要求的框架的梁端、柱端箍筋加密区；当无法避开时，应采用Ⅱ级接头或Ⅰ级接头，且接头百分率不应大于50%。

（3）受拉钢筋应力较小部位或纵向受压钢筋，接头百分率可不受限制。

（4）对直接承受动力荷载的结构构件，接头百分率不应大于50%。

4. 当对具有钢筋接头的构件进行试验并取得可靠数据时，接头的应用范围可根据工程实际情况进行调整。

附 G.3　接头的型式检验

1. 在下列情况应进行型式检验：

（1）确定接头性能等级时；

（2）材料、工艺、规格进行改动时；

（3）型式检验报告超过4年时。

2. 用于形式检验的钢筋应符合有关钢筋标准的规定。

3. 对每种型式、级别、规格、材料、工艺的钢筋机械连接接头，型式检验试件不应少于9个：单向拉伸试件不应少于3个，高应力反复拉压试件不应少于3个，大变形反复拉压试件不应少于3个。同时应另取3根钢筋试件作抗拉强度试验。全部试件均应在同一根钢筋上截取。

4. 用于型式检验的直螺纹或锥螺纹接头试件应散件送达检

验单位，由型式检验单位或在其监督下由接头技术提供单位按附G.4施工现场接头的加工与安装中附G.4第1.2条规定的拧紧扭矩进行装配，拧紧扭矩值应记录在检验报告中，型式检验试件必须采用未经过预拉的试件。

5. 型式检验的试验方法应按附G.6中的规定进行，当试验结果符合下列规定时评为合格：

（1）强度检验：每个接头试件的强度实测值均应符合附表G1-1中相应接头等级的强度要求；

（2）变形检验：对残余变形和最大力总伸长率，3个试件实测值的平均值应符合附表G1-2的规定。

6. 型式检验应由国家、省部级主管部门认可的检测机构进行，并应按附G.7的格式出具检验报告和评定结论。

附G.4 施工现场接头的加工与安装

附G.4.1 接头的加工

1. 在施工现场加工钢筋接头时，应符合下列规定：

（1）加工钢筋接头的操作工人应经专业技术人员培训合格后才能上岗，人员应相对稳定；

（2）钢筋接头的加工应经工艺检验合格后方可进行。

2. 直螺纹接头的现场加工应符合下列规定：

（1）钢筋端部应切平或镦平后加工螺纹；

（2）镦粗头不得有与钢筋轴线相垂直的横向裂纹；

（3）钢筋丝头长度应满足企业标准中产品设计要求，公差应为0～2.0p（p为螺距）；

（4）钢筋丝头宜满足6f级精度要求，应用专用直螺纹量规检验，通规能顺利旋入并达到要求的拧入长度，止规旋入不得超过3p。抽检数量10%，检验合格率不应小于95%。

3. 钉螺纹接头的现场加工应符合下列规定：

（1）钢筋端部不得有影响螺纹加工的局部弯曲；

（2）钢筋丝头长度应满足设计要求，使拧紧后的钢筋丝头不得相互接触，丝头加工长度公差应为$-0.5p\sim-1.5p$；

(3) 钢筋丝头的锥度和螺距应使用专用锥螺纹量规检验；抽检数量10%，检验合格率不应小于95%。

附 G.4.2　接头的安装

1. 直螺纹钢筋接头的安装质量应符合下列要求：

(1) 安装接头时可用管钳扳手拧紧，应使钢筋丝头在套筒中央位置相互顶紧。标准型接头安装后的外露螺纹不宜超过$2p$。

(2) 安装后应用扭力扳手校核拧紧扭矩，拧紧扭矩值应符合附表G4-1的规定。

直螺纹接头安装时的最小拧紧扭矩值　　附表 G4-1

钢筋直径（mm）	≤16	18～20	22～25	28～32	36～40
拧紧扭矩（N·m）	100	200	260	320	360

(3) 校核用扭力扳手的准确度级别可选用10级。

2. 锥螺纹钢筋接头的安装质量应符合下列要求：

(1) 接头安装时应严格保证钢筋与连接套的规格相一致；

(2) 接头安装时应用扭力扳手拧紧，拧紧扭矩值应符合附表G4-2的要求；

锥螺纹接头安装时的拧紧扭矩值　　附表 G4-2

钢筋直径（mm）	≤16	18～20	22～25	28～32	36～40
拧紧扭矩（N·m）	100	180	240	320	360

(3) 校核用扭力扳手与安装用扭力扳手应区分使用，校核用扭力扳手应每年校核1次，准确度级别应选用5级。

3. 套筒挤压钢筋接头的安装质量应符合下列要求：

(1) 钢筋端部不得有局部弯曲，不得有严重锈蚀和附着物；

(2) 钢筋端部应有检查插入套筒深度的明显标记，钢筋端头离套筒长度中点不宜超过 10mm；

（3）挤压应从套筒中央开始，依次向两端挤压，压痕直径的波动范围应控制在供应商认定的允许波动范围内，并提供专用量规进行检验；

（4）挤压后的套筒不得有肉眼可见裂纹。

附 G. 5　施工现场接头的检验与验收

1. 工程中应用钢筋机械接头时，应由该技术提供单位提交有效的型式检验报告。

2. 钢筋连接工程开始前，应对不同钢筋生产厂的进场钢筋进行接头工艺检验；施工过程中，更换钢筋生产厂时，应补充进行工艺检验。工艺检验应符合下列规定：

（1）每种规格钢筋的接头试件不应少于 3 根；

（2）每根试件的抗拉强度和 3 根接头试件的残余变形的平均值均应符合附表 G1-1 和附表 G1-2 的规定；

（3）接头试件在测量残余变形后可再进行抗拉强度试验，并宜按附表 G6-1 中的单向拉伸加载制度进行试验；

（4）第一次工艺检验中 1 根试件抗拉强度或 3 根试件的残余变形平均值不合格时，允许再抽 3 根试件进行复检，复检仍不合格时判为工艺检验不合格。

3. 接头安装前应检查连接件产品合格证及套管表面生产批号标识；产品合格证应包括适用钢筋直径和接头性能等级、套筒类型、生产单位、生产日期以及可追溯产品原材料力学性能和加工质量的生产批号。

4. 现场检验应进行接头的抗拉强度试验，加工和安装质量检验；对接头有特殊要求的结构，应在设计图纸中另行注明相应的检验项目。

5. 接头的现场检验应按验收批进行。同一施工条件下采用同一批材料的同等级、同型式、同规格接头、应以 500 个为一个验收批进行检验与验收，不足 500 个也应作为一个验收批。

6. 螺纹接头安装后应按第5条的验收批，抽取其中10%的接头进行拧紧扭矩校核，拧紧扭矩值不合格数超过被校核接头数的5%时，应重新拧紧全部接头，直到合格为止。

7. 对接头的每一验收批，必须在工程结构中随机截取3个接头试件作抗拉强度试验，按设计要求的接头等级进行评定。当3个接头试件的抗拉强度均符合附表G1-1中相应等级的强度要求时，该验收批应评为合格。如有1个试件的拉抗强度不符合要求，应再取6个试件进行复检。复检中如仍有1个试件的抗拉强度不符合要求，则该验收批应评为不合格。

8. 现场检验连续10个验收批抽样试件抗拉强度试验一次合格率为100%时，验收批接头数量可扩大1倍。

9. 现场截取抽样试件后，原接头位置的钢筋可采用同等规格的钢筋进行搭接连接，或采用焊接及机械连接方法补接。

10. 对抽检不合格的接头验收批，应由建设方会同设计等有关方面研究后提出处理方案。

附G.6 接头试件的试验方法

附G.6.1 型式检验试验方法

1. 型式检验试件的仪表布置和变形测量标距应符合下列规定：

单向拉伸和反复拉压试验时的变形测量仪表应在钢筋两侧对称布置（附图G6-1），取钢筋两侧仪表读数的平均值计算残余变形值。

2. 变形测量标距

$$L_1 = L + 4d \tag{G6-1}$$

式中 L_1——变形测量标距；

L——机械接头长度；

d——钢筋公称直径。

3. 型式检验试件最大力总伸长率A_{sgt}的测量方法应符合下列要求：

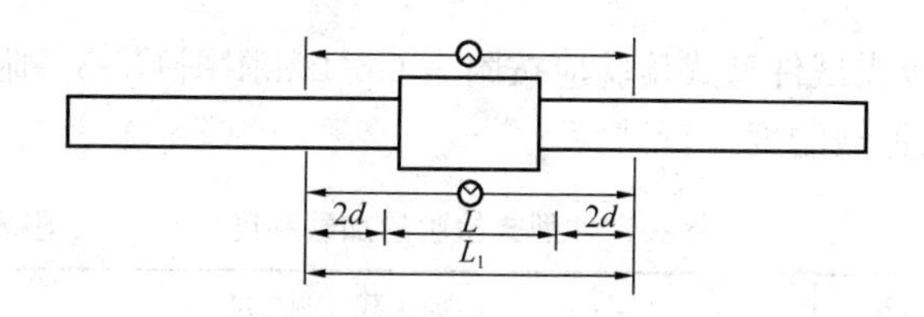

附图 G6-1　接头试件变形测量标距和仪表布置

（1）试件加载前，应在其套筒两侧的钢筋表面（附图 G6-2）分别用细划线 A、B 和 C、D 标出测量标距为 L_{01} 的标记线，L_{01} 不应小于 100mm，标距长度应用最小刻度值不大于 0.1mm 的量具测量。

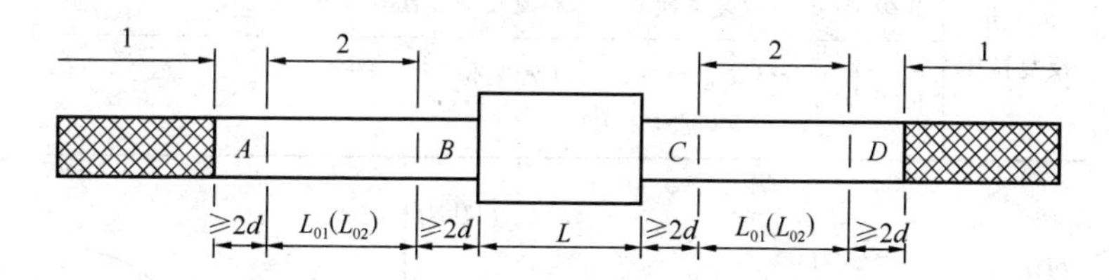

附图 G6-2　总伸长率 A_{sgt} 的测点布置

1—夹持区；2—测量区

（2）试件应按附表 G6-1 单向拉伸加载制度加载并卸载，再次测量 A、B 和 C、D 间标距长度为 L_{02}。并应按下式计算试件最大力总伸长率 A_{sgt}：

$$A_{sgt}=\left[\frac{L_{02}-L_{01}}{L_{01}}+\frac{f_{mst}^{o}}{E}\right]\times 100 \qquad \text{(G6-2)}$$

式中　f_{mst}^{o}、E——分别是试件达到最大力时的钢筋应力和钢筋理论弹性模量；

L_{01}——加载前 A、B 或 C、D 间的实测长度；

L_{02}——卸载后 A、B 或 C、D 间的实测长度。

应用上式计算时，当试件颈缩发生在套筒一侧的钢筋母材时，L_{01} 和 L_{02} 应取另一侧标记间加载前和卸载后的长度。当破坏发生在接头长度范围内时，L_{01} 和 L_{02} 应取套筒两侧各自读数的平均值。

4. 接头试件型式检验应按附表 G6-1 和附图 G6-3～附图 G6-5 所示的加载制度进行试验。

接头试件型式检验的加载制度　　附表 G6-1

试验项目		加载制度
单向拉伸		0→0.6f_{yk}→0(测量残余变形)→最大拉力(记录抗拉强度)→0(测定最大力总伸长率)
高应力反复拉压		0→(0.9f_{yk}→−0.5f_{yk})→破坏 (反复 20 次)
大变形反复拉压	Ⅰ级 Ⅱ级	0→(2ε_{yk}→−0.5f_{yk})→(5ε_{yk}→−0.5f_{yk})→破坏 (反复 4 次)　(反复 4 次)
	Ⅲ级	0→(2ε_{yk}→−0.5f_{yk})→破坏 (反复 4 次)

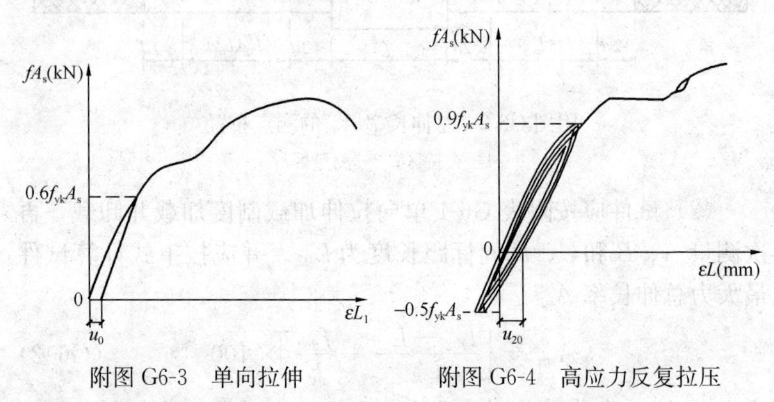

附图 G6-3　单向拉伸　　附图 G6-4　高应力反复拉压

5. 测量接头试件的残余变形时加载时的应力速率宜采用 2N/mm^2·s^{-1}，最高不超过 10N/mm^2·s^{-1}；测量接头试件的最大力总伸长率或抗拉强度时，试验机夹头的分离速率宜采用 0.05L_c/min，L_c 为试验机夹头间的距离。

附 G. 6. 2　接头试件现场抽检试验方法

1. 现场工艺检验接头残余变形的仪表布置、测量标距和加

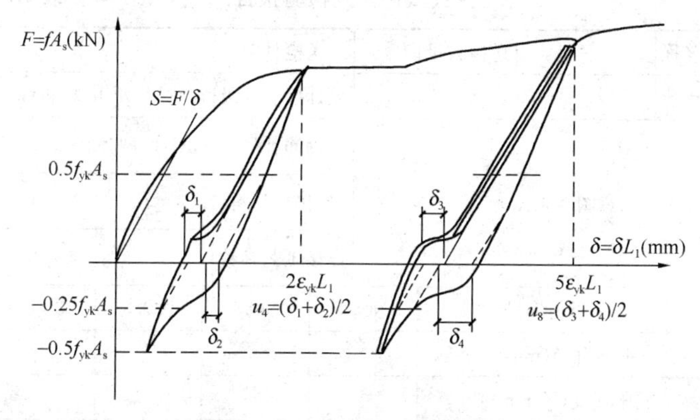

附图 G6-5　大变形反复拉压

注：1. S 线表示钢筋的拉、压刚度；F—钢筋所受的力，等于钢筋应力 f 与钢筋理论横截面面积 A_s 的乘积；δ—力作用下的钢筋变形，等于钢筋应变 ε 与变形测量标距 L_1 的乘积；A_s—钢筋理论横截面面积（mm^2）；L_1—变形测量标距（mm）。

2. δ_1 为 $2\varepsilon_{yk}L_1$ 反复加载四次后，在加载力为 $0.5f_{yk}A_s$ 及反向卸载力为 $-0.25f_{yk}A_s$ 处作 S 的平行线与横坐标交点之间的距离所代表的变形值。

3. δ_2 为 $2\varepsilon_{yk}L_1$ 反复加载四次后，在卸载力水平为 $0.5f_{yk}A_s$ 及反向加载力为 $-0.25f_{yk}A_s$ 处作 S 的平行线与横坐标交点之间的距离所代表的变形值。

4. δ_3、δ_4 为在 $5\varepsilon_{yk}L_1$ 反复加载四次后，按与 δ_1、δ_2 相同方法所得的变形值。

载速度应符合附 G6.1 中第 1 条和第 4 条要求。现场工艺检验中，按附 G6.1 中第 3 条加载制度进行接头残余变形检验时，可采用不大于 $0.012A_sf_{stk}$ 的拉力作为名义上的零荷载。

2. 施工现场随机抽检接头试件的抗拉强度试验应采用零到破坏的一次加载制度。

附 G.7　接头试件型式检验报告

接头试件型式检验报告应包括试件基本参数和试验结果两部分。宜按下表的格式记录。

接头试件型式检验报告 附表 G7-1

接头名称			送检数量		送检日期	
送检单位					设计接头等级	Ⅰ级 Ⅱ级 Ⅲ级
接头基本参数	连接件示意图				钢筋牌号	HRB335 HRB400 HRB500
					连接件材料	
					连接工艺参数	
钢筋试验结果	钢筋母材编号		NO.1	NO.2	NO.3	要求指标
	钢筋直径(mm)					
	屈服强度(N/mm²)					
	抗拉强度(N/mm²)					
接头试验结果	单向拉伸试件编号		NO.1	NO.2	NO.3	
	单向拉伸	抗拉强度(N/mm²)				
		残余变形(mm)				
		最大力总伸长率(%)				
	高应力反复拉压试件编号		NO.4	NO.5	NO.6	
	高应力反复拉压	抗拉强度(N/mm²)				
		残余变形(mm)				
	大变形反复拉压试件编号		NO.7	NO.8	NO.9	
	大变形反复拉压	抗拉强度(N/mm²)				
		残余变形(mm)				
评定结论						

负责人： 校核： 试验员：

试验日期： 年 月 日 试验单位：

注：1. 接头试件基本参数应详细记载。套筒挤压接头应包括套筒长度、外径、内径、挤压道次、压痕总宽度、压痕平均直径、挤压后套筒长度；螺纹接头应包括连接套筒长度、外径、螺纹规格、牙形角、镦粗直螺纹过渡段长度、锥螺纹锥度、安装时拧紧扭矩等。

2. 破坏形式可分 3 种：钢筋拉断、连接件破坏、钢筋与连接件拉脱。

附录H 钢筋焊接

附H.1 一般规定

1. 钢筋焊接接头或焊接制品（焊接骨架、焊接网）质量检验与验收应按现行国家标准《混凝土结构工程施工质量验收规范》GB 50204 中的基本规定和本规程有关规定执行。

2. 钢筋焊接接头或焊接制品应按检验批进行质量检验与验收，并划分为主控项目和一般项目两类。质量检验时，应包括外观检查和力学性能检验。

3. 纵向受力钢筋焊接接头，包括闪光对焊接头、电弧焊接头、电渣压力焊接头、气压焊接头的连接方式检查和接头的力学性能检验规定为主控项目。

接头连接方式应符合设计要求，并应全数检查，检验方法为观察。

接头试件进行力学性能检验时，其质量和检查数量应符合本规程有关规定；检验方法包括：检查钢筋出厂质量证明书、钢筋进场复验报告、各项焊接材料产品合格证、接头试件力学性能试验报告等。

焊接接头的外观质量检查规定为一般项目。

4. 非纵向受力钢筋焊接接头，包括交叉钢筋电阻点焊焊点、封闭环式箍筋闪光对焊接头、钢筋与钢板电弧搭接焊接头、预埋件钢筋电弧焊接头、预埋件钢筋埋弧压力焊接头的质量检验与验收，规定为一般项目。

5. 焊接接头外观检查时，首先应由焊工对所焊接头或制品进行自检；然后由施工单位专业质量检查员检验；监理（建设）单位进行验收记录。

纵向受力钢筋焊接接头外观检查时，每一检验批中应随机抽取10%的焊接接头。检查结果，当外观质量各小项不合格数均小于或等于抽检数的10%，则该批焊接接头外观质量评为合格。

当某一小项不合格数超过抽检数的10%时，应对该批焊接接头该小项逐个进行复检，并剔出不合格接头；对外观检查不合格接头采取修整或焊补措施后，可提交二次验收。

6. 力学性能检验时，应在接头外观检查合格后随机抽取试件进行试验。试验方法应按现行行业标准《钢筋焊接接头试验方法标准》JGJ/T 27 有关规定执行。试验报告应包括下列内容：

（1）工程名称、取样部位；

（2）批号、批量；

（3）钢筋牌号、规格；

（4）焊接方法；

（5）焊工姓名及考试合格证编号；

（6）施工单位；

（7）力学性能试验结果。

7. 钢筋闪光对焊接头、电弧焊接头、电渣压力焊接头、气压焊接头拉伸试验结果均应符合下列要求：

（1）3 个热轧钢筋接头试件的抗拉强度均不得小于该牌号钢筋规定的抗拉强度；RRB400 钢筋接头试件的抗拉强度均不得小于 570N/mm²；

（2）至少应有 2 个试件断于焊缝之外，并应呈延性断裂。

当达到上述 2 项要求时，应评定该批接头为抗拉强度合格。

当试验结果有 2 个试件抗拉强度小于钢筋规定的抗拉强度，或 3 个试件均在焊缝或热影响区发生脆性断裂时，则一次判定该批接头为不合格品。

当试验结果有 1 个试件的抗拉强度小于规定值，或 2 个试件在焊缝或热影响区发生脆性断裂，其抗拉强度均小于钢筋规定抗拉强度的 1.10 倍时，应进行复验。

复验时，应再切取 6 个试件。复验结果，当仍有 1 个试件的抗拉强度小于规定值，或有 3 个试件断于焊缝或热影响区，呈脆性断裂，其抗拉强度小于钢筋规定抗拉强度的 1.10 倍时，应判

定该批接头为不合格品。

注：当接头试件虽断于焊缝或热影响区，呈脆性断裂，但其抗拉强度大于或等于钢筋规定抗拉强度的1.10倍时，可按断于焊缝或热影响区之外，呈延性断裂同等对待。

8. 闪光对焊接头、气压焊接头进行弯曲试验时，应将受压面的金属毛刺和镦粗凸起部分消除，且应与钢筋的外表齐平。

弯曲试验可在万能试验机、手动或电动液压弯曲试验器上进行，焊缝应处于弯曲中心点，弯心直径和弯曲角应符合附表H1-1的规定。

接头弯曲试验指标　附表H1-1

钢筋牌号	弯心直径	弯曲角（°）
HPB235	$2d$	90
HRB335	$4d$	90
HRB400、RRB400	$5d$	90
HRB500	$7d$	90

注：1. d 为钢筋直径（mm）；

2. 直径大于25mm的钢筋焊接接头，弯心直径应增加1倍钢筋直径。

当试验结果，弯至90°，有2个或3个试件外侧（含焊缝和热影响区）未发生破裂，应评定该批接头弯曲试验合格。

当3个试件均发生破裂，则一次判定该批接头为不合格品。

当有2个试件发生破裂，应进行复验。

复验时，应再切取6个试件。复验结果，当有3个试件发生破裂时，应判定该批接头为不合格品。

注：当试件外侧横向裂纹宽度达到0.5mm时，应认定已经破裂。

9. 钢筋焊接接头或焊接制品质量验收时，应在施工单位自行质量评定合格的基础上，由监理（建设）单位对检验批有关资料进行核查，组织项目专业质量检查员等进行验收，对焊接接头合格与否做出结论。

纵向受力钢筋焊接接头检验批质量验收记录可按附 H.8 进行。

附 H.2　钢筋焊接骨架和焊接网

1. 焊接骨架和焊接网的质量检验应包括外观检查和力学性能检验，并应按下列规定抽取试件：

（1）凡钢筋牌号、直径及尺寸相同的焊接骨架和焊接网应视为同一类型制品，且每 300 件作为一批，一周内不足 300 件的亦应按一批计算；

（2）外观检查应按同一类型制品分批检查，每批抽查 5%，且不得少于 5 件；

（3）力学性能检验的试件，应从每批成品中切取；切取过试件的制品，应补焊同牌号、同直径的钢筋，其每边的搭接长度不应小于 2 个孔格的长度；

当焊接骨架所切取试件的尺寸小于规定的试件尺寸，或受力钢筋直径大于 8mm 时，可在生产过程中制作模拟焊接试验网片（附图 H2-1*a*），从中切取试件。

（4）由几种直径钢筋组合的焊接骨架或焊接网，应对每种组合的焊点作力学性能检验；

（5）热轧钢筋的焊点应作剪切试验，试件应为 3 件；冷轧带肋钢筋焊点除作剪切试验外，尚应对纵向和横向冷轧带肋钢筋作拉伸试验，试件应各为 1 件。剪切试件纵筋长度应大于或等于 290mm，横筋长度应大于或等于 50mm（附图 H2-1*b*）；拉伸试件纵筋长度应大于或等于 300mm（附图 H2-1*c*）；

（6）焊接网剪切试件应沿同一横向钢筋随机切取；

（7）切取剪切试件时，应使制品中的纵向钢筋成为试件的受拉钢筋。

2. 焊接骨架外观质量检查结果，应符合下列要求：

（1）每件制品的焊点脱落、漏焊数量不得超过焊点总数的 4%，且相邻两焊点不得有漏焊及脱落；

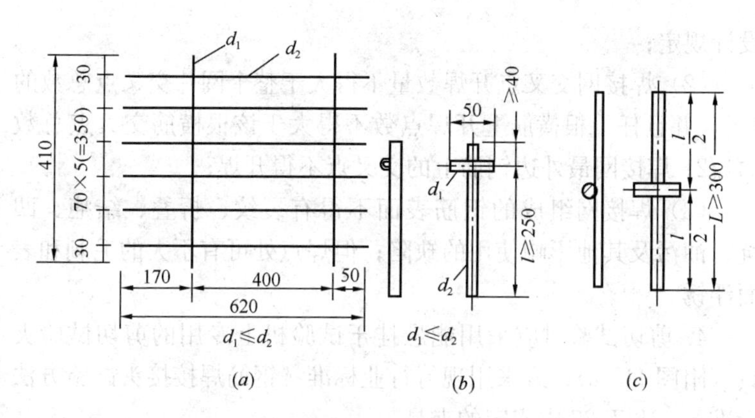

附图 H2-1　钢筋模拟焊接试验网片与试件

（a）模拟焊接试验网片简图；（b）钢筋焊点剪切试件；

（c）钢筋焊点拉伸试件

（2）应量测焊接骨架的长度和宽度，并应抽查纵、横方向3～5个网格的尺寸，其允许偏差应符合附表 H2-1 的规定。

当外观检查结果不符合上述要求时，应逐件检查，并剔出不合格品。对不合格品经整修后，可提交二次验收。

焊接骨架的允许偏差　　　　附表 H2-1

项目		允许偏差（mm）
焊接骨架	长度	±10
	宽度	±5
	高度	±5
骨架箍筋间距		±10
受力主筋	间距	±15
	排距	±5

3. 焊接网外形尺寸检查和外观质量检查结果，应符合下列要求：

（1）焊接网的长度、宽度及网格尺寸的允许偏差均为±10mm；网片两对角线之差不得大于 10mm；网格数量应符合设计规定；

（2）焊接网交叉点开焊数量不得大于整个网片交叉点总数的1%，并且任一根横筋上开焊点数不得大于该根横筋交叉点总数的1/2；焊接网最外边钢筋上的交叉点不得开焊；

（3）焊接网组成的钢筋表面不得有裂纹、折叠、结疤、凹坑、油污及其他影响使用的缺陷；但焊点处可有不大的毛刺和表面浮锈。

4. 剪切试验时应采用能悬挂于试验机上专用的剪切试验夹具（附图 H2-2）；或采用现行行业标准《钢筋焊接接头试验方法标准》JGJ/T 27 中规定的夹具。

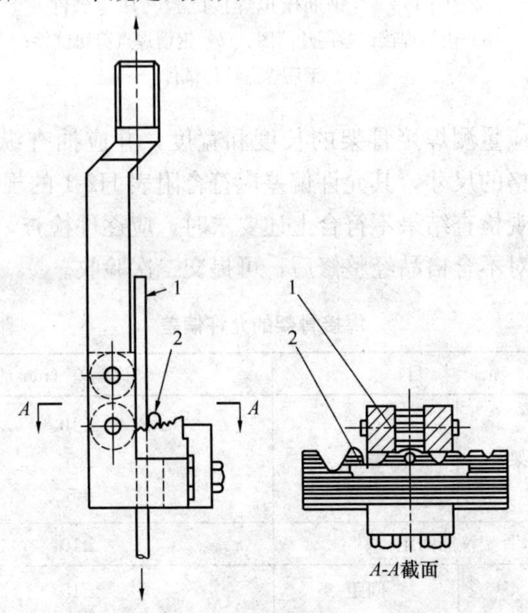

附图 H2-2　焊点抗剪试验夹具

1—纵筋；2—横筋；

5. 钢筋焊接骨架、焊接网焊点剪切试验结果，3 个试件抗剪力平均值应符合下式要求：

$$F \geqslant 0.3A_0\sigma_s \qquad (附 H2-1)$$

式中　F——抗剪力（N）；

A_0——纵向钢筋的横截面面积（mm^2）；

σ_s——纵向钢筋规定的屈服强度（N/mm^2）。

注：冷轧带肋钢筋的屈服强度按 $440N/mm^2$ 计算。

6. 冷轧带肋钢筋试件拉伸试验结果，其抗拉强度不得小于 $550N/mm^2$。

7. 当拉伸试验结果不合格时，应再切取双倍数量试件进行复检；复验结果均合格时，应评定该批焊接制品焊点拉伸试验合格。

当剪切试验结果不合格时，应从该批制品中再切取 6 个试件进行复验；当全部试件平均值达到要求时，应评定该批焊接制品焊点剪切试验合格。

附 H.3　钢筋闪光对焊接头

1. 闪光对焊接头的质量检验，应分批进行外观检查和力学性能检验，并应按下列规定作为一个检验批；

（1）在同一台班内，由同一焊工完成的 300 个同牌号、同直径钢筋焊接接头应作为一批。当同一台班内焊接的接头数量较少，可在一周之内累计计算；累计仍不足 300 个接头时，应按一批计算；

（2）力学性能检验时，应从每批接头中随机切取 6 个接头，其中 3 个做拉伸试验，3 个做弯曲试验；

（3）焊接等长的预应力钢筋（包括螺丝端杆与钢筋）时，可按生产时同等条件制作模拟试件；

（4）螺丝端杆接头可只做拉伸试验；

（5）封闭环式箍筋闪光对焊接头，以 600 个同牌号、同规格的接头作为一批，只做拉伸试验。

2. 闪光对焊接头外观检查结果，应符合下列要求：

（1）接头处不得有横向裂纹；

（2）与电极接触处的钢筋表面不得有明显烧伤；

（3）接头处的弯折角不得大于3°；

（4）接头处的轴线偏移不得大于钢筋直径的0.1倍，且不得大于2mm。

3. 当模拟试件试验结果不符合要求时，应进行复验。复验应从现场焊接接头中切取，其数量和要求与初始试验相同。

附 H.4 钢筋电弧焊接头

1. 电弧焊接头的质量检验，应分批进行外观检查和力学性能检验，并应按下列规定作为一个检验批：

（1）在现浇混凝土结构中，应以300个同牌号钢筋、同型式接头作为一批；在房屋结构中，应在不超过二楼层中300个同牌号钢筋、同型式接头作为一批。每批随机切取3个接头，做拉伸试验。

（2）在装配式结构中，可按生产条件制作模拟试件，每批3个，做拉伸试验。

（3）钢筋与钢板电弧搭接焊接头可只进行外观检查。

注：在同一批中若有几种不同直径的钢筋焊接接头，应在最大直径钢筋接头中切取3个试件。以下电渣压力焊接头、气压焊接头取样均同。

2. 电弧焊接头外观检查结果，应符合下列要求：

（1）焊缝表面应平整，不得有凹陷或焊瘤；

（2）焊接接头区域不得有肉眼可见的裂纹；

（3）咬边深度、气孔、夹渣等缺陷允许值及接头尺寸的允许偏差，应符合附表H4-1的规定；

（4）坡口焊、熔槽帮条焊和窄间隙焊接头的焊缝余高不得大于3mm。

钢筋电弧焊接头尺寸偏差及缺陷允许值　　附表H4-1

名　称	单位	接头型式		
		帮条焊	搭接焊钢筋与钢板搭接焊	坡口焊窄间隙焊熔槽帮条焊
帮条沿接头中心线的纵向偏移	mm	0.3d	—	—

续表

名　　称		单位	接头型式		
			帮条焊	搭接焊钢筋与钢板搭接焊	坡口焊窄间隙焊熔槽帮条焊
接头处弯折角		度	3	3	3
接头处钢筋轴线的偏移		mm	$0.1d$	$0.1d$	$0.1d$
焊缝厚度		mm	$+0.05d$ 0	$+0.05d$ 0	—
焊缝宽度		mm	$+0.1d$ 0	$+0.1d$ 0	—
焊缝长度		mm	$-0.3d$	$-0.3d$	—
横向咬边深度		mm	0.5	0.5	0.5
在长 $2d$ 焊缝表面上的气孔及夹渣	数量	个	2	2	—
	面积	mm^2	6	6	—
在全部焊缝表面上的气孔及夹渣	数量	个	—	—	2
	面积	mm^2	—	—	6

注：d 为钢筋直径（mm）。

3. 当模拟试件试验结果不符合要求时，应进行复验。复验应从现场焊接接头中切取，其数量和要求与初始试验时相同。

附 H.5　钢筋电渣压力焊接头

1. 电渣压力焊接头的质量检验，应分批进行外观检查和力学性能检验，并应按下列规定作为一个检验批：

在现浇钢筋混凝土结构中，应以 300 个同牌号钢筋接头作为一批；在房屋结构中，应在不超过二楼层中 300 个同牌号钢筋接头作为一批；当不足 300 个接头时，仍应作为一批。每批随机切取 3 个接头做拉伸试验。

2. 电渣压力焊接头外观检查结果，应符合下列要求：

（1）四周焊包凸出钢筋表面的高度不得小于4mm；

（2）钢筋与电极接触处，应无烧伤缺陷；

（3）接头处的弯折角不得大于3°；

（4）接头处的轴线偏移不得大于钢筋直径的0.1倍，且不得大于2mm。

附 H.6　钢筋气压焊接头

1. 气压焊接头的质量检验，应分批进行外观检查和力学性能检验，并应按下列规定作为一个检验批：

在现浇钢筋混凝土结构中，应以300个同牌号钢筋接头作为一批；在房屋结构中，应在不超过二楼层中300个同牌号钢筋接头作为一批；当不足300个接头时，仍应作为一批。

在柱、墙的竖向钢筋连接中，应从每批接头中随机切取3个接头做拉伸试验；在梁、板的水平钢筋连接中，应另切取3个接头做弯曲试验。

2. 气压焊接头外观检查结果，应符合下列要求：

（1）接头处的轴线偏移 e 不得大于钢筋直径的0.15倍，且不得大于4mm（附图 H6-1a）；当不同直径钢筋焊接时，应按较小钢筋直径计算；当大于上述规定值，但在钢筋直径的0.30倍以下时，可加热矫正；当大于0.30倍时，应切除重焊；

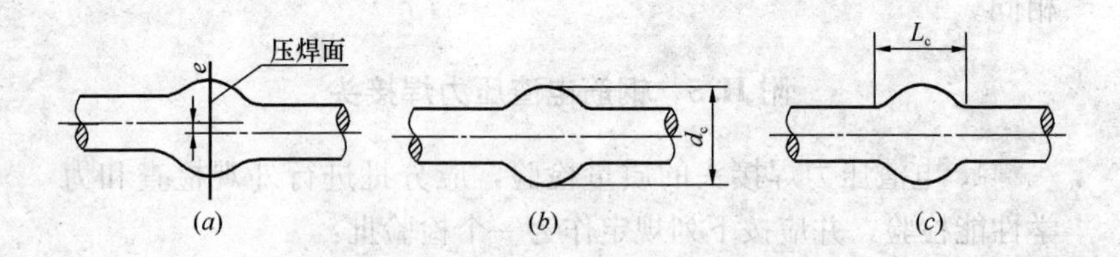

附图 H6-1　钢筋气压焊接头外观质量图解

（a）轴线偏移；（b）镦粗直径；（c）镦粗长度

（2）接头处的弯折角不得大于3°；当大于规定值时，应重新加热矫正；

（3）镦粗直径 d_c 不得小于钢筋直径的 1.4 倍（附图 H6-1*b*）；当小于上述规定值时，应重新加热镦粗；

（4）镦粗长度 L_c 不得小于钢筋直径的 1.0 倍，且凸起部分平缓圆滑（附图 H6-1*c*）；当小于上述规定值时，应重新加热镦长。

附 H.7　预埋件钢筋 T 型接头

1. 预埋件钢筋 T 型接头的外观检查，应从同一台班内完成的同一类型预埋件中抽查 5%，且不得少于 10 件。

2. 当进行力学性能检验时，应以 300 件同类型预埋件作为一批。一周内连续焊接时，可累计计算。当不足 300 件时，亦应按一批计算。

应从每批预埋件中随机切取 3 个接头做拉伸试验，试件的钢筋长度应大于或等于 200mm，钢板的长度和宽度均应大于或等于 60mm（附图 H7-1）。

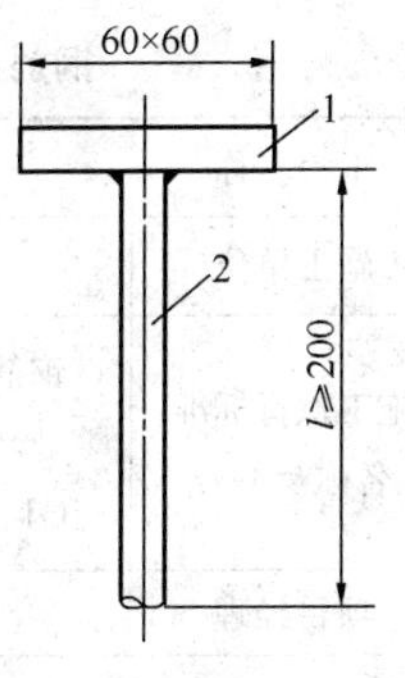

附图 H7-1　预埋件钢筋 T 型接头拉伸试件

1—钢板；2—钢筋

3. 预埋件钢筋手工电弧焊接头外观检查结果，应符合下列要求：

（1）角焊缝焊脚（*k*）当采用 HPB235 钢筋时，不得小于钢筋直径的 0.5 倍；采用 HRB335 和 HRB400 钢筋时，不得小于钢筋直径的 0.6 倍；

（2）焊缝表面不得有肉眼可见裂纹；

（3）钢筋咬边深度不得超过 0.5mm；

（4）钢筋相对钢板的直角偏差不得大于 3°。

4. 预埋件钢筋埋弧压力焊接头外观检查结果，应符合下列要求：

（1）四周焊包凸出钢筋表面的高度不得小于 4mm；

（2）钢筋咬边深度不得超过 0.5mm；

(3) 钢板应无焊穿，根部应无凹陷现象；

(4) 钢筋相对钢板的直角偏差不得大于3°。

5. 预埋件外观检查结果，当有3个接头不符合上述要求时，应全数进行检查，并剔出不合格品。不合格接头经补焊后可提交二次验收。

6. 预埋件钢筋T型接头拉伸试验结果，3个试件的抗拉强度均应符合下列要求：

(1) HPB235钢筋接头不得小于350N/mm²；

(2) HRB335钢筋接头不得小于470N/mm²；

(3) HRB400钢筋接头不得小于550N/mm²。

当试验结果，3个试件中有小于规定值时，应进行复验。

复验时，应再取6个试件。复验结果，其抗拉强度均达到上述要求时，应评定该批接头为合格品。

附 H.8 纵向受力钢筋焊接接头检验批质量验收记录

钢筋闪光对焊接头检验批质量验收记录 **附表 H8-1**

<table>
<tr><td colspan="3">工程名称</td><td colspan="2"></td><td>验收部位</td><td></td></tr>
<tr><td colspan="3">施工单位</td><td colspan="2"></td><td>批号及批量</td><td></td></tr>
<tr><td colspan="3">施工执行标准名称及编号</td><td colspan="2">钢筋焊接及验收规程 JGJ 18—2003</td><td>钢筋牌号及直径 (mm)</td><td></td></tr>
<tr><td colspan="3">项目经理</td><td colspan="2"></td><td>施工班组组长</td><td></td></tr>
<tr><td rowspan="3">主控项目</td><td colspan="4">质量验收规程的规定</td><td>施工单位检查评定记录</td><td>监理（建设）单位验收记录</td></tr>
<tr><td>1</td><td colspan="2">接头试件拉伸试验</td><td>附 H.1 第7.8条</td><td></td><td></td></tr>
<tr><td>2</td><td colspan="2">接头试件弯曲试验</td><td>附 H.1 第7.8条</td><td></td><td></td></tr>
</table>

续表

一般项目		质量验收规程的规定		施工单位检查评定记录							监理(建设)单位验收记录
				抽检数	合格数	不合格					
一般项目	1	接头处不得有横向裂纹	附H.3第2条								
	2	与电极接触处的钢筋表面不得有明显烧伤	附H.3第2条								
	3	接头处的弯折角≤3°	附H.3第2条								
	4	轴线偏移≤0.1钢筋直径，且≤2mm	附H.3第2条								
施工单位检查评定结果			项目专业质量检查员： 年 月 日								
监理(建设)单位验收结论			监理工程师（建设单位项目专业技术负责人）： 年 月 日								

注：1. 一般项目各小项检查评定不合格时，在小格内打×记号；

2. 本表由施工单位项目专业检查员填写，监理工程师（建设单位项目专业技术负责人）组织项目专业质量检查员等进行验收

钢筋电弧焊接头检验批质量验收记录　　　附表 H8-2

<table>
<tr><td colspan="3">工程名称</td><td></td><td colspan="2">验收部位</td><td colspan="2"></td></tr>
<tr><td colspan="3">施工单位</td><td></td><td colspan="2">批号及批量</td><td colspan="2"></td></tr>
<tr><td colspan="3">施工执行标准名称及编号</td><td>钢筋焊接及验收规程 JGJ 18—2003</td><td colspan="2">钢筋牌号及直径（mm）</td><td colspan="2"></td></tr>
<tr><td colspan="3">项目经理</td><td></td><td colspan="2">施工班组组长</td><td colspan="2"></td></tr>
<tr><td rowspan="2">主控项目</td><td colspan="3">质量验收规程的规定</td><td colspan="2">施工单位检查评定记录</td><td colspan="2">监理（建设）单位验收记录</td></tr>
<tr><td>1</td><td>接头试件拉伸试验</td><td>附 H.1 第 7 条</td><td colspan="2"></td><td colspan="2"></td></tr>
<tr><td rowspan="6">一般项目</td><td colspan="3" rowspan="2">质量验收规程的规定</td><td colspan="3">施工单位检查评定记录</td><td rowspan="2">监理(建设)单位验收记录</td></tr>
<tr><td>抽检数</td><td>合格数</td><td>不合格</td></tr>
<tr><td>1</td><td>焊缝表面应平整，不得有凹陷或焊瘤</td><td>附 H.4 第 2 条</td><td></td><td></td><td></td><td></td></tr>
<tr><td>2</td><td>接头区域不得有肉眼可见的裂纹</td><td>附 H.4 第 2 条</td><td></td><td></td><td></td><td></td></tr>
<tr><td>3</td><td>咬边深度、气孔、夹渣等缺陷允许值及接头尺寸允许偏差</td><td>附 H.4 第 2 条</td><td></td><td></td><td></td><td></td></tr>
<tr><td>4</td><td>焊缝余高不得大于 3mm</td><td>附 H.4 第 2 条</td><td></td><td></td><td></td><td></td></tr>
<tr><td colspan="3">施工单位检查评定结果</td><td colspan="5">项目专业质量检查员：

年　月　日</td></tr>
<tr><td colspan="3">监理(建设)单位验收结论</td><td colspan="5">监理工程师（建设单位项目专业技术负责人）：

年　月　日</td></tr>
</table>

注：1. 一般项目各小项检查评定不合格时，在小格内打×记号；

2. 本表由施工单位项目专业检查员填写，监理工程师（建设单位项目专业技术负责人）组织项目专业质量检查员等进行验收。

钢筋电渣压力焊接头检验批质量验收记录　　附表 H8-3

<table>
<tr><td colspan="3">工程名称</td><td colspan="2"></td><td colspan="3">验收部位</td><td colspan="7"></td></tr>
<tr><td colspan="3">施工单位</td><td colspan="2"></td><td colspan="3">批号及批量</td><td colspan="7"></td></tr>
<tr><td colspan="3">施工执行标准名称及编号</td><td colspan="2">钢筋焊接及验收规程 JGJ 18—2003</td><td colspan="3">钢筋牌号及直径（mm）</td><td colspan="7"></td></tr>
<tr><td colspan="3">项目经理</td><td colspan="2"></td><td colspan="3">施工班组组长</td><td colspan="7"></td></tr>
<tr><td rowspan="2">主控项目</td><td colspan="4">质量验收规程的规定</td><td colspan="3">施工单位检查评定记录</td><td colspan="7">监理（建设）单位验收记录</td></tr>
<tr><td>1</td><td colspan="2">接头试件拉伸试验</td><td>附 H.1 第 7 条</td><td colspan="3"></td><td colspan="7"></td></tr>
<tr><td rowspan="6">一般项目</td><td colspan="4" rowspan="2">质量验收规程的规定</td><td colspan="9">施工单位检查评定记录</td><td rowspan="2">监理(建设)单位验收记录</td></tr>
<tr><td>抽检数</td><td>合格数</td><td colspan="7">不合格</td></tr>
<tr><td>1</td><td colspan="2">四周焊包凸出钢筋表面的高度不得小于 4mm</td><td>附 H.5 第 2 条</td><td></td><td></td><td></td><td></td><td></td><td></td><td></td><td></td><td></td><td></td></tr>
<tr><td>2</td><td colspan="2">钢筋与电极接触处无烧伤缺陷</td><td>附 H.5 第 2 条</td><td></td><td></td><td></td><td></td><td></td><td></td><td></td><td></td><td></td><td></td></tr>
<tr><td>3</td><td colspan="2">接头处的弯折角≤3°</td><td>附 H.5 第 2 条</td><td></td><td></td><td></td><td></td><td></td><td></td><td></td><td></td><td></td><td></td></tr>
<tr><td>4</td><td colspan="2">轴线偏移≤0.1 钢筋直径，且≤2mm</td><td>附 H.5 第 2 条</td><td></td><td></td><td></td><td></td><td></td><td></td><td></td><td></td><td></td><td></td></tr>
<tr><td colspan="4">施工单位检查评定结果</td><td colspan="11">项目专业质量检查员：

年　月　日</td></tr>
<tr><td colspan="4">监理(建设)单位验收结论</td><td colspan="11">监理工程师（建设单位项目专业技术负责人）：

年　月　日</td></tr>
</table>

注：1. 一般项目各小项检查评定不合格时，在小格内打×记号；

2. 本表由施工单位项目专业检查员填写，监理工程师（建设单位项目专业技术负责人）组织项目专业质量检查员等进行验收。

钢筋气压焊接头检验批质量验收记录　　附表 H8-4

<table>
<tr><td colspan="3">工程名称</td><td colspan="2"></td><td colspan="2">验收部位</td><td colspan="3"></td></tr>
<tr><td colspan="3">施工单位</td><td colspan="2"></td><td colspan="2">批号及批量</td><td colspan="3"></td></tr>
<tr><td colspan="3">施工执行标准名称及编号</td><td colspan="2">钢筋焊接及验收规程 JGJ 18—2003</td><td colspan="2">钢筋牌号及直径（mm）</td><td colspan="3"></td></tr>
<tr><td colspan="3">项目经理</td><td colspan="2"></td><td colspan="2">施工班组组长</td><td colspan="3"></td></tr>
<tr><td rowspan="3">主控项目</td><td colspan="4">质量验收规程的规定</td><td colspan="2">施工单位检查评定记录</td><td colspan="3">监理（建设）单位验收记录</td></tr>
<tr><td>1</td><td colspan="2">接头试件拉伸试验</td><td>附 H.1 第 7.8 条</td><td colspan="2"></td><td colspan="3"></td></tr>
<tr><td>2</td><td colspan="2">接头试件弯曲试验</td><td>附 H.1 第 7.8 条</td><td colspan="2"></td><td colspan="3"></td></tr>
<tr><td rowspan="6">一般项目</td><td rowspan="2" colspan="4">质量验收规程的规定</td><td colspan="4">施工单位检查评定记录</td><td rowspan="2">监理(建设)单位验收记录</td></tr>
<tr><td>抽查数</td><td>合格数</td><td colspan="2">不合格</td></tr>
<tr><td>1</td><td colspan="2">轴线偏移≤0.15钢筋直径，且≤4mm</td><td>附 H.6 第 2 条</td><td></td><td></td><td colspan="2"></td><td></td></tr>
<tr><td>2</td><td colspan="2">接头处的弯折角≤3°</td><td>附 H.6 第 2 条</td><td></td><td></td><td colspan="2"></td><td></td></tr>
<tr><td>3</td><td colspan="2">镦粗直径≥1.4钢筋直径</td><td>附 H.6 第 2 条</td><td></td><td></td><td colspan="2"></td><td></td></tr>
<tr><td>4</td><td colspan="2">镦粗长度≥1.0钢筋直径</td><td>附 H.6 第 2 条</td><td></td><td></td><td colspan="2"></td><td></td></tr>
<tr><td colspan="4">施工单位检查评定结果</td><td colspan="6">项目专业质量检查员：
年　月　日</td></tr>
<tr><td colspan="4">监理(建设)单位验收结论</td><td colspan="6">监理工程师（建设单位项目专业技术负责人）：
年　月　日</td></tr>
</table>

注：1. 一般项目各小项检查评定不合格时，在小格内打×记号；

2. 本表由施工单位项目专业检查员填写，监理工程师（建设单位项目专业技术负责人）组织项目专业质量检查员等进行验收。

附录J 钢筋间隔件的应用

附 J.1 基 本 规 定

1. 在混凝土结构施工中，应根据不同结构类型、环境类别及使用部位、保护层厚度或间隔尺寸等选择钢筋间隔件。混凝土结构用钢筋间隔件可按附表 J1-1 选用。

混凝土结构用钢筋间隔件选用表　　　　附表 J1-1

序号	混凝土结构的环境类别	钢筋间隔件				
		使用部位	类型			
			水泥基类		塑料类	金属类
			砂浆	混凝土		
1	一	表层	○	○	○	○
		内部	×	△	△	○
2	二	表层	○	○	△	×
		内部	×	△	△	○
3	三	表层	○	○	△	×
		内部	×	△	△	○
4	四	表层	○	○	×	×
		内部	×	△	△	○
5	五	表层	○	○	×	×
		内部	×	△	△	○

注：1. 混凝土结构的环境类别的划分应符合现行国家标准《混凝土结构设计规范》GB 50010 的有关规定；

2. 表中○表示宜选用；△表示可以选用；×表示不应选用。

2. 钢筋间隔件的形状、尺寸应符合保护层厚度或钢筋间距的要求，应有利于混凝土浇筑密实，并不致在混凝土内形成孔洞。

3. 钢筋间隔件上与被间隔钢筋连接的连接件或卡扣、槽口应与其相适配并可牢固定位。

4. 电焊机、混凝土泵、管架等设备荷载不得直接作用在钢筋间隔件上。

5. 清水混凝土的表层间隔件应根据功能要求进行专项设计。与模板的接触面积对水泥基类钢筋间隔件不宜大于$300mm^2$；对塑料类钢筋间隔件和金属类钢筋间隔件不宜大于$100mm^2$。

附 J.2 钢筋间隔件的制作

附 J.2.1 水泥基类钢筋间隔件

1. 水泥基类钢筋间隔件的规格应符合下列规定：

(1) 普通混凝土中的间隔件与钢筋接触面的宽度不应小于20mm，且不宜小于被间隔钢筋的直径。

(2) 应设置与被间隔钢筋定位的绑扎铁丝、卡扣或槽口，绑扎铁丝、卡扣应与砂浆或混凝土基体可靠固定。

(3) 水泥砂浆间隔件的厚度不宜大于40mm。

2. 水泥基类钢筋间隔件的材料和配合比应符合下列规定：

(1) 水泥砂浆间隔件不得采用水泥混合砂浆制作，水泥砂浆强度不应低于20MPa。

(2) 混凝土间隔件的混凝土强度应比构件的混凝土强度等级提高一级，且不应低于C30。

(3) 水泥基类钢筋间隔件中绑扎钢筋的铁丝宜采用退火铁丝。

3. 不应使用已断裂或破碎的水泥基类钢筋间隔件，发生断裂和破碎应予以更换。

4. 水泥基类钢筋间隔件的养护时间不应小于7d。

5. 水泥基类钢筋间隔件的外观、形状、尺寸应符合设计要求，其允许偏差应符合附表J2-1的规定。

水泥基类钢筋间隔件的允许偏差　　　附表 J2-1

<table>
<tr><th>序号</th><th colspan="2">项　目</th><th colspan="3">允许偏差</th><th>检查数量</th><th>检查方法</th></tr>
<tr><td rowspan="3">1</td><td colspan="2" rowspan="3">外观</td><td colspan="3">不应有断裂或大于边长 1/4 的破碎</td><td rowspan="4">全数检查</td><td rowspan="3">目测、用尺量测</td></tr>
<tr><td colspan="3">不应有直径大于 8mm 或深度大于 5mm 的孔洞</td></tr>
<tr><td colspan="3">不应有大于 20%的蜂窝</td></tr>
<tr><td>2</td><td colspan="2">连接钢丝或卡铁</td><td colspan="3">无缺损、完好、无松动</td><td>目测</td></tr>
<tr><td rowspan="8">3</td><td rowspan="8">外形（mm）</td><td rowspan="6">间隔尺寸</td><td rowspan="3">工厂生产</td><td>基础</td><td>+4，−3</td><td rowspan="8">同一类型的间隔件，工厂生产的每批检查数量宜为 0.1%，且不应少于 5 件；现场制作的每批检查数量宜为 0.2%，且不应少于 10 件</td><td rowspan="8">用卡尺量测</td></tr>
<tr><td>梁、柱</td><td>+3，−2</td></tr>
<tr><td>板、墙、壳</td><td>+2，−1</td></tr>
<tr><td rowspan="3">现场制作</td><td>基础</td><td>+5，−4</td></tr>
<tr><td>梁、柱</td><td>+4，−3</td></tr>
<tr><td>板、墙、壳</td><td>+3，−2</td></tr>
<tr><td rowspan="2">其他尺寸</td><td>工厂生产</td><td colspan="2">±5</td></tr>
<tr><td>现场制作</td><td colspan="2">±10</td></tr>
</table>

附 J.2.2　塑料类钢筋间隔件

1. 塑料类钢筋间隔件必须采用工厂生产的产品，其原材料不得采用聚氯乙烯类塑料，且不得使用二级以下的再生塑料。

2. 塑料类钢筋间隔件可作为表层间隔件，但环形的塑料类钢筋间隔件不宜用于梁、板的底部。作为内部间隔件时不得影响混凝土结构的抗渗性能和受力性能。

3. 塑料类钢筋间隔件的规格应符合下列规定：

（1）可根据混凝土构件和被间隔钢筋的特点选择环形或鼎形等钢筋间隔件。

（2）塑料类钢筋间隔件应设置与被间隔钢筋定位的卡扣或槽口。

（3）塑料类钢筋间隔件宜按保护层厚度设置颜色标识，并应在产品说明书中予以说明。

4. 不得使用老化断裂或缺损的塑料类钢筋间隔件，发生断裂或破碎应予以更换。

5. 塑料类钢筋间隔件外观、形状、尺寸及标识等应符合设计要求，其允许偏差应符合附表 J2-2 的规定。

塑料类钢筋间隔件的允许偏差　　附表 J2-2

<table>
<tr><th>序号</th><th colspan="2">检查项目</th><th>允许偏差</th><th>检查数量</th><th>检查方法</th></tr>
<tr><td>1</td><td colspan="2">外　观</td><td>不得有裂纹</td><td rowspan="2">全数检查</td><td rowspan="2">目测</td></tr>
<tr><td>2</td><td colspan="2">颜色标识</td><td>齐全、与所标识规格一致</td></tr>
<tr><td rowspan="2">3</td><td rowspan="2">外形尺寸（mm）</td><td>间隔尺寸</td><td>±1</td><td rowspan="2">同一类型的间隔件，每批检查数量宜为 0.1%，且不少于 5 件</td><td rowspan="2">用卡尺量测</td></tr>
<tr><td>其他尺寸</td><td>±1</td></tr>
</table>

附 J. 2. 3　金属类钢筋间隔件

1. 金属类钢筋间隔件宜采用工厂生产的产品，金属类钢筋间隔件可用作内部间隔件，除一类环境外，不应用作表层间隔件。

2. 金属类钢筋间隔件的规格应符合下列规定：

（1）可根据混凝土构件和被间隔钢筋的特点选择弓形、鼎形、立柱形、门形等钢筋间隔件。

（2）与钢筋采用非焊接或非绑扎固定的金属类钢筋间隔件应设置与被间隔钢筋定位的卡扣或槽口。

3. 金属类钢筋间隔件所用的钢材宜采用 HPB235 热轧光圆钢筋及 Q235 级钢。

4. 金属类钢筋间隔件不得有裂纹或断裂，钢材不得有片状老锈。

5. 金属类钢筋间隔件在混凝土表面有外露的部分均应设置防腐、防锈涂层。涂层应符合现行国家标准《涂层自然气候暴露试验方法》GB/T 9276 的要求。用于清水混凝土的表层间隔件宜套上与混凝土颜色接近的塑料套。涂层或塑料套的高度不宜小于 20mm。

6. 工地现场制作金属类钢筋间隔件时，应符合下列规定：

（1）同类金属类钢筋间隔件宜采用同品种、同规格的材料。

（2）现场制作应按经审批的加工图纸并设置模具进行加工。

7. 金属类钢筋间隔件的外观、形状、尺寸应符合设计要求，其允许偏差应符合附表 J2-3 的规定。

金属类钢筋间隔件的允许偏差　　附表 J2-3

<table>
<tr><th>序号</th><th colspan="2">检查项目</th><th colspan="3">允许偏差</th><th>检查数量</th><th>检查方法</th></tr>
<tr><td>1</td><td colspan="2">外　观</td><td colspan="3">焊缝完整；
不得有片状老锈、油污、裂纹及过大的变形</td><td>全数检查</td><td>目测、
用尺量测</td></tr>
<tr><td rowspan="8">3</td><td rowspan="8">外形尺寸（mm）</td><td rowspan="6">间隔尺寸</td><td rowspan="3">工厂生产</td><td>基础</td><td>＋2，－1</td><td rowspan="8">同一类型的间隔件，工厂生产的每批检查数量宜为 0.1%，且不少于 5 件；现场制作的每批检查数量宜为 0.2%，且不少于 10 件</td><td rowspan="8">用卡尺量测</td></tr>
<tr><td>梁、柱</td><td>＋1，－1</td></tr>
<tr><td>板、墙、壳</td><td>＋1，－1</td></tr>
<tr><td rowspan="3">现场制作</td><td>基础</td><td>＋4，－2</td></tr>
<tr><td>梁、柱</td><td>＋3，－2</td></tr>
<tr><td>板、墙、壳</td><td>＋2，－1</td></tr>
<tr><td rowspan="2">其他尺寸</td><td>工厂生产</td><td colspan="2">±2</td></tr>
<tr><td>现场制作</td><td colspan="2">±5</td></tr>
</table>

附 J.3　钢筋间隔件的安放

附 J.3.1　一般规定

1. 表层间隔件宜直接安放在被间隔的受力钢筋处，当安放在箍筋或非受力钢筋时，其间隔尺寸应按受力钢筋位置作相应的调整。

2. 竖向间隔件的安装间距应根据间隔件的承载力和刚度确定，并应符合被间隔钢筋的变形要求。

3. 钢筋间隔件安放后应进行保护，不应使之受损或错位。作业时应避免物件对钢筋间隔件的撞击。

附 J. 3. 2 表层间隔件的安放

1. 板类构件表层间隔件的安放应满足钢筋不发生塑性变形，并保证钢筋间隔件不破损。

2. 混凝土板类的表层间隔件宜按阵列式放置在纵横钢筋的交叉点的位置，两个方向的间距均不宜大于附表 J3-1 的规定。

板类的表层钢筋间隔件安放间距（m） **附表 J3-1**

钢筋间距（mm）		受力钢筋直径（mm）		
		6～10	12～18	＞20
单向板配筋	＜50	1.0	1.5	2.0
	60～100	0.8	1.5	2.0
	110～150	0.6	1.0	2.0
	160～200	0.5	1.0	2.0
	＞200	0.5	0.8	2.0
双向板配筋	＜50	1.2	2.0	2.5
	60～100	1.0	2.0	2.5
	110～150	0.8	1.5	2.5
	160～200	0.8	1.5	2.5
	＞200	0.6	1.0	2.5

注：1. 双向板以短边方向钢筋确定；

2. 直径大于 32mm 钢筋的间距应保证被间隔钢筋竖向变形，基础不大于 10mm，板不大于 3mm。

3. 梁类构件表层间隔件的安放应符合下列规定：

（1）混凝土梁类的竖向表层间隔件应放置在最下层受力钢筋下面，当安放在箍筋下面时，其间隔尺寸应作相应的调整。安放间距不应大于附表 J3-2 的规定。纵横梁钢筋相交处应增设钢筋间隔件。

梁类的竖向表层间隔件的安放间距（m）　　附表 J3-2

跨中上层钢筋直径（mm）	≤10	12～18	20～25	≥25
安放间距	0.6	1.0	1.5	2.0

（2）梁类构件的水平表层间隔件应放置在受力钢筋侧面，当安放在箍筋侧面时，其间隔尺寸应作相应的调整。对侧面配有腰筋的梁，在腰筋部位应放置同样数量的水平间隔件。安放间距不应大于附表 J3-3 的规定。

梁类的水平表层间隔件的安放间距（m）　　附表 J3-3

钢筋直径（mm）	≤10	12～18	20～25	≥25
安放间距	0.8	1.2	1.8	2.2

4. 混凝土墙类的表层间隔件应采用阵列式放置在最外层受力钢筋处。水平与竖向安放间距不应大于附表 J3-4 的规定。

混凝土墙类的表层间隔件的安放间距（m）　　附表 J3-4

外层受力钢筋直径（mm）	≤8	10～16	18～22	≥25
安放间距	0.5	0.8	1.0	1.2

5. 混凝土柱类的表层间隔件应放置在纵向钢筋的外侧面，其水平间距不应大于 0.4m；竖向间距不宜大于 0.8m；水平与竖向表层间隔件每侧均不应少于 2 个，并对称放置。

6. 灌注桩的表层间隔件，当采用混凝土圆柱状钢筋间隔件时，应安放在同一环向箍筋上；当采用金属弓形钢筋间隔件时，应与纵向钢筋焊接。安放间距应符合附表 J3-5 的规定，且每节钢筋笼不应少于 2 组，长度大于 12m 的中间应增设 1 组。

灌注桩的表层间隔件的安放间距（m）　　附表 J3-5

纵向钢筋直径(mm)		≤8	10～16	18～22	≥25
竖向间距		3.0	4.0	5.0	6.0
水平间距（弧长）	桩径≤800(mm)	0.8，且不少于 3 个			
	桩径>800(mm)	1.0			

7. 斜向构件钢筋间隔件的安放应符合下列规定：

（1）与水平面的夹角不大于45°的斜向构件，其表层间隔件安放的斜向间距可根据构件类型按附J3.2表层间隔件安放第2条或第3条取值。

（2）与水平面夹角大于45°的斜向构件，其表层间隔件安放的斜向间距可根据构件类型按附J3.2表层间隔件安放第4条或第5条取值。

附J.3.3　内部间隔件的安放

1. 竖向内部间隔件的安放应符合下列规定：

（1）厚（高）度大于或等于1000mm混凝土板、梁及其他大型构件的竖向内部间隔件及其间距应根据计算确定。

（2）梁类竖向内部间隔件可采用独立式或组合式。竖向内部间隔件应直接支承于模板或垫层。安放间距不应大于附表J3-2的规定。

（3）预应力曲线型布筋时，竖向内部间隔件可安放在底模或定位于已安装好的非预应力筋。钢筋间隔件间距应专门设计，其安放曲率应符合设计要求。

2. 水平内部间隔件的安放应符合下列规定：

（1）墙类水平内部间隔件宜采用阵列式布置，间距应符合附表J3-4的规定。兼作墙体双排分布钢筋网连系拉筋的水平间隔件还应符合现行国家标准《混凝土结构设计规范》GB 50010的规定。

（2）梁类水平内部间隔件应安放在已固定好的外侧钢筋上，其安放间距应符合附表J3-3的规定。

附J.3.4　质量检查

1. 主控项目的检查应符合下列规定：

（1）混凝土浇筑前应对钢筋间隔件的安放质量进行检查，其形式、规格、数量及固定方式应符合施工方案的要求。

检查数量：全数检查。

检查方法：目测、用尺量。

(2) 钢筋间隔件安放的保护层厚度允许偏差应符合附表 J3-6 的规定。

检查数量：抽取构件数量的 3%，且不应少于 6 个构件；对抽取的梁（柱）类构件，应检查全部纵向受力钢筋的保护层；对抽取的板（墙）类构件，应检查不少于 10 处纵向受力钢筋的保护层。

检查方法：用尺量。

钢筋间隔件安放的保护层厚度允许偏差　　附表 J3-6

构件类型	允许偏差（mm）
梁（柱）类	+8，−5
板（墙）类	+5，−3

2. 一般项目的检查应符合下列规定：

(1) 钢筋间隔件的安放位置应符合施工方案，其允许偏差应符合附表 J3-7 的规定。

检查数量：按钢筋安装工程检验批随机抽检钢筋间隔件总数的 10%。

检查方法：目测，用尺量。

钢筋间隔件的安放位置允许偏差　　附表 J3-7

检查项目		允许偏差
位置	平行于钢筋方向	50mm
	垂直于钢筋方向	0.5d

注：表中 d 为被间隔钢筋直径。

(2) 钢筋间隔件的安放方向应与被间隔钢筋的排放方式一致。

检查数量：全数检查。

检查方法：目测。

3. 钢筋间隔件质量检查可按附表 J3-8～附表 J3-9 记录，质量检查程序和组织应符合现行国家标准《建筑工程施工质量验收统一标准》GB 50300 的规定。

钢筋间隔件成品检查验收记录　　附表 J3-8

<table>
<tr><td colspan="3">工程名称</td><td></td><td colspan="2">验收单位</td><td colspan="2"></td></tr>
<tr><td colspan="3">施工单位</td><td></td><td colspan="2">项目经理</td><td colspan="2"></td></tr>
<tr><td colspan="3">钢筋间隔件种类</td><td></td><td colspan="2">制作单位</td><td colspan="2"></td></tr>
<tr><td rowspan="3">主控项目</td><td colspan="3">质量验收的规定</td><td colspan="3">施工单位检查结果</td><td>监理（建设）单位验收记录</td></tr>
<tr><td>1</td><td colspan="2">砂浆或混凝土试块强度</td><td colspan="3"></td><td></td></tr>
<tr><td>2</td><td colspan="2">钢筋间隔件承载力</td><td colspan="3"></td><td></td></tr>
<tr><td rowspan="7">一般项目</td><td colspan="3" rowspan="2">质量验收的规定</td><td colspan="3">施工单位检查结果</td><td rowspan="2">监理（建设）单位验收记录</td></tr>
<tr><td>抽检数</td><td>合格数</td><td>不合格数</td></tr>
<tr><td>1</td><td colspan="2">外观</td><td></td><td></td><td></td><td></td></tr>
<tr><td>2</td><td colspan="2">颜色标识</td><td></td><td></td><td></td><td></td></tr>
<tr><td>3</td><td colspan="2">连接钢丝或卡铁</td><td></td><td></td><td></td><td></td></tr>
<tr><td rowspan="2">4</td><td rowspan="2">外形尺寸</td><td>间隔尺寸</td><td></td><td></td><td></td><td></td></tr>
<tr><td>其他尺寸</td><td></td><td></td><td></td><td></td></tr>
<tr><td colspan="3">施工单位检查评定结果</td><td colspan="5">项目专业质量检查员

年　月　日</td></tr>
<tr><td colspan="3">监理（建设）单位验收结论</td><td colspan="5">监理工程师（建设单位项目专业技术负责人）

年　月　日</td></tr>
</table>

注：本表由施工单位项目专业质量检查员填写，监理工程师（建设单位项目专业技术负责人）组织项目专业质量检查员等进行验收。

钢筋间隔件安放检查记录　　附表 J3-9

<table>
<tr><td colspan="2">工程名称</td><td></td><td colspan="3">验收单位</td><td></td></tr>
<tr><td colspan="2">施工单位</td><td></td><td colspan="3">结构部位</td><td></td></tr>
<tr><td colspan="2">项目经理</td><td></td><td colspan="3">施工班组长</td><td></td></tr>
<tr><td rowspan="2">主控项目</td><td colspan="2">质量验收的规定</td><td colspan="3">施工单位
检查结果</td><td>监理（建设）
单位验收记录</td></tr>
<tr><td colspan="2">钢筋间隔件安放数量</td><td colspan="3"></td><td></td></tr>
<tr><td rowspan="5">一般项目</td><td colspan="2" rowspan="2">质量验收的规定</td><td colspan="3">施工单位检查结果</td><td rowspan="2">监理（建设）
单位验收记录</td></tr>
<tr><td>抽检数</td><td>合格数</td><td>不合格数</td></tr>
<tr><td>1</td><td>钢筋间隔件安放方位</td><td></td><td></td><td></td><td></td></tr>
<tr><td>2</td><td>平行于钢筋方向
位置偏差≤50mm</td><td></td><td></td><td></td><td></td></tr>
<tr><td>3</td><td>垂直于钢筋方向
位置偏差≤$0.5d$</td><td></td><td></td><td></td><td></td></tr>
<tr><td colspan="3">施工单位检查评定结果</td><td colspan="4">项目专业质量检查员

年　月　日</td></tr>
<tr><td colspan="3">监理（建设）单位验收结论</td><td colspan="4">监理工程师（建设单位项目专业技术负责人）

年　月　日</td></tr>
</table>

注：本表由施工单位项目专业质量检查员填写，监理工程师（建设单位项目专业技术负责人）组织项目专业质量检查员等进行验收。

6 钢结构工程

6.1 原材料及成品进场[1]

6.1.1 一般规定

（1）适用于进入钢结构各分项工程实施现场的主要材料、零（部）件、成品件、标准件等产品的进场验收。

（2）进场验收的检验批原则上应与各分项工程检验批一致，也可以根据工程规模及进料实际情况划分检验批。

6.1.2 钢材

6.1.2.1 主控项目

（1）钢材、钢铸件的品种、规格、性能等应符合现行国家产品标准和设计要求。进口钢材产品的质量应符合设计和合同规定标准的要求。

检查数量：全数检查。

检验方法：检查质量合格证明文件、中文标志及检验报告等。

（2）对属于下列情况之一的钢材，应进行抽样复验，其复验结果应符合现行国家产品标准和设计要求。

1）国外进口钢材；

2）钢材混批；

3）板厚不小于40mm，且设计有Z向性能要求的厚板；

4）建筑结构安全等级为一级，大跨度钢结构中主要受力构

[1] 注：按照规范规定：分项工程中主控项目必须符合合格质量标准；一般项目应有80%及以上符合合格质量标准要求，且最大值不应超过其允许偏差值的1.2倍。

件所采用的钢材；

5）设计有复验要求的钢材；

6）对质量有疑义的钢材。

检查数量：全数检查。

检验方法：检查复验报告。

6.1.2.2 一般项目

（1）钢板厚度及允许偏差应符合其产品标准的要求。

检查数量：每一品种、规格的钢板抽查5处。

检验方法：用游标卡尺量测。

（2）型钢的规格尺寸及允许偏差符合其产品标准的要求。

检查数量：每一品种、规格的型钢抽查5处。

检验方法：用钢尺和游标卡尺量测。

（3）钢材的表面外观质量除应符合国家现行有关标准的规定外，尚应符合下列规定：

1）当钢材的表面有锈蚀、麻点或划痕等缺陷时，其深度不得大于该钢材厚度负允许偏差值的1/2；

2）钢材表面的锈蚀等级应符合现行国家标准《涂装前钢材表面锈蚀等级和除锈等级》GB 8923规定的C级及C级以上；

3）钢材端边或断口处不应有分层、夹渣等缺陷。

检查数量：全数检查。

检验方法：观察检查。

6.1.3 焊接材料

6.1.3.1 主控项目

（1）焊接材料的品种、规格、性能等应符合现行国家产品标准和设计要求。

检查数量：全数检查。

检验方法：检查焊接材料的质量合格证明文件、中文标志及检验报告等。

（2）重要钢结构采用的焊接材料应进行抽样复验，复验结果应符合现行国家产品标准和设计要求。

检查数量：全数检查。

检验方法：检查复验报告。

6.1.3.2 一般项目

（1）焊钉及焊接瓷环的规格、尺寸及偏差应符合现行国家标准《圆柱头焊钉》GB 10433 中的规定。

检查数量：按量抽查1%，且不应少于10套。

检验方法：用钢尺和游标卡尺量测。

（2）焊条外观不应有药皮脱落、焊芯生锈等缺陷；焊剂不应受潮结块。

检查数量：按量抽查1%，且不应少于10包。

检验方法：观察检查。

6.1.4 连接用紧固标准件

6.1.4.1 主控项目

（1）钢结构连接用高强度大六角头螺栓连接副、扭剪型高强度螺栓连接副、钢网架用高强度螺栓、普通螺栓、铆钉、自攻钉、拉铆钉、射钉、锚栓（机械型和化学试剂型）、地脚锚栓等紧固标准件及螺母、垫圈等标准配件，其品种、规格、性能等应符合现行国家产品标准和设计要求。高强度大六角头螺栓连接副和扭剪型高强度螺栓连接副出厂时应分别随箱带有扭矩系数和紧固轴力（预拉力）的检验报告。

检查数量：全数检查。

检验方法：检查产品的质量合格证明文件、中文标志及检验报告等。

（2）高强度大六角头螺栓连接副应按附录B的规定检验其扭矩系数，其检验结果应符合附录B的规定。

检查数量：见附录B。

检验方法：检查复验报告。

（3）扭剪型高强度螺栓连接副应按附录B的规定检验预拉力，其检验结果应符合附录B的规定。

检查数量：见附录B。

检验方法：检查复验报告。

6.1.4.2 一般项目

（1）高强度螺栓连接副，应按包装箱配套供货，包装箱上应标明批号、规格、数量及生产日期。螺栓、螺母、垫圈外观表面应涂油保护，不应出现生锈和沾染脏物，螺纹不应损伤。

检查数量：按包装箱数抽查5%，且不应少于3箱。

检验方法：观察检查。

（2）对建筑结构安全等级为一级，跨度40m及以上的螺栓球节点钢网架结构，其连接高强度螺栓应进行表面硬度试验，对8.8级的高强度螺栓其硬度应为HRC21～29；10.9级高强度螺栓其硬度应为HRC32～36，且不得有裂纹或损伤。

检查数量：按规格抽查8只。

检验方法：硬度计、10倍放大镜或磁粉探伤。

6.1.5 焊接球

6.1.5.1 主控项目

（1）焊接球及制造焊接球所采用的原材料，其品种、规格、性能等应符合现行国家产品标准和设计要求。

检查数量：全数检查。

检验方法：检查产品的质量合格证明文件、中文标志及检验报告等。

（2）焊接球焊缝应进行无损检验，其质量应符合设计要求，当设计无要求时应符合本规范中规定的二级质量标准。

检查数量：每一规格按数量抽查5%，且不应少于3个。

检验方法：超声波探伤或检查检验报告。

6.1.5.2 一般项目

（1）焊接球直径、圆度、壁厚减薄量等尺寸及允许偏差应符合本规范的规定。

检查数量：每一规格按数量抽查5%，且不应少于3个。

检验方法：用卡尺和测厚仪检查。

（2）焊接球表面应无明显波纹及局部凹凸不平不大

于1.5mm。

检查数量：每一规格按数量抽查5%，且不应少于3个。

检验方法：用弧形套模、卡尺和观察检查。

6.1.6 螺栓球

6.1.6.1 主控项目

（1）螺栓球及制造螺栓球节点所采用的原材料，其品种、规格、性能等应符合现行国家产品标准和设计要求。

检查数量：全数检查。

检验方法：检查产品的质量合格证明文件、中文标志及检验报告等。

（2）螺栓球不得有过烧、裂纹及褶皱。

检查数量：每种规格抽查5%，且不应少于5只。

检验方法：用10倍放大镜观察和表面探伤。

6.1.6.2 一般项目

（1）螺栓球螺纹尺寸应符合现行国家标准《普通螺纹基本尺寸》GB 196中粗牙螺纹的规定，螺纹公差必须符合现行国家标准《普通螺纹公差与配合》GB 197中6H级精度的规定。

检查数量：每种规格抽查5%，且不应少于5只。

检验方法：用标准螺纹规。

（2）螺栓球直径、圆度、相邻两螺栓孔中心线夹角等尺寸及允许偏差应符合本规范的规定。

检查数量：每一规格按数量抽查5%，且不应少于3个。

检验方法：用卡尺和分度头仪检查。

6.1.7 封板、锥头和套筒

主控项目

（1）封板、锥头和套筒及制造封板、锥头和套筒所采用的原材料，其品种、规格、性能等应符合现行国家产品标准和设计要求。

检查数量：全数检查。

检验方法：检查产品的质量合格证明文件、中文标志及检验报告等。

（2）封板、锥头、套筒外观不得有裂纹、过烧及氧化皮。

检查数量：每种抽查5%，且不应少于10只。

检验方法：用放大镜观察检查和表面探伤。

6.1.8 金属压型板

6.1.8.1 主控项目

（1）金属压型板及制造金属压型板所采用的原材料，其品种、规格、性能等应符合现行国家产品标准和设计要求。

检查数量：全数检查。

检验方法：检查产品的质量合格证明文件、中文标志及检验报告等。

（2）压型金属泛水板、包角板和零配件的品种、规格以及防水密封材料的性能应符合现行国家产品标准和设计要求。

检查数量：全数检查。

检验方法：检查产品的质量合格证明文件、中文标志及检验报告等。

6.1.8.2 一般项目

压型金属板的规格尺寸及允许偏差、表面质量、涂层质量等应符合设计要求和本规范的规定。

检查数量：每种规格抽查5%，且不应少于3件。

检验方法：观察和用10倍放大镜检查及尺量。

6.1.9 涂装材料

6.1.9.1 主控项目

（1）钢结构防腐涂料、稀释剂和固化剂等材料的品种、规格、性能等应符合现行国家产品标准和设计要求。

检查数量：全数检查。

检验方法：检查产品的质量合格证明文件、中文标志及检验报告等。

（2）钢结构防火涂料的品种和技术性能应符合设计要求，并应经过具有资质的检测机构检测符合国家现行有关标准的规定。

检查数量：全数检查。

检验方法：检查产品的质量合格证明文件、中文标志及检验报告等。

6.1.9.2 一般项目

防腐涂料和防火涂料的型号、名称、颜色及有效期应与其质量证明文件相符。开启后，不应存在结皮、结块、凝胶等现象。

检查数量：按桶数抽查5%，且不应少于3桶。

检验方法：观察检查。

6.1.10 其他

主控项目

（1）钢结构用橡胶垫的品种、规格、性能等应符合现行国家产品标准和设计要求。

检查数量：全数检查。

检验方法：检查产品的质量合格证明文件、中文标志及检验报告等。

（2）钢结构工程所涉及到的其他特殊材料，其品种、规格、性能等应符合现行国家产品标准和设计要求。

检查数量：全数检查。

检验方法：检查产品的质量合格证明文件、中文标志及检验报告等。

6.2 钢结构焊接工程

6.2.1 一般规定

（1）适用于钢结构制作和安装中的钢构件焊接和焊钉焊接的工程质量验收。

（2）钢结构焊接工程可按相应的钢结构制作或安装工程检验批的划分原则划分为一个或若干个检验批。

（3）碳素结构钢应在焊缝冷却到环境温度、低合金结构钢应在完成焊接24h以后，进行焊缝探伤检验。

（4）焊缝施焊后应在工艺规定的焊缝及部位打上焊工钢印。

6.2.2 钢构件焊接工程

6.2.2.1 主控项目

(1) 焊条、焊丝、焊剂、电渣焊熔嘴等焊接材料与母材的匹配应符合设计要求及国家现行行业标准《建筑钢结构焊接技术规程》JGJ 81 的规定。焊条、焊剂、药芯焊丝、熔嘴等在使用前，应按其产品说明书及焊接工艺文件的规定进行烘焙和存放。

检查数量：全数检查。

检验方法：检查质量证明书和烘焙记录。

(2) 焊工必须经考试合格并取得合格证书。持证焊工必须在其考试合格项目及其认可范围内施焊。

检查数量：全数检查。

检验方法：检查焊工合格证及其认可范围、有效期。

(3) 施工单位对其首次采用的钢材、焊接材料、焊接方法、焊后热处理等，应进行焊接工艺评定，并应根据评定报告确定焊接工艺。

检查数量：全数检查。

检验方法：检查焊接工艺评定报告。

(4) 设计要求全焊透的一、二级焊缝应采用超声波探伤进行内部缺陷的检验，超声波探伤不能对缺陷作出判断时，应采用射线探伤，其内部缺陷分级及探伤方法应符合现行国家标准《钢焊缝手工超声波探伤方法和探伤结果分级法》GB 11345 或《钢熔化焊对接接头射线照相和质量分级》GB 3323 的规定。

焊接球节点网架焊缝、螺栓球节点网架焊缝及圆管 T、K、Y 形节点相关线焊缝，其内部缺陷分级及探伤方法应分别符合国家现行标准《焊接球节点钢网架焊缝超声波探伤方法及质量分级法》JBJ/T 3034.1、《螺栓球节点钢网架焊缝超声波探伤方法及质量分级法》JBJ/T 3034.2、《建筑钢结构焊接技术规程》JGJ 81 的规定。

一级、二级焊缝的质量等级及缺陷分级应符合表 6-2-1 的

规定。

检查数量：全数检查。

检验方法：检查超声波或射线探伤记录。

一、二级焊缝质量等级及缺陷分级　　表 6-2-1

焊缝质量等级		一级	二级
内部缺陷超声波探伤	评定等级	Ⅱ	Ⅲ
	检验等级	B 级	B 级
	探伤比例	100%	20%
内部缺陷射线探伤	评定等级	Ⅱ	Ⅲ
	检验等级	AB 级	AB 级
	探伤比例	100%	20%

注：探伤比例的计数方法应按以下原则确定：(1) 对工厂制作焊缝，应按每条焊缝计算百分比，且探伤长度应不小于 200mm，当焊缝长度不足 200mm 时，应对整条焊缝进行探伤；(2) 对现场安装焊缝，应按同一类型、同一施焊条件的焊缝条数计算百分比，探伤长度应不小于 200mm，并应不少于 1 条焊缝。

(5) T 形接头、十字接头、角接接头等要求熔透的对接和角对接组合焊缝，其焊脚尺寸不应小于 $t/4$（图 6-2-1a、b、c）；设计有疲劳验算要求的吊车梁或类似构件的腹板与上翼缘连接焊缝的焊脚尺寸为 $t/2$（图 6-2-1d），且不应大于 10mm。焊脚尺寸的允许偏差为 0～4mm。

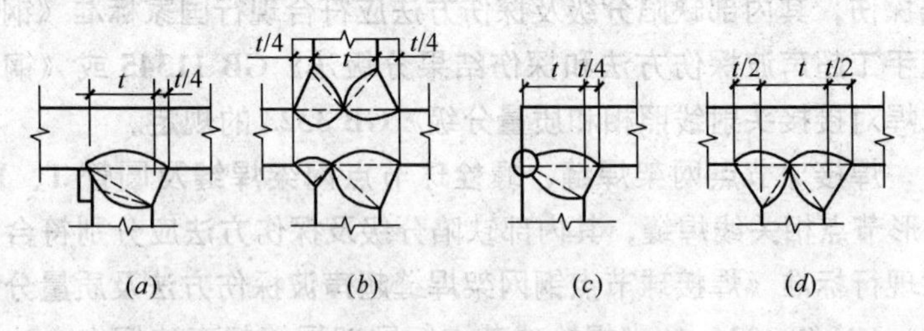

图 6-2-1　焊脚尺寸

检查数量：资料全数检查；同类焊缝抽查 10%，且不应少于 3 条。

检验方法：观察检查，用焊缝量规抽查测量。

(6) 焊缝表面不得有裂纹、焊瘤等缺陷。一级、二级焊缝不得有表面气孔、夹渣、弧坑裂纹、电弧擦伤等缺陷。且一级焊缝不得有咬边、未焊满、根部收缩等缺陷。

检查数量：每批同类构件抽查10%，且不应少于3件；被抽查构件中，每一类型焊缝按条数抽查5%，且不应少于1条；每条检查1处，总抽查数不应少于10处。

检验方法：观察检查或使用放大镜、焊缝量规和钢尺检查，当存在疑义时，采用渗透或磁粉探伤检查。

6.2.2.2 一般项目

(1) 对于需要进行焊前预热或焊后热处理的焊缝，其预热温度或后热温度应符合国家现行有关标准的规定或通过工艺试验确定。预热区在焊道两侧，每侧宽度均应大于焊件厚度的1.5倍以上，且不应小于100mm；后热处理应在焊后立即进行，保温时间应根据板厚按每25mm板厚1h确定。

检查数量：全数检查。

检验方法：检查预、后热施工记录和工艺试验报告。

(2) 二级、三级焊缝外观质量标准应符合附录A中附表A-1的规定。三级对接焊缝应按二级焊缝标准进行外观质量检验。

检查数量：每批同类构件抽查10%，且不应少于3件；被抽查构件中，每一类型焊缝按条数抽查5%，且不应少于1条；每条检查1处，总抽查数不应少于10处。

检验方法：观察检查或使用放大镜、焊缝量规和钢尺检查。

(3) 焊缝尺寸允许偏差应符合附录A中附表A-2的规定。

检查数量：每批同类构件抽查10%，且不应少于3件；被抽查构件中，每种焊缝按条数各抽查5%，但不应少于1条；每条检查1处，总抽查数不应少于10处。

检验方法：用焊缝量规检查。

(4) 焊成凹形的角焊缝，焊缝金属与母材间应平缓过渡；加工成凹形的角焊缝，不得在其表面留下切痕。

检查数量：每批同类构件抽查10%，且不应少于3件。

检验方法：观察检查。

（5）焊缝感观应达到：外形均匀、成型较好，焊道与焊道、焊道与基本金属间过渡较平滑，焊渣和飞溅物基本清除干净。

检查数量：每批同类构件抽查10%，且不应少于3件；被抽查构件中，每种焊缝按数量各抽查5%，总抽查处不应少于5处。

检验方法：观察检查。

6.2.3　焊钉（栓钉）焊接工程

6.2.3.1　主控项目

（1）施工单位对其采用的焊钉和钢材焊接应进行焊接工艺评定，其结果应符合设计要求和国家现行有关标准的规定。瓷环应按其产品说明书进行烘焙。

检查数量：全数检查。

检验方法：检查焊接工艺评定报告和烘焙记录。

（2）焊钉焊接后应进行弯曲试验检查，其焊缝和热影响区不应有肉眼可见的裂纹。

检查数量：每批同类构件抽查10%，且不应少于10件；被抽查构件中，每件检查焊钉数量的1%，但不应少于1个。

检验方法：焊钉弯曲30°后用角尺检查和观察检查。

6.2.3.2　一般项目

焊钉根部焊脚应均匀，焊脚立面的局部未熔合或不足360°的焊脚应进行修补。

检查数量：按总焊钉数量抽查1%，且不应少于10个。

检验方法：观察检查。

6.3　紧固件连接工程

6.3.1　一般规定

（1）适用于钢结构制作和安装中的普通螺栓、扭剪型高强度螺栓、高强度大六角头螺栓、钢网架螺栓球节点用高强度螺栓及射钉、自攻钉、拉铆钉等连接工程的质量验收。

（2）紧固件连接工程可按相应的钢结构制作或安装工程检验批的划分原则划分为一个或若干个检验批。

6.3.2 普通紧固件连接

6.3.2.1 主控项目

（1）普通螺栓作为永久性连接螺栓时，当设计有要求或对其质量有疑义时，应进行螺栓实物最小拉力载荷复验，试验方法见附录B，其结果应符合现行国家标准《紧固件机械性能螺栓、螺钉和螺柱》GB 3098的规定。

检查数量：每一规格螺栓抽查8个。

检验方法：检查螺栓实物复验报告。

（2）连接薄钢板采用的自攻钉、拉铆钉、射钉等其规格尺寸应与被连接钢板相匹配，其间距、边距等应符合设计要求。

检查数量：按连接节点数抽查1%，且不应少于3个。

检验方法：观察和尺量检查。

6.3.2.2 一般项目

（1）永久性普通螺栓紧固应牢固、可靠，外露丝扣不应少于2扣。

检查数量：按连接节点数抽查10%，且不应少于3个。

检验方法：观察和用小锤敲击检查。

（2）自攻螺钉、钢拉铆钉、射钉等与连接钢板应紧固密贴，外观排列整齐。

检查数量：按连接节点数抽查10%，且不应少于3个。

检验方法：观察或用小锤敲击检查。

6.3.3 高强度螺栓连接

6.3.3.1 主控项目

（1）钢结构制作和安装单位应按附录B的规定分别进行高强度螺栓连接摩擦面的抗滑移系数试验和复验，现场处理的构件摩擦面应单独进行摩擦面抗滑移系数试验，其结果应符合设计

要求。

检查数量：见附录 B。

检验方法：检查摩擦面抗滑移系数试验报告和复验报告。

（2）高强度大六角头螺栓连接副终拧完成 1h 后、48h 内应进行终拧扭矩检查，检查结果应符合附录 B 的规定。

检查数量：按节点数抽查 10%，且不应少于 10 个；每个被抽查节点按螺栓数抽查 10%，且不应少于 2 个。

检验方法：见附录 B。

（3）扭剪型高强度螺栓连接副终拧后，除因构造原因无法使用专用扳手终拧掉梅花头者外，未在终拧中拧掉梅花头的螺栓数不应大于该节点螺栓数的 5%。对所有梅花头未拧掉的扭剪型高强度螺栓连接副应采用扭矩法或转角法进行终拧并作标记，且按第（2）条的规定进行终拧扭矩检查。

检查数量：按节点数抽查 10%，但不应少于 10 个节点，被抽查节点中梅花头未拧掉的扭剪型高强度螺栓连接副全数进行终拧扭矩检查。

检验方法：观察检查及附录 B。

6.3.3.2 一般项目

（1）高强度螺栓连接副的施拧顺序和初拧、复拧扭矩应符合设计要求和国家现行行业标准《钢结构高强度螺栓连接的设计施工及验收规程》JGJ 82 的规定。

检查数量：全数检查资料。

检验方法：检查扭矩扳手标定记录和螺栓施工记录。

（2）高强度螺栓连接副终拧后，螺栓丝扣外露应为 2～3 扣，其中允许有 10%的螺栓丝扣外露 1 扣或 4 扣。

检查数量：按节点数抽查 5%，且不应少于10 个。

检验方法：观察检查。

（3）高强度螺栓连接摩擦面应保持干燥、整洁，不应有飞边、毛刺、焊接飞溅物、焊疤、氧化铁皮、污垢等，除设计要求外摩擦面不应涂漆。

检查数量：全数检查。

检验方法：观察检查。

(4) 高强度螺栓应自由穿入螺栓孔。高强度螺栓孔不应采用气割扩孔，扩孔数量应征得设计同意，扩孔后的孔径不应超过1.2d（d为螺栓直径）。

检查数量：被扩螺栓孔全数检查。

检验方法：观察检查及用卡尺检查。

(5) 螺栓球节点网架总拼完成后，高强度螺栓与球节点应紧固连接，高强度螺栓拧入螺栓球内的螺纹长度不应小于1.0d（d为螺栓直径），连接处不应出现有间隙、松动等未拧紧情况。

检查数量：按节点数抽查5%，且不应少于10个。

检验方法：普通扳手及尺量检查。

6.4 钢零件及钢部件加工工程

6.4.1 一般规定

(1) 适用于钢结构制作及安装中钢零件及钢部件加工的质量验收。

(2) 钢零件及钢部件加工工程，可按相应的钢结构制作工程或钢结构安装工程检验批的划分原则划分为一个或若干个检验批。

6.4.2 切割

6.4.2.1 主控项目

钢材切割面或剪切面应无裂纹、夹渣、分层和大于1mm的缺棱。

检查数量：全数检查。

检验方法：观察或用放大镜及百分尺检查，有疑义时做渗透、磁粉或超声波探伤检查。

6.4.2.2 一般项目

(1) 气割的允许偏差应符合表6-4-1的规定。

气割的允许偏差（mm） 表 6-4-1

项　目	允 许 偏 差
零件宽度、长度	±3.0
切割面平面度	0.05t，且不应大于2.0
割纹深度	0.3
局部缺口深度	1.0

注：t 为切割面厚度。

检查数量：按切割面数抽查10%，且不应少于3个。

检验方法：观察检查或用钢尺、塞尺检查。

（2）机械剪切的允许偏差应符合表6-4-2的规定。

检查数量：按切割面数抽查10%，且不应少于3个。

检验方法：观察检查或用钢尺、塞尺检查。

机械剪切的允许偏差（mm） 表 6-4-2

项　目	允 许 偏 差
零件宽度、长度	±3.0
边缘缺棱	1.0
型钢端部垂直度	2.0

6.4.3 矫正和成型

6.4.3.1 主控项目

（1）碳素结构钢在环境温度低于−16℃、低合金结构钢在环境温度低于−12℃时，不应进行冷矫正和冷弯曲。碳素结构钢和低合金结构钢在加热矫正时，加热温度不应超过900℃。低合金结构钢在加热矫正后应自然冷却。

检查数量：全数检查。

检验方法：检查制作工艺报告和施工记录。

（2）当零件采用热加工成型时，加热温度应控制在900～1000℃；碳素结构钢和低合金结构钢在温度分别下降到700℃和800℃之前，应结束加工；低合金结构钢应自然冷却。

检查数量：全数检查。

检验方法：检查制作工艺报告和施工记录。

6.4.3.2 一般项目

（1）矫正后的钢材表面，不应有明显的凹面或损伤，划痕深度不得大于 0.5mm，且不应大于该钢材厚度负允许偏差的 1/2。

检查数量：全数检查。

检验方法：观察检查和实测检查。

（2）冷矫正和冷弯曲的最小曲率半径和最大弯曲矢高应符合表 6-4-3 的规定。

检查数量：按冷矫正和冷弯曲的件数抽查 10%，且不应少于 3 个。

检验方法：观察检查和实测检查。

冷矫正和冷弯曲的最小曲率半径和最大弯曲矢高（mm） **表 6-4-3**

钢材类别	图例	对应轴	矫正		弯曲	
			r	f	r	f
钢板扁钢		$x-x$	$50t$	$\frac{l^2}{400t}$	$25t$	$\frac{l^2}{200t}$
		$y-y$（仅对扁钢轴线）	$100b$	$\frac{l^2}{800b}$	$50b$	$\frac{l^2}{400b}$
角钢		$x-x$	$90b$	$\frac{l^2}{720b}$	$45b$	$\frac{l^2}{360b}$
槽钢		$x-x$	$50h$	$\frac{l^2}{400h}$	$25h$	$\frac{l^2}{200h}$
		$y-y$	$90b$	$\frac{l^2}{720b}$	$45b$	$\frac{l^2}{360b}$

续表

钢材类别	图例	对应轴	矫正		弯曲	
			r	f	r	f
工字钢		$x-x$	$50h$	$\frac{l^2}{400h}$	$25h$	$\frac{l^2}{200h}$
		$y-y$	$50b$	$\frac{l^2}{400b}$	$25b$	$\frac{l^2}{200b}$

注：r 为曲率半径；f 为弯曲矢高；l 为弯曲弦长；t 为钢板厚度。

(3) 钢材矫正后的允许偏差，应符合表 6-4-4 的规定。

检查数量：按矫正件数抽查 10%，且不应少于 3 件。

检验方法：观察检查和实测检查。

钢材矫正后的允许偏差（mm）　　**表 6-4-4**

项目		允许偏差	图例
钢板的局部平面度	$t\leqslant14$	1.5	
	$t>14$	1.0	
型钢弯曲矢高		$l/1000$ 且不应大于 5.0	
角钢肢的垂直度		$b/100$ 双肢栓接角钢的角度不得大于 90°	
槽钢翼缘对腹板的垂直度		$b/80$	

续表

项　目	允许偏差	图　例
工字钢、H型钢翼缘对腹板的垂直度	$b/100$ 且不大于2.0	

6.4.4 边缘加工

6.4.4.1 主控项目

气割或机械剪切的零件，需要进行边缘加工时，其刨削量不应小于2.0mm。

检查数量：全数检查。

检验方法：检查工艺报告和施工记录。

6.4.4.2 一般项目

边缘加工允许偏差应符合表6-4-5的规定。

检查数量：按加工面数抽查10%，且不应少于3件。

检验方法：观察检查和实测检查。

边缘加工的允许偏差（mm）　**表6-4-5**

项　目	允　许　偏　差
零件宽度、长度	±1.0
加工边直线度	$l/3000$，且不应大于2.0
加工面垂直度	0.025t，且不应大于0.5
相邻两边夹角	±6′
加工面表面粗糙度	50∇

6.4.5 管、球加工

6.4.5.1 主控项目

（1）螺栓球成型后，不应有裂纹、褶皱、过烧。

检查数量：每种规格抽查10%，且不应少于5个。

检验方法：10倍放大镜观察检查或表面探伤。

（2）钢板压成半圆球后，表面不应有裂纹、褶皱；焊接球其对接坡口应采用机械加工，对接焊缝表面应打磨平整。

检查数量：每种规格抽查10%，且不应少于5个。

检验方法：10倍放大镜观察检查或表面探伤。

6.4.5.2 一般项目

（1）螺栓球加工的允许偏差应符合表6-4-6的规定。

检查数量：每种规格抽查10%，且不应少于5个。

检验方法：见表6-4-6。

螺栓球加工的允许偏差（mm） **表6-4-6**

<table>
<tr><th colspan="2">项　目</th><th>允许偏差</th><th>检验方法</th></tr>
<tr><td rowspan="2">圆度</td><td>$d \leqslant 120$</td><td>1.5</td><td rowspan="2">用卡尺和游标卡尺检查</td></tr>
<tr><td>$d > 120$</td><td>2.5</td></tr>
<tr><td rowspan="2">同一轴线上两铣平面平行度</td><td>$d \leqslant 120$</td><td>0.2</td><td rowspan="2">用百分表V形块检查</td></tr>
<tr><td>$d > 120$</td><td>0.3</td></tr>
<tr><td colspan="2">铣平面距球中心距离</td><td>±0.2</td><td>用游标卡尺检查</td></tr>
<tr><td colspan="2">相邻两螺栓孔中心线夹角</td><td>±30′</td><td>用分度头检查</td></tr>
<tr><td colspan="2">两铣平面与螺栓孔轴线垂直度</td><td>$0.005r$</td><td>用百分表检查</td></tr>
<tr><td rowspan="2">球毛坯直径</td><td>$d \leqslant 120$</td><td>+2.0
−1.0</td><td rowspan="2">用卡尺和游标卡尺检查</td></tr>
<tr><td>$d > 120$</td><td>+3.0
−1.5</td></tr>
</table>

（2）焊接球加工的允许偏差应符合表6-4-7的规定。

检查数量：每种规格抽查10%，且不应少于5个。

检验方法：见表6-4-7。

焊接球加工的允许偏差（mm）　　表 6-4-7

项　目	允许偏差	检验方法
直径	±0.005d ±2.5	用卡尺和游标卡尺检查
圆度	2.5	用卡尺和游标卡尺检查
壁厚减薄量	0.13t，且不应大于 1.5	用卡尺和测厚仪检查
两半球对口错边	1.0	用套模和游标卡尺检查

（3）钢网架（桁架）用钢管杆件加工的允许偏差应符合表 6-4-8 的规定。

检查数量：每种规格抽查 10%，且不应少于 5 根。

检验方法：见表 6-4-8。

钢网架（桁架）用钢管杆件加工的允许偏差（mm）　　表 6-4-8

项　目	允许偏差	检验方法
长度	±1.0	用钢尺和百分表检查
端面对管轴的垂直度	0.005r	用百分表 V 形块检查
管口曲线	1.0	用套模和游标卡尺检查

6.4.6　制孔

6.4.6.1　主控项目

A、B 级螺栓孔（Ⅰ类孔）应具有 H12 的精度，孔壁表面粗糙度 R_a 不应大于 12.5μm。其孔径的允许偏差应符合表 6-4-9 的规定。

C 级螺栓孔（Ⅱ类孔），孔壁表面粗糙度 R_a 不应大于 25μm，其允许偏差应符合表 6-4-10 的规定。

检查数量：按钢构件数量抽查 10%，且不应少于 3 件。

检验方法：用游标卡尺或孔径量规检查。

A、B 级螺栓孔径的允许偏差（mm）　　表 6-4-9

序　号	螺栓公称直径、螺栓孔直径	螺栓公称直径允许偏差	螺栓孔直径允许偏差
1	10～18	0.00 −0.21	+0.18 0.00
2	18～30	0.00 −0.21	+0.21 0.00
3	30～50	0.00 −0.25	+0.25 0.00

C 级螺栓孔的允许偏差（mm）　　表 6-4-10

项　目	允许偏差
直　径	+1.0 0.0
圆　度	2.0
垂直度	0.03t，且不应大于 2.0

6.4.6.2　一般项目

（1）螺栓孔孔距的允许偏差应符合表 6-4-11 的规定。

检查数量：按钢构件数量抽查 10%，且不应少于 3 件。

检验方法：用钢尺检查。

螺栓孔孔距允许偏差（mm）　　表 6-4-11

螺栓孔孔距范围	≤500	501～1200	1201～3000	>3000
同一组内任意两孔间距离	±1.0	±1.5	—	—
相邻两组的端孔间距离	±1.5	±2.0	±2.5	±3.0

注：1. 在节点中连接板与一根杆件相连的所有螺栓孔为一组；

2. 对接接头在拼接板一侧的螺栓孔为一组；

3. 在两相邻节点或接头间的螺栓孔为一组，但不包括上述两款所规定的螺栓孔；

4. 受弯构件翼缘上的连接螺栓孔，每米长度范围内的螺栓孔为一组。

(2) 螺栓孔孔距的允许偏差超过表 6-4-11 规定的允许偏差时，应采用与母材材质相匹配的焊条补焊后重新制孔。

检查数量：全数检查。

检验方法：观察检查。

6.5 钢构件组装工程

6.5.1 一般规定

(1) 适用于钢结构制作中构件组装的质量验收。

(2) 钢构件组装工程可按钢结构制作工程检验批的划分原则划分为一个或若干个检验批。

6.5.2 焊接 H 型钢

一般项目

(1) 焊接 H 型钢的翼缘板拼接缝和腹板拼接缝的间距不应小于 200mm 。翼缘板拼接长度不应小于 2 倍板宽；腹板拼接宽度不应小于 300mm，长度不应小于 600mm。

检查数量：全数检查。

检验方法：观察和用钢尺检查。

(2) 焊接 H 型钢的允许偏差应符合附录 C 中附表 C-1 的规定。

检查数量：按钢构件数抽查 10％，宜不应少于 3 件。

检验方法：用钢尺、角尺、塞尺等检查。

6.5.3 组装

6.5.3.1 主控项目

吊车梁和吊车桁架不应下挠。

检查数量：全数检查。

检验方法：构件直立，在两端支承后，用水准仪和钢尺检查。

6.5.3.2 一般项目

(1) 焊接连接组装的允许偏差应符合附录 C 中附表 C-2 的规定。

检查数量:按构件数抽查 10%,且不应少于 3 个。

检验方法：用钢尺检验。

(2) 顶紧接触面应有 75%以上的面积紧贴。

检查数量：按接触面的数量抽查 10%，且不应少于 10 个。

检验方法：用 0.3mm 塞尺检查，其塞入面积应小于 25%，边缘间隙不应大于 0.8mm。

(3) 桁架结构杆件轴线交点错位的允许偏差不得大于 3.0mm，允许偏差不得大于 4.0mm。

检查数量：按构件数抽查 10%，且不应少于 3 个，每个抽查构件按节点数抽查 10%，且不应少于 3 个节点。

检验方法：尺量检查。

6.5.4　端部铣平及安装焊缝坡口

6.5.4.1　主控项目

端部铣平的允许偏差应符合表 6-5-1 的规定。

检查数量：按铣平面数量抽查 10%，且不应少于 3 个。

检验方法：用钢尺、角尺、塞尺等检查。

端部铣平的允许偏差（mm）　　**表 6-5-1**

项　目	允许偏差
两端铣平时构件长度	±2.0
两端铣平时零件长度	±0.5
铣平面的平面度	0.3
铣平面对轴线的垂直度	l/1500

6.5.4.2　一般项目

(1) 安装焊缝坡口的允许偏差应符合表 6-5-2 的规定。

检查数量：按坡口数量抽查 10%，且不应少于 3 条。

检验方法：用焊缝量规检查。

安装焊缝坡口的允许偏差　　**表 6-5-2**

项　目	允许偏差
坡口角度	±5°
钝边	±1.0mm

（2）外露铣平面应防锈保护。

检查数量：全数检查。

检验方法：观察检查。

6.5.5 钢构件外形尺寸

6.5.5.1 主控项目

钢构件外形尺寸主控项目的允许偏差应符合表 6-5-3 的规定。

检查数量：全数检查。

检验方法：用钢尺检查。

钢构件外形尺寸主控项目的允许偏差（mm）　表 6-5-3

项　目	允许偏差
单层柱、梁、桁架受力支托（支承面）表面至第一个安装孔距离	±1.0
多节柱铣平面至第一个安装孔距离	±1.0
实腹梁两端最外侧安装孔距离	±3.0
构件连接处的截面几何尺寸	±3.0
柱、梁连接处的腹板中心线偏移	2.0
受压构件（杆件）弯曲矢高	l/1000，且不应大于 10.0

6.5.5.2 一般项目

钢构件外形尺寸一般项目的允许偏差应符合附录 C 中附表 C-3～附表 C-9 的规定。

检查数量：按构件数量抽查 10%，且不应少于 3 件。

检验方法：见附录 C 中附表 C-3～附表 C-9。

6.6 钢构件预拼装工程

6.6.1 一般规定

（1）适用于钢构件预拼装工程的质量验收。

（2）钢构件预拼装工程可按钢结构制作工程检验批的划分原则划分为一个或若干个检验批。

（3）预拼装所用的支承凳或平台应测量找平，检查时应拆除全部临时固定和拉紧装置。

（4）进行预拼装的钢构件，其质量应符合设计要求和合格质量标准的规定。

6.6.2 预拼装

6.6.2.1 主控项目

高强度螺栓和普通螺栓连接的多层板叠，应采用试孔器进行检查，并应符合下列规定：

1）当采用比孔公称直径小 1.0mm 的试孔器检查时，每组孔的通过率不应小于 85%；

2）当采用比螺栓公称直径大 0.3mm 的试孔器检查时，通过率应为 100%。

检查数量：按预拼装单元全数检查。

检验方法：采用试孔器检查。

6.6.2.2 一般项目

预拼装的允许偏差应符合附录 D 附表 D-1 的规定。

检查数量：按预拼装单元全数检查。

检验方法：见附录 D 附表 D-1。

6.7 单层钢结构安装工程

6.7.1 一般规定

（1）适用于单层钢结构的主体结构、地下钢结构、檩条及墙架等次要构件、钢平台、钢梯、防护栏杆等安装工程的质量验收。

（2）单层钢结构安装工程可按变形缝或空间刚度单元等划分成一个或若干个检验批。地下钢结构可按不同地下层划分检验批。

（3）钢结构安装检验批应在进场验收和焊接连接、紧固件连接、制作等分项工程验收合格的基础上进行验收。

（4）安装的测量校正、高强度螺栓安装、负温度下施工及焊接工艺等，应在安装前进行工艺试验或评定，并应在此基础上制定相应的施工工艺或方案。

（5）安装偏差的检测，应在结构形成空间刚度单元并连接固定后进行。

（6）安装时，必须控制屋面、楼面、平台等的施工荷载，施工荷载和冰雪荷载等严禁超过梁、桁架、楼面板、屋面板、平台铺板等的承载能力。

（7）在形成空间刚度单元后，应及时对柱底板和基础顶面的空隙进行细石混凝土、灌浆料等二次浇灌。

（8）吊车梁或直接承受动力荷载的梁其受拉翼缘、吊车桁架或直接承受动力荷载的桁架其受拉弦杆上不得焊接悬挂物和卡具等。

6.7.2　基础和支承面

6.7.2.1　主控项目

（1）建筑物的定位轴线、基础轴线和标高、地脚螺栓的规格及其紧固应符合设计要求。

检查数量：按柱基数抽查10%，且不应少于3个。

检验方法：用经纬仪、水准仪、全站仪和钢尺现场实测。

（2）基础顶面直接作为柱的支承面和基础顶面预埋钢板或支座作为柱的支承面时，其支承面、地脚螺栓（锚栓）位置的允许偏差应符合表6-7-1的规定。

检查数量：按柱基数抽查10%，且不应少于3个。

检验方法：用经纬仪、水准仪、全站仪、水平尺和钢尺实测。

支承面、地脚螺栓（锚栓）位置的允许偏差（mm）　　**表6-7-1**

项　目		允许偏差
支承面	标高	±3.0
	水平度	l/1000
地脚螺栓（锚栓）	螺栓中心偏移	5.0
预留孔中心偏移		10.0

（3）采用座浆垫板时，座浆垫板的允许偏差应符合表 6-7-2 的规定。

检查数量：资料全数检查。按柱基数抽查 10%，且不应少于 3 个。

检验方法：用水准仪、全站仪、水平尺和钢尺现场实测。

座浆垫板的允许偏差（mm）　　表 6-7-2

项　目	允许偏差
顶面标高	0.0 −3.0
水平度	l/1000
位置	20.0

（4）采用杯口基础时，杯口尺寸的允许偏差应符合表 6-7-3 的规定。

检查数量：按基础数抽查 10%，且不应少于 4 处。

检验方法：观察及尺量检查。

杯口尺寸的允许偏差（mm）　　表 6-7-3

项　目	允许偏差
底面标高	0.0 −5.0
杯口深度 H	±5.0
杯口垂直度	H/100，且不应大于 10.0
位置	10.0

6.7.2.2　一般项目

地脚螺栓（锚栓）尺寸的偏差应符合表 6-7-4 的规定。地脚螺栓（锚栓）的螺纹应受到保护。

检查数量：按柱基数抽查 10%，且不应少于 3 个。

检验方法：用钢尺现场实测。

地脚螺栓（锚栓）尺寸的允许偏差（mm） 表 6-7-4

项　　目	允许偏差
螺栓（锚栓）露出长度	+30.0 0.0
螺纹长度	+30.0 0.0

6.7.3 安装和校正

6.7.3.1 主控项目

（1）钢构件应符合设计要求。运输、堆放和吊装等造成的钢构件变形及涂层脱落，应进行矫正和修补。

检查数量：按构件数抽查 10%，且不应少于 3 个。

检验方法：用拉线、钢尺现场实测或观察。

（2）设计要求顶紧的节点，接触面不应少于 70%紧贴，且边缘最大间隙不应大于 0.8mm。

检查数量：按节点数抽查 10%，且不应少于 3 个。

检验方法：用钢尺及 0.3mm 和 0.8mm 厚的塞尺现场实测。

（3）钢屋（托）架、桁架、梁及受压杆件的垂直度和侧向弯曲矢高的允许偏差应符合表 6-7-5 的规定。

检查数量：按同类构件数抽查 10%，且不应少于 3 个。

检验方法：用吊线、拉线、经纬仪和钢尺现场实测。

钢屋（托）架、桁架、梁及受压杆件垂直度和侧向弯曲矢高的允许偏差（mm） 表 6-7-5

项目	允许偏差	图　　例
跨中的垂直度	$h/250$，且不应大于 15.0	1 1 Δ h 1-1

续表

项目	允许偏差		图例
侧向弯曲矢高 f	$l\leqslant30$m	$l/1000$，且不应大于 10.0	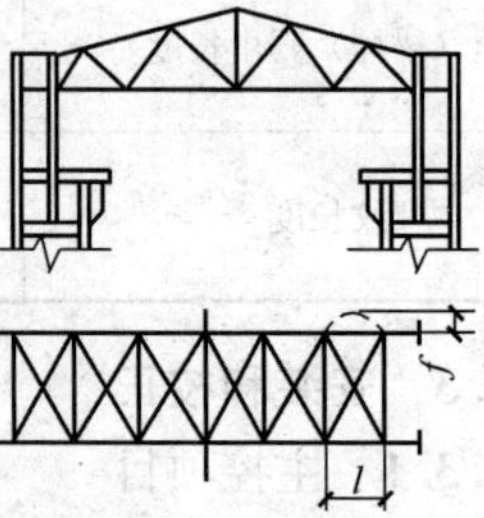
	30m$<l\leqslant$60m	$l/1000$，且不应大于 30.0	
	$l>60$m	$l/1000$，且不应大于 50.0	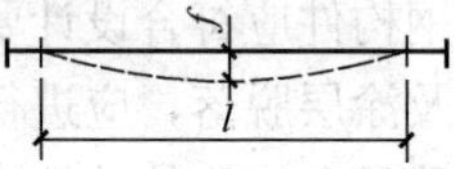

（4）单层钢结构主体结构的整体垂直度和整体平面弯曲的允许偏差应符合表 6-7-6 的规定。

检查数量：对主要立面全部检查。对每个所检查的立面，除两列角柱外，尚应至少选取一列中间柱。

检验方法：采用经纬仪、全站仪等测量。

整体垂直度和整体平面弯曲的允许偏差（mm）　表 6-7-6

项　目	允许偏差	图　例
主体结构的整体垂直度	**$H/1000$，且不应大于 25.0**	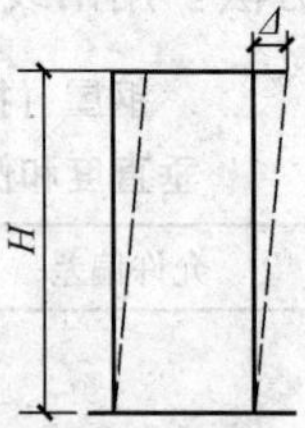
主体结构的整体平面弯曲	**$L/1500$，且不应大于 25.0**	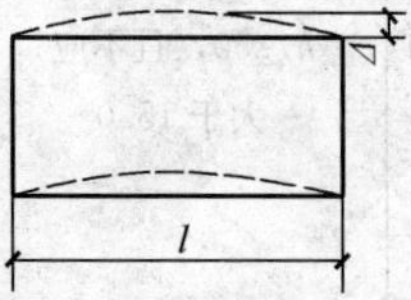

6.7.3.2 一般项目

（1）钢柱等主要构件的中心线及标高基准点等标记应齐全。

检查数量：按同类构件数抽查10%，且不应少于3件。

检验方法：观察检查。

（2）当钢桁架（或梁）安装在混凝土柱上时，其支座中心对定位轴线的偏差不应大于10mm；当采用大型混凝土屋面板时，钢桁架（或梁）间距的偏差不应大于10mm。

检查数量：按同类构件数抽查10%，且不应少于3榀。

检验方法：用拉线和钢尺现场实测。

（3）钢柱安装的允许偏差应符合附录E中附表E-1的规定。

检查数量：按钢柱数抽查10%，且不应少于3件。

检验方法：见附录E中附表E-1。

（4）钢吊车梁或直接承受动力荷载的类似构件，其安装的允许偏差应符合附录E中附表E-2的规定。

检查数量：按钢吊车梁数抽查10%，且不应少于3榀。

检验方法：见附录E中附表E-2。

（5）檩条、墙架等次要构件安装的允许偏差应符合附录E中附表E-3的规定。

检查数量：按同类构件数抽查10%，且不应少于3件。

检验方法：见附录E中附表E-3。

（6）钢平台、钢梯、栏杆安装应符合现行国家标准《固定式钢直梯》GB 4053.1、《固定式钢斜梯》GB 4053.2、《固定式防护栏杆》GB 4053.3和《固定式钢平台》GB 4053.4的规定。钢平台、钢梯和防护栏杆安装的允许偏差应符合附录E中附表E-4的规定。

检查数量：按钢平台总数抽查10%，栏杆、钢梯按总长度各抽查10%，但钢平台不应少于1个，栏杆不应少于5m，钢梯不应少于1跑。

检验方法：见附录E中附表E-4。

（7）现场焊缝组对间隙的允许偏差应符合表6-7-7的规定。

检查数量：按同类节点数抽查10%，且不应少于3个。

检验方法：尺量检查。

现场焊缝组对间隙的允许偏差（mm） 表6-7-7

项　目	允许偏差
无垫板间隙	+3.0 0.0
有垫板间隙	+3.0 −2.0

(8) 钢结构表面应干净，结构主要表面不应有疤痕、泥沙等污垢。

检查数量：按同类构件数抽查10%，且不应少于3件。

检验方法：观察检查。

6.8 多层及高层钢结构安装工程

6.8.1 一般规定

(1) 适用于多层及高层钢结构的主体结构、地下钢结构、檩条及墙架等次要构件、钢平台、钢梯、防护栏杆等安装工程的质量验收。

(2) 多层及高层钢结构安装工程可按楼层或施工段等划分为一个或若干个检验批。地下钢结构可按不同地下层划分检验批。

(3) 柱、梁、支撑等构件的长度尺寸应包括焊接收缩余量等变形值。

(4) 安装柱时，每节柱的定位轴线应从地面控制轴线直接引上，不得从下层柱的轴线引上。

(5) 结构的楼层标高可按相对标高或设计标高进行控制。

(6) 钢结构安装检验批应在进场验收和焊接连接、紧固件连接、制作等分项工程验收合格的基础上进行验收。

(7) 多层及高层钢结构安装应遵照6.8.1一般规定(4)、

(5)、(6)、(7)、(8)条的规定。

6.8.2 基础和支承面

6.8.2.1 主控项目

(1)建筑物的定位轴线、基础上柱的定位轴线和标高、地脚螺栓(锚栓)的规格和位置、地脚螺栓(锚栓)紧固应符合设计要求。当设计无要求时,应符合表6-8-1的规定。

检查数量:按柱基数抽查10%,且不应少于3个。

检验方法:采用经纬仪、水准仪、全站仪和钢尺实测。

建筑物定位轴线、基础上柱的定位轴线和标高、地脚螺栓(锚栓)的允许偏差(mm) **表6-8-1**

项目	允许偏差	图例
建筑物定位轴线	$L/20000$,且不应大于3.0	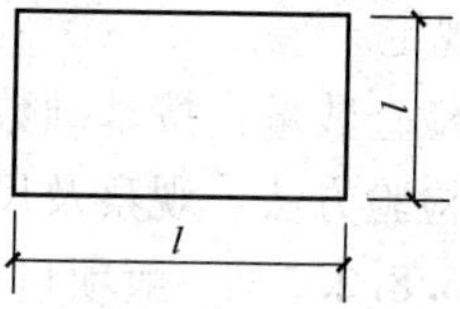 l l
基础上柱的定位轴线	1.0	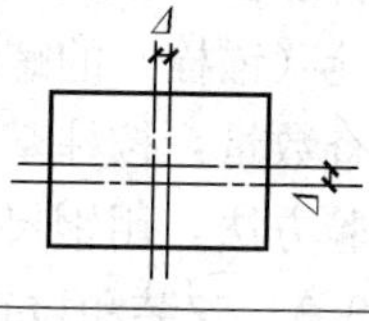 Δ Δ
基础上柱底标高	±2.0	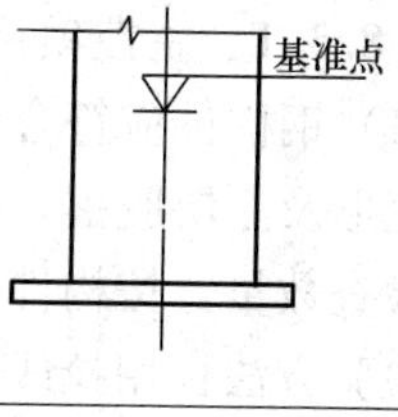 基准点
地脚螺栓(锚栓)位移	2.0	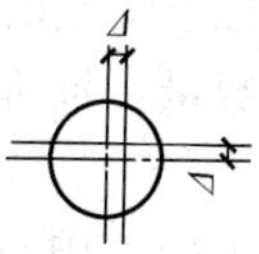 Δ Δ

（2）多层建筑以基础顶面直接作为柱的支承面，或以基础顶面预埋钢板或支座作为柱的支承面时，其支承面、地脚螺栓（锚栓）位置的允许偏差应符合表 6-7-1 的规定。

检查数量：按柱基数抽查 10%，且不应少于 3 个。

检验方法：用经纬仪、水准仪、全站仪、水平尺和钢尺实测。

（3）多层建筑采用座浆垫板时，座浆垫板的允许偏差应符合表 6-7-2 的规定。

检查数量：资料全数检查。按柱基数抽查 10%，且不应少于 3 个。

检验方法：用水准仪、全站仪、水平尺和钢尺实测。

（4）当采用杯口基础时，杯口尺寸的允许偏差应符合表 6-7-3 的规定。

检查数量：按基础数抽查 10%，且不应少于 4 处。

检验方法：观察及尺量检查。

6.8.2.2 一般项目

地脚螺栓（锚栓）尺寸的允许偏差应符合表 6-7-4 的规定。地脚螺栓（锚栓）的螺纹应受到保护。

检查数量：按柱基数抽查 10%，且不应少于 3 个。

检验方法：用钢尺现场实测。

6.8.3 安装和校正

6.8.3.1 主控项目

（1）钢构件应符合设计要求。运输、堆放和吊装等造成的钢构件变形及涂层脱落，应进行矫正和修补。

检查数量：按构件数抽查 10%，且不应少于 3 个。

检验方法：用拉线、钢尺现场实测或观察。

（2）柱子安装的允许偏差应符合表 6-8-2 的规定。

检查数量：标准柱全部检查；非标准柱抽查 10%，且不应少于 3 根。

检验方法：用全站仪或激光经纬仪和钢尺实测。

柱子安装的允许偏差（mm） 表 6-8-2

项目	允许偏差	图例
底层柱柱底轴线对定位轴线偏移	3.0	
柱子定位轴线	1.0	
单节柱的垂直度	$h/1000$，且不应大于 10.0	

(3) 设计要求顶紧的节点，接触面不应少于 70%紧贴，且边缘最大间隙不应大于 0.8mm。

检查数量：按节点数抽查 10%，且不应少于 3 个。

检验方法：用钢尺及 0.3mm 和 0.8mm 厚的塞尺现场实测。

(4) 钢主梁、次梁及受压杆件的垂直度和侧向弯曲矢高的允许偏差应符合表 6-7-5 中有关钢屋（托）架允许偏差的规定。

检查数量：按同类构件数抽查 10%，且不应少于 3 个。

检验方法：用吊线、拉线、经纬仪和钢尺现场实测。

(5) 多层及高层钢结构主体结构的整体垂直度和整体平面弯曲的允许偏差应符合表 6-8-3 的规定。

检查数量：对主要立面全部检查。对每个所检查的立面，除

两列角柱外，尚应至少选取一列中间柱。

检验方法：对于整体垂直度，可采用激光经纬仪、全站仪测量，也可根据各节柱的垂直度允许偏差累计（代数和）计算。对于整体平面弯曲，可按产生的允许偏差累计（代数和）计算。

整体垂直度和整体平面弯曲的允许偏差（mm）　表 6-8-3

项　目	允许偏差	图　例
主体结构的整体垂直度	(H/2500＋10.0)，且不应大于 50.0	Δ H
主体结构的整体平面弯曲	L/1500，且不应大于 25.0	Δ l

6.8.3.2　一般项目

(1) 钢结构表面应干净，结构主要表面不应有疤痕、泥沙等污垢。

检查数量：按同类构件数抽查 10%，且不应少于 3 件。

检验方法：观察检查。

(2) 钢柱等主要构件的中心线及标高基准点等标记应齐全。

检查数量：按同类构件数抽查 10%，且不应少于 3 件。

检验方法：观察检查。

(3) 钢构件安装的允许偏差应符合附录 E 中附表 E-5 的规定。

检查数量：按同类构件或节点数抽查 10%。其中柱和梁各不应少于 3 件，主梁与次梁连接节点不应少于 3 个，支承压型金属板的钢梁长度不应少于5m。

检验方法：见附录E中附表E-5。

(4) 主体结构总高度的允许偏差应符合附录E中附表E-6的规定。

检查数量：按标准柱列数抽查10%，且不应少于4列。

检验方法：采用全站仪、水准仪和钢尺实测。

(5) 当钢构件安装在混凝土柱上时，其支座中心对定位轴线的偏差不应大于10mm；当采用大型混凝土屋面板时，钢梁（或桁架）间距的偏差不应大于10mm。

检查数量：按同类构件数抽查10%，且不应少于3榀。

检验方法：用拉线和钢尺现场实测。

(6) 多层及高层钢结构中钢吊车梁或直接承受动力荷载的类似构件，其安装的允许偏差应符合附录E中附表E-2的规定。

检查数量：按钢吊车梁数抽查10%，且不应少于3榀。

检验方法：见附录E中附表E-2。

(7) 多层及高层钢结构中檩条、墙架等次要构件安装的允许偏差应符合附录E中附表E-3的规定。

检查数量：按同类构件数抽查10%，且不应少于3件。

检验方法：见附录E中附表E-3。

(8) 多层及高层钢结构中钢平台、钢梯、栏杆安装应符合现行国家标准《固定式钢直梯》GB 4053.1、《固定式钢斜梯》GB 4053.2、《固定式防护栏杆》GB 4053.3和《固定式钢平台》GB 4053.4的规定。钢平台、钢梯和防护栏杆安装的允许偏差应符合附录E中附表E-4的规定。

检查数量：按钢平台总数抽查10%，栏杆、钢梯按总长度各抽查10%，但钢平台不应少于1个，栏杆不应少于5m，钢梯不应少于1跑。

检验方法：见附录E中附表E-4。

(9) 多层及高层钢结构中现场焊缝组对间隙的允许偏差应符合表6-8-7的规定。

检查数量：按同类节点数抽查10%，且不应少于3个。

检验方法：尺量检查。

6.9 钢网架结构安装工程

6.9.1 一般规定

（1）本章适用于建筑工程中的平板型钢网格结构（简称钢网架结构）安装工程的质量验收。

（2）钢网架结构安装工程可按变形缝、施工段或空间刚度单元划分成一个或若干检验批。

（3）钢网架结构安装检验批应在进场验收和焊接连接、紧固件连接、制作等分项工程验收合格的基础上进行验收。

（4）钢网架结构安装应遵照6.8.1一般规定第（4）、（5）、（6）条的规定。

6.9.2 支承面顶板和支承垫块

6.9.2.1 主控项目

（1）钢网架结构支座定位轴线的位置、支座锚栓的规格应符合设计要求。

检查数量：按支座数抽查10%，且不应少于4处。

检验方法：用经纬仪和钢尺实测。

（2）支承面顶板的位置、标高、水平度以及支座锚栓位置的允许偏差应符合表6-9-1的规定。

检查数量：按支座数抽查10%，且不应少于4处。

检验方法：用经纬仪、水准仪、水平尺和钢尺实测。

支承面顶板、支座锚栓位置的允许偏差（mm）　　表6-9-1

项目		允许偏差
支承面顶板	位置	15.0
	顶面标高	0 −3.0
	顶面水平度	l/1000
支座锚栓	中心偏移	±5.0

（3）支承垫块的种类、规格、摆放位置和朝向，必须符合设计要求和国家现行有关标准的规定。橡胶垫块与刚性垫块之间或不同类型刚性垫块之间不得互换使用。

检查数量：按支座数抽查10%，且不应少于4处。

检验方法：观察和用钢尺实测。

（4）网架支座锚栓的紧固应符合设计要求。

检查数量：按支座数抽查10%，且不应少于4处。

检验方法：观察检查。

6.9.2.2 一般项目

支座锚栓尺寸的允许偏差应符合表6-9-4的规定。支座锚栓的螺纹应受到保护。

检查数量：按支座数抽查10%，且不应少于4处。

检验方法：用钢尺实测。

6.9.3 总拼与安装

6.9.3.1 主控项目

（1）小拼单元的允许偏差应符合表6-9-2的规定。

检查数量：按单元数抽查5%，且不应少于5个。

检验方法：用钢尺和拉线等辅助量具实测。

小拼单元的允许偏差（mm） **表6-9-2**

<table>
<tr><th colspan="2">项　目</th><th>允许偏差</th></tr>
<tr><td colspan="2">节点中心偏移</td><td>2.0</td></tr>
<tr><td colspan="2">焊接球节点与钢管中心的偏移</td><td>1.0</td></tr>
<tr><td colspan="2">杆件轴线的弯曲矢高</td><td>L_1/1000，且不应大于5.0</td></tr>
<tr><td rowspan="3">锥体型小拼单元</td><td>弦杆长度</td><td>±2.0</td></tr>
<tr><td>锥体高度</td><td>±2.0</td></tr>
<tr><td>上弦杆对角线长度</td><td>±3.0</td></tr>
</table>

续表

<table>
<tr><th colspan="3">项　目</th><th>允许偏差</th></tr>
<tr><td rowspan="5">平面桁架型小拼单元</td><td rowspan="2">跨长</td><td>≤24m</td><td>+3.0
−7.0</td></tr>
<tr><td>>24m</td><td>+5.0
−10.0</td></tr>
<tr><td colspan="2">跨中高度</td><td>±3.0</td></tr>
<tr><td rowspan="2">跨中拱度</td><td>设计要求起拱</td><td>±L/5000</td></tr>
<tr><td>设计未要求起拱</td><td>+10.0</td></tr>
</table>

注：1. L_1 为杆件长度；
2. L 为跨长。

(2) 中拼单元的允许偏差应符合表 6-9-3 的规定。

检查数量：全数检查。

检验方法：用钢尺和辅助量具实测。

中拼单元的允许偏差（mm）　　**表 6-9-3**

<table>
<tr><th colspan="2">项　目</th><th>允许偏差</th></tr>
<tr><td rowspan="2">单元长度≤20m，拼接长度</td><td>单跨</td><td>±10.0</td></tr>
<tr><td>多跨连续</td><td>±5.0</td></tr>
<tr><td rowspan="2">单元长度>20m，拼接长度</td><td>单跨</td><td>±20.0</td></tr>
<tr><td>多跨连续</td><td>±10.0</td></tr>
</table>

(3) 对建筑结构安全等级为一级，跨度 40m 及以上的公共建筑钢网架结构，且设计有要求时，应按下列项目进行节点承载力试验，其结果应符合以下规定：

1) 焊接球节点应按设计指定规格的球及其匹配的钢管焊接成试件，进行轴心拉、压承载力试验，其试验破坏荷载值不小于 1.6 倍设计承载力为合格。

2) 螺栓球节点应按设计指定规格的球最大螺栓孔螺纹进行

抗拉强度保证荷载试验，当达到螺栓的设计承载力时，螺孔、螺纹及封板仍完好无损为合格。

检查数量：每项试验做3个试件。

检验方法：在万能试验机上进行检验，检查试验报告。

(4) 钢网架结构总拼完成后及屋面工程完成后应分别测量其挠度值，且所测的挠度值不应超过相应设计值的1.15倍。

检查数量：跨度24m及以下钢网架结构测量下弦中央一点；跨度24m以上钢网架结构测量下弦中央一点及各向下弦跨度的四等分点。

检验方法：用钢尺和水准仪实测。

6.9.3.2 一般项目

(1) 钢网架结构安装完成后，其节点及杆件表面应干净，不应有明显的疤痕、泥沙和污垢。螺栓球节点应将所有接缝用油腻子填嵌严密，并应将多余螺孔封口。

检查数量：按节点及杆件数抽查5%，且不应少于10个节点。

检验方法：观察检查。

(2) 钢网架结构安装完成后，其安装的允许偏差应符合表6-9-4的规定。

检查数量：除杆件弯曲矢高按杆件数抽查5%外，其余全数检查。

检验方法：见表6-9-4。

钢网架结构安装的允许偏差（mm） **表6-9-4**

项　目	允许偏差	检验方法
纵向、横向长度	$L/2000$，且不应大于30.0 $-L/2000$，且不应小于-30.0	用钢尺实测
支座中心偏移	$L/3000$，且不应大于30.0	用钢尺和经纬仪实测

续表

项　目	允许偏差	检验方法
周边支承网架相邻支座高差	$L/400$，且不应大于 15.0	用钢尺和水准仪实测
支座最大高差	30.0	
多点支承网架相邻支座高差	$L_1/800$，且不应大于 30.0	

注：1. L 为纵向、横向长度；

2. L_1 为相邻支座间距。

6.10　压型金属板工程

6.10.1　一般规定

（1）适用于压型金属板的施工现场制作和安装工程质量验收。

（2）压型金属板的制作和安装工程可按变形缝、楼层、施工段或屋面、墙面、楼面等划分为一个或若干个检验批。

（3）压型金属板安装应在钢结构安装工程检验批质量验收合格后进行。

6.10.2　压型金属板制作

6.10.2.1　主控项目

（1）压型金属板成型后，其基板不应有裂纹。

检查数量：按计件数抽查 5%，且不应少于 10 件。

检验方法：观察和用 10 倍放大镜检查。

（2）有涂层、镀层压型金属板成型后，涂、镀层不应有肉眼可见的裂纹、剥落和擦痕等缺陷。

检查数量：按计件数抽查 5%，且不应少于 10 件。

检验方法：观察检查。

6.10.2.2　一般项目

（1）压型金属板的尺寸允许偏差应符合表 6-10-1 的规定。

检查数量：按计件数抽查5%，且不应少于10件。

检验方法：用拉线和钢尺检查。

（2）压型金属板成型后，表面应干净，不应有明显凹凸和皱褶。

检查数量：按计件数抽查5%，且不应少于10件。

检验方法：观察检查。

压型金属板的尺寸允许偏差（mm）　　表 6-10-1

项目			允许偏差
波距			±2.0
波高	压型钢板	截面高度≤70	±1.5
		截面高度>70	±2.0
侧向弯曲	在测量长度 l_1 的范围内	20.0	

注：l_1 为测量长度，指板长扣除两端各0.5m后的实际长度（小于10m）或扣除后任选的10m长度。

（3）压型金属板施工现场制作的允许偏差应符合表6-10-2的规定。

检查数量：按计件数抽查5%，且不应少于10件。

检验方法：用钢尺、角尺检查。

压型金属板施工现场制作的允许偏差（mm）　　表 6-10-2

项目		允许偏差
压型金属板的覆盖宽度	截面高度≤70	+10.0，−2.0
	截面高度>70	+6.0，−2.0
板长		±9.0
横向剪切偏差		6.0
泛水板、包角板尺寸	板长	±6.0
	折弯面宽度	±3.0
	折弯面夹角	2°

6.10.3 压型金属板安装

6.10.3.1 主控项目

（1）压型金属板、泛水板和包角板等应固定可靠、牢固，防腐涂料涂刷和密封材料敷设应完好，连接件数量、间距应符合设计要求和国家现行有关标准规定。

检查数量：全数检查。

检验方法：观察检查及尺量。

（2）压型金属板应在支承构件上可靠搭接，搭接长度应符合设计要求，且不应小于表 6-10-3 所规定的数值。

检查数量：按搭接部位总长度抽查 10%，且不应少于 10m。

检验方法：观察和用钢尺检查。

压型金属板在支承构件上的搭接长度（mm）　　**表 6-10-3**

项　目		搭接长度
截面高度＞70		375
截面高度≤70	屋面坡度＜1/10	250
	屋面坡度≥1/10	200
墙　面		120

（3）组合楼板中压型钢板与主体结构（梁）的锚固支承长度应符合设计要求，且不应小于 50mm，端部锚固件连接应可靠，设置位置应符合设计要求。

检查数量：沿连接纵向长度抽查 10%，且不应少于 10m。

检验方法：观察和用钢尺检查。

6.10.3.2 一般项目

（1）压型金属板安装应平整、顺直，板面不应有施工残留物和污物。檐口和墙面下端应呈直线，不应有未经处理的错钻孔洞。

检查数量：按面积抽查 10%，且不应少于 $10m^2$。

检验方法：观察检查。

（2）压型金属板安装的允许偏差应符合表 6-10-4 的规定。

检查数量：檐口与屋脊的平行度按长度抽查10%，且不应少于10m。其他项目每20m长度应抽查1处，不应少于2处。

检验方法：用拉线、吊线和钢尺检查。

压型金属板安装的允许偏差（mm）　　表6-10-4

项目		允许偏差
屋面	檐口与屋脊的平行度	12.0
	压型金属板波纹线对屋脊的垂直度	L/800，且不应大于25.0
	檐口相邻两块压型金属板端部错位	6.0
	压型金属板卷边板件最大波浪高	4.0
墙面	墙板波纹线的垂直度	H/800，且不应大于25.0
	墙板包角板的垂直度	H/800，且不应大于25.0
	相邻两块压型金属板的下端错位	6.0

注：1. L为屋面半坡或单坡长度；
2. H为墙面高度。

6.11 钢结构涂装工程

6.11.1 一般规定

（1）适用于钢结构的防腐涂料（油漆类）涂装和防火涂料涂装工程的施工质量验收。

（2）钢结构涂装工程可按钢结构制作或钢结构安装工程检验批的划分原则划分成一个或若干个检验批。

（3）钢结构普通涂料涂装工程应在钢结构构件组装、预拼装或钢结构安装工程检验批的施工质量验收合格后进行。钢结构防火涂料涂装工程应在钢结构安装工程检验批和钢结构普通涂料涂装检验批的施工质量验收合格后进行。

（4）涂装时的环境温度和相对湿度应符合涂料产品说明书的要求，当产品说明书无要求时，环境温度宜在5～38℃之间，相对湿度不应大于85%。涂装时构件表面不应有结露；涂装后4h内应保护免受雨淋。

6.11.2　钢结构防腐涂料涂装

6.11.2.1　主控项目

（1）涂装前钢材表面除锈应符合设计要求和国家现行有关标准的规定。处理后的钢材表面不应有焊渣、焊疤、灰尘、油污、水和毛刺等。当设计无要求时，钢材表面除锈等级应符合表6-11-1的规定。

检查数量：按构件数抽查10%，且同类构件不应少于3件。

检验方法：用铲刀检查和用现行国家标准《涂装前钢材表面锈蚀等级和除锈等级》GB 8923规定的图片对照观察检查。

各种底漆或防锈漆要求最低的除锈等级　　表6-11-1

涂料品种	除锈等级
油性酚醛、醇酸等底漆或防锈漆	St2
高氯化聚乙烯、氯化橡胶、氯磺化聚乙烯、环氧树脂、聚氨酯等底漆或防锈漆	Sa2
无机富锌、有机硅、过氯乙烯等底漆	Sa2 $\frac{1}{2}$

（2）涂料、涂装遍数、涂层厚度均应符合设计要求。当设计对涂层厚度无要求时，涂层干漆膜总厚度：室外应为150μm，室内应为125μm，其允许偏差为−25μm。每遍涂层干漆膜厚度的允许偏差为−5μm。

检查数量：按构件数抽查10%，且同类构件不应少于3件。

检验方法：用干漆膜测厚仪检查。每个构件检测5处，每处的数值为3个相距50mm测点涂层干漆膜厚度的平均值。

6.11.2.2　一般项目

（1）构件表面不应误涂、漏涂，涂层不应脱皮和返锈等。涂层应均匀、无明显皱皮、流坠、针眼和气泡等。

检查数量：全数检查。

检验方法：观察检查。

(2) 当钢结构处在有腐蚀介质环境或外露且设计有要求时，应进行涂层附着力测试，在检测处范围内，当涂层完整程度达到70%以上时，涂层附着力达到合格质量标准的要求。

检查数量：按构件数抽查1%，且不应少于3件，每件测3处。

检验方法：按照现行国家标准《漆膜附着力测定法》GB 1720或《色漆和清漆、漆膜的划格试验》GB 9286执行。

(3) 涂装完成后，构件的标志、标记和编号应清晰完整。

检查数量：全数检查。

检验方法：观察检查。

6.11.3 钢结构防火涂料涂装

6.11.3.1 主控项目

(1) 防火涂料涂装前钢材表面除锈及防锈底漆涂装应符合设计要求和国家现行有关标准的规定。

检查数量：按构件数抽查10%，且同类构件不应少于3件。

检验方法：表面除锈用铲刀检查和用现行国家标准《涂装前钢材表面锈蚀等级和除锈等级》GB 8923规定的图片对照观察检查。底漆涂装用干漆膜测厚仪检查，每个构件检测5处，每处的数值为3个相距50mm测点涂层干漆膜厚度的平均值。

(2) 钢结构防火涂料的粘结强度、抗压强度应符合国家现行标准《钢结构防火涂料应用技术规程》CECS 24：90的规定。检验方法应符合现行国家标准《建筑构件防火喷涂材料性能试验方法》GB 9978的规定。

检查数量：每使用100t或不足100t薄涂型防火涂料应抽检一次粘结强度；每使用500t或不足500t厚涂型防火涂料应抽检一次粘结强度和抗压强度。

检验方法：检查复检报告。

(3) 薄涂型防火涂料的涂层厚度应符合有关耐火极限的设计要求。厚涂型防火涂料涂层的厚度，80%及以上面积应符合

有关耐火极限的设计要求，且最薄处厚度不应低于设计要求的85%。

检查数量：按同类构件数抽查10%，且均不应少于3件。

检验方法：用涂层厚度测量仪、测针和钢尺检查。测量方法应符合国家现行标准《钢结构防火涂料应用技术规程》CECS 24：90的规定及附录F。

（4）薄涂型防火涂料涂层表面裂纹宽度不应大于0.5mm；厚涂型防火涂料涂层表面裂纹宽度不应大于1mm。

检查数量：按同类构件数抽查10%，且均不应少于3件。

检验方法：观察和用尺量检查。

6.11.3.2 一般项目

（1）防火涂料涂装基层不应有油污、灰尘和泥砂等污垢。

检查数量：全数检查。

检验方法：观察检查。

（2）防火涂料不应有误涂、漏涂，涂层应闭合无脱层、空鼓、明显凹陷、粉化松散和浮浆等外观缺陷，乳突已剔除。

检查数量：全数检查。

检验方法：观察检查。

6.12 钢结构分部工程竣工验收

（1）根据现行国家标准《建筑工程施工质量验收统一标准》GB 50300的规定，钢结构作为主体结构之一应按子分部工程竣工验收；当主体结构均为钢结构时应按分部工程竣工验收。大型钢结构工程可划分成若干个子分部工程进行竣工验收。

（2）钢结构分部工程有关安全及功能的检验和见证检测项目见附录G，检验应在其分项工程验收合格后进行。

（3）钢结构分部工程有关观感质量检验应按附录H执行。

（4）钢结构分部工程合格质量标准应符合下列规定：

1）各分项工程质量均应符合合格质量标准；

2）质量控制资料和文件应完整；

3）有关安全及功能的检验和见证检测结果应符合相应合格质量标准的要求；

4）有关观感质量应符合本规范相应合格质量标准的要求。

（5）钢结构分部工程竣工验收时，应提供下列文件和记录：

1）钢结构工程竣工图纸及相关设计文件；

2）施工现场质量管理检查记录；

3）有关安全及功能的检验和见证检测项目检查记录；

4）有关观感质量检验项目检查记录；

5）分部工程所含各分项工程质量验收记录；

6）分项工程所含各检验批质量验收记录；

7）强制性条文检验项目检查记录及证明文件；

8）隐蔽工程检验项目检查验收记录；

9）原材料、成品质量合格证明文件、中文标志及性能检测报告；

10）不合格项的处理记录及验收记录；

11）重大质量、技术问题实施方案及验收记录；

12）其他有关文件和记录。

（6）钢结构工程质量验收记录应符合下列规定：

1）施工现场质量管理检查记录可按现行国家标准《建筑工程施工质量验收统一标准》GB 50300 中附录 A 进行；

2）分项工程检验批验收记录可按附录 J 中附表 J-1～附表 J-13 进行；

3）分项工程验收记录可按现行国家标准《建筑工程施工质量验收统一标准》GB 50300 中附录 E 进行；

4）分部（子分部）工程验收记录可按现行国家标准《建筑工程施工质量验收统一标准》GB 50300 中附录 F 进行。

附录 A　焊缝外观质量标准及尺寸允许偏差

1. 二级、三级焊缝外观质量标准应符合附表 A-1 的规定。

二级、三级焊缝外观质量标准（mm）　　附表 A-1

项目	允许偏差	
缺陷类型	二级	三级
未焊满(指不足设计要求)	≤0.2+0.02t,且≤1.0	≤0.2+0.04t,且≤2.0
	每 100.0 焊缝内缺陷总长≤25.0	
根部收缩	≤0.2+0.02t,且≤1.0	≤0.2+0.04t,且≤2.0
	长度不限	
咬边	≤0.05t,且≤0.5；连续长度≤100.0,且焊缝两侧咬边总长≤10%焊缝全长	≤0.1t 且≤1.0,长度不限
弧坑裂纹	—	允许存在个别长度≤5.0 的弧坑裂纹
电弧擦伤	—	允许存在个别电弧擦伤
接头不良	缺口深度 0.05t,且≤0.5	缺口深度 0.1t,且≤1.0
	每 1000.0 焊缝不应超过 1 处	
表面夹渣	—	深≤0.2t　长≤0.5t,且≤20.0
表面气孔	—	每 50.0 焊缝长度内允许直径≤0.4t,且≤3.0 的气孔 2 个,孔距≥6 倍孔径

注:表内 t 为连接处较薄的板厚。

2. 对接焊缝及完全熔透组合焊缝尺寸允许偏差应符合附表 A-2 的规定。

对接焊缝及完全熔透组合焊缝尺寸允许偏差（mm）　　附表 A-2

序号	项目	图　例	允许偏差	
			一、二级	三级
1	对接焊缝余高 C	C, B	B<20：0～3.0 B≥20：0～4.0	B<20：0～4.0 B≥20：0～5.0

续表

序号	项目	图例	允许偏差	
2	对接焊缝错边 d	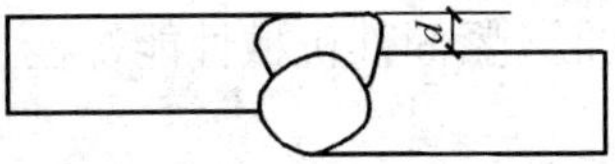	$d<0.15t$，且≤2.0	$d<0.15t$，且≤3.0

3. 部分焊透组合焊缝和角焊缝外形尺寸允许偏差应符合附表 A-3 的规定。

部分焊透组合焊缝和角焊缝外形尺寸允许偏差（mm）　　**附表 A-3**

序号	项目	图例	允许偏差
1	焊脚尺寸 h_f	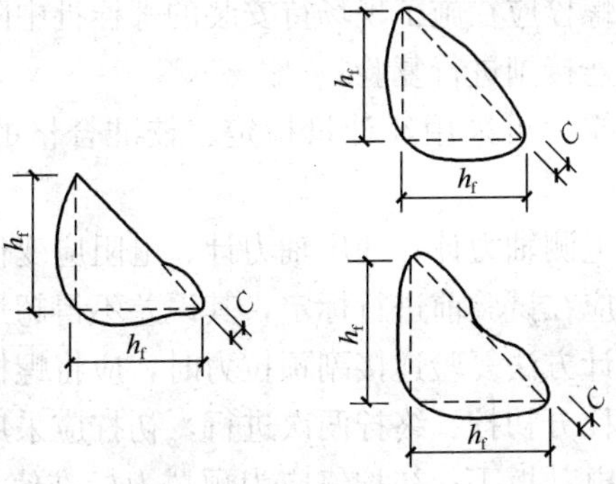	$h_f≤6$：0～1.5 $h_f>6$：0～3.0
2	角焊缝余高 C		$h_f≤6$：0～1.5 $h_f>6$：0～3.0

注：1. $h_f>8.0$mm 的角焊缝其局部焊脚尺寸允许低于设计要求值 1.0mm，但总长度不得超过焊缝长度 10%；

2. 焊接 H 形梁腹板与翼缘板的焊缝两端在其两倍翼缘板宽度范围内，焊缝的焊脚尺寸不得低于设计值。

附录 B　紧固件连接工程检验项目

1. 螺栓实物最小载荷检验。

目的：测定螺栓实物的抗拉强度是否满足现行国家标准《紧固件机械性能螺栓、螺钉和螺柱》GB 3098.1 的要求。

检验方法：用专用卡具将螺栓实物置于拉力试验机上进行拉

力试验，为避免试件承受横向载荷，试验机的夹具应能自动调整中心，试验时夹头张拉的移动速度不应超过 25mm/min。

螺栓实物的抗拉强度应根据螺纹应力截面积（A_S）计算确定，其取值应按现行国家标准《紧固件机械性能螺栓、螺钉和螺柱》GB 3098.1的规定取值。

进行试验时，承受拉力载荷的末旋合的螺纹长度应为 6 倍以上螺距；当试验拉力达到现行国家标准《紧固件机械性能螺栓、螺钉和螺柱》GB 3098.1 中规定的最小拉力载荷（$A_S \cdot \sigma_b$）时不得断裂。当超过最小拉力载荷直至拉断时，断裂应发生在杆部或螺纹部分，而不应发生在螺头与杆部的交接处。

2. 扭剪型高强度螺栓连接副预拉力复验。

复验用的螺栓应在施工现场待安装的螺栓批中随机抽取，每批应抽取 8 套连接副进行复验。

连接副预拉力可采用经计量检定、校准合格的轴力计进行测试。

试验用的电测轴力计、油压轴力计、电阻应变仪、扭矩扳手等计量器具，应在试验前进行标定，其误差不得超过 2%。

采用轴力计方法复验连接副预拉力时，应将螺栓直接插入轴力计。紧固螺栓分初拧、终拧两次进行，初拧应采用手动扭矩扳手或专用定扭电动扳手；初拧值应为预拉力标准值的 50%左右。终拧应采用专用电动扳手，至尾部梅花头拧掉，读出预拉力值。

每套连接副只应做一次试验，不得重复使用。在紧固中垫圈发生转动时，应更换连接副，重新试验。

复验螺栓连接副的预拉力平均值和标准偏差应符合附表 B-1 的规定。

扭剪型高强度螺栓紧固预拉力和标准偏差（kN） **附表 B-1**

螺栓直径（mm）	16	20	（22）	24
紧固预拉力的平均值 $\overline{P}$	99～120	154～186	191～231	222～270
标准偏差 σ_P	10.1	15.7	19.5	22.7

3. 高强度螺栓连接副施工扭矩检验。

高强度螺栓连接副扭矩检验含初拧、复拧、终拧扭矩的现场无损检验。检验所用的扭矩扳手其扭矩精度误差应不大于3%。

高强度螺栓连接副扭矩检验分扭矩法检验和转角法检验两种，原则上检验法与施工法应相同。扭矩检验应在施拧1h后，48h内完成。

(1) 扭矩法检验。

检验方法：在螺尾端头和螺母相对位置划线，将螺母退回60°左右，用扭矩扳手测定拧回至原来位置时的扭矩值。该扭矩值与施工扭矩值的偏差在10%以内为合格。

高强度螺栓连接副终拧扭矩值按下式计算：

$$T_c = K \cdot P_c \cdot d \tag{B-1}$$

式中 T_c——终拧扭矩值（N·m）；

P_c——施工预拉力值标准值（kN），见附表B-2；

d——螺栓公称直径（mm）；

K——扭矩系数，按附录B第4条的规定试验确定。

高强度大六角头螺栓连接副初拧扭矩值 T_o 可按 $0.5T_c$ 取值。

扭剪型高强度螺栓连接副初拧扭矩值 T_o 可按下式计算：

$$T_o = 0.065 P_c \cdot d \tag{B-2}$$

式中 T_o——初拧扭矩值（N·m）；

P_c——施工预拉力标准值（kN），见附表B-2；

d——螺栓公称直径（mm）。

(2) 转角法检验。

检验方法：

1) 检查初拧后在螺母与相对位置所画的终拧起始线和终止线所夹的角度是否达到规定值。

2) 在螺尾端头和螺母相对位置画线，然后全部卸松螺母，在按规定的初拧扭矩和终拧角度重新拧紧螺栓，观察与原画线是否重合。终拧转角偏差在10°以内为合格。

终拧转角与螺栓的直径、长度等因素有关，应由试验确定。

(3) 扭剪型高强度螺栓施工扭矩检验。

检验方法：观察尾部梅花头拧掉情况。尾部梅花头被拧掉者视同其终拧扭矩达到合格质量标准；尾部梅花头未被拧掉者应按上述扭矩法或转角法检验。

高强度螺栓连接副

施工预拉力标准值（kN） **附表 B-2**

螺栓的性能等级	螺栓公称直径（mm）					
	M16	M20	M22	M24	M27	M30
8.8s	75	120	150	170	225	275
10.9s	110	170	210	250	320	390

4. 高强度大六角头螺栓连接副扭矩系数复验。

复验用螺栓应在施工现场待安装的螺栓批中随机抽取，每批应抽取 8 套连接副进行复验。

连接副扭矩系数复验用的计量器具应在试验前进行标定，误差不得超过 2%。

每套连接副只应做一次试验，不得重复使用。在紧固中垫圈发生转动时，应更换连接副，重新试验。

连接副扭矩系数的复验应将螺栓穿入轴力计，在测出螺栓预拉力 P 的同时，应测定施加于螺母上的施拧扭矩值 T，并应按下式计算扭矩系数 K。

$$K=\frac{T}{P\cdot d} \tag{B-3}$$

式中 T——施拧扭矩（N·m）；

d——高强度螺栓的公称直径（mm）；

P——螺栓预拉力（kN）。

进行连接副扭矩系数试验时，螺栓预拉力值应符合附表 B-3 的规定。

螺栓预拉力值范围（kN） **附表 B-3**

螺栓规格（mm）		M16	M20	M22	M24	M27	M30
预拉力值 P	10.9s	93～113	142～177	175～215	206～250	265～324	325～390
	8.8s	62～78	100～120	125～150	140～170	185～225	230～275

每组 8 套连接副扭矩系数的平均值应为 0.110～0.150，标准偏差不大于 0.010。

扭剪型高强度螺栓连接副当采用扭矩法施工时，其扭矩系数亦按本附录的规定确定。

5. 高强度螺栓连接摩擦面的抗滑移系数检验。

（1）基本要求。

制造厂和安装单位应分别以钢结构制造批为单位进行抗滑移系数试验。制造批可按分部（子分部）工程划分规定的工程量每 2000t 为一批，不足 2000t 的可视为一批。选用两种及两种以上表面处理工艺时，每种处理工艺应单独检验。每批三组试件。

抗滑移系数试验应采用双摩擦面的二栓拼接的拉力试件（附图 B-1）。

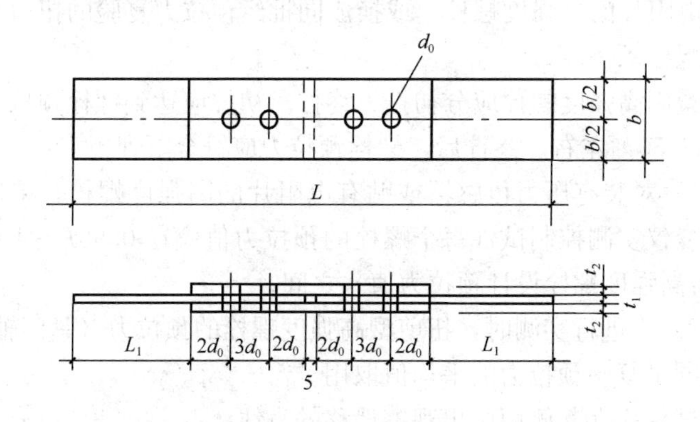

附图 B-1 抗滑移系数拼接试件的形式和尺寸

抗滑移系数试验用的试件应由制造厂加工，试件与所代表的钢结构构件应为同一材质、同批制作、采用同一摩擦面处理工艺和具有相同的表面状态，并应用同批同一性能等级的高强度螺栓连接副，在同一环境条件下存放。

试件钢板的厚度 t_1、t_2 应根据钢结构工程中有代表性的板材厚度来确定，同时应考虑在摩擦面滑移之前，试件钢板的净截面始终处于弹性状态；宽度 b 可参照附表 B-4 规定取值。L_1 应根据试验机夹具的要求确定。

试件板的宽度（mm） **附表 B-4**

螺栓直径 d	16	20	22	24	27	30
板宽 b	100	100	105	110	120	120

试件板面应平整，无油污，孔和板的边缘无飞边、毛刺。

(2) 试验方法。

试验用的试验机误差应在1%以内。

试验用的贴有电阻片的高强度螺栓、压力传感器和电阻应变仪应在试验前用试验机进行标定，其误差应在2%以内。

试件的组装顺序应符合下列规定：

先将冲钉打入试件孔定位，然后逐个换成装有压力传感器或贴有电阻片的高强度螺栓，或换成同批经预拉力复验的扭剪型高强度螺栓。

紧固高强度螺栓应分初拧、终拧。初拧应达到螺栓预拉力标准值的50%左右。终拧后，螺栓预拉力应符合下列规定：

1）对装有压力传感器或贴有电阻片的高强度螺栓，采用电阻应变仪实测控制试件每个螺栓的预拉力值应在 $0.95P \sim 1.05P$（P 为高强度螺栓设计预拉力值）之间；

2）不进行实测时，扭剪型高强度螺栓的预拉力（紧固轴力）可按同批复验预拉力的平均值取用。

试件应在其侧面画出观察滑移的直线。

将组装好的试件置于拉力试验机上，试件的轴线应与试验机夹具中心严格对中。

加荷时，应先加10%的抗滑移设计荷载值，停1min后，再平稳加荷，加荷速度为3～5kN/s。直拉至滑动破坏，测得滑移荷载N_v。

在试验中当发生以下情况之一时，所对应的荷载可定为试件的滑移荷载：

1）试验机发生回针现象；

2）试件侧面画线发生错动；

3）X—Y记录仪上变形曲线发生突变；

4）试件突然发生"嘣"的响声。

抗滑移系数，应根据试验所测得的滑移荷载N_v和螺栓预拉力P的实测值，按下式计算，宜取小数点二位有效数字。

$$\mu = \frac{N_v}{n_f \cdot \sum_{i=1}^{m} P_i} \tag{B-4}$$

式中 N_v——由试验测得的滑移荷载（kN）；

n_f——摩擦面面数，取$n_f=2$；

$\sum_{i=1}^{m} P_i$——试件滑移一侧高强度螺栓预拉力实测值（或同批螺栓连接副的预拉力平均值）之和（取三位有效数字）（kN）；

m——试件一侧螺栓数量，取$m=2$。

附录C 钢构件组装的允许偏差

1. 焊接H型钢的允许偏差应符合附表C-1的规定。

焊接H型钢的允许偏差（mm） **附表C-1**

项目		允许偏差	图例
截面高度 h	$h<500$	±2.0	(图：H型钢截面，标注h、b)
	$500<h<1000$	±3.0	
	$h>1000$	±4.0	
截面宽度 b		±3.0	

续表

<table>
<tr><th colspan="2">项 目</th><th>允许偏差</th><th>图 例</th></tr>
<tr><td colspan="2">腹板中心偏移</td><td>2.0</td><td>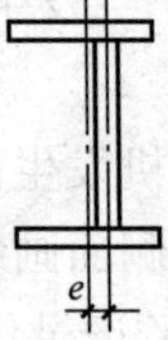
</td></tr>
<tr><td colspan="2">翼缘板垂直度 Δ</td><td>b/100，且不应大于3.0</td><td>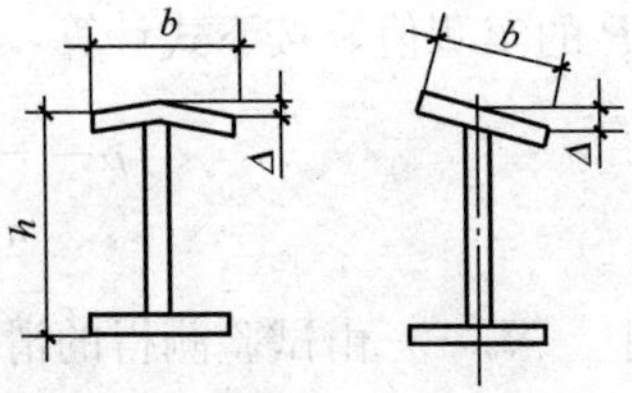
</td></tr>
<tr><td colspan="2">弯曲矢高(受压构件除外)</td><td>l/1000，且不应大于10.0</td><td></td></tr>
<tr><td colspan="2">扭曲</td><td>h/250，且不应大于5.0</td><td></td></tr>
<tr><td rowspan="2">腹板局部平面度 f</td><td>t<14</td><td>3.0</td><td rowspan="2">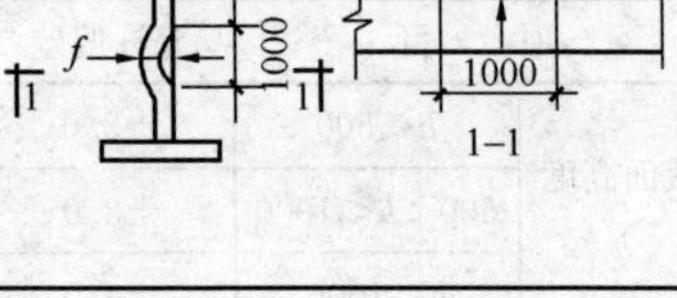
</td></tr>
<tr><td>t≥14</td><td>2.0</td></tr>
</table>

2. 焊接连接制作组装的允许偏差应符合附表 C-2 的规定。

焊接连接制作组装的允许偏差（mm） **附表 C-2**

项　目		允许偏差	图　　例
对口错边 Δ		$t/10$，且不应大于 3.0	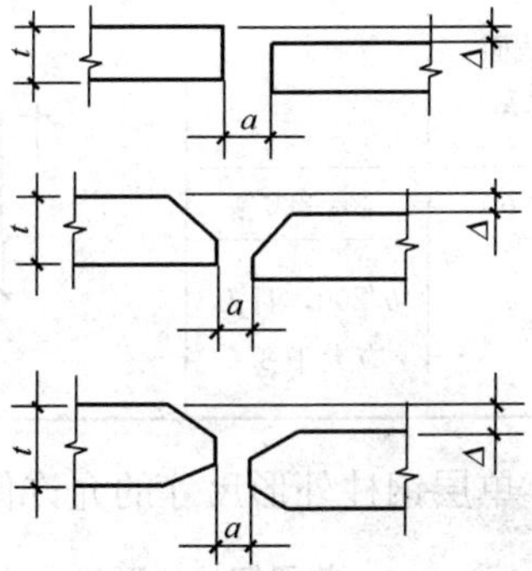
间隙 a		±1.0	
搭接长度 a		±5.0	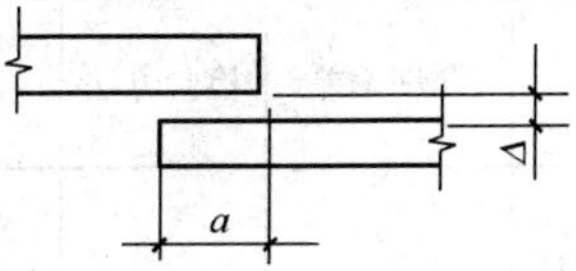
缝隙 Δ		1.5	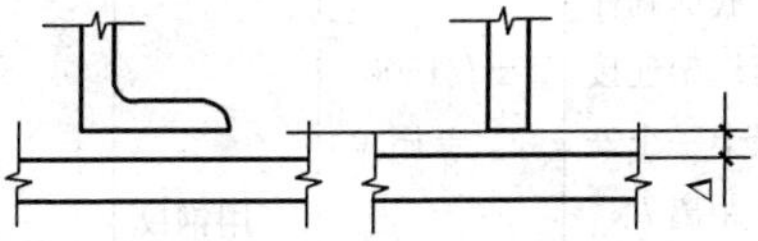
高度 h		±2.0	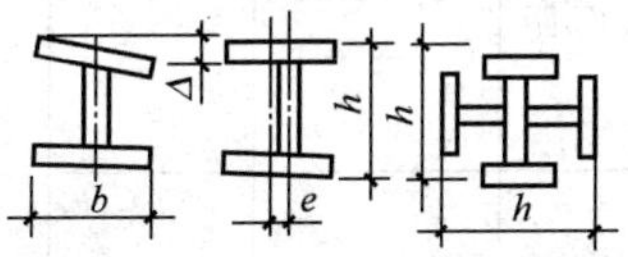
垂直度 Δ		$b/100$，且不应大于 3.0	
中心偏移 e		±2.0	
型钢错位	连接处	1.0	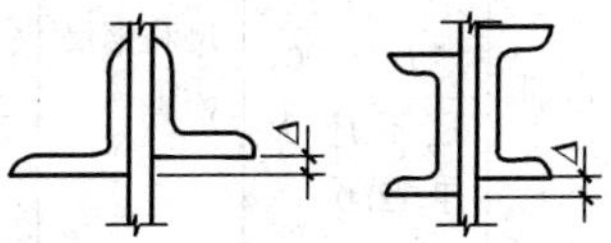
	其他处	2.0	

续表

项　目	允许偏差	图　　例
箱形截面高度 h	±2.0	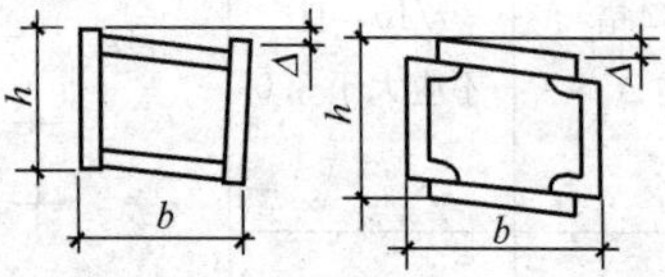
宽度 b	±2.0	
垂直度 Δ	$b/200$，且不应大于 3.0	

3. 单层钢柱外形尺寸的允许偏差应符合附表 C-3 的规定。

单层钢柱外形尺寸的允许偏差（mm）　　附表 C-3

项　目	允许偏差	检验方法	图　　例
柱底面到柱端与桁架连接的最上一个安装孔距离 l	$\pm l/1500$ ±15.0	用钢尺检查	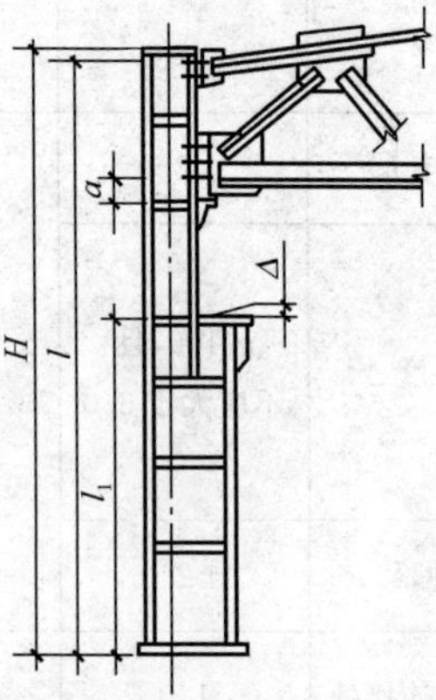
柱底面到牛腿支承面距离 l_1	$\pm l_1/2000$ ±8.0	用钢尺检查	
牛腿面的翘曲 Δ	2.0	用拉线、直角尺和钢尺检查	
柱身弯曲矢高	$H/1200$，且不应大于 12.0	用拉线、直角尺和钢尺检查	

续表

项目		允许偏差	检验方法	图例
柱身扭曲	牛腿处	3.0	用拉线、吊线和钢尺检查	
	其他处	8.0		
柱截面几何尺寸	连接处	±3.0	用钢尺检查	
	非连接处	±4.0		
翼缘对腹板的垂直度	连接处	1.5	用直角尺和钢尺检查	b h Δ
	其他处	b/100，且不应大于5.0		
柱脚底板平面度		5.0	用1m直尺和塞尺检查	
柱脚螺栓孔中心对柱轴线的距离		3.0	用钢尺检查	a

4. 多节钢柱外形尺寸的允许偏差应符合附表C-4的规定。

多节钢柱外形尺寸的允许偏差（mm）　　附表 C-4

项目		允许偏差	检验方法	图例
一节柱高度 H		±3.0	用钢尺检查	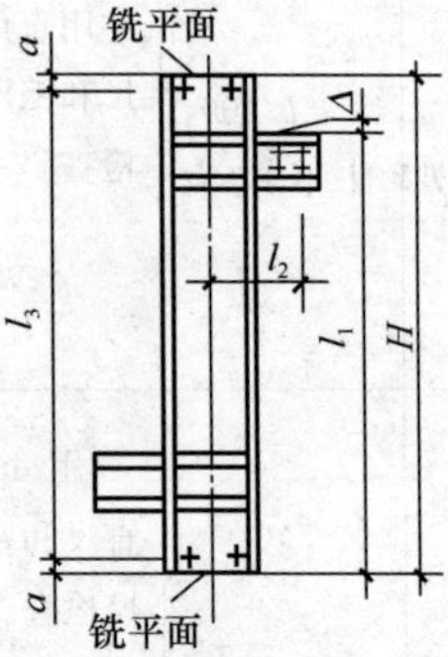
两端最外侧安装孔距离 l_3		±2.0		
铣平面到第一个安装孔距离 a		±1.0		
柱身弯曲矢高 f		$H/1500$，且不应大于5.0	用拉线和钢尺检查	
一节柱的柱身扭曲		$h/250$，且不应大于5.0	用拉线、吊线和钢尺检查	
牛腿端孔到柱轴线距离 l_2		±3.0	用钢尺检查	
牛腿的翘曲或扭曲 Δ	$l_2 \leqslant 1000$	2.0	用拉线、直角尺和钢尺检查	
	$l_2 > 1000$	3.0		
柱截面尺寸	连接处	±3.0	用钢尺检查	
	非连接处	±4.0		
柱脚底板平面度		5.0	用直尺和塞尺检查	

续表

项目		允许偏差	检验方法	图例
翼缘板对腹板的垂直度	连接处	1.5	用直角尺和钢尺检查	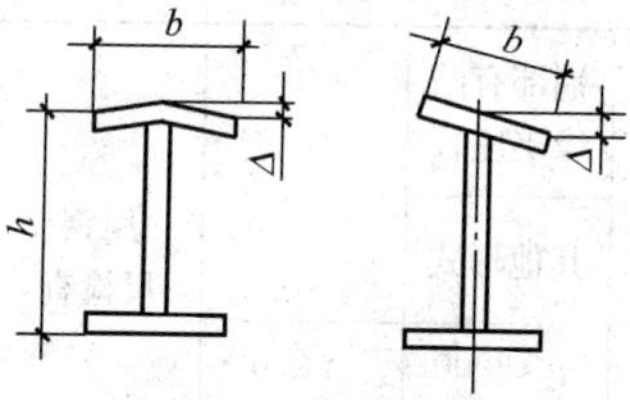
	其他处	$b/100$，且不应大于5.0		
柱脚螺栓孔对柱轴线的距离 a		3.0	用钢尺检查	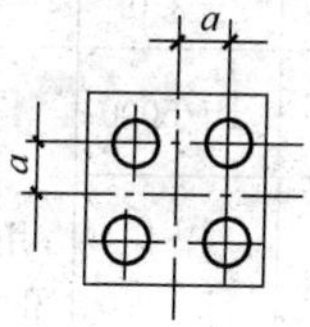
箱型截面连接处对角线差		3.0		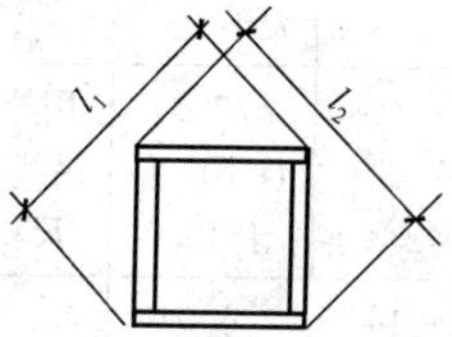
箱型柱身板垂直度		h（b）/150，且不应大于5.0	用直角尺和钢尺检查	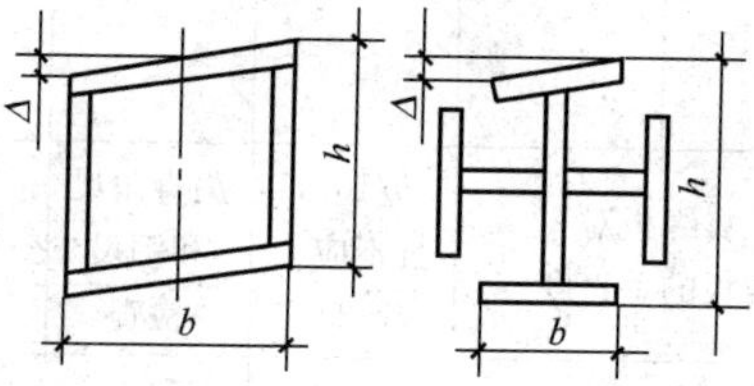

5. 焊接实腹钢梁外形尺寸的允许偏差应符合附表 C-5 的规定。

焊接实腹钢梁外形尺寸的允许偏差（mm）　　附表 C-5

项目		允许偏差	检验方法	图例
梁长度 l	端部有凸缘支座板	0 −5.0	用钢尺检查	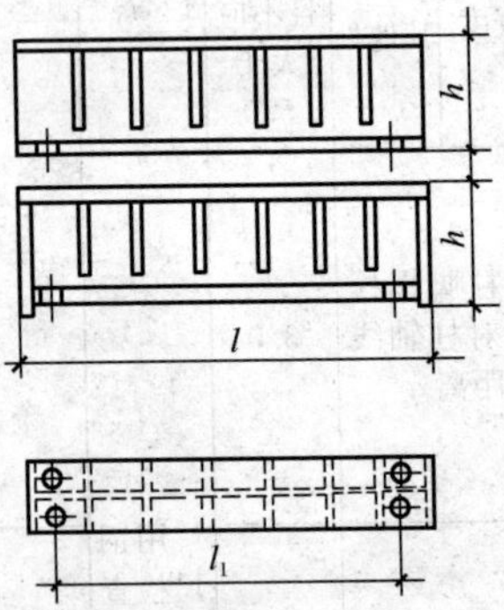
	其他形式	$\pm l/2500$ ±10.0		
端部高度 h	$h\leqslant2000$	±2.0		
	$h>2000$	±3.0		
拱度	设计要求起拱	$\pm l/5000$	用拉线和钢尺检查	
	设计未要求起拱	10.0 −5.0		
侧弯矢高		$l/2000$，且不应大于 10.0		
扭曲		$h/250$，且不应大于 10.0	用拉线、吊线和钢尺检查	
腹板局部平面度	$t\leqslant14$	5.0	用 1m 直尺和塞尺检查	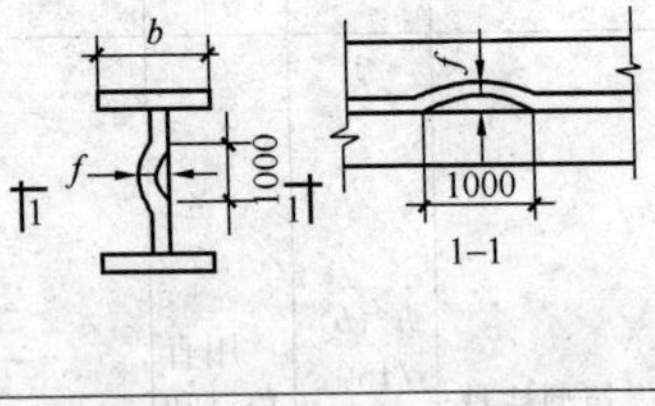
	$t>14$	4.0		
翼缘板对腹板的垂直度		$b/100$，且不应大于 3.0	用直角尺和钢尺检查	
吊车梁上翼缘与轨道接触面平面度		1.0	用 200mm、1m 直尺和塞尺检查	

续表

项目		允许偏差	检验方法	图例
箱型截面对角线差		5.0	用钢尺检查	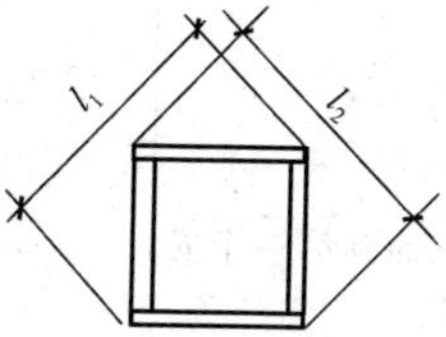
箱型截面两腹板至翼缘板中心线距离 a	连接处	1.0		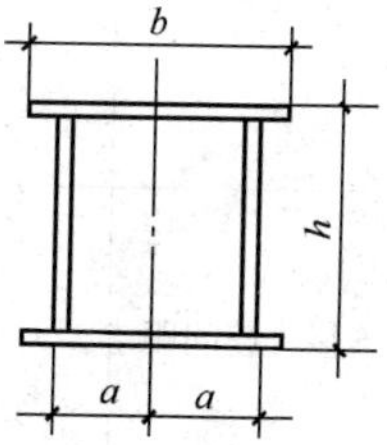
	其他处	1.5		
梁端板的平面度（只允许凹进）		$h/500$，且不应大于 2.0	用直角尺和钢尺检查	
梁端板与腹板的垂直度		$h/500$，且不应大于 2.0	用直角尺和钢尺检查	

6. 钢桁架外形尺寸的允许偏差应符合附表 C-6 的规定。

钢桁架外形尺寸的允许偏差（mm） **附表 C-6**

项目		允许偏差	检验方法	图例
桁架最外端两个孔或两端支承面最外侧距离	$l \leqslant 24$m	+3.0 −7.0	用钢尺检查	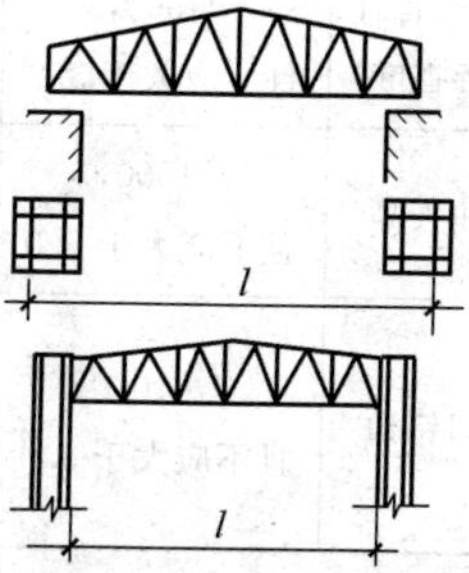
	$l > 24$m	+5.0 −10.0		
桁架跨中高度		±10.0		
桁架跨中拱度	设计要求起拱	$\pm l/5000$		
	设计未要求起拱	10.0 −5.0		
相邻节间弦杆弯曲（受压除外）		$l_1/1000$		

续表

项目	允许偏差	检验方法	图例
支承面到第一个安装孔距离 a	±1.0	用钢尺检查	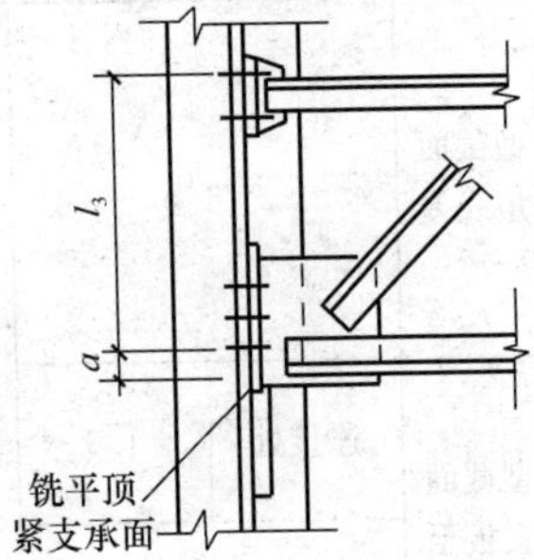 铣平顶紧支承面
檩条连接支座间距	±5.0		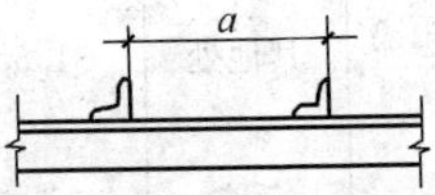

7. 钢管构件外形尺寸的允许偏差应符合附表 C-7 的规定。

钢管构件外形尺寸的允许偏差（mm） **附表 C-7**

项目	允许偏差	检验方法	图例
直径 d	$\pm d/500$ ±5.0	用钢尺检查	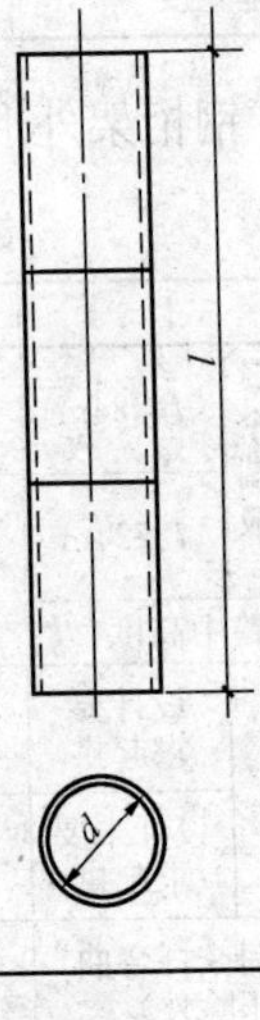
构件长度 l	±3.0		
管口圆度	$d/500$， 且不应大于 5.0		
管面对管轴的垂直度	$d/500$， 且不应大于 3.0	用焊缝量规检查	
弯曲矢高	$l/1500$， 且不应大于 5.0	用拉线、吊线和钢尺检查	
对口错边	$t/10$， 且不应大于 3.0	用拉线和钢尺检查	

注：对方矩形管，d 为长边尺寸。

8. 墙架、檩条、支撑系统钢构件外形尺寸的允许偏差应符合附表 C-8 的规定。

墙架、檩条、支撑系统钢构件外形尺寸的允许偏差（mm） **附表 C-8**

项目	允许偏差	检验方法
构件长度 l	±4.0	用钢尺检查
构件两端最外侧安装孔距离 l_1	±3.0	
构件弯曲矢高	l/1000，且不应大于 10.0	用拉线和钢尺检查
截面尺寸	+5.0 −2.0	用钢尺检查

9. 钢平台、钢梯和防护钢栏杆外形尺寸的允许偏差应符合附表 C-9 的规定。

钢平台、钢梯和防护钢栏杆外形尺寸的允许偏差（mm） **附表 C-9**

项目	允许偏差	检验方法	图例
平台长度和宽度	±5.0	用钢尺检查	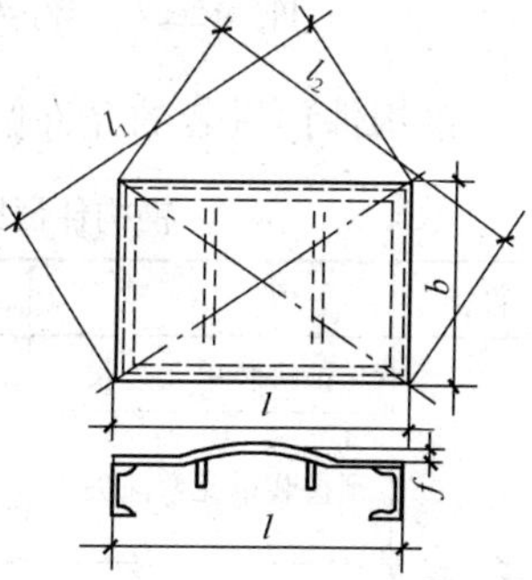
平台两对角线差 $\vert l_1-l_2\vert$	6.0		
平台支柱高度	±3.0		
平台支柱弯曲矢高	5.0	用拉线和钢尺检查	
平台表面平面度（1m 范围内）	6.0	用 1m 直尺和塞尺检查	

续表

项目	允许偏差	检验方法	图例
梯梁长度 l	±5.0	用钢尺检查	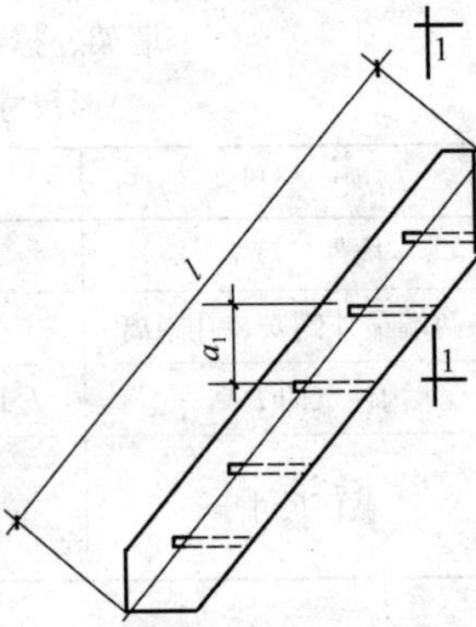
钢梯宽度 b	±5.0		
钢梯安装孔距离 a	±3.0		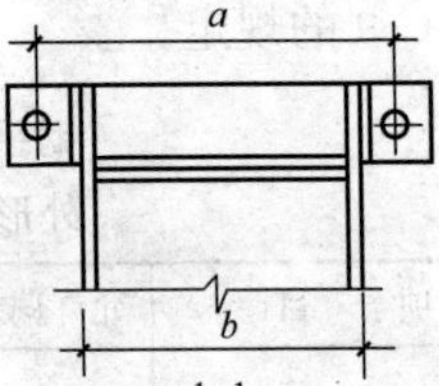
钢梯纵向挠曲矢高	$l/1000$	用拉线和钢尺检查	
踏步（棍）间距	±5.0	用钢尺检查	
栏杆高度	±5.0		
栏杆立柱间距	±10.0		

附录D　钢构件预拼装的允许偏差

钢构件预拼装的允许偏差应符合附表 D-1 的规定。

钢构件预拼装的允许偏差（mm）　　**附表 D-1**

构件类型	项目	允许偏差	检验方法
多节柱	预拼装单元总长	±5.0	用钢尺检查
	预拼装单元弯曲矢高	$l/1500$，且不应大于 10.0	用拉线和钢尺检查
	接口错边	2.0	用焊缝量规检查
	预拼装单元柱身扭曲	$h/200$，且不应大于 5.0	用拉线、吊线和钢尺检查

续表

构件类型	项目		允许偏差	检验方法
多节柱	顶紧面至任一牛腿距离		±2.0	用钢尺检查
梁、桁架	跨度最外两端安装孔或两端支承面最外侧距离		+5.0 −10.0	
	接口截面错位		2.0	用焊缝量规检查
	拱度	设计要求起拱	±l/5000	用拉线和钢尺检查
		设计未要求起拱	l/2000 0	
	节点处杆件轴线错位		4.0	划线后用钢尺检查
管构件	预拼装单元总长		±5.0	用钢尺检查
	预拼装单元弯曲矢高		l/1500，且不应大于10.0	用拉线和钢尺检查
	对口错边		t/10，且不应大于3.0	用焊缝量规检查
	坡口间隙		+2.0 −1.0	
构件平面总体预拼装	各楼层柱距		±4.0	用钢尺检查
	相邻楼层梁与梁之间距离		±3.0	
	各层间框架两对角线之差		H/2000，且不应大于5.0	
	任意两对角线之差		$\sum H$/2000，且不应大于8.0	

附录E　钢结构安装的允许偏差

1. 单层钢结构中柱子安装的允许偏差应符合附表E-1的规定。

单层钢结构中柱子安装的允许偏差（mm）　　**附表E-1**

项目			允许偏差	图例	检验方法
柱脚底座中心线对定位轴线的偏移			5.0	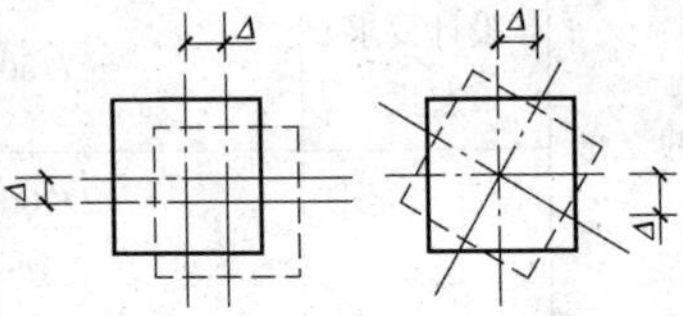	用吊线和钢尺检查
柱基准点标高	有吊车梁的柱		+3.0 -5.0	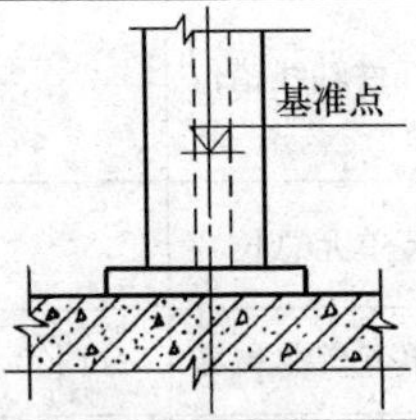	用水准仪检查
柱基准点标高	无吊车梁的柱		+5.0 -8.0		用水准仪检查
弯曲矢高			$H/1200$，且不应大于15.0		用经纬仪或拉线和钢尺检查
柱轴线垂直度	单层柱	$H \leqslant 10m$	$H/1000$	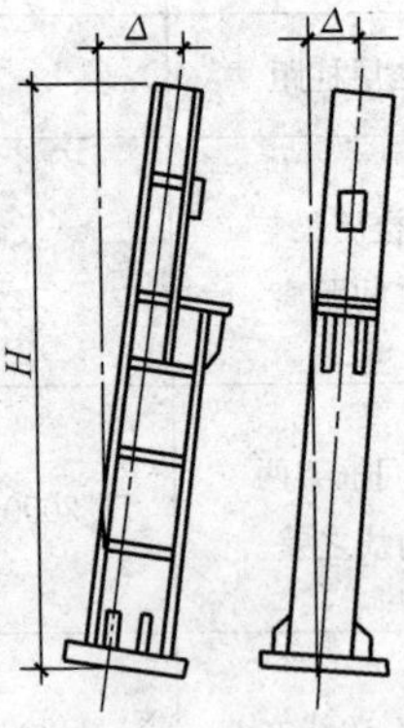	用经纬仪或吊线和钢尺检查
柱轴线垂直度	单层柱	$H > 10m$	$H/1000$，且不应大于25.0		用经纬仪或吊线和钢尺检查
柱轴线垂直度	多节柱	单节柱	$H/1000$，且不应大于10.0		用经纬仪或吊线和钢尺检查
柱轴线垂直度	多节柱	柱全高	35.0		用经纬仪或吊线和钢尺检查

2. 钢吊车梁安装的允许偏差应符合附表 E-2 的规定。

钢吊车梁安装的允许偏差（mm）　　附表 E-2

<table>
<tr><th colspan="2">项　目</th><th>允许偏差</th><th>图　例</th><th>检验方法</th></tr>
<tr><td colspan="2">梁的跨中垂直度 Δ</td><td>$h/500$</td><td> 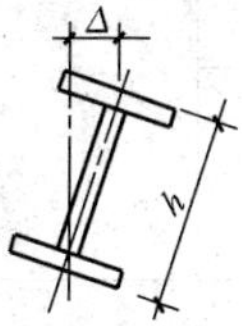</td><td>用吊线和钢尺检查</td></tr>
<tr><td colspan="2">侧向弯曲矢高</td><td>$l/1500$，且不应大于 10.0</td><td></td><td rowspan="4">用拉线和钢尺检查</td></tr>
<tr><td colspan="2">垂直上拱矢高</td><td>10.0</td><td rowspan="4"> 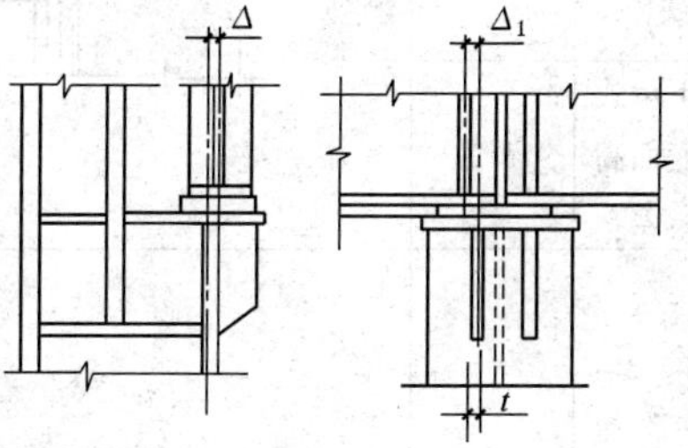</td></tr>
<tr><td rowspan="2">两端支座中心位移 Δ</td><td>安装在钢柱上时，对牛腿中心的偏移</td><td>5.0</td></tr>
<tr><td>安装在混凝土柱上时，对定位轴线的偏移</td><td>5.0</td></tr>
<tr><td colspan="2">吊车梁支座加劲板中心与柱子承压加劲板中心的偏移 Δ_1</td><td>$t/2$</td><td>用吊线和钢尺检查</td></tr>
</table>

续表

<table>
<tr><th colspan="2">项　　目</th><th>允许偏差</th><th>图　　例</th><th>检验方法</th></tr>
<tr><td rowspan="2">同跨间内同一横截面吊车梁顶面高差Δ</td><td>支座处</td><td>10.0</td><td rowspan="2">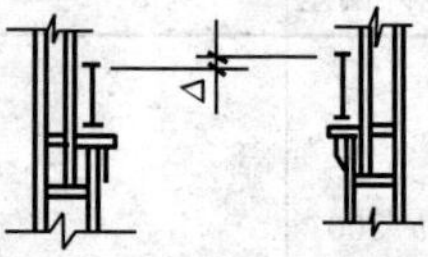</td><td rowspan="3">用经纬仪、水准仪和钢尺检查</td></tr>
<tr><td>其他处</td><td>15.0</td></tr>
<tr><td colspan="2">同跨间内同一横截面下挂式吊车梁底面高差Δ</td><td>10.0</td><td>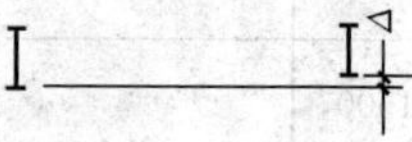</td></tr>
<tr><td colspan="2">同列相邻两柱间吊车梁顶面高差Δ</td><td>l/1500，且不应大于10.0</td><td>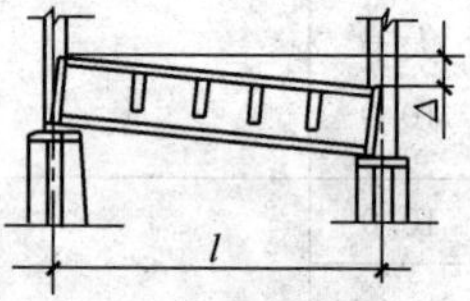</td><td>用水准仪和钢尺检查</td></tr>
<tr><td rowspan="3">相邻两吊车梁接头部位Δ</td><td>中心错位</td><td>3.0</td><td rowspan="3">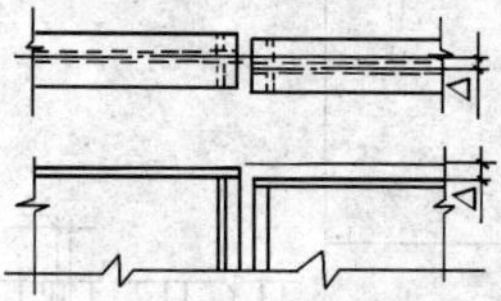</td><td rowspan="3">用钢尺检查</td></tr>
<tr><td>上承式顶面高差</td><td>1.0</td></tr>
<tr><td>下承式底面高差</td><td>1.0</td></tr>
<tr><td colspan="2">同跨间任一截面的吊车梁中心跨距Δ</td><td>±10.0</td><td>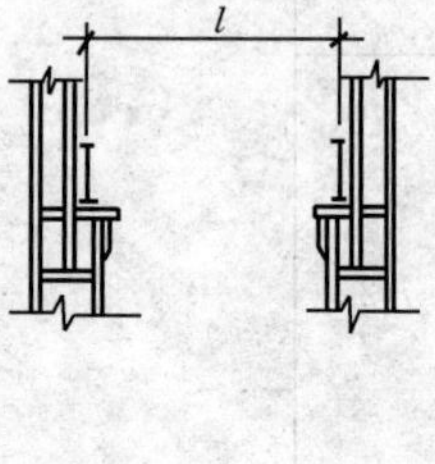</td><td>用经纬仪和光电测距仪检查；跨度小时，可用钢尺检查</td></tr>
</table>

续表

项　　目	允许偏差	图　　例	检验方法
轨道中心对吊车梁腹板轴线的偏移 Δ	$t/2$	Δ	用吊线和钢尺检查

3. 墙架、檩条等次要构件安装的允许偏差应符合附表 E-3 的规定。

墙架、檩条等次要构件安装的允许偏差（mm）　　附表 E-3

项　　目		允许偏差	检验方法
墙架立柱	中心线对定位轴线的偏移	10.0	用钢尺检查
	垂直度	H/1000，且不应大于 10.0	用经纬仪或吊线和钢尺检查
	弯曲矢高	H/1000，且不应大于 15.0	用经纬仪或吊线和钢尺检查
抗风桁架的垂直度		h/250，且不应大于 15.0	用吊线和钢尺检查
檩条、墙梁的间距		±5.0	用钢尺检查
檩条的弯曲矢高		L/750，且不应大于 12.0	用拉线和钢尺检查
墙梁的弯曲矢高		L/750，且不应大于 10.0	用拉线和钢尺检查

注：1. H 为墙架立柱的高度；

2. h 为抗风桁架的高度；

3. L 为檩条或墙梁的长度。

4. 钢平台、钢梯和防护栏杆安装的允许偏差应符合附表 E-4 的规定。

钢平台、钢梯和防护栏杆安装的允许偏差（mm）　附表 E-4

项　目	允许偏差	检验方法
平台高度	±15.0	用水准仪检查
平台梁水平度	l/1000，且不应大于 20.0	用水准仪检查
平台支柱垂直度	H/1000，且不应大于 15.0	用经纬仪或吊线和钢尺检查
承重平台梁侧向弯曲	l/1000，且不应大于 10.0	用拉线和钢尺检查
承重平台梁垂直度	h/250，且不应大于 15.0	用吊线和钢尺检查
直梯垂直度	l/1000，且不应大于 15.0	用吊线和钢尺检查
栏杆高度	±15.0	用钢尺检查
栏杆立柱间距	±15.0	用钢尺检查

5. 多层及高层钢结构中构件安装的允许偏差应符合附表 E-5 的规定。

多层及高层钢结构中构件安装的允许偏差（mm）　附表 E-5

项　目	允许偏差	图　例	检验方法
上、下柱连接处的错口 Δ	3.0	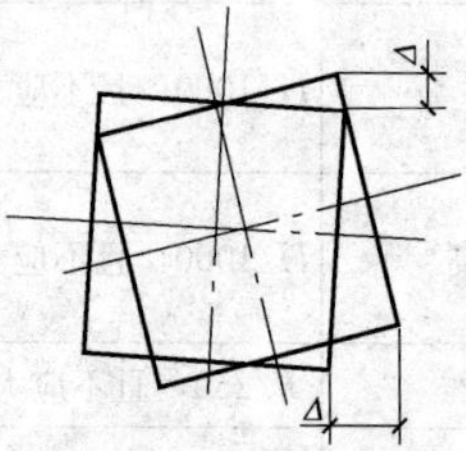 Δ Δ	用钢尺检查
同一层柱的各柱顶高度差 Δ	5.0	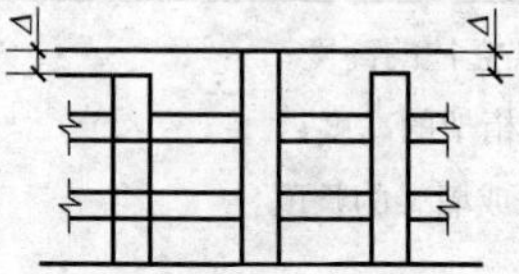 Δ　Δ	用水准仪检查

续表

项　目	允许偏差	图　例	检验方法
同一根梁两端顶面的高差 Δ	l/1000，且不应大于 10.0	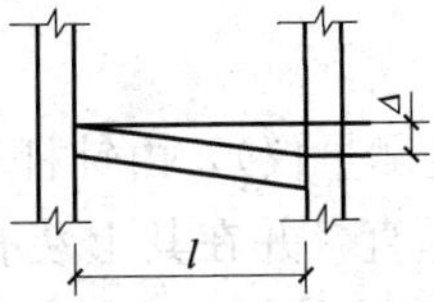	用水准仪检查
主梁与次梁表面的高差 Δ	±2.0	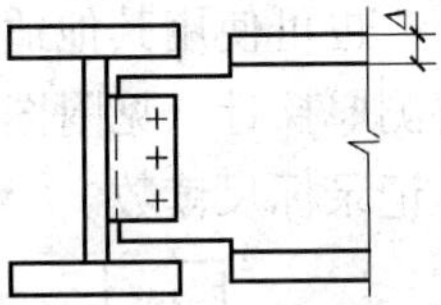	用直尺和钢尺检查
压型金属板在钢梁上相邻列的错位 Δ	15.00	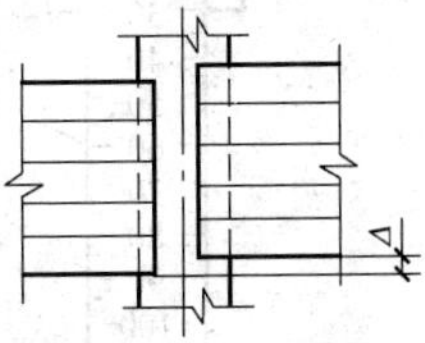	用直尺和钢尺检查

6. 多层及高层钢结构主体结构总高度的允许偏差应符合附表 E-6 的规定。

多层及高层钢结构主体结构总高度的允许偏差（mm）　　附表 E-6

项　目	允许偏差	图　例
用相对标高控制安装	$\pm\Sigma(\Delta_h+\Delta_z+\Delta_w)$	
用设计标高控制安装	H/1000，且不应大于 30.0－H/1000，且不应小于－30.0	

注：1. Δ_h 为每节柱子长度的制造允许偏差；

2. Δ_z 为每节柱子长度受荷载后的压缩值；

3. Δ_w 为每节柱子接头焊缝的收缩值。

附录F　钢结构防火涂料涂层厚度测定方法

1. 测针：

测针（厚度测量仪），由针杆和可滑动的圆盘组成，圆盘始终保持与针杆垂直，并在其上装有固定装置，圆盘直径不大于30mm，以保证完全接触被测试件的表面。如果厚度测量仪不易插入被插材料中，也可使用其他适宜的方法测试。

测试时，将测厚探针（见附图F-1）垂直插入防火涂层直至钢基材表面上，记录标尺读数。

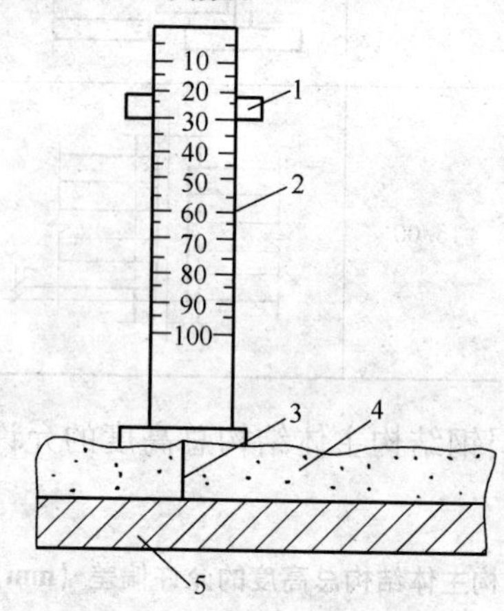

附图F-1　测厚度示意图

1—标尺；2—刻度；3—测针；4—防火涂层；5—钢基材

2. 测点选定：

（1）楼板和防火墙的防火涂层厚度测定，可选两相邻纵、横轴线相交中的面积为一个单元，在其对角线上，按每米长度选一点进行测试。

（2）全钢框架结构的梁和柱的防火涂层厚度测定，在构件长度内每隔3m取一截面，按附图F-2所示位置测试。

（3）桁架结构，上弦和下弦按第2款的规定每隔3m取一截

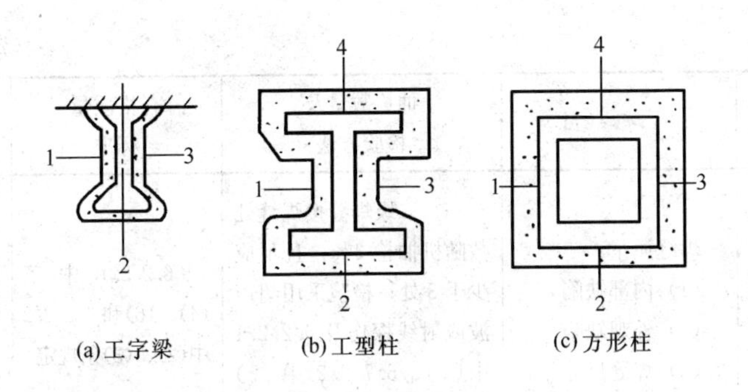

附图 F-2　测点示意图

面检测，其他腹杆每根取一截面检测。

3. 测量结果：对于楼板和墙面，在所选择的面积中，至少测出 5 个点：对于梁和柱在所选择的位置中，分别测出 6 个和 8 个点。分别计算出它们的平均值，精确到 0.5mm。

附录 G　钢结构工程有关安全及功能的检验和见证检测项目

钢结构分部（子分部）工程有关安全及功能的检验和见证检测项目按附表 G-1 规定进行。

钢结构分部（子分部）工程有关安全及功能的检验和见证检测项目　　附表 G-1

项次	项　　目	抽检数量及检验方法	合格质量标准	备注
1	见证取样送样试验项目 （1）钢材及焊接材料复验 （2）高强度螺栓预拉力、扭矩系数复验 （3）摩擦面抗滑移系数复验 （4）网架节点承载力试验	见 6.1.2.1 中（1）、6.1.3.1 中(2)、6.1.4.1 中(2)(3)、6.3.3.1 中(1)和 6.11.3.1 中(3)条	符合设计要求和国家现行有关产品标准的规定	

续表

项次	项目	抽检数量及检验方法	合格质量标准	备注
2	焊缝质量： (1) 内部缺陷 (2) 外观缺陷 (3) 焊缝尺寸	一、二级焊缝按焊缝处数随机抽检3%，且不应少于3处；检验采用超声波或射线探伤及6.2.2.1中(6)、6.7.2.2中(2)(3)条方法	6.2.2.1 中第(4)、(6)和6.2.2.2中(2)、(3)条规定	
3	高强度螺栓施工质量 (1) 终拧扭矩 (2) 梅花头检查 (3) 网架螺栓球节点	按节点数随机抽检3%，且不应少于3个节点，检验按6.3.3.1中第(2)、(3)和6.3.3.2中第(5)条方法执行	6.3.3.1 中第(2)、(3)和6.3.3.2中第(5)条的规定	
4	柱脚及网架支座 (1) 锚栓紧固 (2) 垫板、垫块 (3) 二次灌浆	按柱脚及网架支座数随机抽检10%，且不应少于3个；采用观察和尺量等方法进行检验	符合设计要求	
5	主要构件变形 (1) 钢屋(托)架、桁架、钢梁、吊车梁等垂直度和侧向弯曲 (2) 钢柱垂直度 (3) 网架结构挠度	除网架结构外，其他按构件数随机抽检3%，且不应少于3个；检验方法按6.7.3.1中第(3)和6.8.3.1中第(2)、(4)；6.11.3.1中第(4)条执行	6.7.3.1中第(3)和6.8.3.1中第(2)、(4)、6.11.3.1中第(4)条的规定	
6	主体结构尺寸 (1) 整体垂直度 (2) 整体平面弯曲	见6.7.3.1中第(4)、6.8.3.1中第(5)条的规定	6.7.3.1 中(4)、6.8.3.1 中第(5)条的规定	

附录H 钢结构工程有关观感质量检查项目

钢结构分部（子分部）工程观感质量检查项目按附表H-1规定进行。

钢结构分部（子分部）工程观感质量检查项目 **附表H-1**

项次	项目	抽检数量	合格质量标准	备注
1	普通涂层表面	随机抽查3个轴线结构构件	6.11.2.2 一般项目第（1）条的要求	
2	防火涂层表面	随机抽查3个轴线结构构件	6.11.3.1 主控项目第（4）、（5）、（6）条的要求	
3	压型金属板表面	随机抽查3个轴线间压型金属板表面	6.10.3.2 一般项目第（1）条的要求	
4	钢平台、钢梯、钢栏杆	随机抽查10%	连接牢固，无明显外观缺陷	

附录I 钢结构分项工程检验批质量验收记录表

1. 钢结构（钢构件焊接）分项工程检验批质量验收应按附表I-1进行记录。

钢结构（钢构件焊接）分项工程检验批质量验收记录 **附表I-1**

工程名称			检验批部位		
施工单位			项目经理		
监理单位			总监理工程师		
施工依据标准			分包单位负责人		
主控项目	合格质量标准	施工单位检验评定记录或结果	监理（建设）单位验收记录或结果		备注
1 焊接材料进场	6.1.3.1中第（1）条				
2 焊接材料复验	6.1.3.1中第（2）条				

续表

主控项目		合格质量标准	施工单位检验评定记录或结果	监理(建设)单位验收记录或结果	备注
3	材料匹配	6.2.2.1中第(1)条			
4	焊工证书	6.2.2.1中第(2)条			
5	焊接工艺评定	6.2.2.1中第(3)条			
6	内部缺陷	6.2.2.1中第(4)条			
7	组合焊缝尺寸	6.2.2.1中第(5)条			
8	焊缝表面缺陷	6.2.2.1中第(6)条			
一般项目		合格质量标准	施工单位检验评定记录或结果	监理(建设)单位验收记录或结果	备注
1	焊接材料进场	6.1.3.3中第(2)条			
2	预热和后热处理	6.2.2.2中第(1)条			
3	焊缝外观质量	6.2.2.2中第(2)条			
4	焊缝尺寸偏差	6.2.2.2中第(3)条			
5	凹形角焊缝	6.2.2.2中第(4)条			
6	焊缝感观	6.2.2.2中第(5)条			
施工单位检验评定结果		班组长： 或专业工长： 年 月 日	质检员： 或项目技术负责人： 年 月 日		
监理(建设)单位验收结论		监理工程师(建设单位项目技术人员)： 年 月 日			

2. 钢结构(焊钉焊接)分项工程检验批质量验收应按附表 I-2 进行记录。

钢结构(焊钉焊接)分项工程检验批质量验收记录　　附表 I-2

<table>
<tr><td colspan="2">工程名称</td><td colspan="2"></td><td>检验批部位</td><td></td></tr>
<tr><td colspan="2">施工单位</td><td colspan="2"></td><td>项目经理</td><td></td></tr>
<tr><td colspan="2">监理单位</td><td colspan="2"></td><td>总监理工程师</td><td></td></tr>
<tr><td colspan="2">施工依据标准</td><td colspan="2"></td><td>分包单位负责人</td><td></td></tr>
<tr><td colspan="2">主控项目</td><td>合格质量标准</td><td>施工单位检验评定记录或结果</td><td>监理(建设)单位验收记录或结果</td><td>备注</td></tr>
<tr><td>1</td><td>焊接材料进场</td><td>6.1.3.1 中第(1)条</td><td></td><td></td><td></td></tr>
<tr><td>2</td><td>焊接材料复验</td><td>6.1.3.1 中第(2)条</td><td></td><td></td><td></td></tr>
<tr><td>3</td><td>焊接工艺评定</td><td>6.2.3.1 中第(1)条</td><td></td><td></td><td></td></tr>
<tr><td>4</td><td>焊后弯曲试验</td><td>6.2.3.1 中第(2)条</td><td></td><td></td><td></td></tr>
<tr><td></td><td></td><td></td><td></td><td></td><td></td></tr>
<tr><td colspan="2">一般项目</td><td>合格质量标准</td><td>施工单位检验评定记录或结果</td><td>监理(建设)单位验收记录或结果</td><td>备注</td></tr>
<tr><td>1</td><td>焊钉和瓷环尺寸</td><td>6.1.3.2 中第(1)条</td><td></td><td></td><td></td></tr>
<tr><td>2</td><td>焊缝外观质量</td><td>6.2.3.2 中第(1)条</td><td></td><td></td><td></td></tr>
<tr><td></td><td></td><td></td><td></td><td></td><td></td></tr>
<tr><td colspan="2">施工单位检验评定结果</td><td colspan="4">班 组 长：　　　质　检　员：
或专业工长：　　或项目技术负责人：
年　月　日　　　　　　　　年　月　日</td></tr>
<tr><td colspan="2">监理(建设)单位验收结论</td><td colspan="4">监理工程师(建设单位项目技术人员)：
年　　月　　日</td></tr>
</table>

3. 钢结构（普通紧固件连接）分项工程检验批质量验收应按附表 I-3 进行记录。

钢结构（普通紧固件连接）分项工程检验批质量验收记录

附表 I-3

<table>
<tr><td colspan="2">工程名称</td><td colspan="2"></td><td>检验批部位</td><td></td></tr>
<tr><td colspan="2">施工单位</td><td colspan="2"></td><td>项目经理</td><td></td></tr>
<tr><td colspan="2">监理单位</td><td colspan="2"></td><td>总监理工程师</td><td></td></tr>
<tr><td colspan="2">施工依据标准</td><td colspan="2"></td><td>分包单位负责人</td><td></td></tr>
<tr><td colspan="2">主控项目</td><td>合格质量标准</td><td>施工单位检验评定记录或结果</td><td>监理（建设）单位验收记录或结果</td><td>备注</td></tr>
<tr><td>1</td><td>成品进场</td><td>6.1.4.1 中第（1）条</td><td></td><td></td><td></td></tr>
<tr><td>2</td><td>螺栓实物复验</td><td>6.3.2.1 中第（1）条</td><td></td><td></td><td></td></tr>
<tr><td>3</td><td>匹配及间距</td><td>6.3.2.1 中第（2）条</td><td></td><td></td><td></td></tr>
<tr><td></td><td></td><td></td><td></td><td></td><td></td></tr>
<tr><td colspan="2">一般项目</td><td>合格质量标准</td><td>施工单位检验评定记录或结果</td><td>监理（建设）单位验收记录或结果</td><td>备注</td></tr>
<tr><td>1</td><td>螺栓紧固</td><td>6.3.2.2 中第（1）条</td><td></td><td></td><td></td></tr>
<tr><td>2</td><td>外观质量</td><td>6.3.2.2 中第（2）条</td><td></td><td></td><td></td></tr>
<tr><td></td><td></td><td></td><td></td><td></td><td></td></tr>
<tr><td colspan="2">施工单位检验评定结果</td><td colspan="4">班 组 长：
或专业工长：
年 月 日
质 检 员：
或项目技术负责人：
年 月 日</td></tr>
<tr><td colspan="2">监理（建设）单位验收结论</td><td colspan="4">监理工程师（建设单位项目技术人员）： 年 月 日</td></tr>
</table>

4. 钢结构(高强度螺栓连接)分项工程检验批质量验收应按附表 I-4 进行记录。

钢结构(高强度螺栓连接)分项工程检验批质量验收记录 附表 I-4

工程名称				检验批部位	
施工单位				项目经理	
监理单位				总监理工程师	
施工依据标准				分包单位负责人	
主控项目		合格质量标准	施工单位检验评定记录或结果	监理(建设)单位验收记录或结果	备注
1	成品进场	6.1.4.1 中第(1)条			
2	扭矩系数或预拉力复验	6.1.4.1 中第(2)条或第(3)条			
3	抗滑移系数试验	6.3.3.1 中第(1)条			
4	终拧扭矩	6.3.3.1 中第(2)条或第(3)条			
一般项目		合格质量标准	施工单位检验评定记录或结果	监理(建设)单位验收记录或结果	备注
1	成品包装	6.2.3.1 中第(1)条			
2	表面硬度试验	6.2.3.1 中第(2)条			
3	初拧、复拧扭矩	6.3.3.2 中第(1)条			
4	连接外观质量	6.3.3.2 中第(2)条			

续表

一般项目		合格质量标准	施工单位检验评定记录或结果	监理（建设）单位验收记录或结果	备注
5	摩擦面外观	6.3.3.2 中第(3)条			
6	扩孔	6.3.3.2 中第(4)条			
7	网架螺栓紧固	6.3.3.2 中第(5)条			
施工单位检验评定结果		班 组 长：或专业工长：年 月 日　　质 检 员：或项目技术负责人：年 月 日			
监理（建设）单位验收结论		监理工程师（建设单位项目技术人员）：　年　月　日			

5. 钢结构（零件及部件加工）分项工程检验批质量验收应按附表 I-5 进行记录。

钢结构（零件及部件加工）分项工程检验批质量验收记录　附表 I-5

工程名称				检验批部位	
施工单位				项目经理	
监理单位				总监理工程师	
施工依据标准				分包单位负责人	
主控项目		合格质量标准	施工单位检验评定记录或结果	监理（建设）单位验收记录或结果	备注
1	材料进场	6.1.2.1 中第 4.2.1 条			
2	钢材复验	6.1.2.1 中第 4.2.2 条			
3	切面质量	6.4.2.1 中第（1）条			
4	矫正和成型	6.4.3.1 中第（1）条和第（2）条			
5	边缘加工	6.4.4.1 中第（1）条			
6	螺栓球、焊接球加工	6.4.5.1 中第（1）和第（2）条			
7	制孔	6.4.6.1 中第（1）条			

续表

<table>
<tr><td colspan="2">一般项目</td><td>合格质量标准</td><td>施工单位检验评定记录或结果</td><td>监理(建设)单位验收记录或结果</td><td>备注</td></tr>
<tr><td>1</td><td>材料规格尺寸</td><td>6.1.2.2中第（1）条和第（2）条</td><td></td><td></td><td></td></tr>
<tr><td>2</td><td>钢材表面质量</td><td>6.1.2.2中第（3）条</td><td></td><td></td><td></td></tr>
<tr><td>3</td><td>切割精度</td><td>6.4.2.2中第（1）条或第（2）条</td><td></td><td></td><td></td></tr>
<tr><td>4</td><td>矫正质量</td><td>6.4.3.2中第（1）条、6.4.3.2中第（2）条和第（3）条</td><td></td><td></td><td></td></tr>
<tr><td>5</td><td>边缘加工精度</td><td>6.4.4.2中第（1）条</td><td></td><td></td><td></td></tr>
<tr><td>6</td><td>螺栓球、焊接球加工精度</td><td>6.4.5.2中第（1）条和第（2）条</td><td></td><td></td><td></td></tr>
<tr><td>7</td><td>管件加工精度</td><td>第（3）条</td><td></td><td></td><td></td></tr>
<tr><td>8</td><td>制孔精度</td><td>6.4.6.2中第（1）条和第（2）条</td><td></td><td></td><td></td></tr>
<tr><td></td><td></td><td></td><td></td><td></td><td></td></tr>
<tr><td colspan="2">施工单位检验评定结果</td><td colspan="4">班组长：　　　　质检员：
或专业工长：　　　　或项目技术负责人：
年　月　日　　　　年　月　日</td></tr>
<tr><td colspan="2">监理(建设)单位验收结论</td><td colspan="4">监理工程师（建设单位项目技术人员）：　　年　月　日</td></tr>
</table>

6. 钢结构（构件组装）分项工程检验批质量验收应按附表 I-6 进行记录。

钢结构（构件组装）分项工程检验批质量验收记录　　附表 I-6

工程名称				检验批部位	
施工单位				项目经理	
监理单位				总监理工程师	
施工依据标准				分包单位负责人	
主控项目		合格质量标准	施工单位检验评定记录或结果	监理（建设）单位验收记录或结果	备注
1	吊车梁（桁架）	6.5.3.1 中第（1）条			
2	端部铣平精度	6.5.4.1 中第（1）条			
3	外形尺寸	6.5.5.1 中第（1）条			
一般项目		合格质量标准	施工单位检验评定记录或结果	监理（建设）单位验收记录或结果	备注
1	焊接 H 型钢接缝	6.5.2.1 中第（1）条			
2	焊接 H 型钢精度	6.5.2.1 中第（2）条			
3	焊接组装精度	6.5.3.2 中第（1）条			
4	顶紧接触面	6.5.3.2 中第（2）条			

续表

一般项目		合格质量标准	施工单位检验评定记录或结果	监理（建设）单位验收记录或结果	备注
5	轴线交点错位	6.5.3.2 中第（3）条			
6	焊缝坡口精度	6.5.4.2 中第（1）条			
7	铣平面保护	6.5.4.2 中第（2）条			
8	外形尺寸	6.5.5.2 中第（1）条			
施工单位检验评定结果		班 组 长： 或专业工长： 年 月 日		质 检 员： 或项目技术负责人： 年 月 日	
监理（建设）单位验收结论		监理工程师（建设单位项目技术人员）： 年 月 日			

7. 钢结构（预拼装）分项工程检验批质量验收应按附表 I-7 进行记录。

钢结构（预拼装）分项工程检验批质量验收记录　　附表 I-7

<table>
<tr><td colspan="2">工程名称</td><td colspan="2"></td><td>检验批部位</td><td></td></tr>
<tr><td colspan="2">施工单位</td><td colspan="2"></td><td>项目经理</td><td></td></tr>
<tr><td colspan="2">监理单位</td><td colspan="2"></td><td>总监理工程师</td><td></td></tr>
<tr><td colspan="2">施工依据标准</td><td colspan="2"></td><td>分包单位负责人</td><td></td></tr>
<tr><td colspan="2">主控项目</td><td>合格质量标准</td><td>施工单位检验评定记录或结果</td><td>监理（建设）单位验收记录或结果</td><td>备注</td></tr>
<tr><td>1</td><td>多层板叠螺栓孔</td><td>6.6.2.1 中第（1）条</td><td></td><td></td><td></td></tr>
<tr><td></td><td></td><td></td><td></td><td></td><td></td></tr>
<tr><td colspan="2">一般项目</td><td>合格质量标准</td><td>施工单位检验评定记录或结果</td><td>监理（建设）单位验收记录或结果</td><td>备注</td></tr>
<tr><td>1</td><td>预拼装精度</td><td>6.6.2.2 中第（1）条</td><td></td><td></td><td></td></tr>
<tr><td></td><td></td><td></td><td></td><td></td><td></td></tr>
<tr><td colspan="2">施工单位检验评定结果</td><td colspan="4">班 组 长：　　　　质　检　员：
或专业工长：　　　　或项目技术负责人：
年　月　日　　　　年　月　日</td></tr>
<tr><td colspan="2">监理（建设）单位验收结论</td><td colspan="4">监理工程师（建设单位项目技术人员）：　　年　月　日</td></tr>
</table>

8. 钢结构（单层结构安装）分项工程检验批质量验收应按附表 I-8 进行记录。

钢结构（单层结构安装）分项工程检验批质量验收记录 附表 I-8

工程名称				检验批部位	
施工单位				项目经理	
监理单位				总监理工程师	
施工依据标准				分包单位负责人	
主控项目		合格质量标准	施工单位检验评定记录或结果	监理（建设）单位验收记录或结果	备注
1	基础验收	6.7.2.1 中第（1）条、6.7.2.1 中第（2）条、6.7.2.1 中第（3）条、6.7.2.1 中第（4）条			
2	构件验收	6.7.3.1 中第（1）条			
3	顶紧接触面	6.7.3.1 中第（2）条			
4	垂直度和侧弯曲	6.7.3.1 中第（3）条			
5	主体结构尺寸	6.7.3.1 中第（4）条			

续表

<table>
<tr><td colspan="2">一般项目</td><td>合格质量标准</td><td>施工单位检验评定记录或结果</td><td>监理（建设）单位验收记录或结果</td><td>备注</td></tr>
<tr><td>1</td><td>地脚螺栓精度</td><td>6.7.2.2 中第（1）条</td><td></td><td></td><td></td></tr>
<tr><td>2</td><td>标记</td><td>6.7.3.2 中第（1）条</td><td></td><td></td><td></td></tr>
<tr><td>3</td><td>桁架、梁安装精度</td><td>6.7.3.2 中第（2）条</td><td></td><td></td><td></td></tr>
<tr><td>4</td><td>钢柱安装精度</td><td>6.7.3.2 中第（3）条</td><td></td><td></td><td></td></tr>
<tr><td>5</td><td>吊车梁安装精度</td><td>6.7.3.2 中第（4）条</td><td></td><td></td><td></td></tr>
<tr><td>6</td><td>檩条等安装精度</td><td>6.7.3.2 中第（5）条</td><td></td><td></td><td></td></tr>
<tr><td>7</td><td>平台等安装精度</td><td>6.7.3.2 中第（6）条</td><td></td><td></td><td></td></tr>
<tr><td>8</td><td>现场组对精度</td><td>6.7.3.2 中第（7）条</td><td></td><td></td><td></td></tr>
<tr><td>9</td><td>结构表面</td><td>6.7.3.2 中第（8）条</td><td></td><td></td><td></td></tr>
<tr><td></td><td></td><td></td><td></td><td></td><td></td></tr>
<tr><td colspan="2">施工单位检验评定结果</td><td colspan="4">班 组 长：
或专业工长：
年 月 日
质 检 员：
或项目技术负责人：
年 月 日</td></tr>
<tr><td colspan="2">监理(建设)单位验收结论</td><td colspan="4">监理工程师（建设单位项目技术人员）： 年 月 日</td></tr>
</table>

9. 钢结构（多层及高层结构安装）分项工程检验批质量验收应按附表 I-9 进行记录。

钢结构(多层及高层结构安装)分项工程检验批质量验收记录　附表 I-9

工程名称				检验批部位	
施工单位				项目经理	
监理单位				总监理工程师	
施工依据标准				分包单位负责人	
主控项目		合格质量标准	施工单位检验评定记录或结果	监理(建设)单位验收记录或结果	备注
1	基础验收	6.8.2.1 中第（1）条、6.8.2.1 中第（2）条、6.8.2.1 中第（3）条和第（4）条			
2	构件验收	6.8.3.1 中第 11.3.1 条			
3	钢柱安装精度	6.8.3.1 中第 11.3.2 条			
4	顶紧接触面	6.8.3.1 中第 11.3.3 条			
5	垂直度和侧弯曲	6.8.3.1 中第 11.3.4 条			
6	主体结构尺寸	6.8.3.1 中第 11.3.5 条			

续表

一般项目		合格质量标准	施工单位检验评定记录或结果	监理(建设)单位验收记录或结果	备注
1	地脚螺栓精度	6.8.2.2 中第（1）条			
2	标记	6.8.3.2 中第（2）条			
3	构件安装精度	6.8.3.2 中第（3）条、第（5）条			
4	主体结构高度	6.8.3.2 中第（4）条			
5	吊车梁安装精度	6.8.3.2 中第（6）条			
6	檩条等安装精度	6.8.3.2 中第（7）条			
7	平台等安装精度	6.8.3.2 中第（8）条			
8	现场组对精度	6.8.3.2 中第（9）条			
9	结构表面	6.8.3.2 中第（1）条			
施工单位检验评定结果		班 组 长： 或专业工长： 年 月 日		质 检 员： 或项目技术负责人： 年 月 日	
监理(建设)单位验收结论		监理工程师（建设单位项目技术人员）： 年 月 日			

10. 钢结构（网架结构安装）分项工程检验批质量验收应按附表I-10进行记录。

钢结构（网架结构安装）分项工程检验批质量验收记录 附表I-10

工程名称				检验批部位	
施工单位				项目经理	
监理单位				总监理工程师	
施工依据标准				分包单位负责人	
主控项目		合格质量标准	施工单位检验评定记录或结果	监理(建设)单位验收记录或结果	备注
1	焊接球	6.1.5.1中第（1）条、第（2）条			
2	螺栓球	6.1.6.1中第（1）条、第（2）条			
3	封板、锥头、套筒	6.1.7.1中第（1）条、第（2）条			
4	橡胶垫	6.1.10.1中第（1）条			
5	基础验收	6.9.2.1中第（1）条、第（2）条			
6	支座	6.9.2.1中第（3）条、第（4）条			
7	拼装精度	6.9.3.1中第（1）条、第（2）条			

续表

主控项目		合格质量标准	施工单位检验评定记录或结果	监理(建设)单位验收记录或结果	备注
8	节点承载力试验	6.9.3.1 中第（3）条			
9	结构挠度	6.9.3.1 中第（4）条			
一般项目		合格质量标准	施工单位检验评定记录或结果	监理(建设)单位验收记录或结果	备注
1	焊接球精度	6.1.5.2 中第（1）条、第（2）条			
2	螺栓球精度	6.1.6.2 中第（2）条			
3	螺栓球螺纹精度	6.1.6.2 中第（1）条			
4	锚栓精度	6.9.2.2 中第（1）条			
5	结构表面	6.9.3.2 中第（1）条			
6	安装精度	6.9.3.2 中第（2）条			
施工单位检验评定结果		班组长： 或专业工长： 年 月 日	质检员： 或项目技术负责人： 年 月 日		
监理(建设)单位验收结论		监理工程师（建设单位项目技术人员）：年 月 日			

11. 钢结构（压型金属板）分项工程检验批质量验收应按附表 I-11 进行记录。

钢结构（压型金属板）分项工程检验批质量验收记录　附表 I-11

工程名称				检验批部位		
施工单位				项目经理		
监理单位				总监理工程师		
施工依据标准				分包单位负责人		
主控项目		合格质量标准	施工单位检验评定记录或结果	监理（建设）单位验收记录或结果		备注
1	压型金属板进场	6.2.7.1 中第（1）条第（2）条				
2	基板裂纹	6.10.2.1 中第（1）条				
3	涂层缺陷	6.10.2.1 中第（2）条				
4	现场安装	6.10.3.1 中第（1）条				
5	搭接	6.10.3.1 中第（2）条				
6	端部锚固	6.10.3.1 中第（3）条				

续表

一般项目		合格质量标准	施工单位检验评定记录或结果	监理(建设)单位验收记录或结果	备注
1	压型金属板精度	6.1.8.2中第（1）条			
2	轧制精度	6.10.2.2中第（1）条 第（3）条			
3	表面质量	6.10.2.2中第（2）条			
4	安装质量	6.10.3.2中第（1）条			
5	安装精度	6.10.3.2中第（2）条			
施工单位检验评定结果		班组长： 或专业工长： 年 月 日		质 检 员： 或项目技术负责人： 年 月 日	
监理(建设)单位验收结论		监理工程师（建设单位项目技术人员）： 年 月 日			

12. 钢结构（防腐涂料涂装）分项工程检验批质量验收应按附表I-12进行记录。

钢结构（防腐涂料涂装）分项工程检验批质量验收记录　　附表I-12

工程名称			检验批部位		
施工单位			项目经理		
监理单位			总监理工程师		
施工依据标准			分包单位负责人		
主控项目		合格质量标准	施工单位检验评定记录或结果	监理(建设)单位验收记录或结果	备注
1	产品进场	6.1.9.1中第（1）条			
2	表面处理	6.11.2.1中第（1）条			
3	涂层厚度	6.11.2.1中第（2）条			
一般项目		合格质量标准	施工单位检验评定记录或结果	监理(建设)单位验收记录或结果	备注
1	产品进场	6.1.9.2中第（1）条			
2	表面质量	6.11.2.2中第（3）条			
3	附着力测试	6.11.2.2中第（2）条			
4	标志	6.11.2.2中第（3）条			
施工单位检验评定结果	班组长： 或专业工长： 年　月　日		质　检　员： 或项目技术负责人： 年　月　日		
监理(建设)单位验收结论	监理工程师（建设单位项目技术人员）：　　年　　月　　日				

13. 钢结构（防火涂料涂装）分项工程检验批质量验收应按附表 I-13 进行记录。

钢结构（防火涂料涂装）分项工程检验批质量验收记录 附表 I-13

工程名称				检验批部位	
施工单位				项目经理	
监理单位				总监理工程师	
施工依据标准				分包单位负责人	
主控项目		合格质量标准	施工单位检验评定记录或结果	监理（建设）单位验收记录或结果	备注
1	产品进场	6.1.9.1 中第（2）条			
2	涂装基层验收	6.11.3.1 中第（1）条			
3	强度试验	6.11.3.1 中第（2）条			
4	涂层厚度	6.11.3.1 中第（3）条			
5	表面裂纹	6.11.3.1 中第（4）条			
一般项目		合格质量标准	施工单位检验评定记录或结果	监理（建设）单位验收记录或结果	备注
1	产品进场	6.1.9.2 中第（1）条			
2	基层表面	6.11.3.2 中第（1）条			
3	涂层表面质量	6.11.3.2 中第（2）条			
施工单位检验评定结果	班 组 长： 或专业工长： 年 月 日		质 检 员： 或项目技术负责人： 年 月 日		
监理（建设）单位验收结论	监理工程师（建设单位项目技术人员）： 年 月 日				

7 屋面工程

7.1 基本规定

（1）屋面工程应根据建筑物的性质、重要程度、使用功能要求，按不同屋面防水等级进行设防。屋面防水等级和设防要求应符合现行国家标准《屋面工程技术规范》GB 50345 的有关规定。

（2）施工单位应取得建筑防水和保温工程相应等级的资质证书；作业人员应持证上岗。

（3）屋面工程所用的防水、保温材料应有产品合格证书和性能检测报告，材料的品种、规格、性能等必须符合国家现行产品标准和设计要求。产品质量应由经过省级以上建设行政主管部门对其资质认可和质量技术监督部门对其计量认证的质量检测单位进行检测。

（4）防水、保温材料进场验收应符合下列规定：

1）应根据设计要求对材料的质量证明文件进行检查，并应经监理工程师或建设单位代表确认，纳入工程技术档案；

2）应对材料的品种、规格、包装、外观和尺寸等进行检查验收，并应经监理工程师或建设单位代表确认，形成相应验收记录；

3）防水、保温材料进场检验项目及材料标准应符合附录 A 和附录 B 的规定。材料进场检验应执行见证取样送检制度，并应提出进场检验报告；

4）进场检验报告的全部项目指标均达到技术标准规定应为合格；不合格材料不得在工程中使用。

（5）屋面工程使用的材料应符合国家现行有关标准对材料有害物质限量的规定，不得对周围环境造成污染。

（6）屋面工程各构造层的组成材料，应分别与相邻层次的材料相容。

（7）屋面工程施工时，应建立各道工序的自检、交接检和专职人员检查的“三检”制度，并应有完整的检查记录。每道工序施工完成后，应经监理单位或建设单位检查验收，并应在合格后再进行下道工序的施工。

（8）当进行下道工序或相邻工程施工时，应对屋面已完成的部分采取保护措施。伸出屋面的管道、设备或预埋件等，应在保温层和防水层施工前安设完毕。屋面保温层和防水层完工后，不得进行凿孔、打洞或重物冲击等有损屋面的作业。

（9）屋面防水工程完工后，应进行观感质量检查和雨后观察或淋水、蓄水试验，不得有渗漏和积水现象。

（10）屋面工程各子分部工程和分项工程的划分，应符合表7-1-1的要求。

屋面工程各子分部工程和分项工程的划分　　表7-1-1

分部工程	子分部工程	分项工程
屋面工程	基层与保护	找坡层，找平层，隔汽层，隔离层，保护层
	保温与隔热	板状材料保温层，纤维材料保温层，喷涂硬泡聚氨酯保温层，现浇泡沫混凝土保温层，种植隔热层，架空隔热层，蓄水隔热层
	防水与密封	卷材防水层，涂膜防水层，复合防水层，接缝密封防水
	瓦面与板面	烧结瓦和混凝土瓦铺装，沥青瓦铺装，金属板铺装，玻璃采光顶铺装
	细部构造	檐口，檐沟和天沟，女儿墙和山墙，水落口，变形缝，伸出屋面管道，屋面出入口，反梁过水孔，设施基座，屋脊，屋顶窗

（11）屋面工程各分项工程宜按屋面面积每 $500m^2 \sim 1000m^2$ 划分为一个检验批，不足 $500m^2$ 应按一个检验批；每个检验批

的抽检数量应按本规范第4～8章的规定执行。

7.2 基层与保护工程

7.2.1 一般规定

（1）适用于与屋面保温层、防水层相关的找坡层、找平层、隔汽层、隔离层、保护层等分项工程的施工质量验收。

（2）屋面找坡应满足设计排水坡度要求，结构找坡不应小于3%，材料找坡宜为2%；檐沟、天沟纵向找坡不应小于1%，沟底水落差不得超过200mm。

（3）上人屋面或其他使用功能屋面，其保护及铺面的施工除应符合本规定外，尚应符合现行国家标准《建筑地面工程施工质量验收规范》GB 50209等的有关规定。

（4）基层与保护工程各分项工程每个检验批的抽检数量，应按屋面面积每$100m^2$抽查一处，每处应为$10m^2$，且不得少于3处。

7.2.2 找坡层和找平层

（1）装配式钢筋混凝土板的板缝嵌填施工，应符合下列要求：

1）嵌填混凝土时板缝内应清理干净，并应保持湿润；

2）当板缝宽度大于40mm或上窄下宽时，板缝内应按设计要求配置钢筋；

3）嵌填细石混凝土的强度等级不应低于C20，嵌填深度宜低于板面10～20mm，且应振捣密实和浇水养护；

4）板端缝应按设计要求增加防裂的构造措施。

（2）找坡层宜采用轻骨料混凝土；找坡材料应分层铺设和适当压实，表面应平整。

（3）找平层宜采用水泥砂浆或细石混凝土；找平层的抹平工序应在初凝前完成，压光工序应在终凝前完成，终凝后应进行养护。

（4）找平层分格缝纵横间距不宜大于6m，分格缝的宽度宜为5～20mm。

7.2.2.1　主控项目

（1）找坡层和找平层所用材料的质量及配合比，应符合设计要求。

检验方法：检查出厂合格证、质量检验报告和计量措施。

（2）找坡层和找平层的排水坡度，应符合设计要求。

检验方法：坡度尺检查。

7.2.2.2　一般项目

（1）找平层应抹平、压光，不得有酥松、起砂、起皮现象。

检验方法：观察检查。

（2）卷材防水层的基层与突出屋面结构的交接处，以及基层的转角处，找平层应做成圆弧形，且应整齐平顺。

检验方法：观察检查。

（3）找平层分格缝的宽度和间距，均应符合设计要求。

检验方法：观察和尺量检查。

（4）找坡层表面平整度的允许偏差为7mm，找平层表面平整度的允许偏差为5mm。

检验方法：2m靠尺和塞尺检查。

7.2.3　隔汽层

（1）隔汽层的基层应平整、干净、干燥。

（2）隔汽层应设置在结构层与保温层之间；隔汽层应选用气密性、水密性好的材料。

（3）在屋面与墙的连接处，隔汽层应沿墙面向上连续铺设，高出保温层上表面不得小于150mm。

（4）隔汽层采用卷材时宜空铺，卷材搭接缝应满粘，其搭接宽度不应小于80mm；隔汽层采用涂料时，应涂刷均匀。

（5）穿过隔汽层的管线周围应封严，转角处应无折损；隔汽层凡有缺陷或破损的部位，均应进行返修。

7.2.3.1　主控项目

（1）隔汽层所用材料的质量，应符合设计要求。

检验方法：检查出厂合格证、质量检验报告和进场检验报告。

(2) 隔汽层不得有破损现象。

检验方法：观察检查。

7.2.3.2 一般项目

(1) 卷材隔汽层应铺设平整，卷材搭接缝应粘结牢固，密封应严密，不得有扭曲、皱折和起泡等缺陷。

检验方法：观察检查。

(2) 涂膜隔汽层应粘结牢固，表面平整，涂布均匀，不得有堆积、起泡和露底等缺陷。

检验方法：观察检查。

7.2.4 隔离层

(1) 块体材料、水泥砂浆或细石混凝土保护层与卷材、涂膜防水层之间，应设置隔离层。

(2) 隔离层可采用干铺塑料膜、土工布、卷材或铺抹低强度等级砂浆。

7.2.4.1 主控项目

(1) 隔离层所用材料的质量及配合比，应符合设计要求。

检验方法：检查出厂合格证和计量措施。

(2) 隔离层不得有破损和漏铺现象。

检验方法：观察检查。

7.2.4.2 一般项目

(1) 塑料膜、土工布、卷材应铺设平整，其搭接宽度不应小于 50mm，不得有皱折。

检验方法：观察和尺量检查。

(2) 低强度等级砂浆表面应压实、平整，不得有起壳、起砂现象。

检验方法：观察检查。

7.2.5 保护层

(1) 防水层上的保护层施工，应待卷材铺贴完成或涂料固化成膜，并经检验合格后进行。

(2) 用块体材料做保护层时，宜设置分格缝，分格缝纵横间距不应大于 10m，分格缝宽度宜为 20mm。

(3) 用水泥砂浆做保护层时，表面应抹平压光，并应设表面分格缝，分格面积宜为 $1m^2$。

(4) 用细石混凝土做保护层时，混凝土应振捣密实，表面应抹平压光，分格缝纵横间距不应大于 6m。分格缝的宽度宜为 10～20mm。

(5) 块体材料、水泥砂浆或细石混凝土保护层与女儿墙和山墙之间，应预留宽度为 30mm 的缝隙，缝内宜填塞聚苯乙烯泡沫塑料，并应用密封材料嵌填密实。

7.2.5.1 主控项目

(1) 保护层所用材料的质量及配合比，应符合设计要求。

检验方法：检查出厂合格证、质量检验报告和计量措施。

(2) 块体材料、水泥砂浆或细石混凝土保护层的强度等级，应符合设计要求。

检验方法：检查块体材料、水泥砂浆或混凝土抗压强度试验报告。

(3) 保护层的排水坡度，应符合设计要求。

检验方法：坡度尺检查。

7.2.5.2 一般项目

(1) 块体材料保护层表面应干净，接缝应平整，周边应顺直，镶嵌应正确，应无空鼓现象。

检查方法：小锤轻击和观察检查。

(2) 水泥砂浆、细石混凝土保护层不得有裂纹、脱皮、麻面和起砂等现象。

检验方法：观察检查。

(3) 浅色涂料应与防水层粘结牢固，厚薄应均匀，不得漏涂。

检验方法：观察检查。

(4) 保护层的允许偏差和检验方法应符合表 7-2-1 的规定。

保护层的允许偏差和检验方法　　表 7-2-1

项　目	允许偏差（mm）			检验方法
	块体材料	水泥砂浆	细石混凝土	
表面平整度	4.0	4.0	5.0	2m 靠尺和塞尺检查
缝格平直	3.0	3.0	3.0	拉线和尺量检查
接缝高低差	1.5	—	—	直尺和塞尺检查
板块间隙宽度	2.0	—	—	尺量检查
保护层厚度	设计厚度的 10%，且不得大于 5mm			钢针插入和尺量检查

7.3　保温与隔热工程

7.3.1　一般规定

（1）适用范围板状材料、纤维材料、喷涂硬泡聚氨酯、现浇泡沫混凝土保温层和种植、架空、蓄水隔热层分项工程的施工质量验收。

（2）铺设保温层的基层应平整、干燥和干净。

（3）保温材料在施工过程中应采取防潮、防水和防火等措施。

（4）保温与隔热工程的构造及选用材料应符合设计要求。

（5）保温与隔热工程质量验收除应符合本规定外，尚应符合现行国家标准《建筑节能工程施工质量验收规范》GB 50411 的有关规定。

（6）保温材料使用时的含水率，应相当于该材料在当地自然风干状态下的平衡含水率。

(7) 保温材料的导热系数、表观密度或干密度、抗压强度或压缩强度、燃烧性能，必须符合设计要求。

（8）种植、架空、蓄水隔热层施工前，防水层均应验收合格。

（9）保温与隔热工程各分项工程每个检验批的抽检数量，应按屋面面积每 $100m^2$ 抽查 1 处，每处应为 $10m^2$，且不得少于 3 处。

7.3.2 板状材料保温层

（1）板状材料保温层采用干铺法施工时，板状保温材料应紧靠在基层表面上，应铺平垫稳；分层铺设的板块上下层接缝应相互错开，板间缝隙应采用同类材料的碎屑嵌填密实。

（2）板状材料保温层采用粘贴法施工时，胶粘剂应与保温材料的材性相容，并应贴严、粘牢；板状材料保温层的平面接缝应挤紧拼严，不得在板块侧面涂抹胶粘剂，超过 2mm 的缝隙应采用相同材料板条或片填塞严实。

（3）板状保温材料采用机械固定法施工时，应选择专用螺钉和垫片；固定件与结构层之间应连接牢固。

7.3.2.1 主控项目

（1）板状保温材料的质量，应符合设计要求。

检验方法：检查出厂合格证、质量检验报告和进场检验报告。

（2）板状材料保温层的厚度应符合设计要求，其正偏差应不限，负偏差应为 5%，且不得大于 4mm。

检验方法：钢针插入和尺量检查。

（3）屋面热桥部位处理应符合设计要求。

检验方法：观察检查。

7.3.2.2 一般项目

（1）板状保温材料铺设应紧贴基层，应铺平垫稳，拼缝应严密，粘贴应牢固。

检验方法：观察检查。

（2）固定件的规格、数量和位置均应符合设计要求；垫片应与保温层表面齐平。

检验方法：观察检查。

（3）板状材料保温层表面平整度的允许偏差为 5mm。

检验方法：2m 靠尺和塞尺检查。

（4）板状材料保温层接缝高低差的允许偏差为 2mm。

检验方法：直尺和塞尺检查。

7.3.3 纤维材料保温层

(1) 纤维材料保温层施工应符合下列规定：

1) 纤维保温材料应紧靠在基层表面上，平面接缝应挤紧拼严，上下层接缝应相互错开；

2) 屋面坡度较大时，宜采用金属或塑料专用固定件将纤维保温材料与基层固定；

3) 纤维材料填充后，不得上人踩踏。

(2) 装配式骨架纤维保温材料施工时，应先在基层上铺设保温龙骨或金属龙骨，龙骨之间应填充纤维保温材料，再在龙骨上铺钉水泥纤维板。金属龙骨和固定件应经防锈处理，金属龙骨与基层之间应采取隔热断桥措施。

7.3.3.1 主控项目

(1) 纤维保温材料的质量，应符合设计要求。

检验方法：检查出厂合格证、质量检验报告和进场检验报告。

(2) 纤维材料保温层的厚度应符合设计要求，其正偏差应不限，毡不得有负偏差，板负偏差应为4%，且不得大于3mm。

检验方法：钢针插入和尺量检查。

(3) 屋面热桥部位处理应符合设计要求。

检验方法：观察检查。

7.3.3.2 一般项目

(1) 纤维保温材料铺设应紧贴基层，拼缝应严密，表面应平整。

检验方法：观察检查。

(2) 固定件的规格、数量和位置应符合设计要求；垫片应与保温层表面齐平。

检验方法：观察检查。

(3) 装配式骨架和水泥纤维板应铺钉牢固，表面应平整；龙骨间距和板材厚度应符合设计要求。

检验方法：观察和尺量检查。

（4）具有抗水蒸气渗透外覆面的玻璃棉制品，其外覆面应朝向室内，拼缝应用防水密封胶带封严。

检验方法：观察检查。

7.3.4　喷涂硬泡聚氨酯保温层

（1）保温层施工前应对喷涂设备进行调试，并应制备试样进行硬泡聚氨酯的性能检测。

（2）喷涂硬泡聚氨酯的配比应准确计量，发泡厚度应均匀一致。

（3）喷涂时喷嘴与施工基面的间距应由试验确定。

（4）一个作业面应分遍喷涂完成，每遍厚度不宜大于15mm；当日的作业面应当日连续地喷涂施工完毕。

（5）硬泡聚氨酯喷涂后 20min 内严禁上人；喷涂硬泡聚氨酯保温层完成后，应及时做保护层。

7.3.4.1　主控项目

（1）喷涂硬泡聚氨酯所用原材料的质量及配合比，应符合设计要求。

检验方法：检查原材料出厂合格证、质量检验报告和计量措施。

（2）喷涂硬泡聚氨酯保温层的厚度应符合设计要求，其正偏差应不限，不得有负偏差。

检验方法：钢针插入和尺量检查。

（3）屋面热桥部位处理应符合设计要求。

检验方法：观察检查。

7.3.4.2　一般项目

（1）喷涂硬泡聚氨酯应分遍喷涂，粘结应牢固，表面应平整，找坡应正确。

检验方法：观察检查。

（2）喷涂硬泡聚氨酯保温层表面平整度的允许偏差为 5mm。

检验方法：2m 靠尺和塞尺检查。

7.3.5　现浇泡沫混凝土保温层

（1）在浇筑泡沫混凝土前，应将基层上的杂物和油污清理干净；基层应浇水湿润，但不得有积水。

（2）保温层施工前应对设备进行调试，并应制备试样进行泡沫混凝土的性能检测。

（3）泡沫混凝土的配合比应准确计量，制备好的泡沫加入水泥料浆中应搅拌均匀。

（4）浇筑过程中，应随时检查泡沫混凝土的湿密度。

7.3.5.1　主控项目

（1）现浇泡沫混凝土所用原材料的质量及配合比，应符合设计要求。

检验方法：检查原材料出厂合格证、质量检验报告和计量措施。

（2）现浇泡沫混凝土保温层的厚度应符合设计要求，其正负偏差应为5%，且不得大于5mm。

检验方法：钢针插入和尺量检查。

（3）屋面热桥部位处理应符合设计要求。

检验方法：观察检查。

7.3.5.2　一般项目

（1）现浇泡沫混凝土应分层施工，粘结应牢固，表面应平整，找坡应正确。

检验方法：观察检查。

（2）现浇泡沫混凝土不得有贯通性裂缝，以及疏松、起砂、起皮现象。

检验方法：观察检查。

（3）现浇泡沫混凝土保温层表面平整度的允许偏差为5mm。

检验方法：2m靠尺和塞尺检查。

7.3.6　种植隔热层

（1）种植隔热层与防水层之间宜设细石混凝土保护层。

（2）种植隔热层的屋面坡度大于20%时，其排水层、种植土层应采取防滑措施。

(3) 排水层施工应符合下列要求：

1) 陶粒的粒径不应小于 25mm，大粒径应在下，小粒径应在上。

2) 凹凸形排水板宜采用搭接法施工，网状交织排水板宜采用对接法施工。

3) 排水层上应铺设过滤层土工布。

4) 挡墙或挡板的下部应设泄水孔，孔周围应放置疏水粗细骨料。

(4) 过滤层土工布应沿种植土周边向上铺设至种植土高度，并应与挡墙或挡板粘牢；土工布的搭接宽度不应小于 100mm，接缝宜采用粘合或缝合。

(5) 种植土的厚度及自重应符合设计要求。种植土表面应低于挡墙高度 100mm。

7.3.6.1 主控项目

(1) 种植隔热层所用材料的质量，应符合设计要求。

检验方法：检查出厂合格证和质量检验报告。

(2) 排水层应与排水系统连通。

检验方法：观察检查。

(3) 挡墙或挡板泄水孔的留设应符合设计要求，并不得堵塞。

检验方法：观察和尺量检查。

7.3.6.2 一般项目

(1) 陶粒应铺设平整、均匀，厚度应符合设计要求。

检验方法：观察和尺量检查。

(2) 排水板应铺设平整，接缝方法应符合国家现行有关标准的规定。

检验方法：观察和尺量检查。

(3) 过滤层土工布应铺设平整、接缝严密，其搭接宽度的允许偏差为−10mm。

检验方法：观察和尺量检查。

（4）种植土应铺设平整、均匀，其厚度的允许偏差为±5%，且不得大于30mm。

检验方法：尺量检查。

7.3.7 架空隔热层

（1）架空隔热层的高度应按屋面宽度或坡度大小确定。设计无要求时，架空隔热层的高度宜为180～300mm。

（2）当屋面宽度大于10m时，应在屋面中部设置通风屋脊，通风口处应设置通风箅子。

（3）架空隔热制品支座底面的卷材、涂膜防水层，应采取加强措施。

（4）架空隔热制品的质量应符合下列要求：

1）非上人屋面的砌块强度等级不应低于MU7.5；上人屋面的砌块强度等级不应低于MU10。

2）混凝土板的强度等级不应低于C20，板厚及配筋应符合设计要求。

7.3.7.1 主控项目

（1）架空隔热制品的质量，应符合设计要求。

检验方法：检查材料或构件合格证和质量检验报告。

（2）架空隔热制品的铺设应平整、稳固，缝隙勾填应密实。

检验方法：观察检查。

7.3.7.2 一般项目

（1）架空隔热制品距山墙或女儿墙不得小于250mm。

检验方法：观察和尺量检查。

（2）架空隔热层的高度及通风屋脊、变形缝做法，应符合设计要求。

检验方法：观察和尺量检查。

（3）架空隔热制品接缝高低差的允许偏差为3mm。

检验方法：直尺和塞尺检查。

7.3.8　蓄水隔热层

（1）蓄水隔热层与屋面防水层之间应设隔离层。

（2）蓄水池的所有孔洞应预留，不得后凿；所设置的给水管、排水管和溢水管等，均应在蓄水池混凝土施工前安装完毕。

（3）每个蓄水区的防水混凝土应一次浇筑完毕，不得留施工缝。

（4）防水混凝土应用机械振捣密实，表面应抹平和压光，初凝后应覆盖养护，终凝后浇水养护不得少于14d；蓄水后不得断水。

7.3.8.1　主控项目

（1）防水混凝土所用材料的质量及配合比，应符合设计要求。

检验方法：检查出厂合格证、质量检验报告、进场检验报告和计量措施。

（2）防水混凝土的抗压强度和抗渗性能，应符合设计要求。

检验方法：检查混凝土抗压和抗渗试验报告。

（3）蓄水池不得有渗漏现象。

检验方法：蓄水至规定高度观察检查。

7.3.8.2　一般项目

（1）防水混凝土表面应密实、平整，不得有蜂窝、麻面、露筋等缺陷。

检验方法：观察检查。

（2）防水混凝土表面的裂缝宽度不应大于0.2mm，并不得贯通。

检验方法：刻度放大镜检查。

（3）蓄水池上所留设的溢水口、过水孔、排水管、溢水管等，其位置、标高和尺寸均应符合设计要求。

检验方法：观察和尺量检查。

（4）蓄水池结构的允许偏差和检验方法应符合表7-3-1的规定。

蓄水池结构的允许偏差和检验方法　　表 7-3-1

项　目	允许偏差（mm）	检验方法
长度、宽度	+15，−10	尺量检查
厚度	±5	
表面平整度	5	2m 靠尺和塞尺检查
排水坡度	符合设计要求	坡度尺检查

7.4　防水与密封工程

7.4.1　一般规定

（1）适用范围卷材防水层、涂膜防水层、复合防水层和接缝密封防水等分项工程的施工质量验收。

（2）防水层施工前，基层应坚实、平整、干净、干燥。

（3）基层处理剂应配比准确，并应搅拌均匀；喷涂或涂刷基层处理剂应均匀一致，待其干燥后应及时进行卷材、涂膜防水层和接缝密封防水施工。

（4）防水层完工并经验收合格后，应及时做好成品保护。

（5）防水与密封工程各分项工程每个检验批的抽检数量，防水层应按屋面面积每 $100m^2$ 抽查一处，每处应为 $10m^2$，且不得少于 3 处；接缝密封防水应按每 50m 抽查一处，每处应为 5m，且不得少于 3 处。

7.4.2　卷材防水层

（1）屋面坡度大于 25%时，卷材应采取满粘和钉压固定措施。

（2）卷材铺贴方向应符合下列规定：

1）卷材宜平行屋脊铺贴；

2）上下层卷材不得相互垂直铺贴。

（3）卷材搭接缝应符合下列规定：

1）平行屋脊的卷材搭接缝应顺流水方向，卷材搭接宽度应符合表 7-4-1 的规定；

2）相邻两幅卷材短边搭接缝应错开，且不得小于 500mm；

3）上下层卷材长边搭接缝应错开，且不得小于幅宽的1/3。

卷材搭接宽度（mm） **表7-4-1**

卷材类别		搭接宽度
合成高分子防水卷材	胶粘剂	80
	胶粘带	50
	单缝焊	60，有效焊接宽度不小于25
	双缝焊	80，有效焊接宽度10×2+空腔宽
高聚物改性沥青防水卷材	胶粘剂	100
	自粘	80

（4）冷粘法铺贴卷材应符合下列规定：

1）胶粘剂涂刷应均匀，不应露底，不应堆积；

2）应控制胶粘剂涂刷与卷材铺贴的间隔时间；

3）卷材下面的空气应排尽，并应辊压粘牢固；

4）卷材铺贴应平整顺直，搭接尺寸应准确，不得扭曲、皱折；

5）接缝口应用密封材料封严，宽度不应小于10mm。

（5）热粘法铺贴卷材应符合下列规定：

1）熔化热熔型改性沥青胶结料时，宜采用专用导热油炉加热，加热温度不应高于200℃，使用温度不宜低于180℃；

2）粘贴卷材的热熔型改性沥青胶结料厚度宜为1.0～1.5mm；

3）采用热熔型改性沥青胶结料粘贴卷材时，应随刮随铺，并应展平压实。

（6）热熔法铺贴卷材应符合下列规定：

1）火焰加热器加热卷材应均匀，不得加热不足或烧穿卷材；

2）卷材表面热熔后应立即滚铺，卷材下面的空气应排尽，并应辊压粘贴牢固；

3）卷材接缝部位应溢出热熔的改性沥青胶，溢出的改性沥青胶宽度宜为8mm；

4）铺贴的卷材应平整顺直，搭接尺寸应准确，不得扭曲、皱折；

5）厚度小于3mm的高聚物改性沥青防水卷材，严禁采用热熔法施工。

（7）自粘法铺贴卷材应符合下列规定：

1）铺贴卷材时，应将自粘胶底面的隔离纸全部撕净；

2）卷材下面的空气应排尽，并应辊压粘贴牢固；

3）铺贴的卷材应平整顺直，搭接尺寸应准确，不得扭曲、皱折；

4）接缝口应用密封材料封严，宽度不应小于10mm；

5）低温施工时，接缝部位宜采用热风加热，并应随即粘贴牢固。

（8）焊接法铺贴卷材应符合下列规定：

1）焊接前卷材应铺设平整、顺直，搭接尺寸应准确，不得扭曲、皱折；

2）卷材焊接缝的结合面应干净、干燥，不得有水滴、油污及附着物；

3）焊接时应先焊长边搭接缝，后焊短边搭接缝；

4）控制加热温度和时间，焊接缝不得有漏焊、跳焊、焊焦或焊接不牢现象；

5）焊接时不得损害非焊接部位的卷材。

（9）机械固定法铺贴卷材应符合下列规定：

1）卷材应采用专用固定件进行机械固定；

2）固定件应设置在卷材搭接缝内，外露固定件应用卷材封严；

3）固定件应垂直钉入结构层有效固定，固定件数量和位置应符合设计要求；

4）卷材搭接缝应粘结或焊接牢固，密封应严密；

5）卷材周边800mm范围内应满粘。

7.4.2.1 主控项目

（1）防水卷材及其配套材料的质量，应符合设计要求。

检验方法：检查出厂合格证、质量检验报告和进场检验报告。

（2）卷材防水层不得有渗漏和积水现象。

检验方法：雨后观察或淋水、蓄水试验。

（3）卷材防水层在檐口、檐沟、天沟、水落口、泛水、变形缝和伸出屋面管道的防水构造，应符合设计要求。

检验方法：观察检查。

7.4.2.2 一般项目

（1）卷材的搭接缝应粘结或焊接牢固，密封应严密，不得扭曲、皱折和翘边。

检验方法：观察检查。

（2）卷材防水层的收头应与基层粘结，钉压应牢固，密封应严密。

检验方法：观察检查。

（3）卷材防水层的铺贴方向应正确，卷材搭接宽度的允许偏差为－10mm。

检验方法：观察和尺量检查。

（4）屋面排汽构造的排汽道应纵横贯通，不得堵塞；排汽管应安装牢固，位置应正确，封闭应严密。

检验方法：观察检查。

7.4.3 涂膜防水层

（1）防水涂料应多遍涂布，并应待前一遍涂布的涂料干燥成膜后，再涂布后一遍涂料，且前后两遍涂料的涂布方向应相互垂直。

（2）铺设胎体增强材料应符合下列规定：

1）胎体增强材料宜采用聚酯无纺布或化纤无纺布；

2）胎体增强材料长边搭接宽度不应小于50mm，短边搭接宽度不应小于 70mm；

3）上下层胎体增强材料的长边搭接缝应错开，且不得小于幅宽的 1/3；

4）上下层胎体增强材料不得相互垂直铺设。

（3）多组分防水涂料应按配合比准确计量，搅拌应均匀，并应根据有效时间确定每次配制的数量。

7.4.3.1 主控项目

（1）防水涂料和胎体增强材料的质量，应符合设计要求。

检验方法：检查出厂合格证、质量检验报告和进场检验报告。

（2）涂膜防水层不得有渗漏和积水现象。

检验方法：雨后观察或淋水、蓄水试验。

（3）涂膜防水层在檐口、檐沟、天沟、水落口、泛水、变形缝和伸出屋面管道的防水构造，应符合设计要求。

检验方法：观察检查。

（4）涂膜防水层的平均厚度应符合设计要求，且最小厚度不得小于设计厚度的 80％。

检验方法：针测法或取样量测。

7.4.3.2 一般项目

（1）涂膜防水层与基层应粘结牢固，表面应平整，涂布应均匀，不得有流淌、皱折、起泡和露胎体等缺陷。

检验方法：观察检查。

（2）涂膜防水层的收头应用防水涂料多遍涂刷。

检验方法：观察检查。

（3）铺贴胎体增强材料应平整顺直，搭接尺寸应准确，应排除气泡，并应与涂料粘结牢固；胎体增强材料搭接宽度的允许偏差为－10mm。

检验方法：观察和尺量检查。

7.4.4 复合防水层

（1）卷材与涂料复合使用时，涂膜防水层宜设置在卷材防水层的下面。

（2）卷材与涂料复合使用时，防水卷材的粘结质量应符合表7-4-2的规定。

防水卷材的粘结质量　　表 7-4-2

项　　目	自粘聚合物改性沥青防水卷材和带自粘层防水卷材	高聚物改性沥青防水卷材胶粘剂	合成高分子防水卷材胶粘剂
粘结剥离强度（N/10mm）	≥10 或卷材断裂	≥8 或卷材断裂	≥15 或卷材断裂
剪切状态下的粘合强度（N/10mm）	≥20 或卷材断裂	≥20 或卷材断裂	≥20 或卷材断裂
浸水 168h 后粘结剥离强度保持率（%）	—	—	≥70

注：防水涂料作为防水卷材粘结材料复合使用时，应符合相应的防水卷材胶粘剂规定。

（3）复合防水层施工质量应符合 7.4.2 和 7.4.3 的有关规定。

7.4.4.1　主控项目

（1）复合防水层所用防水材料及其配套材料的质量，应符合设计要求。

检验方法：检查出厂合格证、质量检验报告和进场检验报告。

（2）复合防水层不得有渗漏和积水现象。

检验方法：雨后观察或淋水、蓄水试验。

（3）复合防水层在天沟、檐沟、檐口、水落口、泛水、变形缝和伸出屋面管道的防水构造，应符合设计要求。

检验方法：观察检查。

7.4.4.2　一般项目

（1）卷材与涂膜应粘贴牢固，不得有空鼓和分层现象。

检验方法：观察检查。

(2) 复合防水层的总厚度应符合设计要求。

检验方法：针测法或取样量测。

7.4.5 接缝密封防水

(1) 密封防水部位的基层应符合下列要求：

1) 基层应牢固，表面应平整、密实，不得有裂缝、蜂窝、麻面、起皮和起砂现象；

2) 基层应清洁、干燥，并应无油污、无灰尘；

3) 嵌入的背衬材料与接缝壁间不得留有空隙；

4) 密封防水部位的基层宜涂刷基层处理剂，涂刷应均匀，不得漏涂。

(2) 多组分密封材料应按配合比准确计量，拌合应均匀，并应根据有效时间确定每次配制的数量。

(3) 密封材料嵌填完成后，在固化前应避免灰尘、破损及污染，且不得踩踏。

7.4.5.1 主控项目

(1) 密封材料及其配套材料的质量，应符合设计要求。

检验方法：检查出厂合格证、质量检验报告和进场检验报告。

(2) 密封材料嵌填应密实、连续、饱满，粘结牢固，不得有气泡、开裂、脱落等缺陷。

检验方法：观察检查。

7.4.5.2 一般项目

(1) 密封防水部位的基层应符合 7.4.5 接缝密封防水第 (1) 条的规定。

检验方法：观察检查。

(2) 接缝宽度和密封材料的嵌填深度应符合设计要求，接缝宽度的允许偏差为±10％。

检验方法：尺量检查。

(3) 嵌填的密封材料表面应平滑，缝边应顺直，应无明显不平和周边污染现象。

检验方法：观察检查。

7.5 瓦面与板面工程

7.5.1 一般规定

（1）适用于烧结瓦、混凝土瓦、沥青瓦和金属板、玻璃采光顶铺装等分项工程的施工质量验收。

（2）瓦面与板面工程施工前，应对主体结构进行质量验收，并应符合现行国家标准《混凝土结构工程施工质量验收规范》GB 50204、《钢结构工程施工质量验收规范》GB 50205 和《木结构工程施工质量验收规范》GB 50206 的有关规定。

（3）木质望板、檩条、顺水条、挂瓦条等构件，均应做防腐、防蛀和防火处理；金属顺水条、挂瓦条以及金属板、固定件，均应做防锈处理。

（4）瓦材或板材与山墙及突出屋面结构的交接处，均应做泛水处理。

（5）在大风及地震设防地区或屋面坡度大于 100％时，瓦材应采取固定加强措施。

（6）在瓦材的下面应铺设防水层或防水垫层，其品种、厚度和搭接宽度均应符合设计要求。

（7）严寒和寒冷地区的檐口部位，应采取防雪融冰坠的安全措施。

（8）瓦面与板面工程各分项工程每个检验批的抽检数量，应按屋面面积每 $100m^2$ 抽查一处，每处应为 $10m^2$，且不得少于 3 处。

7.5.2 烧结瓦和混凝土瓦铺装

（1）平瓦和脊瓦应边缘整齐，表面光洁，不得有分层、裂纹和露砂等缺陷；平瓦的瓦爪与瓦槽的尺寸应配合。

（2）基层、顺水条、挂瓦条的铺设应符合下列规定：

1）基层应平整、干净、干燥；持钉层厚度应符合设计要求；

2）顺水条应垂直正脊方向铺钉在基层上，顺水条表面应平整，其间距不宜大于 500mm；

3）挂瓦条的间距应根据瓦片尺寸和屋面坡长经计算确定；

4）挂瓦条应铺钉平整、牢固，上棱应成一直线。

（3）挂瓦应符合下列规定：

1）挂瓦应从两坡的檐口同时对称进行。瓦后爪应与挂瓦条挂牢，并应与邻边、下面两瓦落槽密合；

2）檐口瓦、斜天沟瓦应用镀锌铁丝拴牢在挂瓦条上，每片瓦均应与挂瓦条固定牢固；

3）整坡瓦面应平整，行列应横平竖直，不得有翘角和张口现象；

4）正脊和斜脊应铺平挂直，脊瓦搭盖应顺主导风向和流水方向。

（4）烧结瓦和混凝土瓦铺装的有关尺寸，应符合下列规定：

1）瓦屋面檐口挑出墙面的长度不宜小于 300mm；

2）脊瓦在两坡面瓦上的搭盖宽度，每边不应小于 40mm；

3）脊瓦下端距坡面瓦的高度不宜大于 80mm；

4）瓦头伸入檐沟、天沟内的长度宜为 50～70mm；

5）金属檐沟、天沟伸入瓦内的宽度不应小于 150mm；

6）瓦头挑出檐口的长度宜为 50～70mm；

7）突出屋面结构的侧面瓦伸入泛水的宽度不应小于 50mm。

7.5.2.1 主控项目

（1）瓦材及防水垫层的质量，应符合设计要求。

检验方法：检查出厂合格证、质量检验报告和进场检验报告。

（2）烧结瓦、混凝土瓦屋面不得有渗漏现象。

检验方法：雨后观察或淋水试验。

（3）瓦片必须铺置牢固。在大风及地震设防地区或屋面坡度大于 100%时，应按设计要求采取固定加强措施。

检验方法：观察或手扳检查。

7.5.2.2 一般项目

（1）挂瓦条应分档均匀，铺钉应平整、牢固；瓦面应平整，行列应整齐，搭接应紧密，檐口应平直。

检验方法：观察检查。

（2）脊瓦应搭盖正确，间距应均匀，封固应严密；正脊和斜脊应顺直，应无起伏现象。

检验方法：观察检查。

（3）泛水做法应符合设计要求，并应顺直整齐、结合严密。

检验方法：观察检查。

（4）烧结瓦和混凝土瓦铺装的有关尺寸，应符合设计要求。

检验方法：尺量检查。

7.5.3 沥青瓦铺装

（1）沥青瓦应边缘整齐，切槽应清晰，厚薄应均匀，表面应无孔洞、楞伤、裂纹、皱折和起泡等缺陷。

（2）沥青瓦应自檐口向上铺设，起始层瓦应由瓦片经切除垂片部分后制得，且起始层瓦沿檐口平行铺设并伸出檐口 10mm，并应用沥青基胶粘材料与基层粘结；第一层瓦应与起始层瓦叠合，但瓦切口应向下指向檐口；第二层瓦应压在第一层瓦上且露出瓦切口，但不得超过切口长度。相邻两层沥青瓦的拼缝及切口应均匀错开。

（3）铺设脊瓦时，宜将沥青瓦沿切口剪开分成三块作为脊瓦，并应用 2 个固定钉固定，同时应用沥青基胶粘材料密封；脊瓦搭盖应顺主导风向。

（4）沥青瓦的固定应符合下列规定：

1）沥青瓦铺设时，每张瓦片不得少于 4 个固定钉，在大风地区或屋面坡度大于 100％时，每张瓦片不得少于 6 个固定钉；

2）固定钉应垂直钉入沥青瓦压盖面，钉帽应与瓦片表面齐平；

3）固定钉钉入持钉层深度应符合设计要求；

4）屋面边缘部位沥青瓦之间以及起始瓦与基层之间，均应采用沥青基胶粘材料满粘。

（5）沥青瓦铺装的有关尺寸应符合下列规定：

1）脊瓦在两坡面瓦上的搭盖宽度，每边不应小于150mm；

2）脊瓦与脊瓦的压盖面不应小于脊瓦面积的1/2；

3）沥青瓦挑出檐口的长度宜为10～20mm；

4）金属泛水板与沥青瓦的搭盖宽度不应小于100mm；

5）金属泛水板与突出屋面墙体的搭接高度不应小于250mm；

6）金属滴水板伸入沥青瓦下的宽度不应小于80mm。

7.5.3.1 主控项目

（1）沥青瓦及防水垫层的质量，应符合设计要求。

检验方法：检查出厂合格证、质量检验报告和进场检验报告。

（2）沥青瓦屋面不得有渗漏现象。

检验方法：雨后观察或淋水试验。

（3）沥青瓦铺设应搭接正确，瓦片外露部分不得超过切口长度。

检验方法：观察检查。

7.5.3.2 一般项目

（1）沥青瓦所用固定钉应垂直钉入持钉层，钉帽不得外露。

检验方法：观察检查。

（2）沥青瓦应与基层粘钉牢固，瓦面应平整，檐口应平直。

检验方法：观察检查。

（3）泛水做法应符合设计要求，并应顺直整齐、结合紧密。

检验方法：观察检查。

（4）沥青瓦铺装的有关尺寸，应符合设计要求。

检验方法：尺量检查。

7.5.4 金属板铺装

（1）金属板材应边缘整齐，表面应光滑，色泽应均匀，外形应规则，不得有翘曲、脱膜和锈蚀等缺陷。

（2）金属板材应用专用吊具安装，安装和运输过程中不得损伤金属板材。

（3）金属板材应根据要求板型和深化设计的排板图铺设，并应按设计图纸规定的连接方式固定。

（4）金属板固定支架或支座位置应准确，安装应牢固。

（5）金属板屋面铺装的有关尺寸应符合下列规定：

1）金属板檐口挑出墙面的长度不应小于200mm；

2）金属板伸入檐沟、天沟内的长度不应小于100mm；

3）金属泛水板与突出屋面墙体的搭接高度不应小于250mm；

4）金属泛水板、变形缝盖板与金属板的搭接宽度不应小于200mm；

5）金属屋脊盖板在两坡面金属板上的搭盖宽度不应小于250mm。

7.5.4.1 主控项目

（1）金属板材及其辅助材料的质量，应符合设计要求。

检验方法：检查出厂合格证、质量检验报告和进场检验报告。

（2）金属板屋面不得有渗漏现象。

检验方法：雨后观察或淋水试验。

7.5.4.2 一般项目

（1）金属板铺装应平整、顺滑；排水坡度应符合设计要求。

检验方法：坡度尺检查。

（2）压型金属板的咬口锁边连接应严密、连续、平整，不得扭曲和裂口。

检验方法：观察检查。

（3）压型金属板的紧固件连接应采用带防水垫圈的自攻螺钉，固定点应设在波峰上；所有自攻螺钉外露的部位均应密封处理。

检验方法：观察检查。

（4）金属面绝热夹芯板的纵向和横向搭接，应符合设计要求。

检验方法：观察检查。

（5）金属板的屋脊、檐口、泛水，直线段应顺直，曲线段应顺畅。

检验方法：观察检查。

（6）金属板材铺装的允许偏差和检验方法，应符合表 7-5-1 的规定。

金属板铺装的允许偏差和检验方法　　表 7-5-1

项　目	允许偏差（mm）	检验方法
檐口与屋脊的平行度	15	拉线和尺量检查
金属板对屋脊的垂直度	单坡长度的 1/800，且不大于 25	
金属板咬缝的平整度	10	
檐口相邻两板的端部错位	6	
金属板铺装的有关尺寸	符合设计要求	尺量检查

7.5.5　玻璃采光顶铺装

（1）玻璃采光顶的预埋件应位置准确，安装应牢固。

（2）采光顶玻璃及玻璃组件的制作，应符合现行行业标准《建筑玻璃采光顶》JG/T 231 的有关规定。

（3）采光顶玻璃表面应平整、洁净，颜色应均匀一致。

（4）玻璃采光顶与周边墙体之间的连接，应符合设计要求。

7.5.5.1　主控项目

（1）采光顶玻璃及其配套材料的质量，应符合设计要求。

检验方法：检查出厂合格证和质量检验报告。

（2）玻璃采光顶不得有渗漏现象。

检验方法：雨后观察或淋水试验。

（3）硅酮耐候密封胶的打注应密实、连续、饱满，粘结应牢固，不得有气泡、开裂、脱落等缺陷。

检验方法：观察检查。

7.5.5.2 一般项目

（1）玻璃采光顶铺装应平整、顺直；排水坡度应符合设计要求。

检验方法：观察和坡度尺检查。

（2）玻璃采光顶的冷凝水收集和排除构造，应符合设计要求。

检验方法：观察检查。

（3）明框玻璃采光顶的外露金属框或压条应横平竖直，压条安装应牢固；隐框玻璃采光顶的玻璃分格拼缝应横平竖直，均匀一致。

检验方法：观察和手扳检查。

（4）点支承玻璃采光顶的支承装置应安装牢固，配合应严密；支承装置不得与玻璃直接接触。

检验方法：观察检查。

（5）采光顶玻璃的密封胶缝应横平竖直，深浅应一致，宽窄应均匀，应光滑顺直。

检验方法：观察检查。

（6）明框玻璃采光顶铺装的允许偏差和检验方法，应符合表7-5-2的规定。

明框玻璃采光顶铺装的允许偏差和检验方法　　表 7-5-2

项目		允许偏差（mm）		检验方法
		铝构件	钢构件	
通长构件水平度（纵向或横向）	构件长度≤30m	10	15	水准仪检查
	构件长度≤60m	15	20	
	构件长度≤90m	20	25	
	构件长度≤150m	25	30	
	构件长度＞150m	30	35	

续表

项目		允许偏差（mm）		检验方法
		铝构件	钢构件	
单一构件直线度（纵向或横向）	构件长度≤2m	2	3	拉线和尺量检查
	构件长度>2m	3	4	
相邻构件平面高低差		1	2	直尺和塞尺检查
通长构件直线度（纵向或横向）	构件长度≤35m	5	7	经纬仪检查
	构件长度>35m	7	9	
分格框对角线差	对角线长度≤2m	3	4	尺量检查
	对角线长度>2m	3.5	5	

（7）隐框玻璃采光顶铺装的允许偏差和检验方法，应符合表7-5-3的规定。

隐框玻璃采光顶铺装的允许偏差和检验方法　　表7-5-3

项目		允许偏差（mm）	检验方法
通长接缝水平度（纵向或横向）	接缝长度≤30m	10	水准仪检查
	接缝长度≤60m	15	
	接缝长度≤90m	20	
	接缝长度≤150m	25	
	接缝长度>150m	30	
相邻板块的平面高低差		1	直尺和塞尺检查
相邻板块的接缝直线度		2.5	拉线和尺量检查
通长接缝直线度（纵向或横向）	接缝长度≤35m	5	经纬仪检查
	接缝长度>35m	7	
玻璃间接缝宽度（与设计尺寸比）		2	尺量检查

（8）点支承玻璃采光顶铺装的允许偏差和检验方法，应符合表7-5-4的规定。

点支承玻璃采光顶铺装的允许偏差和检验方法　　表 7-5-4

项目		允许偏差（mm）	检验方法
通长接缝水平度（纵向或横向）	接缝长度≤30m	10	水准仪检查
	接缝长度≤60m	15	
	接缝长度>60m	20	
相邻板块的平面高低差		1	直尺和塞尺检查
相邻板块的接缝直线度		2.5	拉线和尺量检查
通长接缝直线度（纵向或横向）	接缝长度≤35m	5	经纬仪检查
	接缝长度>35m	7	
玻璃间接缝宽度（与设计尺寸比）		2	尺量检查

7.6　细部构造工程

7.6.1　一般规定

（1）适用于檐口、檐沟和天沟、女儿墙和山墙、水落口、变形缝、伸出屋面管道、屋面出入口、反梁过水孔、设施基座、屋脊、屋顶窗等分项工程的施工质量验收。

（2）细部构造工程各分项工程每个检验批应全数进行检验。

（3）细部构造所使用卷材、涂料和密封材料的质量应符合设计要求，两种材料之间应具有相容性。

（4）屋面细部构造热桥部位的保温处理，应符合设计要求。

7.6.2　檐口

7.6.2.1　主控项目

（1）檐口的防水构造应符合设计要求。

检验方法：观察检查。

（2）檐口的排水坡度应符合设计要求；檐口部位不得有渗漏和积水现象。

检验方法：坡度尺检查和雨后观察或淋水试验。

7.6.2.2　一般项目

（1）檐口 800mm 范围内的卷材应满粘。

检验方法：观察检查。

(2) 卷材收头应在找平层的凹槽内用金属压条钉压固定，并应用密封材料封严。

检验方法：观察检查。

(3) 涂膜收头应用防水涂料多遍涂刷。

检验方法：观察检查。

(4) 檐口端部应抹聚合物水泥砂浆，其下端应做成鹰嘴和滴水槽。

检验方法：观察检查。

7.6.3 檐沟和天沟

7.6.3.1 主控项目

(1) 檐沟、天沟的防水构造应符合设计要求。

检验方法：观察检查。

(2) 檐沟、天沟的排水坡度应符合设计要求；沟内不得有渗漏和积水现象。

检验方法：坡度尺检查和雨后观察或淋水、蓄水试验。

7.6.3.2 一般项目

(1) 檐沟、天沟附加层铺设应符合设计要求。

检验方法：观察和尺量检查。

(2) 檐沟防水层应由沟底翻上至外侧顶部，卷材收头应用金属压条钉压固定，并应用密封材料封严；涂膜收头应用防水涂料多遍涂刷。

检验方法：观察检查。

(3) 檐沟外侧顶部及侧面均应抹聚合物水泥砂浆，其下端应做成鹰嘴或滴水槽。

检验方法：观察检查。

7.6.4 女儿墙和山墙

7.6.4.1 主控项目

(1) 女儿墙和山墙的防水构造应符合设计要求。

检验方法：观察检查。

（2）女儿墙和山墙的压顶向内排水坡度不应小于5%，压顶内侧下端应做成鹰嘴或滴水槽。

检验方法：观察和坡度尺检查。

（3）女儿墙和山墙的根部不得有渗漏和积水现象。

检验方法：雨后观察或淋水试验。

7.6.4.2 一般项目

（1）女儿墙和山墙的泛水高度及附加层铺设应符合设计要求。

检验方法：观察和尺量检查。

（2）女儿墙和山墙的卷材应满粘，卷材收头应用金属压条钉压固定，并应用密封材料封严。

检验方法：观察检查。

（3）女儿墙和山墙的涂膜应直接涂刷至压顶下，涂膜收头应用防水涂料多遍涂刷。

检验方法：观察检查。

7.6.5 水落口

7.6.5.1 主控项目

（1）水落口的防水构造应符合设计要求。

检验方法：观察检查。

（2）水落口杯上口应设在沟底的最低处；水落口处不得有渗漏和积水现象。

检验方法：雨后观察或淋水、蓄水试验。

7.6.5.2 一般项目

（1）水落口的数量和位置应符合设计要求；水落口杯应安装牢固。

检验方法：观察和手扳检查。

（2）水落口周围直径500mm范围内坡度不应小于5%，水落口周围的附加层铺设应符合设计要求。

检验方法：观察和尺量检查。

（3）防水层及附加层伸入水落口杯内不应小于50mm，并应粘结牢固。

检验方法：观察和尺量检查。

7.6.6　变形缝

7.6.6.1　主控项目

（1）变形缝的防水构造应符合设计要求。

检验方法：观察检查。

（2）变形缝处不得有渗漏和积水现象。

检验方法：雨后观察或淋水试验。

7.6.6.2　一般项目

（1）变形缝的泛水高度及附加层铺设应符合设计要求。

检验方法：观察和尺量检查。

（2）防水层应铺贴或涂刷至泛水墙的顶部。

检验方法：观察检查。

（3）等高变形缝顶部宜加扣混凝土或金属盖板。混凝土盖板的接缝应用密封材料封严；金属盖板应铺钉牢固，搭接缝应顺流水方向，并应做好防锈处理。

检验方法：观察检查。

（4）高低跨变形缝在高跨墙面上的防水卷材封盖和金属盖板，应用金属压条钉压固定，并应用密封材料封严。

检验方法：观察检查。

7.6.7　伸出屋面管道

7.6.7.1　主控项目

（1）伸出屋面管道的防水构造应符合设计要求。

检验方法：观察检查。

（2）伸出屋面管道根部不得有渗漏和积水现象。

检验方法：雨后观察或淋水试验。

7.6.7.2　一般项目

（1）伸出屋面管道的泛水高度及附加层铺设，应符合设计要求。

检验方法：观察和尺量检查。

(2) 伸出屋面管道周围的找平层应抹出高度不小于 30mm 的排水坡。

检验方法：观察和尺量检查。

(3) 卷材防水层收头应用金属箍固定，并应用密封材料封严；涂膜防水层收头应用防水涂料多遍涂刷。

检验方法：观察检查。

7.6.8 屋面出入口

7.6.8.1 主控项目

(1) 屋面出入口的防水构造应符合设计要求。

检验方法：观察检查。

(2) 屋面出入口处不得有渗漏和积水现象。

检验方法：雨后观察或淋水试验。

7.6.8.2 一般项目

(1) 屋面垂直出入口防水层收头应压在压顶圈下，附加层铺设应符合设计要求。

检验方法：观察检查。

(2) 屋面水平出入口防水层收头应压在混凝土踏步下，附加层铺设和护墙应符合设计要求。

检验方法：观察检查。

(3) 屋面出入口的泛水高度不应小于 250mm。

检验方法：观察和尺量检查。

7.6.9 反梁过水孔

7.6.9.1 主控项目

(1) 反梁过水孔的防水构造应符合设计要求。

检验方法：观察检查。

(2) 反梁过水孔处不得有渗漏和积水现象。

检验方法：雨后观察或淋水试验。

7.6.9.2 一般项目

(1) 反梁过水孔的孔底标高、孔洞尺寸或预埋管管径，均应符合设计要求。

检验方法：尺量检查。

(2) 反梁过水孔的孔洞四周应涂刷防水涂料；预埋管道两端周围与混凝土接触处应留凹槽，并应用密封材料封严。

检验方法：观察检查。

7.6.10 设施基座

7.6.10.1 主控项目

(1) 设施基座的防水构造应符合设计要求。

检验方法：观察检查。

(2) 设施基座处不得有渗漏和积水现象。

检验方法：雨后观察或淋水试验。

7.6.10.2 一般项目

(1) 设施基座与结构层相连时，防水层应包裹设施基座的上部，并应在地脚螺栓周围做密封处理。

检验方法：观察检查。

(2) 设施基座直接放置在防水层上时，设施基座下部应增设附加层，必要时应在其上浇筑细石混凝土，其厚度不应小于50mm。

检验方法：观察检查。

(3) 需经常维护的设施基座周围和屋面出入口至设施之间的人行道，应铺设块体材料或细石混凝土保护层。

检验方法：观察检查。

7.6.11 屋脊

7.6.11.1 主控项目

(1) 屋脊的防水构造应符合设计要求。

检验方法：观察检查。

(2) 屋脊处不得有渗漏现象。

检验方法：雨后观察或淋水试验。

7.6.11.2 一般项目

(1) 平脊和斜脊铺设应顺直，应无起伏现象。

检验方法：观察检查。

（2）脊瓦应搭盖正确，间距应均匀，封固应严密。

检验方法：观察和手扳检查。

7.6.12 屋顶窗

7.6.12.1 主控项目

（1）屋顶窗的防水构造应符合设计要求。

检验方法：观察检查。

（2）屋顶窗及其周围不得有渗漏现象。

检验方法：雨后观察或淋水试验。

7.6.12.2 一般项目

（1）屋顶窗用金属排水板、窗框固定铁脚应与屋面连接牢固。

检验方法：观察检查。

（2）屋顶窗用窗口防水卷材应铺贴平整，粘结应牢固。

检验方法：观察检查。

7.7 屋面工程验收

（1）屋面工程施工质量验收的程序和组织，应符合现行国家标准《建筑工程施工质量验收统一标准》GB 50300 的有关规定。

（2）检验批质量验收合格应符合下列规定：

1）主控项目的质量应经抽查检验合格；

2）一般项目的质量应经抽查检验合格；有允许偏差值的项目，其抽查点应有 80％及其以上在允许偏差范围内，且最大偏差值不得超过允许偏差值的 1.5 倍；

3）应具有完整的施工操作依据和质量检查记录。

（3）分项工程质量验收合格应符合下列规定：

1）分项工程所含检验批的质量均应验收合格；

2）分项工程所含检验批的质量验收记录应完整。

（4）分部（子分部）工程质量验收合格应符合下列规定：

1）分部（子分部）所含分项工程的质量均应验收合格；

2）质量控制资料应完整；

3）安全与功能抽样检验应符合现行国家标准《建筑工程施工质量验收统一标准》GB 50300 的有关规定；

4）观感质量检查应符合第（7）条的规定。

（5）屋面工程验收资料和记录应符合表 7-7-1 的规定。

屋面工程验收资料和记录　　表 7-7-1

资料项目	验收资料
防水设计	设计图纸及会审记录、设计变更通知单和材料代用核定单
施工方案	施工方法、技术措施、质量保证措施
技术交底记录	施工操作要求及注意事项
材料质量证明文件	出厂合格证、型式检验报告、出厂检验报告、进场验收记录和进场检验报告
施工日志	逐日施工情况
工程检验记录	工序交接检验记录、检验批质量验收记录、隐蔽工程验收记录、淋水或蓄水试验记录、观感质量检查记录、安全与功能抽样检验（检测）记录
其他技术资料	事故处理报告、技术总结

（6）屋面工程应对下列部位进行隐蔽工程验收：

1）卷材、涂膜防水层的基层；

2）保温层的隔汽和排汽措施；

3）保温层的铺设方式、厚度、板材缝隙填充质量及热桥部位的保温措施；

4）接缝的密封处理；

5）瓦材与基层的固定措施；

6）檐沟、天沟、泛水、水落口和变形缝等细部做法；

7）在屋面易开裂和渗水部位的附加层；

8）保护层与卷材、涂膜防水层之间的隔离层；

9）金属板材与基层的固定和板缝间的密封处理；

10）坡度较大时，防止卷材和保温层下滑的措施。

（7）屋面工程观感质量检查应符合下列要求：

1）卷材铺贴方向应正确，搭接缝应粘结或焊接牢固，搭接宽度应符合设计要求，表面应平整，不得有扭曲、皱折和翘边等缺陷；

2）涂膜防水层粘结应牢固，表面应平整，涂刷应均匀，不得有流淌、起泡和露胎体等缺陷；

3）嵌填的密封材料应与接缝两侧粘结牢固，表面应平滑，缝边应顺直，不得有气泡、开裂和剥离等缺陷；

4）檐口、檐沟、天沟、女儿墙、山墙、水落口、变形缝和伸出屋面管道等防水构造，应符合设计要求；

5）烧结瓦、混凝土瓦铺装应平整、牢固，应行列整齐，搭接应紧密，檐口应顺直；脊瓦应搭盖正确，间距应均匀，封固应严密；正脊和斜脊应顺直，应无起伏现象；泛水应顺直整齐，结合应严密；

6）沥青瓦铺装应搭接正确，瓦片外露部分不得超过切口长度，钉帽不得外露；沥青瓦应与基层钉粘牢固，瓦面应平整，檐口应顺直；泛水应顺直整齐，结合应严密；

7）金属板铺装应平整、顺滑；连接应正确，接缝应严密；屋脊、檐口、泛水直线段应顺直，曲线段应顺畅；

8）玻璃采光顶铺装应平整、顺直，外露金属框或压条应横平竖直，压条应安装牢固；玻璃密封胶缝应横平竖直、深浅一致，宽窄应均匀，应光滑顺直；

9）上人屋面或其他使用功能屋面，其保护及铺面应符合设计要求。

（8）检查屋面有无渗漏、积水和排水系统是否通畅，应在雨后或持续淋水 2h 后进行，并应填写淋水试验记录。具备蓄水条件的檐沟、天沟应进行蓄水试验，蓄水时间不得少于 24h，并应填写蓄水试验记录。

（9）对安全与功能有特殊要求的建筑屋面，工程质量验收除应符合本规范的规定外，尚应按合同约定和设计要求进行专项检验（检测）和专项验收。

（10）屋面工程验收后，应填写分部工程质量验收记录，并应交建设单位和施工单位存档。

附录 A　屋面防水材料进场检验项目及材料标准

屋面防水材料进场检验项目应符合附表 A-1 的规定。

屋面防水材料进场检验项目　　**附表 A-1**

序号	防水材料名称	现场抽样数量	外观质量检验	物理性能检验
1	高聚物改性沥青防水卷材	大于 1000 卷抽 5 卷，每 500 卷～1000 卷抽 4 卷，100 卷～499 卷抽 3 卷，100 卷以下抽 2 卷，进行规格尺寸和外观质量检验。在外观质量检验合格的卷材中，任取一卷作物理性能检验	表面平整，边缘整齐，无孔洞、缺边、裂口、胎基未浸透，矿物粒料粒度，每卷卷材的接头	可溶物含量、拉力、最大拉力时延伸率、耐热度、低温柔度、不透水性
2	合成高分子防水卷材		表面平整，边缘整齐，无气泡、裂纹、粘结疤痕，每卷卷材的接头	断裂拉伸强度、扯断伸长率、低温弯折性、不透水性
3	高聚物改性沥青防水涂料	每 10t 为一批，不足 10t 按一批抽样	水乳型：无色差、凝胶、结块、明显沥青丝； 溶剂型：黑色黏稠状，细腻、均匀胶状液体	固体含量、耐热性、低温柔性、不透水性、断裂伸长率或抗裂性
4	合成高分子防水涂料		反应固化型：均匀黏稠状、无凝胶、结块； 挥发固化型：经搅拌后无结块，呈均匀状态	固体含量、拉伸强度、断裂伸长率、低温柔性、不透水性
5	聚合物水泥防水涂料		液体组分：无杂质、无凝胶的均匀乳液； 固体组分：无杂质、无结块的粉末	固体含量、拉伸强度、断裂伸长率、低温柔性、不透水性

续表

序号	防水材料名称	现场抽样数量	外观质量检验	物理性能检验
6	胎体增强材料	每3000m² 为一批，不足3000m² 的按一批抽样	表面平整，边缘整齐，无折痕、无孔洞、无污迹	拉力、延伸率
7	沥青基防水卷材用基层处理剂	每5t产品为一批，不足5t的按一批抽样	均匀液体，无结块、无凝胶	固体含量、耐热性、低温柔性、剥离强度
8	高分子胶粘剂		均匀液体，无杂质、无分散颗粒或凝胶	剥离强度、浸水168h后的剥离强度保持率
9	改性沥青胶粘剂		均匀液体，无结块、无凝胶	剥离强度
10	合成橡胶胶粘带	每1000m为一批，不足1000m的按一批抽样	表面平整，无固块、杂物、孔洞、外伤及色差	剥离强度、浸水168h后的剥离强度保持率
11	改性石油沥青密封材料	每1t产品为一批，不足1t的按一批抽样	黑色均匀膏状，无结块和未浸透的填料	耐热性、低温柔性、拉伸粘结性、施工度
12	合成高分子密封材料		均匀膏状物或黏稠液体，无结皮、凝胶或不易分散的固体团状	拉伸模量、断裂伸长率、定伸粘结性
13	烧结瓦、混凝土瓦	同一批至少抽一次	边缘整齐，表面光滑，不得有分层、裂纹、露砂	抗渗性、抗冻性、吸水率
14	玻纤胎沥青瓦		边缘整齐，切槽清晰，厚薄均匀，表面无孔洞、硌伤、裂纹、皱折及起泡	可溶物含量、拉力、耐热度、柔度、不透水性、叠层剥离强度
15	彩色涂层钢板及钢带	同牌号、同规格、同镀层重量、同涂层厚度、同涂料种类和颜色为一批	钢板表面不应有气泡、缩孔、漏涂等缺陷	屈服强度、抗拉强度、断后伸长率、镀层重量、涂层厚度

附录B 屋面保温材料进场检验项目及材料标准

屋面保温材料进场检验项目应符合附表B-1的规定。

屋面保温材料进场检验项目 **附表B-1**

序号	材料名称	组批及抽样	外观质量检验	物理性能检验
1	模塑聚苯乙烯泡沫塑料	同规格按 $100m^3$ 为一批，不足 $100m^3$ 的按一批计。 在每批产品中随机抽取20块进行规格尺寸和外观质量检验。从规格尺寸和外观质量检验合格的产品中，随机取样进行物理性能检验	色泽均匀，阻燃型应掺有颜色的颗粒；表面平整，无明显收缩变形和膨胀变形；熔结良好；无明显油渍和杂质	表观密度、压缩强度、导热系数、燃烧性能
2	挤塑聚苯乙烯泡沫塑料	同类型、同规格按 $50m^3$ 为一批，不足 $50m^3$ 的按一批计。 在每批产品中随机抽取10块进行规格尺寸和外观质量检验。从规格尺寸和外观质量检验合格的产品中，随机取样进行物理性能检验	表面平整，无夹杂物，颜色均匀；无明显起泡、裂口、变形	压缩强度、导热系数、燃烧性能
3	硬质聚氨酯泡沫塑料	同原料、同配方、同工艺条件按 $50m^3$ 为一批，不足 $50m^3$ 的按一批计。 在每批产品中随机抽取10块进行规格尺寸和外观质量检验。从规格尺寸和外观质量检验合格的产品中，随机取样进行物理性能检验	表面平整，无严重凹凸不平	表观密度、压缩强度、导热系数、燃烧性能
4	泡沫玻璃绝热制品	同品种、同规格按250件为一批，不足250件的按一批计。 在每批产品中随机抽取6个包装箱，每箱各抽1块进行规格尺寸和外观质量检验。从规格尺寸和外观质量检验合格的产品中，随机取样进行物理性能检验	垂直度、最大弯曲度、缺棱、缺角、孔洞、裂纹	表观密度、抗压强度、导热系数、燃烧性能

续表

序号	材料名称	组批及抽样	外观质量检验	物理性能检验
5	膨胀珍珠岩制品（憎水型）	同品种、同规格按2000块为一批，不足2000块的按一批计。 在每批产品中随机抽取10块进行规格尺寸和外观质量检验。从规格尺寸和外观质量检验合格的产品中，随机取样进行物理性能检验	弯曲度、缺棱、掉角、裂纹	表观密度、抗压强度、导热系数、燃烧性能
6	加气混凝土砌块	同品种、同规格、同等级按200m^3为一批，不足200m^3的按一批计。 在每批产品中随机抽取50块进行规格尺寸和外观质量检验。从规格尺寸和外观质量检验合格的产品中，随机取样进行物理性能检验	缺棱掉角；裂纹、爆裂、粘膜和损坏深度；表面疏松、层裂；表面油污	干密度、抗压强度、导热系数、燃烧性能
7	泡沫混凝土砌块	同品种、同规格、同等级按200m^3为一批，不足200m^3的按一批计。 在每批产品中随机抽取50块进行规格尺寸和外观质量检验。从规格尺寸和外观质量检验合格的产品中，随机取样进行物理性能检验	缺棱掉角；平面弯曲；裂纹、粘膜和损坏深度，表面酥松、层裂；表面油污	干密度、抗压强度、导热系数、燃烧性能
8	玻璃棉、岩棉、矿渣棉制品	同原料、同工艺、同品种、同规格按1000m^2为一批，不足1000m^2的按一批计。 在每批产品中随机抽取6个包装箱或卷进行规格尺寸和外观质量检验。从规格尺寸和外观质量检验合格的产品中，抽取1个包装箱或卷进行物理性能检验	表面平整，伤痕、污迹、破损，覆层与基材粘贴	表观密度、导热系数、燃烧性能
9	金属面绝热夹芯板	同原料、同生产工艺、同厚度按150块为一批，不足150块的按一批计。 在每批产品中随机抽取5块进行规格尺寸和外观质量检验，从规格尺寸和外观质量检验合格的产品中，随机抽取3块进行物理性能检验	表面平整，无明显凹凸、翘曲、变形；切口平直、切面整齐，无毛刺；芯板切面整齐，无剥落	剥离性能、抗弯承载力、防火性能

8 地下防水工程

8.1 防水等级标准及原材料要求

(1) 地下工程的防水等级标准应符合表 8-1-1 的规定。

地下工程防水等级标准　　表 8-1-1

防水等级	防水标准
一级	不允许渗水，结构表面无湿渍
二级	不允许漏水，结构表面可有少量湿渍； 房屋建筑地下工程：总湿渍面积不应大于总防水面积（包括顶板、墙面、地面）的 1/1000；任意 $100m^2$ 防水面积上的湿渍不超过 2 处，单个湿渍的最大面积不大于 $0.1m^2$； 其他地下工程：总湿渍面积不应大于总防水面积的 2/1000；任意 $100m^2$ 防水面积上的湿渍不超过 3 处，单个湿渍的最大面积不大于 $0.2m^2$；其中，隧道工程平均渗水量不大于 $0.05L/(m^2 \cdot d)$，任意 $100m^2$ 防水面积上的渗水量不大于 $0.15L/(m^2 \cdot d)$
三级	有少量漏水点，不得有线流和漏泥砂； 任意 $100m^2$ 防水面积上的漏水或湿渍点数不超过 7 处，单个漏水点的最大漏水量不大于 2.5L/d，单个湿渍的最大面积不大于 $0.3m^2$
四级	有漏水点，不得有线流和漏泥砂； 整个工程平均漏水量不大于 $2L/(m^2 \cdot d)$；任意 $100m^2$ 防水面积上的平均漏水量不大于 $4L/(m^2 \cdot d)$

(2) 明挖法和暗挖法地下工程的防水设防应按表 8-1-2 和表 8-1-3 选用。

明挖法地下工程防水设防

表 8-1-2

工程部位		主体结构							施工缝							后浇带				变形缝、诱导缝					
防水措施		防水混凝土	防水卷材	防水涂料	塑料防水板	膨润土防水材料	防水砂浆	金属板	遇水膨胀止水条或止水胶	外贴式止水带	中埋式止水带	外抹防水砂浆	外涂防水涂料	水泥基渗透结晶型防水涂料	预埋注浆管	补偿收缩混凝土	外贴式止水带	预埋注浆管	遇水膨胀止水条或止水胶	中埋式止水带	外贴式止水带	可卸式止水带	防水密封材料	外贴防水卷材	外涂防水涂料
防水等级	一级	应选	应选一种至二种						应选二种							应选	应选二种			应选	应选二种				
	二级	应选	应选一种						应选一种至二种							应选	应选一种至二种			应选	应选一种至二种				
	三级	应选	宜选一种						宜选一种至二种							应选	宜选一种至二种			应选	宜选一种至二种				
	四级	宜选	—						宜选一种							应选	宜选一种			应选	宜选一种				

暗挖法地下工程防水设防

表 8-1-3

工程部位		衬砌结构							内衬砌施工缝						内衬砌变形缝、诱导缝			
防水措施		防水混凝土	防水卷材	防水涂料	塑料防水板	膨润土防水材料	防水砂浆	金属板	遇水膨胀止水条或止水胶	外贴式止水带	中埋式止水带	防水密封材料	水泥基渗透结晶型防水涂料	预埋注浆管	中埋式止水带	外贴式止水带	可卸式止水带	防水密封材料
防水等级	一级	必选	应选一种至二种						应选一种至二种						应选	应选一种至二种		
	二级	应选	应选一种						应选一种						应选	应选一种		
	三级	宜选	宜选一种						宜选一种						应选	宜选一种		
	四级	宜选	宜选一种						宜选一种						应选	宜选一种		

（3）防水材料的进场验收应符合下列规定：

1）对材料的外观、品种、规格、包装、尺寸和数量等进行检查验收，并经监理单位或建设单位代表检查确认，形成相应验收记录；

2）对材料的质量证明文件进行检查，并经监理单位或建设单位代表检查确认，纳入工程技术档案；

3）材料进场后应按附录A和附录B的规定抽样检验，检验应执行见证取样送检制度，并出具材料进场检验报告；

4）材料的物理性能检验项目全部指标达到标准规定时，即为合格；若有一项指标不符合标准规定，应在受检产品中重新取样进行该项指标复验，复验结果符合标准规定，则判定该批材料为合格。

（4）地下工程使用的防水材料及其配套材料，应符合现行行业标准《建筑防水涂料中有害物质限量》JC 1066的规定，不得对周围环境造成污染。

（5）地下防水工程的施工，应建立各道工序的自检、交接检和专职人员检查的制度，并有完整的检查记录；工程隐蔽前，应由施工单位通知有关单位进行验收，并形成隐蔽工程验收记录；未经监理单位或建设单位代表对上道工序的检查确认，不得进行下道工序的施工。

（6）地下防水工程施工期间，必须保持地下水位稳定在工程底部最低高程500mm以下，必要时应采取降水措施。对采用明沟排水的基坑，应保持基坑干燥。

（7）地下防水工程不得在雨天、雪天和五级风及其以上时施工；防水材料施工环境气温条件宜符合表8-1-4的规定。

防水材料施工环境气温条件　　表8-1-4

防水材料	施工环境气温条件
高聚物改性沥青防水卷材	冷粘法、自粘法不低于5℃，热熔法不低于－10℃
合成高分子防水卷材	冷粘法、自粘法不低于5℃，焊接法不低于－10℃

续表

防水材料	施工环境气温条件
有机防水涂料	溶剂型－5～35℃，反应型、水乳型 5～35℃
无机防水涂料	5～35℃
防水混凝土、防水砂浆	5～35℃
膨润土防水材料	不低于－20℃

（8）地下防水工程是一个子分部工程，其分项工程的划分应符合表 8-1-5 的规定。

地下防水工程的分项工程　　表 8-1-5

子分部工程		分项工程
地下防水工程	主体结构防水	防水混凝土、水泥砂浆防水层、卷材防水层、涂料防水层、塑料防水板防水层、金属板防水层、膨润土防水材料防水层
	细部构造防水	施工缝、变形缝、后浇带、穿墙管、埋设件、预留通道接头、桩头、孔口、坑、池
	特殊施工法结构防水	锚喷支护、地下连续墙、盾构隧道、沉井、逆筑结构
	排水	渗排水、盲沟排水、隧道排水、坑道排水、塑料排水板排水
	注浆	预注浆、后注浆、结构裂缝注浆

（9）地下防水工程的分项工程检验批和抽样检验数量应符合下列规定：

1）主体结构防水工程和细部构造防水工程应按结构层、变形缝或后浇带等施工段划分检验批；

2）特殊施工法结构防水工程应按隧道区间、变形缝等施工段划分检验批；

3）排水工程和注浆工程应各为一个检验批；

4）各检验批的抽样检验数量：细部构造应为全数检查，其他均应符合本规范的规定。

（10）地下工程应按设计的防水等级标准进行验收。地下工程渗漏水调查与检测应按附录 C 执行。

8.2 主体结构防水工程

8.2.1 防水混凝土

（1）防水混凝土适用于抗渗等级不小于P6的地下混凝土结构。不适用于环境温度高于80℃的地下工程。处于侵蚀性介质中，防水混凝土的耐侵蚀性要求应符合现行国家标准《工业建筑防腐蚀设计规范》GB 50046和《混凝土结构耐久性设计规范》GB 50476的有关规定。

（2）水泥的选择应符合下列规定：

1）宜采用普通硅酸盐水泥或硅酸盐水泥，采用其他品种水泥时应经试验确定；

2）在受侵蚀性介质作用时，应按介质的性质选用相应的水泥品种；

3）不得使用过期或受潮结块的水泥，并不得将不同品种或强度等级的水泥混合使用。

（3）砂、石的选择应符合下列规定：

1）砂宜选用中粗砂，含泥量不应大于3.0%，泥块含量不宜大于1.0%；

2）不宜使用海砂；在没有使用河砂的条件时，应对海砂进行处理后才能使用，且控制氯离子含量不得大于0.06%；

3）碎石或卵石的粒径宜为5～40mm，含泥量不应大于1.0%，泥块含量不应大于0.5%；

4）对长期处于潮湿环境的重要结构混凝土用砂、石，应进行碱活性检验。

（4）矿物掺合料的选择应符合下列规定：

1）粉煤灰的级别不应低于Ⅱ级，烧失量不应大于5%；

2）硅粉的比表面积不应小于15000m^2/kg，SiO_2含量不应小于85%；

3）粒化高炉矿渣粉的品质要求应符合现行国家标准《用于水泥和混凝土中的粒化高炉矿渣粉》GB/T 18046的有关规定。

（5）混凝土拌合用水，应符合现行行业标准《混凝土用水标准》JGJ 63 的有关规定。

（6）外加剂的选择应符合下列规定：

1）外加剂的品种和用量应经试验确定，所用外加剂应符合现行国家标准《混凝土外加剂应用技术规范》GB 50119 的质量规定；

2）掺加引气剂或引气型减水剂的混凝土，其含气量宜控制在 3%～5%；

3）考虑外加剂对硬化混凝土收缩性能的影响；

4）严禁使用对人体产生危害、对环境产生污染的外加剂。

（7）防水混凝土的配合比应经试验确定，并应符合下列规定：

1）试配要求的抗渗水压值应比设计值提高 0.2MPa；

2）混凝土胶凝材料总量不宜小于 $320kg/m^3$，其中水泥用量不宜小于 $260kg/m^3$，粉煤灰掺量宜为胶凝材料总量的 20%～30%，硅粉的掺量宜为胶凝材料总量的 2%～5%；

3）水胶比不得大于 0.50，有侵蚀性介质时水胶比不宜大于 0.45；

4）砂率宜为 35%～40%，泵送时可增至 45%；

5）灰砂比宜为 1∶1.5～1∶2.5；

6）混凝土拌合物的氯离子含量不应超过胶凝材料总量的 0.1%；混凝土中各类材料的总碱量即 Na_2O 当量不得大于 $3kg/m^3$。

（8）防水混凝土采用预拌混凝土时，入泵坍落度宜控制在 120～160mm，坍落度每小时损失不应大于 20mm，坍落度总损失值不应大于 40mm。

（9）混凝土拌制和浇筑过程控制应符合下列规定：

1）拌制混凝土所用材料的品种、规格和用量，每工作班检查不应少于两次。每盘混凝土组成材料计量结果的允许偏差应符合表 8-2-1 的规定。

混凝土组成材料计量结果的允许偏差（%）　　表 8-2-1

混凝土组成材料	每盘计量	累计计量
水泥、掺合料	±2	±1
粗、细骨料	±3	±2
水、外加剂	±2	±1

注：累计计量仅适用于微机控制计量的搅拌站。

2）混凝土在浇筑地点的坍落度，每工作班至少检查两次，坍落度试验应符合现行国家标准《普通混凝土拌合物性能试验方法标准》GB/T 50080 的有关规定。混凝土坍落度允许偏差应符合表 8-2-2 的规定。

混凝土坍落度允许偏差（mm）　　表 8-2-2

规定坍落度	允许偏差
≤40	±10
50～90	±15
＞90	±20

3）泵送混凝土在交货地点的入泵坍落度，每工作班至少检查两次。混凝土入泵时的坍落度允许偏差应符合表 8-2-3 的规定。

混凝土入泵时的坍落度允许偏差（mm）　　表 8-2-3

所需坍落度	允许偏差
≤100	±20
＞100	±30

4）当防水混凝土拌合物在运输后出现离析，必须进行二次搅拌。当坍落度损失后不能满足施工要求时，应加入原水胶比的水泥浆或掺加同品种的减水剂进行搅拌，严禁直接加水。

（10）防水混凝土抗压强度试件，应在混凝土浇筑地点随机取样后制作，并应符合下列规定：

1）同一工程、同一配合比的混凝土，取样频率与试件留置组数应符合现行国家标准《混凝土结构工程施工质量验收规范》GB 50204 的有关规定；

2）抗压强度试验应符合现行国家标准《普通混凝土力学性能试验方法标准》GB/T 50081 的有关规定；

3）结构构件的混凝土强度评定应符合现行国家标准《混凝土强度检验评定标准》GB/T 50107 的有关规定。

（11）防水混凝土抗渗性能应采用标准条件下养护混凝土抗渗试件的试验结果评定，试件应在混凝土浇筑地点随机取样后制作，并应符合下列规定：

1）连续浇筑混凝土每 $500m^3$ 应留置一组 6 个抗渗试件，且每项工程不得少于两组；采用预拌混凝土的抗渗试件，留置组数应视结构的规模和要求而定；

2）抗渗性能试验应符合现行国家标准《普通混凝土长期性能和耐久性能试验方法标准》GB/T 50082 的有关规定。

（12）大体积防水混凝土的施工应采取材料选择、温度控制、保温保湿等技术措施。在设计许可的情况下，掺粉煤灰混凝土设计强度等级的龄期宜为 60d 或 90d。

（13）防水混凝土分项工程检验批的抽样检验数量，应按混凝土外露面积每 $100m^2$ 抽查 1 处，每处 $10m^2$，且不得少于 3 处。

8.2.1.1 主控项目

（1）防水混凝土的原材料、配合比及坍落度必须符合设计要求。

检验方法：检查产品合格证、产品性能检测报告、计量措施和材料进场检验报告。

（2）防水混凝土的抗压强度和抗渗性能必须符合设计要求。

检验方法：检查混凝土抗压强度、抗渗性能检验报告。

（3）防水混凝土结构的施工缝、变形缝、后浇带、穿墙管、埋设件等设置和构造必须符合设计要求。

检验方法：观察检查和检查隐蔽工程验收记录。

8.2.1.2 一般项目

（1）防水混凝土结构表面应坚实、平整，不得有露筋、蜂窝等缺陷；埋设件位置应准确。

检验方法：观察检查。

（2）防水混凝土结构表面的裂缝宽度不应大于0.2mm，且不得贯通。

检验方法：用刻度放大镜检查。

（3）防水混凝土结构厚度不应小于250mm，其允许偏差应为＋8mm、－5mm；主体结构迎水面钢筋保护层厚度不应小于50mm，其允许偏差应为±5mm。

检验方法：尺量检查和检查隐蔽工程验收记录。

8.2.2 水泥砂浆防水层

（1）水泥砂浆防水层适用于地下工程主体结构的迎水面或背水面。不适用于受持续振动或环境温度高于80℃的地下工程。

（2）水泥砂浆防水层应采用聚合物水泥防水砂浆、掺外加剂或掺合料的防水砂浆。

（3）水泥砂浆防水层所用的材料应符合下列规定：

1）水泥应使用普通硅酸盐水泥、硅酸盐水泥或特种水泥，不得使用过期或受潮结块的水泥；

2）砂宜采用中砂，含泥量不应大于1.0%，硫化物及硫酸盐含量不应大于1.0%；

3）用于拌制水泥砂浆的水，应采用不含有害物质的洁净水；

4）聚合物乳液的外观为均匀液体，无杂质、无沉淀、不分层；

5）外加剂的技术性能应符合现行国家或行业有关标准的质量要求。

（4）水泥砂浆防水层的基层质量应平整、坚实、清洁，并应充分湿润、无明水；

表面的孔洞、缝隙，应采用与防水层相同的水泥砂浆堵塞并抹平；

应对埋设件、穿墙管预留凹槽内嵌填密封材料后，再进行水泥砂浆防水层施工。

(5) 水泥砂浆防水层施工应符合下列规定：

1) 水泥砂浆的配制，应按所掺材料的技术要求准确计量；

2) 分层铺抹或喷涂，铺抹时应压实、抹平，最后一层表面应提浆压光；

3) 防水层各层应紧密粘合，每层宜连续施工；必须留设施工缝时，应采用阶梯坡形槎，但与阴阳角处的距离不得小于200mm；

4) 水泥砂浆终凝后应及时进行养护，养护温度不宜低于5℃，并应保持砂浆表面湿润，养护时间不得少于14d；聚合物水泥防水砂浆未达到硬化状态时，不得浇水养护或直接受雨水冲刷，硬化后应采用干湿交替的养护方法。潮湿环境中，可在自然条件下养护。

(6) 水泥砂浆防水层分项工程检验批的抽样检验数量，应按施工面积每100m^{2}抽查1处，每处10m^2，且不得少于3处。

8.2.2.1 主控项目

(1) 防水砂浆的原材料及配合比必须符合设计规定。

检验方法：检查产品合格证、产品性能检测报告、计量措施和材料进场检验报告。

(2) 防水砂浆的粘结强度和抗渗性能必须符合设计规定。

检验方法：检查砂浆粘结强度、抗渗性能检验报告。

(3) 水泥砂浆防水层与基层之间应结合牢固，无空鼓现象。

检验方法：观察和用小锤轻击检查。

8.2.2.2 一般项目

(1) 水泥砂浆防水层表面应密实、平整，不得有裂纹、起砂、麻面等缺陷。

检验方法：观察检查。

(2) 水泥砂浆防水层施工缝留槎位置应正确，接槎应按层次顺序操作，层层搭接紧密。

检验方法：观察检查和检查隐蔽工程验收记录。

（3）水泥砂浆防水层的平均厚度应符合设计要求，最小厚度不得小于设计厚度的85%。

检验方法：用针测法检查。

（4）水泥砂浆防水层表面平整度的允许偏差应为5mm。

检验方法：用2m靠尺和楔形塞尺检查。

8.2.3 卷材防水层

（1）卷材防水层适用于受侵蚀性介质作用或受振动作用的地下工程；卷材防水层应铺设在主体结构的迎水面。

（2）卷材防水层应采用高聚物改性沥青类防水卷材和合成高分子类防水卷材。所选用的基层处理剂、胶粘剂、密封材料等均应与铺贴的卷材相匹配。

（3）在进场材料检验的同时，防水卷材接缝粘结质量检验应按附录D执行。

（4）铺贴防水卷材前，基面应干净、干燥，并应涂刷基层处理剂；当基面潮湿时，应涂刷湿固化型胶粘剂或潮湿界面隔离剂。

（5）基层阴阳角应做成圆弧或45°坡角，其尺寸应根据卷材品种确定；在转角处、变形缝、施工缝，穿墙管等部位应铺贴卷材加强层，加强层宽度不应小于500mm。

（6）防水卷材的搭接宽度应符合表8-2-4的要求。铺贴双层卷材时，上下两层和相邻两幅卷材的接缝应错开1/3～1/2幅宽，且两层卷材不得相互垂直铺贴。

防水卷材的搭接宽度 **表8-2-4**

卷材品种	搭接宽度（mm）
弹性体改性沥青防水卷材	100
改性沥青聚乙烯胎防水卷材	100
自粘聚合物改性沥青防水卷材	80
三元乙丙橡胶防水卷材	100/60（胶粘剂/胶粘带）

续表

卷材品种	搭接宽度（mm）
聚氯乙烯防水卷材	60/80 （单焊缝/双焊缝）
	100 （胶粘剂）
聚乙烯丙纶复合防水卷材	100（粘结料）
高分子自粘胶膜防水卷材	70/80 （自粘胶/胶粘带）

（7）冷粘法铺贴卷材应符合下列规定：

1）胶粘剂应涂刷均匀，不得露底、堆积；

2）根据胶粘剂的性能，应控制胶粘剂涂刷与卷材铺贴的间隔时间；

3）铺贴时不得用力拉伸卷材，排除卷材下面的空气，辊压粘贴牢固；

4）卷材接缝部位应采用专用胶粘剂或胶粘带满粘，接缝口应用密封材料封严，其宽度不应小于 10mm。

（8）热熔法铺贴卷材应符合下列规定：

1）火焰加热器加热卷材应均匀，不得加热不足或烧穿卷材；

2）卷材表面热熔后应立即滚铺，排除卷材下面的空气，并粘贴牢固；

3）卷材接缝部位应溢出热熔的改性沥青胶料，并粘贴牢固，封闭严密。

（9）自粘法铺贴卷材应符合下列规定：

1）铺贴卷材时，应将有黏性的一面朝向主体结构；

2）外墙、顶板铺贴时，排除卷材下面的空气，辊压粘贴牢固；

3）立面卷材铺贴完成后，应将卷材端头固定，并应用密封材料封严；

4）低温施工时，宜对卷材和基面采用热风适当加热，然后铺贴卷材。

5）以上铺贴卷材应平整、顺直，搭接尺寸准确，不得扭曲、皱折和起泡；

（10）卷材接缝采用焊接法施工应符合下列规定：

1）焊接前卷材应铺放平整，搭接尺寸准确，焊接缝的结合面应清扫干净；

2）焊接时应先焊长边搭接缝，后焊短边搭接缝；

3）控制热风加热温度和时间，焊接处不得漏焊、跳焊或焊接不牢；

4）焊接时不得损害非焊接部位的卷材。

（11）铺贴聚乙烯丙纶复合防水卷材应符合下列规定：

1）应采用配套的聚合物水泥防水粘结材料；

2）卷材与基层粘贴应采用满粘法，粘结面积不应小于90%，刮涂粘结料应均匀，不得露底、堆积、流淌；

3）固化后的粘结料厚度不应小于1.3mm；

4）卷材接缝部位应挤出粘结料，接缝表面处应涂刮1.3mm厚50mm宽聚合物水泥粘结料封边；

5）聚合物水泥粘结料固化前，不得在其上行走或进行后续作业。

（12）高分子自粘胶膜防水卷材宜采用预铺反粘法施工，并应符合下列规定：

1）卷材宜单层铺设；

2）在潮湿基面铺设时，基面应平整坚固、无明水；

3）卷材长边应采用自粘边搭接，短边应采用胶粘带搭接，卷材端部搭接区应相互错开；

4）立面施工时，在自粘边位置距离卷材边缘10～20mm内，每隔400～600mm应进行机械固定，并应保证固定位置被卷材完全覆盖；

5）浇筑结构混凝土时不得损伤防水层。

（13）卷材防水层完工并经验收合格后应及时做保护层。保护层应符合下列规定：

1）顶板的细石混凝土保护层与防水层之间宜设置隔离层。细石混凝土保护层厚度：机械回填时不宜小于70mm，人工回填时不宜小于50mm；

2）底板的细石混凝土保护层厚度不应小于50mm；

3）侧墙宜采用软质保护材料或铺抹20mm厚1∶2.5水泥砂浆。

（14）卷材防水层分项工程检验批的抽样检验数量，应按铺贴面积每100m^{2}抽查1处，每处10m^2，且不得少于3处。

8.2.3.1 主控项目

（1）卷材防水层所用卷材及其配套材料必须符合设计要求。

检验方法：检查产品合格证、产品性能检测报告和材料进场检验报告。

（2）卷材防水层在转角处、变形缝、施工缝、穿墙管等部位做法必须符合设计要求。

检验方法：观察检查和检查隐蔽工程验收记录。

8.2.3.2 一般项目

（1）卷材防水层的搭接缝应粘贴或焊接牢固，密封严密，不得有扭曲、折皱、翘边和起泡等缺陷。

检验方法：观察检查。

（2）采用外防外贴法铺贴卷材防水层时，立面卷材接槎的搭接宽度，高聚物改性沥青类卷材应为150mm，合成高分子类卷材应为100mm，且上层卷材应盖过下层卷材。

检验方法：观察和尺量检查。

（3）侧墙卷材防水层的保护层与防水层应结合紧密，保护层厚度应符合设计要求。

检验方法：观察和尺量检查。

（4）卷材搭接宽度的允许偏差应为－10mm。

检验方法：观察和尺量检查。

8.2.4　涂料防水层

（1）涂料防水层适用于受侵蚀性介质作用或受振动作用的地下工程；有机防水涂料宜用于主体结构的迎水面，无机防水涂料宜用于主体结构的迎水面或背水面。

（2）有机防水涂料应采用反应型、水乳型、聚合物水泥等涂料；无机防水涂料应采用掺外加剂、掺合料的水泥基防水涂料或水泥基渗透结晶型防水涂料。

（3）有机防水涂料基面应干燥。当基面较潮湿时，应涂刷湿固化型胶结剂或潮湿界面隔离剂；无机防水涂料施工前，基面应充分润湿，但不得有明水。

（4）涂料防水层的施工应符合下列规定：

1）多组分涂料应按配合比准确计量，搅拌均匀，并应根据有效时间确定每次配制的用量；

2）涂料应分层涂刷或喷涂，涂层应均匀，涂刷应待前遍涂层干燥成膜后进行。每遍涂刷时应交替改变涂层的涂刷方向，同层涂膜的先后搭压宽度宜为30～50mm；

3）涂料防水层的甩槎处接槎宽度不应小于100mm，接涂前应将其甩槎表面处理干净；

4）采用有机防水涂料时，基层阴阳角处应做成圆弧；在转角处、变形缝、施工缝、穿墙管等部位应增加胎体增强材料和增涂防水涂料，宽度不应小于500mm；

5）胎体增强材料的搭接宽度不应小于100mm。上下两层和相邻两幅胎体的接缝应错开1/3幅宽，且上下两层胎体不得相互垂直铺贴。

（5）涂料防水层完工并经验收合格后应及时做保护层。保护层应符合8.2.3卷材防水层第（13）条的规定。

（6）涂料防水层分项工程检验批的抽样检验数量，应按涂层面积每100m^{2}抽查1处，每处10m^2，且不得少于3处。

8.2.4.1　主控项目

（1）涂料防水层所用的材料及配合比必须符合设计要求。

检验方法：检查产品合格证、产品性能检测报告、计量措施和材料进场检验报告。

（2）涂料防水层的平均厚度应符合设计要求，最小厚度不得小于设计厚度的 90%。

检验方法：用针测法检查。

（3）涂料防水层在转角处、变形缝、施工缝、穿墙管等部位做法必须符合设计要求。

检验方法：观察检查和检查隐蔽工程验收记录。

8.2.4.2 一般项目

（1）涂料防水层应与基层粘结牢固，涂刷均匀，不得流淌、鼓泡、露槎。

检验方法：观察检查。

（2）涂层间夹铺胎体增强材料时，应使防水涂料浸透胎体覆盖完全，不得有胎体外露现象。

检验方法：观察检查。

（3）侧墙涂料防水层的保护层与防水层应结合紧密，保护层厚度应符合设计要求。

检验方法：观察检查。

8.2.5 塑料防水板防水层

（1）塑料防水板防水层适用于经常承受水压、侵蚀性介质或有振动作用的地下工程；塑料防水板宜铺设在复合式衬砌的初期支护与二次衬砌之间。

（2）塑料防水板防水层的基面应平整，无尖锐突出物，基面平整度 D/L 不应大于 1/6。

注：D 为初期支护基面相邻两凸面间凹进去的深度；

L 为初期支护基面相邻两凸面间的距离。

（3）初期支护的渗漏水，应在塑料防水板防水层铺设前封堵或引排。

（4）塑料防水板的铺设应符合下列规定：

1）铺设塑料防水板前应先铺缓冲层，缓冲层应用暗钉圈固定在基面上；缓冲层搭接宽度不应小于 50mm；铺设塑料防水板时，应边铺边用压焊机将塑料防水板与暗钉圈焊接；

2）两幅塑料防水板的搭接宽度不应小于 100mm，下部塑料防水板应压住上部塑料防水板。接缝焊接时，塑料防水板的搭接层数不得超过 3 层；

3）塑料防水板的搭接缝应采用双焊缝，每条焊缝的有效宽度不应小于 10mm；

4）塑料防水板铺设时宜设置分区预埋注浆系统；

5）分段设置塑料防水板防水层时，两端应采取封闭措施。

（5）塑料防水板的铺设应超前二次衬砌混凝土施工，超前距离宜为 5～20m。

（6）塑料防水板应牢固地固定在基面上，固定点间距应根据基面平整情况确定，拱部宜为 0.5～0.8m，边墙宜为 1.0～1.5m，底部宜为 1.5～2.0m；局部凹凸较大时，应在凹处加密固定点。

（7）塑料防水板防水层分项工程检验批的抽样检验数量，应按铺设面积每 100m² 抽查 1 处，每处 10m²，且不得少于 3 处。焊缝检验应按焊缝条数抽查 5%，每条焊缝为 1 处，且不得少于 3 处。

8.2.5.1 主控项目

（1）塑料防水板及其配套材料必须符合设计要求。

检验方法：检查产品合格证、产品性能检测报告和材料进场检验报告。

（2）塑料防水板的搭接缝必须采用双缝热熔焊接，每条焊缝的有效宽度不应小于 10mm。

检验方法：双焊缝间空腔内充气检查和尺量检查。

8.2.5.2 一般项目

（1）塑料防水板应采用无钉孔铺设，其固定点的间距应符合 8.2.5 塑料防水板防水层第（6）条的规定。

检验方法：观察和尺量检查。

(2) 塑料防水板与暗钉圈应焊接牢靠，不得漏焊、假焊和焊穿。

检验方法：观察检查。

(3) 塑料防水板的铺设应平顺，不得有下垂、绷紧和破损现象。

检验方法：观察检查。

(4) 塑料防水板搭接宽度的允许偏差应为−10mm。

检验方法：尺量检查。

8.2.6 金属板防水层

(1) 金属板防水层适用于抗渗性能要求较高的地下工程；金属板应铺设在主体结构迎水面。

(2) 金属板防水层所采用的金属材料和保护材料应符合设计要求。金属板及其焊接材料的规格、外观质量和主要物理性能，应符合国家现行有关标准的规定。

(3) 金属板的拼接及金属板与工程结构的锚固件连接应采用焊接。金属板的拼接焊缝应进行外观检查和无损检验。

(4) 金属板表面有锈蚀、麻点或划痕等缺陷时，其深度不得大于该板材厚度的负偏差值。

(5) 金属板防水层分项工程检验批的抽样检验数量，应按铺设面积每 $10m^2$ 抽查 1 处，每处 $1m^2$，且不得少于 3 处。焊缝表面缺陷检验应按焊缝的条数抽查 5%，且不得少于 1 条焊缝；每条焊缝检查 1 处，总抽查数不得少于 10 处。

8.2.6.1 主控项目

(1) 金属板和焊接材料必须符合设计要求。

检验方法：检查产品合格证、产品性能检测报告和材料进场检验报告。

(2) 焊工应持有有效的执业资格证书。

检验方法：检查焊工执业资格证书和考核日期。

8.2.6.2 一般项目

(1) 金属板表面不得有明显凹面和损伤。

检验方法：观察检查。

（2）焊缝不得有裂纹、未熔合、夹渣、焊瘤、咬边、烧穿、弧坑、针状气孔等缺陷。

检验方法：观察检查和使用放大镜、焊缝量规及钢尺检查，必要时采用渗透或磁粉探伤检查。

（3）焊缝的焊波应均匀，焊渣和飞溅物应清除干净；保护涂层不得有漏涂、脱皮和反锈现象。

检验方法：观察检查。

8.2.7 膨润土防水材料防水层

（1）膨润土防水材料防水层适用于pH为4～10的地下环境中；膨润土防水材料防水层应用于复合式衬砌的初期支护与二次衬砌之间以及明挖法地下工程主体结构的迎水面，防水层两侧应具有一定的夹持力。

（2）膨润土防水材料中的膨润土颗粒应采用钠基膨润土，不应采用钙基膨润土。

（3）膨润土防水材料防水层基面应坚实、清洁，不得有明水，基面平整度应符合8.2.5塑料防水板防水层中第（2）条的规定；基层阴阳角应做成圆弧或坡角。

（4）膨润土防水毯的织布面和膨润土防水板的膨润土面，均应与结构外表面密贴。

（5）膨润土防水材料应采用水泥钉和垫片固定；立面和斜面上的固定间距宜为400～500mm，平面上应在搭接缝处固定。

（6）膨润土防水材料的搭接宽度应大于100mm；搭接部位的固定间距宜为200～300mm，固定点与搭接边缘的距离宜为25～30mm，搭接处应涂抹膨润土密封膏。平面搭接缝处可干撒膨润土颗粒，其用量宜为0.3～0.5kg/m。

（7）膨润土防水材料的收口部位应采用金属压条和水泥钉固定，并用膨润土密封膏覆盖。

（8）转角处和变形缝、施工缝、后浇带等部位均应设置宽度不小于 500mm 加强层，加强层应设置在防水层与结构外表面之间。穿墙管件部位宜采用膨润土橡胶止水条、膨润土密封膏进行加强处理。

(9) 膨润土防水材料分段铺设时，应采取临时遮挡防护措施。

(10) 膨润土防水材料防水层分项工程检验批的抽样检验数量，应按铺设面积每 $100m^2$ 抽查 1 处，每处 $10m^2$，且不得少于 3 处。

8.2.7.1 主控项目

(1) 膨润土防水材料必须符合设计要求。

检验方法：检查产品合格证、产品性能检测报告和材料进场检验报告。

(2) 膨润土防水材料防水层在转角处和变形缝、施工缝、后浇带、穿墙管等部位做法必须符合设计要求。

检验方法：观察检查和检查隐蔽工程验收记录。

8.2.7.2 一般项目

(1) 膨润土防水毯的织布面或防水板的膨润土面，应朝向工程主体结构的迎水面。

检验方法：观察检查。

(2) 立面或斜面铺设的膨润土防水材料应上层压住下层，防水层与基层、防水层与防水层之间应密贴，并应平整无折皱。

检验方法：观察检查。

(3) 膨润土防水材料的搭接和收口部位应符合 8.2.7 膨润土防水材料防水层第 (5) 条、第 (6) 条、第 (7) 条的规定。

检验方法：观察和尺量检查。

(4) 膨润土防水材料搭接宽度的允许偏差应为－10mm。

检验方法：观察和尺量检查。

8.3 细部构造防水工程

8.3.1 施工缝

8.3.1.1 主控项目

（1）施工缝用止水带、遇水膨胀止水条或止水胶、水泥基渗透结晶型防水涂料和预埋注浆管必须符合设计要求。

检验方法：检查产品合格证、产品性能检测报告和材料进场检验报告。

（2）施工缝防水构造必须符合设计要求。

检验方法：观察检查和检查隐蔽工程验收记录。

8.3.1.2 一般项目

（1）墙体水平施工缝应留设在高出底板表面不小于300mm的墙体上。拱、板与墙结合的水平施工缝，宜留在拱、板与墙交接处以下150～300mm处；垂直施工缝应避开地下水和裂隙水较多的地段，并宜与变形缝相结合。

检验方法：观察检查和检查隐蔽工程验收记录。

（2）在施工缝处继续浇筑混凝土时，已浇筑的混凝土抗压强度不应小于1.2MPa。

检验方法：观察检查和检查隐蔽工程验收记录。

（3）水平施工缝浇筑混凝土前，应将其表面浮浆和杂物清除，然后铺设净浆、涂刷混凝土界面处理剂或水泥基渗透结晶型防水涂料，再铺30～50mm厚的1：1水泥砂浆，并及时浇筑混凝土。

检验方法：观察检查和检查隐蔽工程验收记录。

（4）垂直施工缝浇筑混凝土前，应将其表面清理干净，再涂刷混凝土界面处理剂或水泥基渗透结晶型防水涂料，并及时浇筑混凝土。

检验方法：观察检查和检查隐蔽工程验收记录。

（5）中埋式止水带及外贴式止水带埋设位置应准确，固定应牢靠。

检验方法：观察检查和检查隐蔽工程验收记录。

(6) 遇水膨胀止水条应具有缓膨胀性能；止水条与施工缝基面应密贴，中间不得有空鼓、脱离等现象；止水条应牢固地安装在缝表面或预留凹槽内；止水条采用搭接连接时，搭接宽度不得小于30mm。

检验方法：观察检查和检查隐蔽工程验收记录。

(7) 遇水膨胀止水胶应采用专用注胶器挤出粘结在施工缝表面，并做到连续、均匀、饱满，无气泡和孔洞，挤出宽度及厚度应符合设计要求；止水胶挤出成形后，固化期内应采取临时保护措施；止水胶固化前不得浇筑混凝土。

检验方法：观察检查和检查隐蔽工程验收记录。

(8) 预埋注浆管应设置在施工缝断面中部，注浆管与施工缝基面应密贴并固定牢靠，固定间距宜为200～300mm；注浆导管与注浆管的连接应牢固、严密，导管埋入混凝土内的部分应与结构钢筋绑扎牢固，导管的末端应临时封堵严密。

检验方法：观察检查和检查隐蔽工程验收记录。

8.3.2 变形缝

8.3.2.1 主控项目

(1) 变形缝用止水带、填缝材料和密封材料必须符合设计要求。

检验方法：检查产品合格证、产品性能检测报告和材料进场检验报告。

(2) 变形缝防水构造必须符合设计要求。

检验方法：观察检查和检查隐蔽工程验收记录。

(3) 中埋式止水带埋设位置应准确，其中间空心圆环与变形缝的中心线应重合。

检验方法：观察检查和检查隐蔽工程验收记录。

8.3.2.2 一般项目

(1) 中埋式止水带的接缝应设在边墙较高位置上，不得设在结构转角处；接头宜采用热压焊接，接缝应平整、牢固，不得有裂口和脱胶现象。

检验方法：观察检查和检查隐蔽工程验收记录。

（2）中埋式止水带在转弯处应做成圆弧形；顶板、底板内止水带应安装成盆状，并宜采用专用钢筋套或扁钢固定。

检验方法：观察检查和检查隐蔽工程验收记录。

（3）外贴式止水带在变形缝与施工缝相交部位宜采用十字配件；外贴式止水带在变形缝转角部位宜采用直角配件。止水带埋设位置应准确，固定应牢靠，并与固定止水带的基层密贴，不得出现空鼓、翘边等现象。

检验方法：观察检查和检查隐蔽工程验收记录。

（4）安设于结构内侧的可卸式止水带所需配件应一次配齐，转角处应做成45°坡角，并增加紧固件的数量。

检验方法：观察检查和检查隐蔽工程验收记录。

（5）嵌填密封材料的缝内两侧基面应平整、洁净、干燥，并应涂刷基层处理剂；嵌缝底部应设置背衬材料；密封材料嵌填应严密、连续、饱满，粘结牢固。

检验方法：观察检查和检查隐蔽工程验收记录。

（6）变形缝处表面粘贴卷材或涂刷涂料前，应在缝上设置隔离层和加强层。

检验方法：观察检查和检查隐蔽工程验收记录。

8.3.3　后浇带

8.3.3.1　主控项目

（1）后浇带用遇水膨胀止水条或止水胶、预埋注浆管、外贴式止水带必须符合设计要求。

检验方法：检查产品合格证、产品性能检测报告和材料进场检验报告。

（2）补偿收缩混凝土的原材料及配合比必须符合设计要求。

检验方法：检查产品合格证、产品性能检测报告、计量措施和材料进场检验报告。

（3）后浇带防水构造必须符合设计要求。

检验方法：观察检查和检查隐蔽工程验收记录。

(4) 采用掺膨胀剂的补偿收缩混凝土，其抗压强度、抗渗性能和限制膨胀率必须符合设计要求。

检验方法：检查混凝土抗压强度、抗渗性能和水中养护14d后的限制膨胀率检验报告。

8.3.3.2 一般项目

(1) 补偿收缩混凝土浇筑前，后浇带部位和外贴式止水带应采取保护措施。

检验方法：观察检查。

(2) 后浇带两侧的接缝表面应先清理干净，再涂刷混凝土界面处理剂或水泥基渗透结晶型防水涂料；后浇混凝土的浇筑时间应符合设计要求。

检验方法：观察检查和检查隐蔽工程验收记录。

(3) 遇水膨胀止水条的施工应符合8.3.1.2一般项目第(6)条的规定；遇水膨胀止水胶的施工应符合8.3.1.2一般项目第(7)条的规定；预埋注浆管的施工应符合8.3.1.2一般项目第(8)条的规定；外贴式止水带的施工应符合8.3.2.2一般项目第(3)条的规定。

检验方法：观察检查和检查隐蔽工程验收记录。

(4) 后浇带混凝土应一次浇筑，不得留设施工缝；混凝土浇筑后应及时养护，养护时间不得少于28d。

检验方法：观察检查和检查隐蔽工程验收记录。

8.3.4 穿墙管

8.3.4.1 主控项目

(1) 穿墙管用遇水膨胀止水条和密封材料必须符合设计要求。

检验方法：检查产品合格证、产品性能检测报告和材料进场检验报告。

(2) 穿墙管防水构造必须符合设计要求。

检验方法：观察检查和检查隐蔽工程验收记录。

8.3.4.2 一般项目

(1) 固定式穿墙管应加焊止水环或环绕遇水膨胀止水圈，并作好防腐处理；穿墙管应在主体结构迎水面预留凹槽，槽内应用密封材料嵌填密实。

检验方法：观察检查和检查隐蔽工程验收记录。

(2) 套管式穿墙管的套管与止水环及翼环应连续满焊，并作好防腐处理；套管内表面应清理干净，穿墙管与套管之间应用密封材料和橡胶密封圈进行密封处理，并采用法兰盘及螺栓进行固定。

检验方法：观察检查和检查隐蔽工程验收记录。

(3) 穿墙盒的封口钢板与混凝土结构墙上预埋的角钢应焊严，并从钢板上的预留浇注孔注入改性沥青密封材料或细石混凝土，封填后将浇注孔口用钢板焊接封闭。

检验方法：观察检查和检查隐蔽工程验收记录。

(4) 当主体结构迎水面有柔性防水层时，防水层与穿墙管连接处应增设加强层。

检验方法：观察检查和检查隐蔽工程验收记录。

(5) 密封材料嵌填应密实、连续、饱满，粘结牢固。

检验方法：观察检查和检查隐蔽工程验收记录。

8.3.5 埋设件

8.3.5.1 主控项目

(1) 埋设件用密封材料必须符合设计要求。

检验方法：检查产品合格证、产品性能检测报告、材料进场检验报告。

(2) 埋设件防水构造必须符合设计要求。

检验方法：观察检查和检查隐蔽工程验收记录。

8.3.5.2 一般项目

(1) 埋设件应位置准确，固定牢靠；埋设件应进行防腐处理。

检验方法：观察、尺量和手扳检查。

（2）埋设件端部或预留孔、槽底部的混凝土厚度不得小于250mm；当混凝土厚度小于250mm时，应局部加厚或采取其他防水措施。

检验方法：尺量检查和检查隐蔽工程验收记录。

（3）结构迎水面的埋设件周围应预留凹槽，凹槽内应用密封材料填实。

检验方法：观察检查和检查隐蔽工程验收记录。

（4）用于固定模板的螺栓必须穿过混凝土结构时，可采用工具式螺栓或螺栓加堵头，螺栓上应加焊止水环。拆模后留下的凹槽应用密封材料封堵密实，并用聚合物水泥砂浆抹平。

检验方法：观察检查和检查隐蔽工程验收记录。

（5）预留孔、槽内的防水层应与主体防水层保持连续。

检验方法：观察检查和检查隐蔽工程验收记录。

（6）密封材料嵌填应密实、连续、饱满，粘结牢固。

检验方法：观察检查和检查隐蔽工程验收记录。

8.3.6　预留通道接头

8.3.6.1　主控项目

（1）预留通道接头用中埋式止水带、遇水膨胀止水条或止水胶、预埋注浆管、密封材料和可卸式止水带必须符合设计要求。

检验方法：检查产品合格证、产品性能检测报告、材料进场检验报告。

（2）预留通道接头防水构造必须符合设计要求。

检验方法：观察检查和检查隐蔽工程验收记录。

（3）中埋式止水带埋设位置应准确，其中间空心圆环与通道接头中心线应重合。

检验方法：观察检查和检查隐蔽工程验收记录。

8.3.6.2　一般项目

（1）预留通道先浇混凝土结构、中埋式止水带和预埋件应及时保护，预埋件应进行防锈处理。

检验方法：观察检查。

（2）遇水膨胀止水条的施工应符合 8.3.1.2 一般项目第（6）条的规定；遇水膨胀止水胶的施工应符合 8.3.1.2 一般项目第（7）条的规定；预埋注浆管的施工应符合 8.3.1.2 一般项目第（8）条的规定。

检验方法：观察检查和检查隐蔽工程验收记录。

（3）密封材料嵌填应密实、连续、饱满，粘结牢固。

检验方法：观察检查和检查隐蔽工程验收记录。

（4）用膨胀螺栓固定可卸式止水带时，止水带与紧固件压块以及止水带与基面之间应结合紧密。采用金属膨胀螺栓时，应选用不锈钢材料或进行防锈处理。

检验方法：观察检查和检查隐蔽工程验收记录。

（5）预留通道接头外部应设保护墙。

检验方法：观察检查和检查隐蔽工程验收记录。

8.3.7　桩头

8.3.7.1 主控项目

（1）桩头用聚合物水泥防水砂浆、水泥基渗透结晶型防水涂料、遇水膨胀止水条或止水胶和密封材料必须符合设计要求。

检验方法：检查产品合格证、产品性能检测报告和材料进场检验报告。

（2）桩头防水构造必须符合设计要求。

检验方法：观察检查和检查隐蔽工程验收记录。

（3）桩头混凝土应密实，如发现渗漏水应及时采取封堵措施。

检验方法：观察检查和检查隐蔽工程验收记录。

8.3.7.2 一般项目

（1）桩头顶面和侧面裸露处应涂刷水泥基渗透结晶型防水涂料，并延伸到结构底板垫层 150mm 处；桩头四周 300mm 范围内应抹聚合物水泥防水砂浆过渡层。

检验方法：观察检查和检查隐蔽工程验收记录。

（2）结构底板防水层应做在聚合物水泥防水砂浆过渡层

上并延伸至桩头侧壁，其与桩头侧壁接缝处应采用密封材料嵌填。

检验方法：观察检查和检查隐蔽工程验收记录。

(3) 桩头的受力钢筋根部应采用遇水膨胀止水条或止水胶，并应采取保护措施。

检验方法：观察检查和检查隐蔽工程验收记录。

(4) 遇水膨胀止水条的施工应符合 8.3.1.2 一般项目第 (6) 条的规定；遇水膨胀止水胶的施工应符合 8.3.1.2 一般项目第 (7) 条的规定。

检验方法：观察检查和检查隐蔽工程验收记录。

(5) 密封材料嵌填应密实、连续、饱满，粘结牢固。

检验方法：观察检查和检查隐蔽工程验收记录。

8.3.8 孔口

8.3.8.1 主控项目

(1) 孔口用防水卷材、防水涂料和密封材料必须符合设计要求。

检验方法：检查产品合格证、产品性能检测报告、材料进场检验报告。

(2) 孔口防水构造必须符合设计要求。

检验方法：观察检查和检查隐蔽工程验收记录。

8.3.8.2 一般项目

(1) 人员出入口高出地面不应小于 500mm；汽车出入口设置明沟排水时，其高出地面宜为 150mm，并应采取防雨措施。

检验方法：观察和尺量检查。

(2) 窗井的底部在最高地下水位以上时，窗井的墙体和底板应做防水处理，并宜与主体结构断开。窗台下部的墙体和底板应做防水层。

检验方法：观察检查和检查隐蔽工程验收记录。

(3) 窗井或窗井的一部分在最高地下水位以下时，窗井应与主体结构连成整体，其防水层也应连成整体，并应在窗井内设置集水井。窗台下部的墙体和底板应做防水层。

检验方法：观察检查和检查隐蔽工程验收记录。

（4）窗井内的底板应低于窗下缘 300mm。窗井墙高出室外地面不得小于 500mm；窗井外地面应做散水，散水与墙面间应采用密封材料嵌填。

检验方法：观察检查和尺量检查。

（5）密封材料嵌填应密实、连续、饱满，粘结牢固。

检验方法：观察检查和检查隐蔽工程验收记录。

8.3.9 坑、池

8.3.9.1 主控项目

（1）坑、池防水混凝土的原材料、配合比及坍落度必须符合设计要求。

检验方法：检查产品合格证、产品性能检测报告、计量措施和材料进场检验报告。

（2）坑、池防水构造必须符合设计要求。

检验方法：观察检查和检查隐蔽工程验收记录。

（3）坑、池、储水库内部防水层完成后，应进行蓄水试验。

检验方法：观察检查和检查蓄水试验记录。

8.3.9.2 一般项目

（1）坑、池、储水库宜采用防水混凝土整体浇筑，混凝土表面应坚实、平整，不得有露筋、蜂窝和裂缝等缺陷。

检验方法：观察检查和检查隐蔽工程验收记录。

（2）坑、池底板的混凝土厚度不应小于 250mm；当底板的厚度小于 250mm 时，应采取局部加厚措施，并应使防水层保持连续。

检验方法：观察检查和检查隐蔽工程验收记录。

（3）坑、池施工完后，应及时遮盖和防止杂物堵塞。

检验方法：观察检查。

8.4 特殊施工法结构防水工程

8.4.1 锚喷支护

(1) 锚喷支护适用于暗挖法地下工程的支护结构及复合式衬砌的初期支护。

(2) 喷射混凝土施工前，应根据围岩裂隙及渗漏水的情况，预先采用引排或注浆堵水。

(3) 喷射混凝土所用原材料应符合下列规定：

1) 选用普通硅酸盐水泥或硅酸盐水泥；

2) 中砂或粗砂的细度模数宜大于 2.5，含泥量不应大于 3.0%；干法喷射时，含水率宜为 5%~7%；

3) 采用卵石或碎石，粒径不应大于 15mm，含泥量不应大于 1.0%；使用碱性速凝剂时，不得使用含有活性二氧化硅的石料；

4) 不含有害物质的洁净水；

5) 速凝剂的初凝时间不应大于 5min，终凝时间不应大于 10min。

(4) 混合料必须计量准确，搅拌均匀，并应符合下列规定：

1) 水泥与砂石质量比宜为 1：4~1：4.5，砂率宜为 45%~55%，水胶比不得大于 0.45，外加剂和外掺料的掺量应通过试验确定；

2) 水泥和速凝剂称量允许偏差均为±2%，砂、石称量允许偏差均为±3%；

3) 混合料在运输和存放过程中严防受潮，存放时间不应超过 2h；当掺入速凝剂时，存放时间不应超过 20min。

(5) 喷射混凝土终凝 2h 后应采取喷水养护，养护时间不得少于 14d；当气温低于 5℃时，不得喷水养护。

(6) 喷射混凝土试件制作组数应符合下列规定：

1) 地下铁道工程应按区间或小于区间断面的结构，每 20 延米拱和墙各取抗压试件一组；车站取抗压试件两组。其他工程应按每喷射 50m^3 同一配合比的混合料或混合料小于 50m^3 的独立工程取抗压试件一组。

2）地下铁道工程应按区间结构每 40 延米取抗渗试件一组；车站每 20 延米取抗渗试件一组。其他工程当设计有抗渗要求时，可增做抗渗性能试验。

（7）锚杆必须进行抗拔力试验。同一批锚杆每 100 根应取一组试件，每组 3 根，不足 100 根也取 3 根。同一批试件抗拔力平均值不应小于设计锚固力，且同一批试件抗拔力的最小值不应小于设计锚固力的 90%。

（8）锚喷支护分项工程检验批的抽样检验数量，应按区间或小于区间断面的结构每 20 延米抽查 1 处，车站每 10 延米抽查 1 处，每处 10m^2，且不得少于 3 处。

8.4.1.1 主控项目

（1）喷射混凝土所用原材料、混合料配合比及钢筋网、锚杆、钢拱架等必须符合设计要求。

检验方法：检查产品合格证、产品性能检测报告、计量措施和材料进场检验报告。

（2）喷射混凝土抗压强度、抗渗性能和锚杆抗拔力必须符合设计要求。

检验方法：检查混凝土抗压强度、抗渗性能检验报告和锚杆抗拔力检验报告。

（3）锚喷支护的渗漏水量必须符合设计要求。

检验方法：观察检查和检查渗漏水检测记录。

8.4.1.2 一般项目

（1）喷层与围岩以及喷层之间应粘结紧密，不得有空鼓现象。

检验方法：用小锤轻击检查。

（2）喷层厚度有 60% 以上检查点不应小于设计厚度，最小厚度不得小于设计厚度的 50%，且平均厚度不得小于设计厚度。

检验方法：用针探法或凿孔法检查。

（3）喷射混凝土应密实、平整，无裂缝、脱落、漏喷、露筋。

检验方法：观察检查。

（4）喷射混凝土表面平整度 D/L 不得大于1/6。

检验方法：尺量检查。

8.4.2 地下连续墙

（1）地下连续墙适用于地下工程的主体结构、支护结构以及复合式衬砌的初期支护。

（2）地下连续墙应采用防水混凝土。胶凝材料用量不应小于400kg/m³，水胶比不得大于0.55，坍落度不得小于180mm。

（3）地下连续墙施工时，混凝土应按每一个单元槽段留置一组抗压试件，每5个槽段留置一组抗渗试件。

（4）叠合式侧墙的地下连续墙与内衬结构连接处，应凿毛并清洗干净，必要时应做特殊防水处理。

（5）地下连续墙应根据工程要求和施工条件减少槽段数量；地下连续墙槽段接缝应避开拐角部位。

（6）地下连续墙如有裂缝、孔洞、露筋等缺陷，应采用聚合物水泥砂浆修补；地下连续墙槽段接缝如有渗漏，应采用引排或注浆封堵。

（7）地下连续墙分项工程检验批的抽样检验数量，应按每连续5个槽段抽查1个槽段，且不得少于3个槽段。

8.4.2.1 主控项目

（1）防水混凝土的原材料、配合比及坍落度必须符合设计要求。

检验方法：检查产品合格证、产品性能检测报告、计量措施和材料进场检验报告。

（2）防水混凝土的抗压强度和抗渗性能必须符合设计要求。

检验方法：检查混凝土的抗压强度、抗渗性能检验报告。

（3）地下连续墙的渗漏水量必须符合设计要求。

检验方法：观察检查和检查渗漏水检测记录。

8.4.2.2　一般项目

（1）地下连续墙的槽段接缝构造应符合设计要求。

检验方法：观察检查和检查隐蔽工程验收记录。

（2）地下连续墙墙面不得有露筋、露石和夹泥现象。

检验方法：观察检查。

（3）地下连续墙墙体表面平整度，临时支护墙体允许偏差应为 50mm，单一或复合墙体允许偏差应为 30mm。

检验方法：尺量检查。

8.4.3　盾构隧道

（1）盾构隧道适用于在软土和软岩土中采用盾构掘进和拼装管片方法修建的衬砌结构。

（2）盾构隧道衬砌防水措施应按表 8-4-1 选用。

盾构隧道衬砌防水措施　　表 8-4-1

防水措施		高精度管片	接缝防水				混凝土内衬或其他内衬	外防水涂料
			密封垫	嵌缝材料	密封剂	螺孔密封圈		
防水等级	一级	必选	必选	全隧道或部分区段应选	可选	必选	宜选	对混凝土有中等以上腐蚀的地层应选，在非腐蚀地层宜选
	二级	必选	必选	部分区段宜选	可选	必选	局部宜选	对混凝土有中等以上腐蚀的地层宜选
	三级	应选	必选	部分区段宜选	—	应选	—	对混凝土有中等以上腐蚀的地层宜选
	四级	可选	宜选	可选	—	—	—	—

（3）钢筋混凝土管片的质量应符合下列规定：

1）管片混凝土抗压强度和抗渗性能以及混凝土氯离子扩散系数均应符合设计要求；

2）管片不应有露筋、孔洞、疏松、夹渣、有害裂缝、缺棱掉角、飞边等缺陷；

3）单块管片制作尺寸允许偏差应符合表 8-4-2 的规定。

单块管片制作尺寸允许偏差　表 8-4-2

项　目	允许偏差（mm）
宽度	±1
弧长、弦长	±1
厚　度	+3，−1

（4）钢筋混凝土管片抗压和抗渗试件制作应符合下列规定：

1）直径 8m 以下隧道，同一配合比按每生产 10 环制作抗压试件一组，每生产 30 环制作抗渗试件一组；

2）直径 8m 以上隧道，同一配合比按每工作台班制作抗压试件一组，每生产 10 环制作抗渗试件一组。

（5）钢筋混凝土管片的单块抗渗检漏应符合下列规定：

1）检验数量：管片每生产 100 环应抽查 1 块管片进行检漏测试，连续 3 次达到检漏标准，则改为每生产 200 环抽查 1 块管片，再连续 3 次达到检漏标准，按最终检测频率为 400 环抽查 1 块管片进行检漏测试。如出现一次不达标，则恢复每 100 环抽查 1 块管片的最初检漏频率，再按上述要求进行抽检。当检漏频率为每 100 环抽查 1 块时，如出现不达标，则双倍复检，如再出现不达标，必须逐块检漏。

2）检漏标准：管片外表在 0.8MPa 水压力下，恒压 3h，渗水进入管片外背高度不超过 50mm 为合格。

（6）盾构隧道衬砌的管片密封垫防水应符合下列规定：

1）密封垫沟槽表面应干燥、无灰尘，雨天不得进行密封垫粘贴施工；

2）密封垫应与沟槽紧密贴合，不得有起鼓、超长和缺口现象；

3）密封垫粘贴完毕并达到规定强度后，方可进行管片拼装；

4）采用遇水膨胀橡胶密封垫时，非粘贴面应涂刷缓膨胀剂或采取符合缓膨胀的措施。

（7）盾构隧道衬砌的管片嵌缝材料防水应符合下列规定：

1）根据盾构施工方法和隧道的稳定性，确定嵌缝作业开始的时间；

2）嵌缝槽如有缺损，应采用与管片混凝土强度等级相同的聚合物水泥砂浆修补；

3）嵌缝槽表面应坚实、平整、洁净、干燥；

4）嵌缝作业应在无明显渗水后进行；

5）嵌填材料施工时，应先刷涂基层处理剂，嵌填应密实、平整。

（8）盾构隧道衬砌的管片密封剂防水应符合下列规定：

1）接缝管片渗漏时，应采用密封剂堵漏；

2）密封剂注入口应无缺损，注入通道应通畅；

3）密封剂材料注入施工前，应采取控制注入范围的措施。

（9）盾构隧道衬砌的管片螺孔密封圈防水应符合下列规定：

1）螺栓拧紧前，应确保螺栓孔密封圈定位准确，并与螺栓孔沟槽相贴合；

2）螺栓孔渗漏时，应采取封堵措施；

3）不得使用已破损或提前膨胀的密封圈。

（10）盾构隧道分项工程检验批的抽样检验数量，应按每连续5环抽查1环，且不得少于3环。

8.4.3.1 主控项目

（1）盾构隧道衬砌所用防水材料必须符合设计要求。

检验方法：检查产品合格证、产品性能检测报告和材料进场检验报告。

（2）钢筋混凝土管片的抗压强度和抗渗性能必须符合设计要求。

检验方法：检查混凝土抗压强度、抗渗性能检验报告和管片单块检漏测试报告。

（3）盾构隧道衬砌的渗漏水量必须符合设计要求。

检验方法：观察检查和检查渗漏水检测记录。

8.4.3.2　一般项目

（1）管片接缝密封垫及其沟槽的断面尺寸应符合设计要求。

检验方法：观察检查和检查隐蔽工程验收记录。

（2）密封垫在沟槽内应套箍和粘贴牢固，不得歪斜、扭曲。

检验方法：观察检查。

（3）管片嵌缝槽的深宽比及断面构造形式、尺寸应符合设计要求。

检验方法：观察检查和检查隐蔽工程验收记录。

（4）嵌缝材料嵌填应密实、连续、饱满，表面平整，密贴牢固。

检验方法：观察检查。

（5）管片的环向及纵向螺栓应全部穿进并拧紧；衬砌内表面的外露铁件防腐处理应符合设计要求。

检验方法：观察检查。

8.4.4　沉井

（1）沉井适用于下沉施工的地下建筑物或构筑物。

（2）沉井结构应采用防水混凝土浇筑。沉井分段制作时，施工缝的防水措施应符合8.3.1施工缝的有关规定；固定模板的螺栓穿过混凝土井壁时，螺栓部位的防水处理应符合8.3.5.2一般项目第（4）条的规定。

（3）沉井干封底施工应符合下列规定：

1）沉井基底土面应全部挖至设计标高，待其下沉稳定后再将井内积水排干；

2）清除浮土杂物，底板与井壁连接部位应凿毛、清洗干净或涂刷混凝土界面处理剂，及时浇筑防水混凝土封底；

3）在软土中封底时，宜分格逐段对称进行；

4）封底混凝土施工过程中，应从底板上的集水井中不间断地抽水；

5）封底混凝土达到设计强度后，方可停止抽水；集水井的封堵应采用微膨胀混凝土填充捣实，并用法兰、焊接钢板等方法封平。

（4）沉井水下封底施工应符合下列规定：

1）井底应将浮泥清除干净，并铺碎石垫层；

2）底板与井壁连接部位应冲刷干净；

3）封底宜采用水下不分散混凝土，其坍落度宜为 180～220mm；

4）封底混凝土应在沉井全部底面积上连续均匀浇筑；

5）封底混凝土达到设计强度后，方可从井内抽水，并应检查封底质量。

（5）防水混凝土底板应连续浇筑，不得留设施工缝；底板与井壁接缝处的防水处理应符合 8.3.1 施工缝的有关规定。

（6）沉井分项工程检验批的抽样检验数量，应按混凝土外露面积每 $100m^2$ 抽查 1 处，每处 $10m^2$，且不得少于 3 处。

8.4.4.1 主控项目

（1）沉井混凝土的原材料、配合比及坍落度必须符合设计要求。

检验方法：检查产品合格证、产品性能检测报告、计量措施和材料进场检验报告。

（2）沉井混凝土的抗压强度和抗渗性能必须符合设计要求。

检验方法：检查混凝土抗压强度、抗渗性能检验报告。

（3）沉井的渗漏水量必须符合设计要求。

检验方法：观察检查和检查渗漏水检测记录。

8.4.4.2 一般项目

（1）沉井干封底和水下封底的施工应符合 8.4.4 沉井第（3）条和第 6.4.4 条的规定。

检验方法：观察检查和检查隐蔽工程验收记录。

（2）沉井底板与井壁接缝处的防水处理应符合设计要求。

检验方法：观察检查和检查隐蔽工程验收记录。

8.4.5 逆筑结构

（1）逆筑结构适用于地下连续墙为主体结构或地下连续墙与

内衬构成复合式衬砌进行逆筑法施工的地下工程。

(2) 地下连续墙为主体结构逆筑法施工应符合下列规定：

1) 地下连续墙墙面应凿毛、清洗干净，并宜做水泥砂浆防水层；

2) 地下连续墙与顶板、中楼板、底板接缝部位应凿毛处理，施工缝的施工应符合 8.3.1 施工缝的有关规定；

3) 钢筋接驳器处宜涂刷水泥基渗透结晶型防水涂料。

(3) 地下连续墙与内衬构成复合式衬砌逆筑法施工除应符合 8.4.5 中第 (2) 条的规定外，尚应符合下列规定：

1) 顶板及中楼板下部 500mm 内衬墙应同时浇筑，内衬墙下部应做成斜坡形；斜坡形下部应预留 300～500mm 空间，并应待下部先浇混凝土施工 14d 后再行浇筑；

2) 浇筑混凝土前，内衬墙的接缝面应凿毛、清洗干净，并应设置遇水膨胀止水条或止水胶和预埋注浆管；

3) 内衬墙的后浇筑混凝土应采用补偿收缩混凝土，浇筑口宜高于斜坡顶端 200mm 以上。

(4) 内衬墙垂直施工缝应与地下连续墙的槽段接缝相互错开 2.0～3.0m。

(5) 底板混凝土应连续浇筑，不宜留设施工缝；底板与桩头接缝部位的防水处理应符合 8.3.7 桩头的有关规定。

(6) 底板混凝土达到设计强度后方可停止降水，并应将降水井封堵密实。

(7) 逆筑结构分项工程检验批的抽样检验数量，应按混凝土外露面积每 100m^2 抽查 1 处，每处 10m^2，且不得少于 3 处。

8.4.5.1 主控项目

(1) 补偿收缩混凝土的原材料、配合比及坍落度必须符合设计要求。

检验方法：检查产品合格证、产品性能检测报告、计量措施和材料进场检验报告。

(2) 内衬墙接缝用遇水膨胀止水条或止水胶和预埋注浆管必

须符合设计要求。

检验方法：检查产品合格证、产品性能检测报告和材料进场检验报告。

(3) 逆筑结构的渗漏水量必须符合设计要求。

检验方法：观察检查和检查渗漏水检测记录。

8.4.5.2 一般项目

(1) 逆筑结构的施工应符合 8.4.5 逆筑结构第 (2) 条和第 (3) 条的规定。

检验方法：观察检查和检查隐蔽工程验收记录。

(2) 遇水膨胀止水条的施工应符合 8.3.1.2 一般项目第 (6) 条的规定；遇水膨胀止水胶的施工应符合 8.3.1.2 一般项目第 (7) 条的规定；预埋注浆管的施工应符合 8.3.1.2 一般项目第 (8) 条的规定。

检验方法：观察检查和检查隐蔽工程验收记录。

8.5 排水工程

8.5.1 渗排水、盲沟排水

(1) 渗排水适用于无自流排水条件、防水要求较高且有抗浮要求的地下工程。盲沟排水适用于地基为弱透水性土层、地下水量不大或排水面积较小，地下水位在结构底板以下或在丰水期地下水位高于结构底板的地下工程。

(2) 渗排水应符合下列规定：

1) 渗排水层用砂、石应洁净，含泥量不应大于 2.0%；

2) 粗砂过滤层总厚度宜为 300mm，如较厚时应分层铺填；过滤层与基坑土层接触处，应采用厚度为 100～150mm、粒径为 5～10mm 的石子铺填；

3) 集水管应设置在粗砂过滤层下部，坡度不宜小于 1%，且不得有倒坡现象。集水管之间的距离宜为 5～10m，并与集水井相通；

4) 工程底板与渗排水层之间应做隔浆层，建筑周围的渗排水层顶面应做散水坡。

(3) 盲沟排水应符合下列规定：

1) 盲沟成型尺寸和坡度应符合设计要求；

2) 盲沟的类型及盲沟与基础的距离应符合设计要求；

3) 盲沟用砂、石应洁净，含泥量不应大于2.0%；

4) 盲沟反滤层的层次和粒径组成应符合表 8-5-1 的规定；

盲沟反滤层的层次和粒径组成　　表 8-5-1

反滤层的层次	建筑物地区地层为砂性土时（塑性指数 $I_P<3$）	建筑地区地层为黏性土时（塑性指数 $I_P>3$）
第一层（贴天然土）	用1～3mm粒径砂子组成	用2～5mm粒径砂子组成
第二层	用3～10mm粒径小卵石组成	用5～10mm粒径小卵石组成

5) 盲沟在转弯处和高低处应设置检查井，出水口处应设置滤水箅子。

(4) 渗排水、盲沟排水均应在地基工程验收合格后进行施工。

(5) 集水管宜采用无砂混凝土管、硬质塑料管或软式透水管。

(6) 渗排水、盲沟排水分项工程检验批的抽样检验数量，应按10%抽查，其中按两轴线间或10延米为1处，且不得少于3处。

8.5.1.1 主控项目

(1) 盲沟反滤层的层次和粒径组成必须符合设计要求。

检验方法：检查砂、石试验报告和隐蔽工程验收记录。

(2) 集水管的埋置深度和坡度必须符合设计要求。

检验方法：观察和尺量检查。

8.5.1.2 一般项目

(1) 渗排水构造应符合设计要求。

检验方法：观察检查和检查隐蔽工程验收记录。

（2）渗排水层的铺设应分层、铺平、拍实。

检验方法：观察检查和检查隐蔽工程验收记录。

（3）盲沟排水构造应符合设计要求。

检验方法：观察检查和检查隐蔽工程验收记录。

（4）集水管采用平接式或承插式接口应连接牢固，不得扭曲变形和错位。

检验方法：观察检查。

8.5.2 隧道排水、坑道排水

（1）隧道排水、坑道排水适用于贴壁式、复合式、离壁式衬砌。

（2）隧道或坑道内如设置排水泵房时，主排水泵站和辅助排水泵站、集水池的有效容积应符合设计要求。

（3）主排水泵站、辅助排水泵站和污水泵房的废水及污水，应分别排入城市雨水和污水管道系统。污水的排放尚应符合国家现行有关标准的规定。

（4）坑道排水应符合有关特殊功能设计的要求。

（5）隧道贴壁式、复合式衬砌围岩疏导排水应符合下列规定：

1）集中地下水出露处，宜在衬砌背后设置盲沟、盲管或钻孔等引排措施；

2）水量较大、出水面广时，衬砌背后应设置环向、纵向盲沟组成排水系统，将水集排至排水沟内；

3）当地下水丰富、含水层明显且有补给来源时，可采用辅助坑道或泄水洞等截、排水设施。

（6）盲沟中心宜采用无砂混凝土管或硬质塑料管，其管周围应设置反滤层；盲管应采用软式透水管。

（7）排水明沟的纵向坡度应与隧道或坑道坡度一致，排水明沟应设置盖板和检查井。

（8）隧道离壁式衬砌侧墙外排水沟应做成明沟，其纵向坡度不应小于 0.5%。

(9) 隧道排水、坑道排水分项工程检验批的抽样检验数量，应按 10%抽查，其中按两轴线间或每 10 延米为 1 处，且不得少于 3 处。

8.5.2.1 主控项目

(1) 盲沟反滤层的层次和粒径组成必须符合设计要求。

检验方法：检查砂、石试验报告。

(2) 无砂混凝土管、硬质塑料管或软式透水管必须符合设计要求。

检验方法：检查产品合格证和产品性能检测报告。

(3) 隧道、坑道排水系统必须通畅。

检验方法：观察检查。

8.5.2.2 一般项目

(1) 盲沟、盲管及横向导水管的管径、间距、坡度均应符合设计要求。

检验方法：观察和尺量检查。

(2) 隧道或坑道内排水明沟及离壁式衬砌外排水沟，其断面尺寸及坡度应符合设计要求。

检验方法：观察和尺量检查。

(3) 盲管应与岩壁或初期支护密贴，并应固定牢固；环向、纵向盲管接头宜与盲管相配套。

检验方法：观察检查。

(4) 贴壁式、复合式衬砌的盲沟与混凝土衬砌接触部位应做隔浆层。

检验方法：观察检查和检查隐蔽工程验收记录。

8.5.3 塑料排水板排水

(1) 塑料排水板适用于无自流排水条件且防水要求较高的地下工程以及地下工程种植顶板排水。

(2) 塑料排水板应选用抗压强度大且耐久性好的凸凹型排水板。

(3) 铺设塑料排水板应采用搭接法施工，长短边搭接宽度均不应小于 100mm。塑料排水板的接缝处宜采用配套胶粘剂粘结或热熔焊接。

(4) 地下工程种植顶板种植土若低于周边土体，塑料排水板排水层必须结合排水沟或盲沟分区设置，并保证排水畅通。

(5) 塑料排水板应与土工布复合使用。土工布宜采用 200～400g/m^{2}的聚酯无纺布。土工布应铺设在塑料排水板的凸面上，相邻土工布搭接宽度不应小于 200mm，搭接部位应采用粘合或缝合。

(6) 塑料排水板排水分项工程检验批的抽样检验数量，应按铺设面积每 100m^{2}抽查 1 处，每处 10m^2，且不得少于 3 处。

8.5.3.1 主控项目

(1) 塑料排水板和土工布必须符合设计要求。

检验方法：检查产品合格证、产品性能检测报告。

(2) 塑料排水板排水层必须与排水系统连通，不得有堵塞现象。

检验方法：观察检查。

8.5.3.2 一般项目

(1) 塑料排水板排水层构造做法应符合设计规定。

检验方法：观察检查和检查隐蔽工程验收记录。

(2) 塑料排水板的搭接宽度和搭接方法应符合 8.5.3 塑料板排水第 (3) 条的规定。

检验方法：观察和尺量检查。

(3) 土工布铺设应平整、无折皱；土工布的搭接宽度和搭接方法应符合 8.5.3 塑料板排水第 (5) 条的规定。

检验方法：观察和尺量检查。

8.6 注浆工程

8.6.1 预注浆、后注浆

(1) 预注浆适用于工程开挖前预计涌水量较大的地段或软弱

地层；后注浆适用于工程开挖后处理围岩渗漏及初期壁后空隙回填。

（2）注浆材料应符合下列规定：

1）具有较好的可注性；

2）具有固结体收缩小，良好的粘结性、抗渗性、耐久性和化学稳定性；

3）低毒并对环境污染小；

4）注浆工艺简单，施工操作方便，安全可靠。

（3）在砂卵石层中宜采用渗透注浆法；在黏土层中宜采用劈裂注浆法；在淤泥质软土中宜采用高压喷射注浆法。

（4）注浆浆液应符合下列规定：

1）预注浆宜采用水泥浆液、黏土水泥浆液或化学浆液；

2）后注浆宜采用水泥浆液、水泥砂浆或掺有石灰、黏土膨润土、粉煤灰的水泥浆液；

3）注浆浆液配合比应经现场试验确定。

（5）注浆过程控制应符合下列规定：

1）根据工程地质条件、注浆目的等控制注浆压力和注浆量；

2）回填注浆应在衬砌混凝土达到设计强度的70%后进行，衬砌后围岩注浆应在充填注浆固结体达到设计强度的70%后进行；

3）浆液不得溢出地面和超出有效注浆范围，地面注浆结束后注浆孔应封填密实；

4）注浆范围和建筑物的水平距离很近时，应加强对邻近建筑物和地下埋设物的现场监控；

5）注浆点距离饮用水源或公共水域较近时，注浆施工如有污染应及时采取相应措施。

（6）预注浆、后注浆分项工程检验批的抽样检验数量，应按加固或堵漏面积每100m²抽查1处，每处10m²，且不得少于3处。

8.6.1.1 主控项目

（1）配制浆液的原材料及配合比必须符合设计要求。

检验方法：检查产品合格证、产品性能检测报告、计量措施和材料进场检验报告。

（2）预注浆及后注浆的注浆效果必须符合设计要求。

检验方法：采取钻孔取芯法检查；必要时采取压水或抽水试验方法检查。

8.6.1.2 一般项目

（1）注浆孔的数量、布置间距、钻孔深度及角度应符合设计要求。

检验方法：尺量检查和检查隐蔽工程验收记录。

（2）注浆各阶段的控制压力和注浆量应符合设计要求。

检验方法：观察检查和检查隐蔽工程验收记录。

（3）注浆时浆液不得溢出地面和超出有效注浆范围。

检验方法：观察检查。

（4）注浆对地面产生的沉降量不得超过30mm，地面的隆起不得超过20mm。

检验方法：用水准仪测量。

8.6.2 结构裂缝注浆

（1）结构裂缝注浆适用于混凝土结构宽度大于0.2mm的静止裂缝、贯穿性裂缝等堵水注浆。

（2）裂缝注浆应待结构基本稳定和混凝土达到设计强度后进行。

（3）结构裂缝堵水注浆宜选用聚氨酯、丙烯酸盐等化学浆液；补强加固的结构裂缝注浆宜选用改性环氧树脂、超细水泥等浆液。

（4）结构裂缝注浆应符合下列规定：

1）施工前，应沿缝清除基面上油污杂质；

2）浅裂缝应骑缝粘埋注浆嘴，必要时沿缝开凿“U”形槽并用速凝水泥砂浆封缝；

3）深裂缝应骑缝钻孔或斜向钻孔至裂缝深部，孔内安设注浆管或注浆嘴，间距应根据裂缝宽度而定，但每条裂缝至少有一个进浆孔和一个排气孔；

4）注浆嘴及注浆管应设在裂缝的交叉处、较宽处及贯穿处等部位；对封缝的密封效果应进行检查；

5）注浆后待缝内浆液固化后，方可拆下注浆嘴并进行封口抹平。

（5）结构裂缝注浆分项工程检验批的抽样检验数量，应按裂缝的条数抽查10%，每条裂缝检查1处，且不得少于3处。

8.6.2.1 主控项目

（1）注浆材料及其配合比必须符合设计要求。

检验方法：检查产品合格证、产品性能检测报告、计量措施和材料进场检验报告。

（2）结构裂缝注浆的注浆效果必须符合设计要求。

检验方法：观察检查和压水或压气检查；必要时钻取芯样采取劈裂抗拉强度试验方法检查。

8.6.2.2 一般项目

（1）注浆孔的数量、布置间距、钻孔深度及角度应符合设计要求。

检验方法：尺量检查和检查隐蔽工程验收记录。

（2）注浆各阶段的控制压力和注浆量应符合设计要求。

检验方法：观察检查和检查隐蔽工程验收记录。

8.7 子分部工程质量验收

（1）地下防水工程质量验收的程序和组织，应符合现行国家标准《建筑工程施工质量验收统一标准》GB 50300 的有关规定。

（2）检验批的合格判定应符合下列规定：

1）主控项目的质量经抽样检验全部合格；

2）一般项目的质量经抽样检验80%以上检测点合格，其余不得有影响使用功能的缺陷；对有允许偏差的检验项目，其最大偏差不得超过本规范规定允许偏差的1.5倍；

3）施工具有明确的操作依据和完整的质量检查记录。

（3）分项工程质量验收合格应符合下列规定：

1）分项工程所含检验批的质量均应验收合格；

2）分项工程所含检验批的质量验收记录应完整。

（4）子分部工程质量验收合格应符合下列规定：

1）子分部所含分项工程的质量均应验收合格；

2）质量控制资料应完整；

3）地下工程渗漏水检测应符合设计的防水等级标准要求；

4）观感质量检查应符合要求。

（5）地下防水工程竣工和记录资料应符合表 8-7-1 的规定。

地下防水工程竣工和记录资料　　表 8-7-1

序号	项　目	竣工和记录资料
1	防水设计	施工图、设计交底记录、图纸会审记录、设计变更通知单和材料代用核定单
2	资质、资格证明	施工单位资质及施工人员上岗证复印证件
3	施工方案	施工方法、技术措施、质量保证措施
4	技术交底	施工操作要求及安全等注意事项
5	材料质量证明	产品合格证、产品性能检测报告、材料进场检验报告
6	混凝土、砂浆质量证明	试配及施工配合比，混凝土抗压强度、抗渗性能检验报告，砂浆粘结强度、抗渗性能检验报告
7	中间检查记录	施工质量验收记录、隐蔽工程验收记录、施工检查记录
8	检验记录	渗漏水检测记录、观感质量检查记录
9	施工日志	逐日施工情况
10	其他资料	事故处理报告、技术总结

（6）地下防水工程应对下列部位作好隐蔽工程验收记录：

1）防水层的基层；

2）防水混凝土结构和防水层被掩盖的部位；

3）施工缝、变形缝、后浇带等防水构造做法；

4）管道穿过防水层的封固部位；

5）渗排水层、盲沟和坑槽；

6）结构裂缝注浆处理部位；

7）衬砌前围岩渗漏水处理部位；

8）基坑的超挖和回填。

（7）地下防水工程的观感质量检查应符合下列规定：

1）防水混凝土应密实，表面应平整，不得有露筋、蜂窝等缺陷；裂缝宽度不得大于0.2mm，并不得贯通；

2）水泥砂浆防水层应密实、平整，粘结牢固，不得有空鼓、裂纹、起砂、麻面等缺陷；

3）卷材防水层接缝应粘贴牢固，封闭严密，防水层不得有损伤、空鼓、折皱等缺陷；

4）涂料防水层应与基层粘结牢固，不得有脱皮、流淌、鼓泡、露胎、折皱等缺陷；

5）塑料防水板防水层应铺设牢固、平整，搭接焊缝严密，不得有下垂、绷紧破损现象；

6）金属板防水层焊缝不得有裂纹、未熔合、夹渣、焊瘤、咬边、烧穿、弧坑、针状气孔等缺陷；

7）施工缝、变形缝、后浇带、穿墙管、埋设件、预留通道接头、桩头、孔口、坑、池等防水构造应符合设计要求；

8）锚喷支护、地下连续墙、盾构隧道、沉井、逆筑结构等防水构造应符合设计要求；

9）排水系统不淤积、不堵塞，确保排水畅通；

10）结构裂缝的注浆效果应符合设计要求。

（8）地下工程出现渗漏水时，应及时进行治理，符合设计的防水等级标准要求后方可验收。

（9）地下防水工程验收后，应填写子分部工程质量验收记录，随同工程验收资料分别由建设单位和施工单位存档。

附录A　地下工程用防水材料的质量指标

附A.1　防水卷材

1. 高聚物改性沥青类防水卷材的主要物理性能应符合附表A-1的要求。

高聚物改性沥青类防水卷材的主要物理性能　　附表A-1

项目		指标				
		弹性体改性沥青防水卷材			自粘聚合物改性沥青防水卷材	
		聚酯毡胎体	玻纤毡胎体	聚乙烯膜胎体	聚酯毡胎体	无胎体
可溶物含量(g/m^2)		3mm厚≥2100 4mm厚≥2900			3mm厚≥2100	—
拉伸性能	拉力(N/50mm)	≥800(纵横向)	≥500(纵横向)	≥140(纵向) ≥120(横向)	≥450(纵横向)	≥180(纵横向)
	延伸率(%)	最大拉力时≥40(纵横向)	—	断裂时≥250(纵横向)	最大拉力时≥30(纵横向)	断裂时≥200(纵横向)
低温柔度(℃)		−25，无裂纹				
热老化后低温柔度(℃)		−20，无裂纹			−22，无裂纹	
不透水性		压力0.3MPa，保持时间120min，不透水				

2. 合成高分子类防水卷材的主要物理性能应符合附表A-2的要求。

合成高分子类防水卷材的主要物理性能　　附表A-2

项目	指标			
	三元乙丙橡胶防水卷材	聚氯乙烯防水卷材	聚乙烯丙纶复合防水卷材	高分子自粘胶膜防水卷材
断裂拉伸强度	≥7.5MPa	≥12MPa	≥60N/10mm	≥100N/10mm

续表

项　目	指　标			
	三元乙丙橡胶防水卷材	聚氯乙烯防水卷材	聚乙烯丙纶复合防水卷材	高分子自粘胶膜防水卷材
断裂伸长率（%）	≥450	≥250	≥300	≥400
低温弯折性（℃）	－40，无裂纹	－20，无裂纹	－20，无裂纹	－20，无裂纹
不透水性	压力0.3MPa，保持时间120min，不透水			
撕裂强度	≥25kN/m	≥40kN/m	≥20N/10mm	≥120N/10mm
复合强度（表层与芯层）	—	—	≥1.2N/mm	—

3. 聚合物水泥防水粘结材料的主要物理性能应符合附表A-3的要求。

聚合物水泥防水粘结材料的主要物理性能　　附表A-3

项　目		指　标
与水泥基面的粘结拉伸强度（MPa）	常温7d	≥0.6
	耐水性	≥0.4
	耐冻性	≥0.4
可操作时间（h）		≥2
抗渗性（MPa，7d）		≥1.0
剪切状态下的粘合性（N / mm常温）	卷材与卷材	≥2.0或卷材断裂
	卷材与基面	≥1.8或卷材断裂

附A.2　防水涂料

1. 有机防水涂料的主要物理性能应符合附表A-4的要求。

有机防水涂料的主要物理性能　　附表 A-4

项目		指标		
		反应型防水涂料	水乳型防水涂料	聚合物水泥防水涂料
可操作时间（min）		≥20	≥50	≥30
潮湿基面粘结强度（MPa）		≥0.5	≥0.2	≥1.0
抗渗性（MPa）	涂膜（120min）	≥0.3	≥0.3	≥0.3
	砂浆迎水面	≥0.8	≥0.8	≥0.8
	砂浆背水面	≥0.3	≥0.3	≥0.6
浸水 168h 后拉伸强度（MPa）		≥1.7	≥0.5	≥1.5
浸水 168h 后断裂伸长率（%）		≥400	≥350	≥80
耐水性（%）		≥80	≥80	≥80
表干（h）		≤12	≤4	≤4
实干（h）		≤24	≤12	≤12

注：1. 浸水 168h 后的拉伸强度和断裂伸长率是在浸水取出后只经擦干即进行试验所得的值；

2. 耐水性指标是指材料浸水 168h 后取出擦干即进行试验，其粘结强度及抗渗性的保持率。

2. 无机防水涂料的主要物理性能应符合附表 A-5 的要求。

无机防水涂料的主要物理性能　　附表 A-5

项目	指标	
	掺外加剂、掺合料水泥基防水涂料	水泥基渗透结晶型防水涂料
抗折强度(MPa)	>4	≥4
粘结强度(MPa)	>1.0	≥1.0
一次抗渗性(MPa)	>0.8	>1.0
二次抗渗性(MPa)	—	>0.8
冻融循环(次)	>50	>50

附 A.3　止水密封材料

1. 橡胶止水带的主要物理性能应符合附表 A-6 的要求。

橡胶止水带的主要物理性能　　附表 A-6

项目			指标		
			变形缝用止水带	施工缝用止水带	有特殊耐老化要求的接缝用止水带
硬度(邵尔 A，度)			60±5	60±5	60±5
拉伸强度(MPa)			≥15	≥12	≥10
扯断伸长率(%)			≥380	≥380	≥300
压缩永久变形(%)	70℃×24h		≤35	≤35	≤25
	23℃×168h		≤20	≤20	≤20
撕裂强度(kN/m)			≥30	≥25	≥25
脆性温度(℃)			≤−45	≤−40	≤−40
热空气老化	70℃×168h	硬度变化(邵尔 A，度)	+8	+8	—
		拉伸强度(MPa)	≥12	≥10	—
		扯断伸长率(%)	≥300	≥300	—
	100℃×168h	硬度变化(邵尔 A，度)	—	—	+8
		拉伸强度(MPa)	—	—	≥9
		扯断伸长率(%)	—	—	≥250
橡胶与金属粘合			断面在弹性体内		

注：橡胶与金属粘合指标仅适用于具有钢边的止水带。

2. 混凝土建筑接缝用密封胶的主要物理性能应符合附表 A-7 的要求。

混凝土建筑接缝用密封胶的主要物理性能　　附表 A-7

项目			指标			
			25（低模量）	25（高模量）	20（低模量）	20（高模量）
流动性	下垂度（N 型）	垂直(mm)	≤3			
		水平(mm)	≤3			
	流平性(S 型)		光滑平整			

续表

项目		指标			
		25（低模量）	25（高模量）	20（低模量）	20（高模量）
挤出性(mL/min)		≥80			
弹性恢复率(%)		≥80		≥60	
拉伸模量(MPa)	23℃ −20℃	≤0.4 和 ≤0.6	>0.4 或 >0.6	≤0.4 和 ≤0.6	>0.4 或 >0.6
定伸粘结性		无破坏			
浸水后定伸粘结性		无破坏			
热压冷拉后粘结性		无破坏			
体积收缩率(%)		≤25			

注：体积收缩率仅适用于乳胶型和溶剂型产品。

3. 腻子型遇水膨胀止水条的主要物理性能应符合附表 A-8 的要求。

腻子型遇水膨胀止水条的主要物理性能　　附表 A-8

项目	指标
硬度(C 型微孔材料硬度计，度)	≤40
7d 膨胀率	≤最终膨胀率的 60%
最终膨胀率(21d,%)	≥220
耐热性(80℃×2h)	无流淌
低温柔性(−20℃×2h，绕 ϕ10 圆棒)	无裂纹
耐水性(浸泡 15h)	整体膨胀无碎块

4. 遇水膨胀止水胶的主要物理性能应符合附表 A-9 的要求。

遇水膨胀止水胶的主要物理性能　　附表 A-9

项目	指标	
	PJ220	PJ400
固含量(%)	≥85	

续表

项目		指标	
		PJ220	PJ400
密度(g/cm³)		规定值±0.1	
下垂度(mm)		≤2	
表干时间(h)		≤24	
7d拉伸粘结强度(MPa)		≥0.4	≥0.2
低温柔性(－20℃)		无裂纹	
拉伸性能	拉伸强度(MPa)	≥0.5	
	断裂伸长率(%)	≥400	
体积膨胀倍率(%)		≥220	≥400
长期浸水体积膨胀倍率保持率(%)		≥90	
抗水压(MPa)		1.5，不渗水	2.5，不渗水

5. 弹性橡胶密封垫材料的主要物理性能应符合附表A-10的要求。

弹性橡胶密封垫材料的主要物理性能　　附表A-10

项目		指标	
		氯丁橡胶	三元乙丙橡胶
硬度(邵尔A，度)		45±5～60±5	55±5～70±5
伸长率(%)		≥350	≥330
拉伸强度(MPa)		≥10.5	≥9.5
热空气老化(70℃×96h)	硬度变化值(邵尔A，度)	≤+8	≤+6
	拉伸强度变化率(%)	≥－20	≥－15
	扯断伸长率变化率(%)	≥－30	≥－30
压缩永久变形(70℃×24h，%)		≤35	≤28
防霉等级		达到与优于2级	达到与优于2级

注：以上指标均为成品切片测试的数据，若只能以胶料制成试样测试，则其伸长率、拉伸强度应达到本指标的120%。

6. 遇水膨胀橡胶密封垫胶料的主要物理性能应符合附表A-11的要求。

遇水膨胀橡胶密封垫胶料的主要物理性能　　附表 A-11

项目		指标		
		PZ-150	PZ-250	PZ-400
硬度(邵尔 A，度)		42±7	42±7	45±7
拉伸强度(MPa)		≥3.5	≥3.5	≥3.0
扯断伸长率(%)		≥450	≥450	≥350
体积膨胀倍率(%)		≥150	≥250	≥400
反复浸水试验	拉伸强度(MPa)	≥3	≥3	≥2
	扯断伸长率(%)	≥350	≥350	≥250
	体积膨胀倍率(%)	≥150	≥250	≥300
低温弯折(−20℃×2h)		无裂纹		
防霉等级		达到与优于 2 级		

注：1. PZ-×××是指产品工艺为制品型，按产品在静态蒸馏水中的体积膨胀倍率（即浸泡后的试样质量与浸泡前的试样质量的比率）划分的类型；
2. 成品切片测试应达到本指标的 80%；
3. 接头部位的拉伸强度指标不得低于本指标的 50%。

附 A.4　其他防水材料

1. 防水砂浆的主要物理性能应符合附表 A-12 的要求。

防水砂浆的主要物理性能　　附表 A-12

项目	指标	
	掺外加剂、掺合料的防水砂浆	聚合物水泥防水砂浆
粘结强度（MPa）	>0.6	>1.2
抗渗性（MPa）	≥0.8	≥1.5
抗折强度（MPa）	同普通砂浆	≥8.0
干缩率（%）	同普通砂浆	≤0.15
吸水率（%）	≤3	≤4
冻融循环（次）	>50	>50

续表

项目	指标	
	掺外加剂、掺合料的防水砂浆	聚合物水泥防水砂浆
耐碱性	10%NaOH 溶液浸泡 14d 无变化	—
耐水性（%）	—	≥80

注：耐水性指标是指砂浆浸水 168h 后材料的粘结强度及抗渗性的保持率。

2. 塑料防水板的主要物理性能应符合附表 A-13 的要求。

塑料防水板的主要物理性能　　附表 A-13

项目	指标			
	乙烯—醋酸乙烯共聚物	乙烯—沥青共混聚合物	聚氯乙烯	高密度聚乙烯
拉伸强度（MPa）	≥16	≥14	≥10	≥16
断裂延伸率（%）	≥550	≥500	≥200	≥550
不透水性（120min，MPa）	≥0.3	≥0.3	≥0.3	≥0.3
低温弯折性（℃）	−35，无裂纹	−35，无裂纹	−20，无裂纹	−35，无裂纹
热处理尺寸变化率（%）	≤2.0	≤2.5	≤2.0	≤2.0

3. 膨润土防水毯的主要物理性能应符合附表 A-14 的要求。

膨润土防水毯的主要物理性能　　附表 A-14

项目	指标		
	针刺法钠基膨润土防水毯	刺覆膜法钠基膨润土防水毯	胶粘法钠基膨润土防水毯
单位面积质量（干重，g/m^2）	≥4000		

续表

项目		指标		
		针刺法钠基膨润土防水毯	刺覆膜法钠基膨润土防水毯	胶粘法钠基膨润土防水毯
膨润土膨胀指数（mL/2g）		≥24		
拉伸强度（N/100mm）		≥600	≥700	≥600
最大负荷下伸长率（%）		≥10	≥10	≥8
剥离强度	非织造布—编织布（N/100mm）	≥40	≥40	—
	PE膜—非织造布（N/100mm）	—	≥30	—
渗透系数（m/s）		$\leqslant 5.0\times10^{-11}$	$\leqslant 5.0\times10^{-12}$	$\leqslant 1.0\times10^{-12}$
滤失量（mL）		≤18		
膨润土耐久性（mL/2g）		≥20		

附录B　地下工程用防水材料进场抽样检验

地下工程用防水材料进场抽样检验应符合附表B-1的规定。

地下工程用防水材料进场抽样检验　　附表 B-1

序号	材料名称	抽样数量	外观质量检验	物理性能检验
1	高聚物改性沥青类防水卷材	大于1000卷抽5卷，每500～1000卷抽4卷，100～499卷抽3卷，100卷以下抽2卷，进行规格尺寸和外观质量检验。在外观质量检验合格的卷材中，任取一卷作物理性能检验	断裂、折皱、孔洞、剥离、边缘不整齐，胎体露白、未浸透，撒布材料粒度、颜色，每卷卷材的接头	可溶物含量，拉力，延伸率，低温柔度，热老化后低温柔度，不透水性

续表

序号	材料名称	抽样数量	外观质量检验	物理性能检验
2	合成高分子类防水卷材	大于1000卷抽5卷，每500～1000卷抽4卷，100～499卷抽3卷，100卷以下抽2卷，进行规格尺寸和外观质量检验。在外观质量检验合格的卷材中，任取一卷作物理性能检验	折痕、杂质、胶块、凹痕，每卷卷材的接头	断裂拉伸强度，断裂伸长率，低温弯折性，不透水性，撕裂强度
3	有机防水涂料	每5t为一批，不足5t按一批抽样	均匀黏稠体，无凝胶，无结块	潮湿基面粘结强度，涂膜抗渗性，浸水168h后拉伸强度，浸水168h后断裂伸长率，耐水性
4	无机防水涂料	每10t为一批，不足10t按一批抽样	液体组分：无杂质、凝胶的均匀乳液 固体组分：无杂质、结块的粉末	抗折强度，粘结强度，抗渗性
5	膨润土防水材料	每100卷为一批，不足100卷按一批抽样；100卷以下抽5卷，进行尺寸偏差和外观质量检验。在外观质量检验合格的卷材中，任取一卷作物理性能检验	表面平整、厚度均匀，无破洞、破边，无残留断针，针刺均匀	单位面积质量，膨润土膨胀指数，渗透系数、滤失量
6	混凝土建筑接缝用密封胶	每2t为一批，不足2t按一批抽样	细腻、均匀膏状物或黏稠液体，无气泡、结皮和凝胶现象	流动性、挤出性、定伸粘结性
7	橡胶止水带	每月同标记的止水带产量为一批抽样	尺寸公差；开裂，缺胶，海绵状，中心孔偏心，凹痕，气泡，杂质，明疤	拉伸强度，扯断伸长率，撕裂强度

续表

序号	材料名称	抽样数量	外观质量检验	物理性能检验
8	腻子型遇水膨胀止水条	每5000m为一批，不足5000m按一批抽样	尺寸公差；柔软、弹性匀质，色泽均匀，无明显凹凸	硬度，7d膨胀率，最终膨胀率，耐水性
9	遇水膨胀止水胶	每5t为一批，不足5t按一批抽样	细腻、黏稠、均匀膏状物，无气泡、结皮和凝胶	表干时间，拉伸强度，体积膨胀倍率
10	弹性橡胶密封垫材料	每月同标记的密封垫材料产量为一批抽样	尺寸公差；开裂，缺胶，凹痕，气泡，杂质，明疤	硬度，伸长率，拉伸强度，压缩永久变形
11	遇水膨胀橡胶密封垫胶料	每月同标记的膨胀橡胶产量为一批抽样	尺寸公差；开裂，缺胶，凹痕，气泡，杂质，明疤	硬度，拉伸强度，扯断伸长率，体积膨胀倍率，低温弯折
12	聚合物水泥防水砂浆	每10t为一批，不足10t按一批抽样	干粉类：均匀，无结块；乳胶类：液料经搅拌后均匀无沉淀，粉料均匀、无结块	7d粘结强度，7d抗渗性，耐水性

附录C 地下工程渗漏水调查与检测

附C.1 渗漏水调查

1. 明挖法地下工程应在混凝土结构和防水层验收合格以及回填土完成后，即可停止降水；待地下水位恢复至自然水位且趋向稳定时，方可进行地下工程渗漏水调查。

2. 地下防水工程质量验收时，施工单位必须提供“结构内表面的渗漏水展开图”。

3. 房屋建筑地下工程应调查混凝土结构内表面的侧墙和底板。地下商场、地铁车站、军事地下库等单建式地下工程，应调查混凝土结构内表面的侧墙、底板和顶板。

4. 施工单位应在“结构内表面的渗漏水展开图”上标示下列内容：

(1) 发现的裂缝位置、宽度、长度和渗漏水现象；

(2) 经堵漏及补强的原渗漏水部位；

(3) 符合防水等级标准的渗漏水位置。

5. 渗漏水现象的定义和标识符号，可按附表 C-1 选用。

渗漏水现象的定义和标识符号 **附表 C-1**

渗漏水现象	定　　义	标识符号
湿渍	地下混凝土结构背水面，呈现明显色泽变化的潮湿斑	#
渗水	地下混凝土结构背水面有水渗出，墙壁上可观察到明显的流挂水迹	○
水珠	地下混凝土结构背水面的顶板或拱顶，可观察到悬垂的水珠，其滴落间隔时间超过 1min	◇
滴漏	地下混凝土结构背水面的顶板或拱顶，渗漏水滴落速度至少为 1 滴/min	▽
线漏	地下混凝土结构背水面，呈渗漏成线或喷水状态	↓

6. “结构内表面的渗漏水展开图”应经检查、核对后，施工单位归入竣工验收资料。

附 C.2　渗漏水检测

1. 当被验收的地下工程有结露现象时，不宜进行渗漏水检测。

2. 渗漏水检测工具宜按附表 C-2 使用。

渗漏水检测工具　　附表 C-2

名　称	用　途
0.5～1m 钢直尺	量测混凝土湿渍、渗水范围
精度为 0.1mm 的钢尺	量测混凝土裂缝宽度
放大镜	观测混凝土裂缝
有刻度的塑料量筒	量测滴水量
秒表	量测渗漏水滴落速度
吸墨纸或报纸	检验湿渍与渗水
粉笔	在混凝土上用粉笔勾画湿渍、渗水范围
工作登高扶梯	顶板渗漏水、混凝土裂缝检验
带有密封缘口的规定尺寸方框	量测明显滴漏和连续渗流，根据工程需要可自行设计

3. 房屋建筑地下工程渗漏水检测应符合下列要求：

（1）湿渍检测时，检查人员用干手触摸湿斑，无水分浸润感觉。用吸墨纸或报纸贴附，纸不变颜色；要用粉笔勾画出湿渍范围，然后用钢尺测量并计算面积，标示在“结构内表面的渗漏水展开图”上。

（2）渗水检测时，检查人员用干手触摸可感觉到水分浸润，手上会沾有水分。用吸墨纸或报纸贴附，纸会浸润变颜色；要用粉笔勾画出渗水范围，然后用钢尺测量并计算面积，标示在“结构内表面的渗漏水展开图”上。

（3）通过集水井积水，检测在设定时间内的水位上升数值，计算渗漏水量。

4. 隧道工程渗漏水检测应符合下列要求：

（1）隧道工程的湿渍和渗水应按房屋建筑地下工程渗漏水检测。

（2）隧道上半部的明显滴漏和连续渗流，可直接用有刻度的容器收集量测，或用带有密封缘口的规定尺寸方框，安装在规定量测的隧道内表面，将渗漏水导入量测容器内，然后计算24h的渗漏水量，标示在“结构内表面的渗漏水展开图”上。

(3) 若检测器具或登高有困难时，允许通过目测计取每分钟或数分钟内的滴落数目，计算出该点的渗漏水量。通常，当滴落速度为3～4滴/min时，24h的漏水量就是1L。当滴落速度大于300滴/min时，则形成连续线流。

(4) 为使不同施工方法、不同长度和断面尺寸隧道的渗漏水状况能够相互加以比较，必须确定一个具有代表性的标准单位。渗漏水量的单位通常使用“$L/(m^2 \cdot d)$”。

(5) 未实施机电设备安装的区间隧道验收，隧道内表面积的计算应为横断面的内径周长乘以隧道长度，对盾构法隧道不计取管片嵌缝槽、螺栓孔盒子凹进部位等实际面积；完成了机电设备安装的隧道系统验收，隧道内表面积的计算应为横断面的内径周长乘以隧道长度，不计取凹槽、道床、排水沟等实际面积。

(6) 隧道渗漏水量的计算可通过集水井积水，检测在设定时间内的水位上升数值，计算渗漏水量；或通过隧道最低处积水，检测在设定时间内的水位上升数值，计算渗漏水量；或通过隧道内设量水堰，检测在设定时间内水流量，计算渗漏水量；或通过隧道专用排水泵运转，检测在设定时间内排水量，计算渗漏水量。

附C.3 渗漏水检测记录

1. 地下工程渗漏水调查与检测，应由施工单位项目技术负责人组织质量员、施工员实施。施工单位应填写地下工程渗漏水检测记录，并签字盖章；监理单位或建设单位应在记录上填写处理意见与结论，并签字盖章。

2. 地下工程渗漏水检测记录应按附表C-3填写。

地下工程渗漏水检测记录　　　　附表 C-3

<table>
<tr><td>工程名称</td><td></td><td colspan="2">结构类型</td><td></td></tr>
<tr><td>防水等级</td><td></td><td colspan="2">检测部位</td><td></td></tr>
<tr><td rowspan="3">渗漏水量检测</td><td colspan="4">1　单个湿渍的最大面积　m^2；总湿渍面积　m^2</td></tr>
<tr><td colspan="4">2　每 100m^2 的渗水量　L/(m^2·d)；整个工程平均渗水量　L/(m^2·d)</td></tr>
<tr><td colspan="4">3　单个漏水点的最大漏水量　L/d；整个工程平均漏水量　L/(m^2·d)</td></tr>
<tr><td>结构内表面的渗漏水展开图</td><td colspan="4">（渗漏水现象用标识符号描述）</td></tr>
<tr><td>处理意见与结论</td><td colspan="4">（按地下工程防水等级标准）</td></tr>
<tr><td rowspan="3">会签栏</td><td>监理或建设单位（签章）</td><td colspan="3">施工单位（签章）</td></tr>
<tr><td rowspan="2">年　月　日</td><td>项目技术负责人</td><td>质量员</td><td>施工员</td></tr>
<tr><td>年 月 日</td><td></td><td></td></tr>
</table>

附录 D　防水卷材接缝粘结质量检验

附 D.1　胶粘剂的剪切性能试验方法

1. 试样制备应符合下列规定：

（1）防水卷材表面处理和胶粘剂的使用方法，均按生产企业提供的技术要求进行；试样粘合时应用手辊反复压实，排除气泡。

（2）卷材—卷材拉伸剪切强度试样应将与胶粘剂配套的卷材沿纵向裁取 300mm×200mm 试片 2 块，用毛刷在每块试片上涂刷胶粘剂样品，涂胶面 100mm×300mm，按附图 D-1（*a*）进行粘合，在粘合的试样上裁取 5 个宽度为（50±1）mm 的试件。

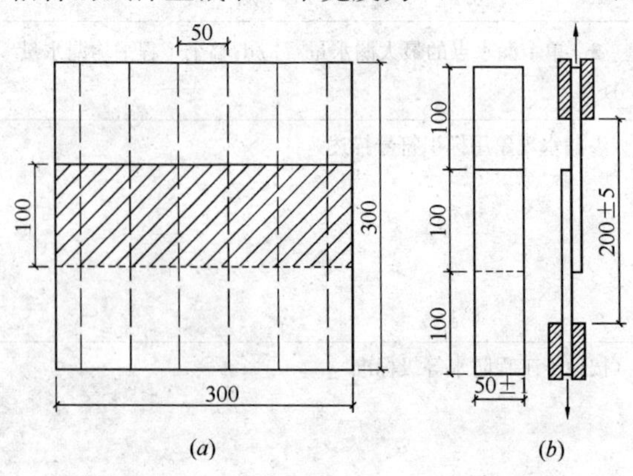

附图 D-1　卷材—卷材拉伸剪切强度试样及试验

2. 试验条件应符合下列规定：

（1）标准试验条件应为温度（23±2）℃和相对湿度 30%～70%。

（2）拉伸试验机应有足够的承载能力，不应小于 2000N，夹具拉伸速度为（100±10）mm/min，夹持宽度不应小于 50mm，并配有记录装置。

（3）试样应在标准试验条件下放置至少 20h。

3. 试验程序应符合下列规定：

（1）试件应稳固地放入拉伸试验机的夹具中，试件的纵向轴线应与拉伸试验机及夹具的轴线重合。夹具内侧间距宜为(200±5)mm，试件不应承受预荷载，如附图 D-1（*b*）所示。

（2）在标准试验条件下，拉伸速度应为(100±10)mm/min，记录试件拉力最大值和破坏形式。

4. 试验结果应符合下列规定：

（1）每个试件的拉伸剪切强度应按式（附 D-1）计算，并精确到 0.1N/mm。

$$\sigma = P/b \tag{D-1}$$

式中 σ——拉伸剪切强度（N/mm）；

P——最大拉伸剪切力（N）；

b——试件粘合面宽度 50mm。

（2）计算试验结果时，应舍去试件距拉伸试验机夹具 10mm 范围内的破坏及从拉伸试验机夹具中滑移超过 2mm 的数据，用备用试件重新试验。

（3）试验结果应以每组 5 个试件的算术平均值表示。

（4）在拉伸剪切时，若试件都是卷材断裂，则应报告为卷材破坏。

附 D.2 胶粘剂的剥离性能试验方法

1. 试样制备应符合下列规定：

（1）防水卷材表面处理和胶粘剂的使用方法，均按生产企业提供的技术要求进行；试样粘合时应用手辊反复压实，排除气泡。

（2）卷材—卷材剥离强度试样应将与胶粘剂配套的卷材纵向裁取 300mm×200mm 试片 2 块，按附图 D-2（*a*）所示，用胶粘剂进行粘合，在粘合的试样上截取 5 个宽度为（50±1）mm 的试件。

2. 试验条件应按附 D-1 中第 2 条的规定执行。

3. 试验程序应符合下列规定：

（1）将试件未胶接一端分开，试件应稳固地放入拉伸试验机的夹具中，试件的纵向轴线应与拉伸试验机、夹具的轴线重合。夹具内侧间距宜为（100±5）mm，试件不应承受预荷载，如附图 D-2（*b*）所示。

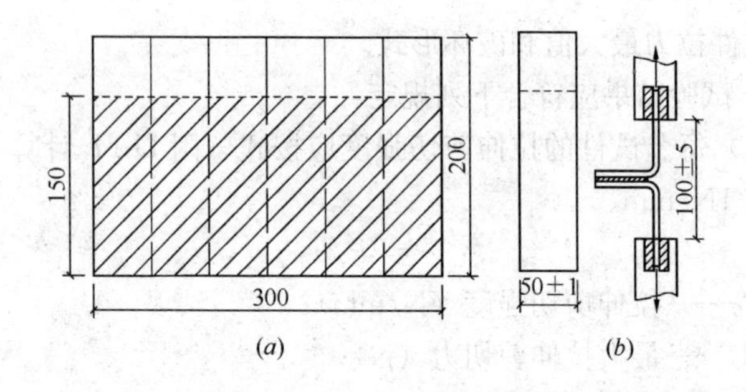

附图 D-2　卷材—卷材剥离强度试样及试验

(2) 在标准试验条件下，拉伸试验机应以(100±10)mm/min 的拉伸速度将试件分离。

(3) 试验结果应连续记录直至试件分离，并应在报告中说明破坏形式，即粘附破坏、内聚破坏或卷材破坏。

4. 试验结果应符合下列规定：

(1) 每个试件应从剥离力和剥离长度的关系曲线上记录最大的剥离力，并按式（附 D-2）计算最大剥离强度。

$$\sigma_T = F/B \tag{D-2}$$

式中　σ_T——最大剥离强度（N/50mm）；

F——最大的剥离力（N）；

B——试件粘合面宽度 50mm。

(2) 计算试验结果时，应舍去试件距拉伸试验机夹具 10mm 范围内的破坏及从拉伸试验机夹具中滑移超过 2mm 的数据，用备用试件重新试验。

(3) 每个试件在至少 100mm 剥离长度内，由作用于试件中间 1/2 区域内 10 个等分点处的剥离力的平均值，计算平均剥离强度。

(4) 试验结果应以每组 5 个试件的算术平均值表示。

附 D.3　胶粘带的剪切性能试验方法

1. 试样制备应符合下列规定：

（1）防水卷材试样应沿卷材纵向裁取尺寸 150mm×25mm，胶粘带宽度不足 25mm，按胶粘带宽度裁样。

（2）双面胶粘带拉伸剪切强度试样应用丙酮等适用的溶剂清洁基材的粘结面。从三卷双面胶粘带上分别取试样，尺寸为 100mm×25mm。按附图 D-3 将胶粘带试样无隔离纸的一面粘贴在防水卷材上。揭去胶粘带试样上的隔离纸，在防水卷材的胶粘带试样的另一面粘贴防水卷材，然后用压辊反复滚压 3 次。

（3）按上述方法制备防水卷材试样 5 个。

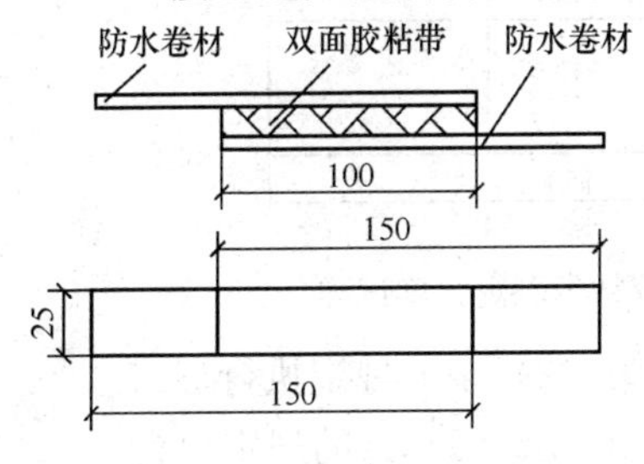

附图 D-3　双面胶粘带拉伸剪切强度试样

2. 试验条件应符合下列规定：

（1）标准试验条件应为温度（23±2）℃和相对湿度 30%～70%。

（2）拉伸试验机应有足够的承载能力，不应小于 2000N，夹具拉伸速度为（100±10）mm/min，夹持宽度不应小于 50mm，并配有记录装置。

（3）压辊质量为（2000±50）g，钢轮“直径×宽度”为“84mm×45mm”，包覆橡胶硬度（邵尔 A 型）为 80°±5°，厚度为 6mm；

（4）试样应在标准试验条件下放置至少 20h。

3. 试验程序应按附 D.1 中第（3）条的规定执行。

4. 试验结果应按附 D.1 中第（4）条的规定执行。

附 D.4　胶粘带的剥离性能试验方法

1. 试样制备应符合以下规定：

（1）防水卷材试样应沿卷材纵向裁取尺寸 150mm×25mm，胶粘带宽度不足 25mm，按胶粘带宽度裁样。

（2）双面胶粘带剥离强度试样应用丙酮等适用的溶剂清洁基

材的粘结面。从三卷双面胶粘带上分别取试样，尺寸为 100mm ×25mm。按附图 D-4 将胶粘带试样无隔离纸的一面粘贴在防水卷材上。揭去胶粘带试样上的隔离纸，在防水卷材的胶粘带试样的另一面粘贴防水卷材，然后用压辊反复滚压 3 次。

（3）按上述方法制备防水卷材试样 5 个。

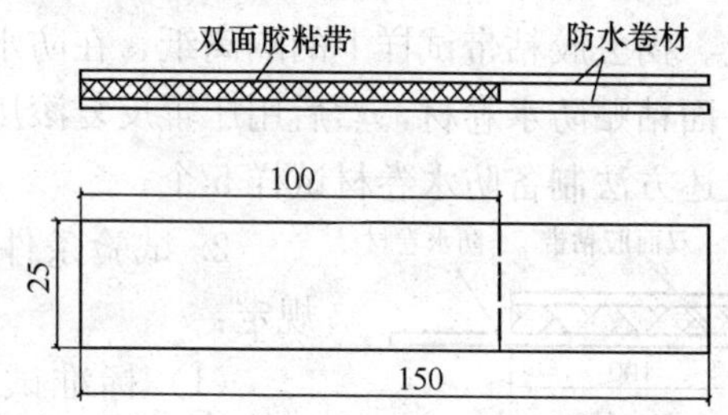

附图 D-4　双面胶粘带剥离强度试样

2. 试验条件应按附 D. 3 中第（2）条的规定执行。

3. 试验程序应按附 D. 2 中第 D. 2（3）条的规定执行。

4. 试验结果应按附 D. 2 中第 D. 2（4）条的规定执行。

9 建筑装饰装修工程

9.1 抹灰工程

9.1.1 一般规定

(1) 适用于一般抹灰、装饰抹灰和清水砌体勾缝等分项工程的质量验收。

(2) 抹灰工程验收时应检查下列文件和记录：

1) 抹灰工程的施工图、设计说明及其他设计文件。

2) 材料的产品合格证书、性能检测报告、进场验收记录和复验报告。

3) 隐蔽工程验收记录。

4) 施工记录。

(3) 抹灰工程应对水泥的凝结时间和安定性进行复验。

(4) 抹灰工程应对下列隐蔽工程项目进行验收：

1) 抹灰总厚度大于或等于 35mm 时的加强措施。

2) 不同材料基体交接处的加强措施。

(5) 各分项工程的检验批应按下列规定划分：

1) 相同材料、工艺和施工条件的室外抹灰工程每 500～1000m^2 应划分为一个检验批，不足 500m^2 也应划分为一个检验批。

2) 相同材料、工艺和施工条件的室内抹灰工程每 50 个自然间（大面积房间和走廊按抹灰面积 30m^2 为一间）应划分为一个检验批，不足50间也应划分为一个检验批。

(6) 检查数量应符合下列规定：

1) 室内每个检验批应至少抽查 10%，并不得少于 3 间；不足3间时应全数检查。

2）室外每个检验批每100m^2应至少抽查一处，每处不得小于10m^2。

（7）外墙抹灰工程施工前应先安装钢木门窗框、护栏等，并应将墙上的施工孔洞堵塞密实。

（8）抹灰用的石灰膏的熟化期不应少于15d；罩面用的磨细石灰粉的熟化期不应少于3d。

（9）室内墙面、柱面和门洞口的阳角做法应符合设计要求。设计无要求时，应采用1∶2水泥砂浆做暗护角，其高度不应低于2m,每侧宽度不应小于50mm。

（10）当要求抹灰层具有防水、防潮功能时，应采用防水砂浆。

（11）各种砂浆抹灰层，在凝结前应防止快干、水冲、撞击、振动和受冻，在凝结后应采取措施防止玷污和损坏。水泥砂浆抹灰层应在湿润条件下养护。

（12）外墙和顶棚的抹灰层与基层之间及各抹灰层之间必须粘结牢固。

9.1.2　一般抹灰工程

适用于石灰砂浆、水泥砂浆、水泥混合砂浆、聚合物水泥砂浆和麻刀石灰、纸筋石灰、石膏灰等一般抹灰工程的质量验收。一般抹灰工程分为普通抹灰和高级抹灰，当设计无要求时，按普通抹灰验收。

9.1.2.1　主控项目

（1）抹灰前基层表面的尘土、污垢、油渍等应清除干净，并应洒水润湿。

检验方法：检查施工记录。

（2）一般抹灰所用材料的品种和性能应符合设计要求。水泥的凝结时间和安定性复验应合格。砂浆的配合比应符合设计要求。

检验方法：检查产品合格证书、进场验收记录、复验报告和施工记录。

（3）抹灰工程应分层进行。当抹灰总厚度大于或等于 35mm 时，应采取加强措施。不同材料基体交接处表面的抹灰，应采取防止开裂的加强措施，当采用加强网时，加强网与各基体的搭接宽度不应小于 100mm。

检验方法：检查隐蔽工程验收记录和施工记录。

（4）抹灰层与基层之间及各抹灰层之间必须粘结牢固，抹灰层应无脱层、空鼓，面层应无爆灰和裂缝。

检验方法：观察；用小锤轻击检查；检查施工记录。

9.1.2.2 一般项目

（1）一般抹灰工程的表面质量应符合下列规定：

1）普通抹灰表面应光滑、洁净、接槎平整，分格缝应清晰。

2）高级抹灰表面应光滑、洁净、颜色均匀、无抹纹，分格缝和灰线应清晰美观。

检验方法：观察；手摸检查。

（2）护角、孔洞、槽、盒周围的抹灰表面应整齐、光滑；管道后面的抹灰表面应平整。

检验方法：观察。

（3）抹灰层的总厚度应符合设计要求；水泥砂浆不得抹在石灰砂浆层上；罩面石膏灰不得抹在水泥砂浆层上。

检验方法：检查施工记录。

（4）抹灰分格缝的设置应符合设计要求，宽度和深度应均匀，表面应光滑，棱角应整齐。

检验方法：观察；尺量检查。

（5）有排水要求的部位应做滴水线（槽）。滴水线（槽）应整齐顺直，滴水线应内高外低，滴水槽的宽度和深度均不应小于 10mm。

检验方法：观察；尺量检查。

（6）一般抹灰工程质量的允许偏差和检验方法应符合表 9-1-1 的规定。

一般抹灰的允许偏差和检验方法　　表 9-1-1

项次	项　目	允许偏差(mm)		检验方法
		普通抹灰	高级抹灰	
1	立面垂直度	4	3	用 2m 垂直检测尺检查
2	表面平整度	4	3	用 2m 靠尺和塞尺检查
3	阴阳角方正	4	3	用直角检测尺检查
4	分格条（缝）直线度	4	3	拉 5m 线，不足 5m 拉通线，用钢直尺检查
5	墙裙、勒脚上口直线度	4	3	拉 5m 线，不足 5m 拉通线，用钢直尺检查

注：1. 普通抹灰，本表第 3 项阴角方正可不检查；
2. 顶棚抹灰，本表第 2 项表面平整度可不检查，但应平顺。

9.1.3 装饰抹灰工程

适用于水刷石、斩假石、干粘石、假面砖等装饰抹灰工程的质量验收。

9.1.3.1 主控项目

（1）抹灰前基层表面的尘土、污垢、油渍等应清除干净，并应洒水润湿。

检验方法：检查施工记录。

（2）装饰抹灰工程所用材料的品种和性能应符合设计要求。水泥的凝结时间和安定性复验应合格。砂浆的配合比应符合设计要求。

检验方法：检查产品合格证书、进场验收记录、复验报告和施工记录。

（3）抹灰工程应分层进行。当抹灰总厚度大于或等于 35mm 时，应采取加强措施。不同材料基体交接处表面的抹灰，应采取防止开裂的加强措施，当采用加强网时，加强网与各基体的搭接宽度不应小于 100mm。

检验方法：检查隐蔽工程验收记录和施工记录。

（4）各抹灰层之间及抹灰层与基体之间必须粘接牢固，抹灰层应无脱层、空鼓和裂缝。

检验方法：观察；用小锤轻击检查；检查施工记录。

9.1.3.2 一般项目

(1) 装饰抹灰工程的表面质量应符合下列规定：

1) 水刷石表面应石粒清晰、分布均匀、紧密平整、色泽一致，应无掉粒和接槎痕迹。

2) 斩假石表面剁纹应均匀顺直、深浅一致，应无漏剁处；阳角处应横剁并留出宽窄一致的不剁边条，棱角应无损坏。

3) 干粘石表面应色泽一致、不露浆、不漏粘，石粒应粘结牢固、分布均匀，阳角处应无明显黑边。

4) 假面砖表面应平整、沟纹清晰、留缝整齐、色泽一致，应无掉角、脱皮、起砂等缺陷。

检验方法：观察；手摸检查。

(2) 装饰抹灰分格条（缝）的设置应符合设计要求，宽度和深度应均匀，表面应平整光滑，棱角应整齐。

检验方法：观察。

(3) 有排水要求的部位应做滴水线（槽）。滴水线（槽）应整齐顺直，滴水线应内高外低，滴水槽的宽度和深度均不应小于 10mm。

检验方法：观察；尺量检查。

(4) 装饰抹灰工程质量的允许偏差和检验方法应符合表 9-1-2 的规定。

装饰抹灰的允许偏差和检验方法 **表 9-1-2**

项次	项目	允许偏差（mm）				检验方法
		水刷石	斩假石	干粘石	假面砖	
1	立面垂直度	5	4	5	5	用 2m 垂直检测尺检查
2	表面平整度	3	3	5	4	用 2m 靠尺和塞尺检查

续表

项次	项　　目	允许偏差（mm）				检验方法
		水刷石	斩假石	干粘石	假面砖	
3	阳角方正	3	3	4	4	用直角检测尺检查
4	分格条（缝）直线度	3	3	3	3	拉5m线，不足5m拉通线，用钢直尺检查
5	墙裙、勒脚上口直线度	3	3	—	—	拉5m线，不足5m拉通线，用钢直尺检查

9.1.4　清水砌体勾缝工程

适用于清水砌体砂浆勾缝和原浆勾缝工程的质量验收。

9.1.4.1　主控项目

（1）清水砌体勾缝所用水泥的凝结时间和安定性复验应合格。砂浆的配合比应符合设计要求。

检验方法：检查复验报告和施工记录。

（2）清水砌体勾缝应无漏勾。勾缝材料应粘结牢固、无开裂。

检验方法：观察。

9.1.4.2　一般项目

（1）清水砌体勾缝应横平竖直，交接处应平顺，宽度和深度应均匀，表面应压实抹平。

检验方法：观察；尺量检查。

（2）灰缝应颜色一致，砌体表面应洁净。

检验方法：观察。

9.2　门窗工程

9.2.1　一般规定

（1）本章适用于木门窗制作与安装、金属门窗安装、塑料门窗安装、特种门安装、门窗玻璃安装等分项工程的质量验收。

（2）门窗工程验收时应检查下列文件和记录：

1）门窗工程的施工图、设计说明及其他设计文件。

2）材料的产品合格证书、性能检测报告、进场验收记录和复验报告。

3）特种门及其附件的生产许可文件。

4）隐蔽工程验收记录。

5）施工记录。

（3）门窗工程应对下列材料及其性能指标进行复验：

1）人造木板的甲醛含量。

2）建筑外墙金属窗、塑料窗的抗风压性能、空气渗透性能和雨水渗漏性能。

（4）门窗工程应对下列隐蔽工程项目进行验收：

1）预埋件和锚固件。

2）隐蔽部位的防腐、填嵌处理。

（5）各分项工程的检验批应按下列规定划分：

1）同一品种、类型和规格的木门窗、金属门窗、塑料门窗及门窗玻璃每 100 樘应划分为一个检验批，不足 100 樘也应划分为一个检验批。

2）同一品种、类型和规格的特种门每 50 樘应划分为一个检验批，不足 50 樘也应划分为一个检验批。

（6）检查数量应符合下列规定：

1）木门窗、金属门窗、塑料门窗及门窗玻璃，每个检验批应至少抽查5%，并不得少于 3 樘，不足 3 樘时应全数检查；高层建筑的外窗，每个检验批应至少抽查 10%，并不得少于 6 樘，不足 6 樘时应全数检查。

2）特种门每个检验批应至少抽查 50%，并不得少于 10 樘，不足 10 樘时应全数检查。

（7）门窗安装前，应对门窗洞口尺寸进行检验。

（8）金属门窗和塑料门窗安装应采用预留洞口的方法施工，不得采用边安装边砌口或先安装后砌口的方法施工。

（9）木门窗与砖石砌体、混凝土或抹灰层接触处应进行防腐处理并应设置防潮层；埋入砌体或混凝土中的木砖应进行防腐处理。

（10）当金属窗或塑料窗组合时，其拼樘料的尺寸、规格、壁厚应符合设计要求。

（11）建筑外门窗的安装必须牢固。在砌体上安装门窗严禁用射钉固定。

（12）特种门安装除应符合设计要求和本规范规定外，还应符合有关专业标准和主管部门的规定。

9.2.2　木门窗制作与安装工程

适用于木门窗制作与安装工程的质量验收。

9.2.2.1　主控项目

（1）木门窗的木材品种、材质等级、规格、尺寸、框扇的线型及人造木板的甲醛含量应符合设计要求。设计未规定材质等级时，所用木材的质量应符合附录A的规定。

检验方法：观察；检查材料进场验收记录和复验报告。

（2）木门窗应采用烘干的木材，含水率应符合《建筑木门、木窗》JG/T 122的规定。

检验方法：检查材料进场验收记录。

（3）木门窗的防火、防腐、防虫处理应符合设计要求。

检验方法：观察；检查材料进场验收记录。

（4）木门窗的结合处和安装配件处不得有木节或已填补的木节。木门窗如有允许限值以内的死节及直径较大的虫眼时，应用同一材质的木塞加胶填补。对于清漆制品，木塞的木纹和色泽应与制品一致。

检验方法：观察。

（5）门窗框和厚度大于50mm的门窗扇应用双榫连接。榫槽应采用胶料严密嵌合，并应用胶楔加紧。

检验方法：观察；手扳检查。

（6）胶合板门、纤维板门和模压门不得脱胶。胶合板不得刨透表层单板，不得有戗槎。制作胶合板门、纤维板门时，边框和横楞应在同一平面上，面层、边框及横楞应加压胶结。横楞和上、下冒头应各钻两个以上的透气孔，透气孔应通畅。

检验方法：观察。

(7) 木门窗的品种、类型、规格、开启方向、安装位置及连接方式应符合设计要求。

检验方法：观察；尺量检查；检查成品门的产品合格证书。

(8) 木门窗框的安装必须牢固。预埋木砖的防腐处理、木门窗框固定点的数量、位置及固定方法应符合设计要求。

检验方法：观察；手扳检查；检查隐蔽工程验收记录和施工记录。

(9) 木门窗扇必须安装牢固，并应开关灵活，关闭严密，无倒翘。

检验方法：观察；开启和关闭检查；手扳检查。

(10) 木门窗配件的型号、规格、数量应符合设计要求，安装应牢固，位置应正确，功能应满足使用要求。

检验方法：观察；开启和关闭检查；手扳检查。

9.2.2.2 一般项目

(1) 木门窗表面应洁净，不得有刨痕、锤印。

检验方法：观察。

(2) 木门窗的割角、拼缝应严密平整。门窗框、扇裁口应顺直，刨面应平整。

检验方法：观察。

(3) 木门窗上的槽、孔应边缘整齐，无毛刺。

检验方法：观察。

(4) 木门窗与墙体间缝隙的填嵌材料应符合设计要求，填嵌应饱满。寒冷地区外门窗（或门窗框）与砌体间的空隙应填充保温材料。

检验方法：轻敲门窗框检查；检查隐蔽工程验收记录和施工记录。

(5) 木门窗批水、盖口条、压缝条、密封条的安装应顺直，与门窗结合应牢固、严密。

检验方法：观察；手扳检查。

（6）木门窗制作的允许偏差和检验方法应符合表 9-2-1 的规定。

木门窗制作的允许偏差和检验方法　　表 9-2-1

项次	项目	构件名称	允许偏差（mm）		检验方法
			普通	高级	
1	翘曲	框	3	2	将框、扇平放在检查平台上，用塞尺检查
		扇	2	2	
2	对角线长度差	框、扇	3	2	用钢尺检查，框量裁口里角，扇量外角
3	表面平整度	扇	2	2	用 1m 靠尺和塞尺检查
4	高度、宽度	框	0；－2	0；－1	用钢尺检查，框量裁口里角，扇量外角
		扇	＋2；0	＋1；0	
5	裁口、线条结合处高低差	框、扇	1	0.5	用钢直尺和塞尺检查
6	相邻棂子两端间距	扇	2	1	用钢直尺检查

（7）木门窗安装的留缝限值、允许偏差和检验方法应符合表 9-2-2 的规定。

木门窗安装的留缝限值、允许偏差和检验方法　　表 9-2-2

项次	项目	留缝限值（mm）		允许偏差（mm）		检验方法
		普通	高级	普通	高级	
1	门窗槽口对角线长度差	—	—	3	2	用钢尺检查
2	门窗框的正、侧面垂直度	—	—	2	1	用 1m 垂直检测尺检查

续表

项次	项　　目		留缝限值（mm）		允许偏差（mm）		检验方法
			普通	高级	普通	高级	
3	框与扇、扇与扇接缝高低差		—	—	2	1	用钢直尺和塞尺检查
4	门窗扇对口缝		1～2.5	1.5～2	—	—	用塞尺检查
5	工业厂房双扇大门对口缝		2～5	—	—	—	
6	门窗扇与上框间留缝		1～2	1～1.5	—	—	
7	门窗扇与侧框间留缝		1～2.5	1～1.5	—	—	
8	窗扇与下框间留缝		2～3	2～2.5	—	—	
9	门扇与下框间留缝		3～5	3～4	—	—	
10	双层门窗内外框间距		—	—	4	3	用钢尺检查
11	无下框时门扇与地面间留缝	外门	4～7	5～6	—	—	用塞尺检查
		内门	5～8	6～7	—	—	
		卫生间门	8～12	8～10	—	—	
		厂房大门	10～20	—	—	—	

9.2.3　金属门窗安装工程

适用于钢门窗、铝合金门窗、涂色镀锌钢板门窗等金属门窗安装工程的质量验收。

9.2.3.1　主控项目

（1）金属门窗的品种、类型、规格、尺寸、性能、开启方向、安装位置、连接方式及铝合金门窗的型材壁厚应符合设计要求。金属门窗的防腐处理及填嵌、密封处理应符合设计要求。

检验方法：观察；尺量检查；检查产品合格证书、性能检测报告、进场验收记录和复验报告；检查隐蔽工程验收记录。

（2）金属门窗框和副框的安装必须牢固。预埋件的数量、位置、埋设方式、与框的连接方式必须符合设计要求。

检验方法：手扳检查；检查隐蔽工程验收记录。

（3）金属门窗扇必须安装牢固，并应开关灵活、关闭严密，无倒翘。推拉门窗扇必须有防脱落措施。

检验方法：观察；开启和关闭检查；手扳检查。

（4）金属门窗配件的型号、规格、数量应符合设计要求，安装应牢固，位置应正确，功能应满足使用要求。

检验方法：观察；开启和关闭检查；手扳检查。

9.2.3.2 一般项目

（1）金属门窗表面应洁净、平整、光滑、色泽一致，无锈蚀。大面应无划痕、碰伤。漆膜或保护层应连续。

检验方法：观察。

（2）铝合金门窗推拉门窗扇开关力应不大于100N。

检验方法：用弹簧秤检查。

（3）金属门窗框与墙体之间的缝隙应填嵌饱满，并采用密封胶密封。密封胶表面应光滑、顺直，无裂纹。

检验方法：观察；轻敲门窗框检查；检查隐蔽工程验收记录。

（4）金属门窗扇的橡胶密封条或毛毡密封条应安装完好，不得脱槽。

检验方法：观察；开启和关闭检查。

（5）有排水孔的金属门窗，排水孔应畅通，位置和数量应符合设计要求。

检验方法：观察。

（6）钢门窗安装的留缝限值、允许偏差和检验方法应符合表9-2-3的规定。

钢门窗安装的留缝限值、允许偏差和检验方法　　表9-2-3

项次	项　　目		留缝限值（mm）	允许偏差（mm）	检验方法
1	门窗槽口宽度、高度	≤1500mm	—	2.5	用钢尺检查
		＞1500mm	—	3.5	

续表

项次	项　　目		留缝限值（mm）	允许偏差（mm）	检验方法
2	门窗槽口对角线长度差	≤2000mm	—	5	用钢尺检查
		>2000mm	—	6	
3	门窗框的正、侧面垂直度		—	3	用1m垂直检测尺检查
4	门窗横框的水平度		—	3	用1m水平尺和塞尺检查
5	门窗横框标高		—	5	用钢尺检查
6	门窗竖向偏离中心		—	4	用钢尺检查
7	双层门窗内外框间距		—	5	用钢尺检查
8	门窗框、扇配合间隙		≤2	—	用塞尺检查
9	无下框时门扇与地面间留缝		4～8	—	用塞尺检查

（7）铝合金门窗安装的允许偏差和检验方法应符合表9-2-4的规定。

铝合金门窗安装的允许偏差和检验方法　　表9-2-4

项次	项　　目		允许偏差（mm）	检验方法
1	门窗槽口宽度、高度	≤1500mm	1.5	用钢尺检查
		>1500mm	2	
2	门窗槽口对角线长度差	≤2000mm	3	用钢尺检查
		>2000mm	4	
3	门窗框的正、侧面垂直度		2.5	用垂直检测尺检查
4	门窗横框的水平度		2	用1m水平尺和塞尺检查
5	门窗横框标高		5	用钢尺检查
6	门窗竖向偏离中心		5	用钢尺检查
7	双层门窗内外框间距		4	用钢尺检查
8	推拉门窗扇与框搭接量		1.5	用钢直尺检查

(8) 涂色镀锌钢板门窗安装的允许偏差和检验方法应符合表9-2-5的规定。

涂色镀锌钢板门窗安装的允许偏差和检验方法　　表9-2-5

项次	项目		允许偏差（mm）	检验方法
1	门窗槽口宽度、高度	≤1500mm	2	用钢尺检查
		>1500mm	3	
2	门窗槽口对角线长度差	≤2000mm	4	用钢尺检查
		>2000mm	5	
3	门窗框的正、侧面垂直度		3	用垂直检测尺检查
4	门窗横框的水平度		3	用1m水平尺和塞尺检查
5	门窗横框标高		5	用钢尺检查
6	门窗竖向偏离中心		5	用钢尺检查
7	双层门窗内外框间距		4	用钢尺检查
8	推拉门窗扇与框搭接量		2	用钢直尺检查

9.2.4 塑料门窗安装工程

适用于塑料门窗安装工程的质量验收。

9.2.4.1 主控项目

(1) 塑料门窗的品种、类型、规格、尺寸、开启方向、安装位置、连接方式及填嵌密封处理应符合设计要求，内衬增强型钢的壁厚及设置应符合国家现行产品标准的质量要求。

检验方法：观察；尺量检查；检查产品合格证书、性能检测报告、进场验收记录和复验报告；检查隐蔽工程验收记录。

(2) 塑料门窗框、副框和扇的安装必须牢固。固定片或膨胀螺栓的数量与位置应正确，连接方式应符合设计要求。固定点应距窗角、中横框、中竖框150～200mm，固定点间距应不大于600mm。

检验方法：观察；手扳检查：检查隐蔽工程验收记录。

(3) 塑料门窗拼樘料内衬增强型钢的规格、壁厚必须符合设计要求，型钢应与型材内腔紧密吻合，其两端必须与洞口固定牢固。窗框必须与拼樘料连接紧密，固定点间距应不大于600mm。

检验方法：观察；手扳检查；尺量检查；检查进场验收记录。

（4）塑料门窗扇应开关灵活、关闭严密，无倒翘。推拉门窗扇必须有防脱落措施。

检验方法：观察；开启和关闭检查；手扳检查。

（5）塑料门窗配件的型号、规格、数量应符合设计要求，安装应牢固，位置应正确，功能应满足使用要求。

检验方法：观察；手扳检查；尺量检查。

（6）塑料门窗框与墙体间缝隙应采用闭孔弹性材料填嵌饱满，表面应采用密封胶密封。密封胶应粘结牢固，表面应光滑、顺直、无裂纹。

检验方法：观察；检查隐蔽工程验收记录。

9.2.4.2 一般项目

（1）塑料门窗表面应洁净、平整、光滑，大面应无划痕、碰伤。

检验方法：观察。

（2）塑料门窗扇的密封条不得脱槽。旋转窗间隙应基本均匀。

（3）塑料门窗扇的开关力应符合下列规定：

1）平开门窗扇平铰链的开关力应不大于80N；滑撑铰链的开关力应不大于80N，并不小于30N。

2）推拉门窗扇的开关力应不大于100N。

检验方法：观察；用弹簧秤检查。

（4）玻璃密封条与玻璃及玻璃槽口的接缝应平整，不得卷边、脱槽。

检验方法：观察。

（5）排水孔应畅通，位置和数量应符合设计要求。

检验方法：观察。

（6）塑料门窗安装的允许偏差和检验方法应符合表 9-2-6 的规定。

塑料门窗安装的允许偏差和检验方法　　表 9-2-6

项次	项目		允许偏差（mm）	检验方法
1	门窗槽口宽度、高度	≤1500mm	2	用钢尺检查
		＞1500mm	3	
2	门窗槽口对角线长度差	≤2000mm	3	用钢尺检查
		＞2000mm	5	
3	门窗框的正、侧面垂直度		3	用 1m 垂直检测尺检查
4	门窗横框的水平度		3	用 1m 水平尺和塞尺检查
5	门窗横框标高		5	用钢尺检查
6	门窗竖向偏离中心		5	用钢直尺检查
7	双层门窗内外框间距		4	用钢尺检查
8	同樘平开门窗相邻扇高度差		2	用钢直尺检查
9	平开门窗铰链部位配合间隙		＋2；－1	用塞尺检查
10	推拉门窗扇与框搭接量		＋1.5；－2.5	用钢直尺检查
11	推拉门窗扇与竖框平行度		2	用 1m 水平尺和塞尺检查

9.2.5　特种门安装工程

适用于防火门、防盗门、自动门、全玻门、旋转门、金属卷帘门等特种门安装工程的质量验收。

9.2.5.1　主控项目

（1）特种门的质量和各项性能应符合设计要求。

检验方法：检查生产许可证、产品合格证书和性能检测报告。

（2）特种门的品种、类型、规格、尺寸、开启方向、安装位置及防腐处理应符合设计要求。

检验方法：观察；尺量检查；检查进场验收记录和隐蔽工程

验收记录。

（3）带有机械装置、自动装置或智能化装置的特种门，其机械装置、自动装置或智能化装置的功能应符合设计要求和有关标准的规定。

检验方法：启动机械装置、自动装置或智能化装置，观察。

（4）特种门的安装必须牢固。预埋件的数量、位置、埋设方式、与框的连接方式必须符合设计要求。

检验方法：观察；手扳检查；检查隐蔽工程验收记录。

（5）特种门的配件应齐全，位置应正确，安装应牢固，功能应满足使用要求和特种门的各项性能要求。

检验方法：观察；手扳检查；检查产品合格证书、性能检测报告和进场验收记录。

9.2.5.2 一般项目

（1）特种门的表面装饰应符合设计要求。

检验方法：观察。

（2）特种门的表面应洁净，无划痕、碰伤。

检验方法：观察。

（3）推拉自动门安装的留缝限值、允许偏差和检验方法应符合表 9-2-7 的规定。

推拉自动门安装的留缝限值、允许偏差和检验方法　　表 9-2-7

<table>
<tr><th>项次</th><th colspan="2">项　　目</th><th>留缝限值(mm)</th><th>允许偏差(mm)</th><th>检验方法</th></tr>
<tr><td rowspan="2">1</td><td rowspan="2">门槽口宽度、高度</td><td>≤1500mm</td><td>—</td><td>1.5</td><td rowspan="2">用钢尺检查</td></tr>
<tr><td>>1500mm</td><td>—</td><td>2</td></tr>
<tr><td rowspan="2">2</td><td rowspan="2">门槽口对角线长度差</td><td>≤2000mm</td><td>—</td><td>2</td><td rowspan="2">用钢尺检查</td></tr>
<tr><td>>2000mm</td><td>—</td><td>2.5</td></tr>
<tr><td>3</td><td colspan="2">门框的正、侧面垂直度</td><td>—</td><td>1</td><td>用 1m 垂直检测尺检查</td></tr>
<tr><td>4</td><td colspan="2">门构件装配间隙</td><td>—</td><td>0.3</td><td>用塞尺检查</td></tr>
<tr><td>5</td><td colspan="2">门梁导轨水平度</td><td>—</td><td>1</td><td>用 1m 水平尺和塞尺检查</td></tr>
</table>

续表

项次	项　　目	留缝限值（mm）	允许偏差（mm）	检验方法
6	下导轨与门梁导轨平行度	—	1.5	用钢尺检查
7	门扇与侧框间留缝	1.2～1.8	—	用塞尺检查
8	门扇对口缝	1.2～1.8	—	用塞尺检查

（4）推拉自动门的感应时间限值和检验方法应符合表 9-2-8 的规定。

推拉自动门的感应时间限值和检验方法　　表 9-2-8

项次	项　　目	感应时间限值（s）	检验方法
1	开门响应时间	≤0.5	用秒表检查
2	堵门保护延时	16～20	用秒表检查
3	门扇全开启后保持时间	13～17	用秒表检查

（5）旋转门安装的允许偏差和检验方法应符合表 9-2-9 的规定。

旋转门安装的允许偏差和检验方法　　表 9-2-9

项次	项　　目	允许偏差（mm）		检验方法
		金属框架玻璃旋转门	木质旋转门	
1	门扇正、侧面垂直度	1.5	1.5	用 1m 垂直检测尺检查
2	门扇对角线长度差	1.5	1.5	用钢尺检查
3	相邻扇高度差	1	1	用钢尺检查
4	扇与圆弧边留缝	1.5	2	用塞尺检查
5	扇与上顶间留缝	2	2.5	用塞尺检查
6	扇与地面间留缝	2	2.5	用塞尺检查

9.2.6　门窗玻璃安装工程

适用于平板、吸热、反射、中空、夹层、夹丝、磨砂、钢化、压花玻璃等玻璃安装工程的质量验收。

9.2.6.1 主控项目

（1）玻璃的品种、规格、尺寸、色彩、图案和涂膜朝向应符合设计要求。单块玻璃大于1.5m^{2}时应使用安全玻璃。

检验方法：观察；检查产品合格证书、性能检测报告和进场验收记录。

（2）门窗玻璃裁割尺寸应正确。安装后的玻璃应牢固，不得有裂纹、损伤和松动。

检验方法：观察；轻敲检查。

（3）玻璃的安装方法应符合设计要求。固定玻璃的钉子或钢丝卡的数量、规格应保证玻璃安装牢固。

检验方法：观察；检查施工记录。

（4）镶钉木压条接触玻璃处，应与裁口边缘平齐。木压条应互相紧密连接，并与裁口边缘紧贴，割角应整齐。

检验方法：观察。

（5）密封条与玻璃、玻璃槽口的接触应紧密、平整。密封胶与玻璃、玻璃槽口的边缘应粘结牢固、接缝平齐。

检验方法：观察。

（6）带密封条的玻璃压条，其密封条必须与玻璃全部贴紧，压条与型材之间应无明显缝隙，压条接缝应不大于0.5mm。

检验方法：观察；尺量检查。

9.2.6.2 一般项目

（1）玻璃表面应洁净，不得有腻子、密封胶、涂料等污渍。中空玻璃内外表面均应洁净，玻璃中空层内不得有灰尘和水蒸气。

检验方法：观察。

（2）门窗玻璃不应直接接触型材。单面镀膜玻璃的镀膜层及磨砂玻璃的磨砂面应朝向室内。中空玻璃的单面镀膜玻璃应在最外层，镀膜层应朝向室内。

检验方法：观察。

（3）腻子应填抹饱满、粘结牢固；腻子边缘与裁口应平齐。固定玻璃的卡子不应在腻子表面显露。

检验方法：观察。

9.3 吊顶工程

9.3.1 一般规定

（1）适用于暗龙骨吊顶、明龙骨吊顶等分项工程的质量验收。

（2）吊顶工程验收时应检查下列文件和记录：

1）吊顶工程的施工图、设计说明及其他设计文件。

2）材料的产品合格证书、性能检测报告、进场验收记录和复验报告。

3）隐蔽工程验收记录。

4）施工记录。

（3）吊顶工程应对人造木板的甲醛含量进行复验。

（4）吊顶工程应对下列隐蔽工程项目进行验收：

1）吊顶内管道、设备的安装及水管试压。

2）木龙骨防火、防腐处理。

3）预埋件或拉结筋。

4）吊杆安装。

5）龙骨安装。

6）填充材料的设置。

（5）各分项工程的检验批应按下列规定划分：

同一品种的吊顶工程每50间（大面积房间和走廊按吊顶面积$30m^2$为一间）应划分为一个检验批，不足50间也应划分为一个检验批。

（6）检查数量应符合下列规定：

每个检验批应至少抽查10%，并不得少于3间；不足3间时应全数检查。

（7）安装龙骨前，应按设计要求对房间净高、洞口标高和吊顶内管道、设备及其支架的标高进行交接检验。

(8) 吊顶工程的木吊杆、木龙骨和木饰面板必须进行防火处理，并应符合有关设计防火规范的规定。

(9) 吊顶工程中的预埋件、钢筋吊杆和型钢吊杆应进行防锈处理。

(10) 安装饰面板前应完成吊顶内管道和设备的调试及验收。

(11) 吊杆距主龙骨端部距离不得大于 300mm，当大于 300mm 时，应增加吊杆。当吊杆长度大于 1.5m 时，应设置反支撑。当吊杆与设备相遇时，应调整并增设吊杆。

(12) 重型灯具、电扇及其他重型设备严禁安装在吊顶工程的龙骨上。

9.3.2 暗龙骨吊顶工程

适用于以轻钢龙骨、铝合金龙骨、木龙骨等为骨架，以石膏板、金属板、矿棉板、木板、塑料板或格栅等为饰面材料的暗龙骨吊顶工程的质量验收。

9.3.2.1 主控项目

(1) 吊顶标高、尺寸、起拱和造型应符合设计要求。

检验方法：观察；尺量检查。

(2) 饰面材料的材质、品种、规格、图案和颜色应符合设计要求。

检验方法：观察；检查产品合格证书、性能检测报告、进场验收记录和复验报告。

(3) 暗龙骨吊顶工程的吊杆、龙骨和饰面材料的安装必须牢固。

检验方法：观察；手扳检查；检查隐蔽工程验收记录和施工记录。

(4) 吊杆、龙骨的材质、规格、安装间距及连接方式应符合设计要求。金属吊杆、龙骨应经过表面防腐处理；木吊杆、龙骨应进行防腐、防火处理。

检验方法：观察；尺量检查；检查产品合格证书、性能检测报告、进场验收记录和隐蔽工程验收记录。

(5) 石膏板的接缝应按其施工工艺标准进行板缝防裂处理。安装双层石膏板时，面层板与基层板的接缝应错开，并不得在同一根龙骨上接缝。

检验方法：观察。

9.3.2.2 一般项目

(1) 饰面材料表面应洁净、色泽一致，不得有翘曲、裂缝及缺损。压条应平直、宽窄一致。

检验方法：观察；尺量检查。

(2) 饰面板上的灯具、烟感器、喷淋头、风口篦子等设备的位置应合理、美观，与饰面板的交接应吻合、严密。

检验方法：观察。

(3) 金属吊杆、龙骨的接缝应均匀一致，角缝应吻合，表面应平整，无翘曲、锤印。木质吊杆、龙骨应顺直，无劈裂、变形。

检验方法：检查隐蔽工程验收记录和施工记录。

(4) 吊顶内填充吸声材料的品种和铺设厚度应符合设计要求，并应有防散落措施。

检验方法：检查隐蔽工程验收记录和施工记录。

(5) 暗龙骨吊顶工程安装的允许偏差和检验方法应符合表9-3-1的规定。

暗龙骨吊顶工程安装的允许偏差和检验方法　　表 9-3-1

项次	项目	允许偏差（mm）				检验方法
		纸面石膏板	金属板	矿棉板	木板、塑料板、格栅	
1	表面平整度	3	2	2	2	用2m靠尺和塞尺检查
2	接缝直线度	3	1.5	3	3	拉5m线，不足5m拉通线，用钢直尺检查
3	接缝高低差	1	1	1.5	1	用钢直尺和塞尺检查

9.3.3 明龙骨吊顶工程

适用于以轻钢龙骨、铝合金龙骨、木龙骨等为骨架，以石膏板、金属板、矿棉板、塑料板、玻璃板或格栅等为饰面材料的明龙骨吊顶工程的质量验收。

9.3.3.1 主控项目

(1) 吊顶标高、尺寸、起拱和造型应符合设计要求。

检验方法：观察；尺量检查。

(2) 饰面材料的材质、品种、规格、图案和颜色应符合设计要求。当饰面材料为玻璃板时，应使用安全玻璃或采取可靠的安全措施。

检验方法：观察；检查产品合格证书、性能检测报告和进场验收记录。

(3) 饰面材料的安装应稳固严密。饰面材料与龙骨的搭接宽度应大于龙骨受力面宽度的2/3。

检验方法：观察；手扳检查；尺量检查。

(4) 吊杆、龙骨的材质、规格、安装间距及连接方式应符合设计要求。金属吊杆、龙骨应进行表面防腐处理；木龙骨应进行防腐、防火处理。

检验方法：观察；尺量检查；检查产品合格证书、进场验收记录和隐蔽工程验收记录。

(5) 明龙骨吊顶工程的吊杆和龙骨安装必须牢固。

检验方法：手扳检查；检查隐蔽工程验收记录和施工记录。

9.3.3.2 一般项目

(1) 饰面材料表面应洁净、色泽一致，不得有翘曲、裂缝及缺损。饰面板与明龙骨的搭接应平整、吻合，压条应平直、宽窄一致。

检验方法：观察；尺量检查。

(2) 饰面板上的灯具、烟感器、喷淋头、风口篦子等设备的位置应合理、美观，与饰面板的交接应吻合、严密。

检验方法：观察。

（3）金属龙骨的接缝应平整、吻合、颜色一致，不得有划伤、擦伤等表面缺陷。木质龙骨应平整、顺直，无劈裂。

检验方法：观察。

（4）吊顶内填充吸声材料的品种和铺设厚度应符合设计要求，并应有防散落措施。

检验方法：检查隐蔽工程验收记录和施工记录。

（5）明龙骨吊顶工程安装的允许偏差和检验方法应符合表9-3-2的规定。

明龙骨吊顶工程安装的允许偏差和检验方法　　表 9-3-2

项次	项　目	允许偏差（mm）				检　验　方　法
		石膏板	金属板	矿棉板	塑料板、玻璃板	
1	表面平整度	3	2	3	2	用2m靠尺和塞尺检查
2	接缝直线度	3	2	3	3	拉5m线，不足5m拉通线，用钢直尺检查
3	接缝高低差	1	1	2	1	用钢直尺和塞尺检查

9.4　轻质隔墙工程

9.4.1　一般规定

（1）适用于板材隔墙、骨架隔墙、活动隔墙、玻璃隔墙等分项工程的质量验收。

（2）轻质隔墙工程验收时应检查下列文件和记录：

1）轻质隔墙工程的施工图、设计说明及其他设计文件。

2）材料的产品合格证书、性能检测报告、进场验收记录和复验报告。

3）隐蔽工程验收记录。

4）施工记录。

(3) 轻质隔墙工程应对人造木板的甲醛含量进行复验。

(4) 轻质隔墙工程应对下列隐蔽工程项目进行验收：

1) 骨架隔墙中设备管线的安装及水管试压。

2) 木龙骨防火、防腐处理。

3) 预埋件或拉结筋。

4) 龙骨安装。

5) 填充材料的设置。

(5) 各分项工程的检验批应按下列规定划分：

同一品种的轻质隔墙工程每50间（大面积房间和走廊按轻质隔墙的墙面30m² 为一间）应划分为一个检验批，不足50间也应划分为一个检验批。

(6) 轻质隔墙与顶棚和其他墙体的交接处应采取防开裂措施。

(7) 民用建筑轻质隔墙工程的隔声性能应符合现行国家标准《民用建筑隔声设计规范》GBJ 118的规定。

9.4.2　板材隔墙工程

(1) 适用于复合轻质墙板、石膏空心板、预制或现制的钢丝网水泥板等板材隔墙工程的质量验收。

(2) 板材隔墙工程的检查数量应符合下列规定：

每个检验批应至少抽查10%，并不得少于3间；不足3间时应全数检查。

9.4.2.1　主控项目

(1) 隔墙板材的品种、规格、性能、颜色应符合设计要求。有隔声、隔热、阻燃、防潮等特殊要求的工程，板材应有相应性能等级的检测报告。

检验方法：观察；检查产品合格证书、进场验收记录和性能检测报告。

(2) 安装隔墙板材所需预埋件、连接件的位置、数量及连接方法应符合设计要求。

检验方法：观察；尺量检查；检查隐蔽工程验收记录。

（3）隔墙板材安装必须牢固。现制钢丝网水泥隔墙与周边墙体的连接方法应符合设计要求，并应连接牢固。

检验方法：观察；手扳检查。

（4）隔墙板材所用接缝材料的品种及接缝方法应符合设计要求。

检验方法：观察；检查产品合格证书和施工记录。

9.4.2.2 一般项目

（1）隔墙板材安装应垂直、平整、位置正确，板材不应有裂缝或缺损。

检验方法：观察；尺量检查。

（2）板材隔墙表面应平整光滑、色泽一致、洁净，接缝应均匀、顺直。

检验方法：观察；手摸检查。

（3）隔墙上的孔洞、槽、盒应位置正确、套割方正、边缘整齐。

检验方法：观察。

（4）板材隔墙安装的允许偏差和检验方法应符合表9-4-1的规定。

板材隔墙安装的允许偏差和检验方法 **表9-4-1**

项次	项目	允许偏差（mm）				检验方法
		复合轻质墙板		石膏空心板	钢丝网水泥板	
		金属夹芯板	其他复合板			
1	立面垂直度	2	3	3	3	用2m垂直检测尺检查
2	表面平整度	2	3	3	3	用2m靠尺和塞尺检查
3	阴阳角方正	3	3	3	4	用直角检测尺检查
4	接缝高低差	1	2	2	3	用钢直尺和塞尺检查

9.4.3 骨架隔墙工程

（1）适用于以轻钢龙骨、木龙骨等为骨架，以纸面石膏板、人造木板、水泥纤维板等为墙面板的隔墙工程的质量验收。

（2）骨架隔墙工程的检查数量应符合下列规定：

每个检验批应至少抽查10%，并不得少于3间；不足3间时应全数检查。

9.4.3.1 主控项目

（1）骨架隔墙所用龙骨、配件、墙面板、填充材料及嵌缝材料的品种、规格、性能和木材的含水率应符合设计要求。有隔声、隔热、阻燃、防潮等特殊要求的工程，材料应有相应性能等级的检测报告。

检验方法：观察；检查产品合格证书、进场验收记录、性能检测报告和复验报告。

（2）骨架隔墙工程边框龙骨必须与基体结构连接牢固，并应平整、垂直、位置正确。

检验方法：手扳检查；尺量检查；检查隐蔽工程验收记录。

（3）骨架隔墙中龙骨间距和构造连接方法应符合设计要求。骨架内设备管线的安装、门窗洞口等部位加强龙骨应安装牢固、位置正确，填充材料的设置应符合设计要求。

检验方法：检查隐蔽工程验收记录。

（4）木龙骨及木墙面板的防火和防腐处理必须符合设计要求。

检验方法：检查隐蔽工程验收记录。

（5）骨架隔墙的墙面板应安装牢固，无脱层、翘曲、折裂及缺损。

检验方法：观察；手扳检查。

（6）墙面板所用接缝材料的接缝方法应符合设计要求。

检验方法：观察。

9.4.3.2 一般项目

（1）骨架隔墙表面应平整光滑、色泽一致、洁净、无裂缝，接缝应均匀、顺直。

检验方法：观察；手摸检查。

（2）骨架隔墙上的孔洞、槽、盒应位置正确、套割吻合、边缘整齐。

检验方法：观察。

（3）骨架隔墙内的填充材料应干燥，填充应密实、均匀、无下坠。

检验方法：轻敲检查；检查隐蔽工程验收记录。

（4）骨架隔墙安装的允许偏差和检验方法应符合表 9-4-2 的规定。

骨架隔墙安装的允许偏差和检验方法　　表 9-4-2

项次	项　目	允许偏差（mm）		检　验　方　法
		纸面石膏板	人造木板、水泥纤维板	
1	立面垂直度	3	4	用 2m 垂直检测尺检查
2	表面平整度	3	3	用 2m 靠尺和塞尺检查
3	阴阳角方正	3	3	用直角检测尺检查
4	接缝直线度	—	3	拉 5m 线，不足 5m 拉通线，用钢直尺检查
5	压条直线度	—	3	拉 5m 线，不足 5m 拉通线，用钢直尺检查
6	接缝高低差	1	1	用钢直尺和塞尺检查

9.4.4　活动隔墙工程

（1）适用于各种活动隔墙工程的质量验收。

（2）活动隔墙工程的检查数量应符合下列规定：

每个检验批应至少抽查 20%，并不得少于 6 间；不足 6 间时应全数检查。

9.4.4.1　主控项目

（1）活动隔墙所用墙板、配件等材料的品种、规格、性能和木材的含水率应符合设计要求。有阻燃、防潮等特性要求的工程，材料应有相应性能等级的检测报告。

检验方法：观察；检查产品合格证书、进场验收记录、性能检测报告和复验报告。

(2) 活动隔墙轨道必须与基体结构连接牢固，并应位置正确。

检验方法：尺量检查；手扳检查。

(3) 活动隔墙用于组装、推拉和制动的构配件必须安装牢固、位置正确，推拉必须安全、平稳、灵活。

检验方法：尺量检查；手扳检查；推拉检查。

(4) 活动隔墙制作方法、组合方式应符合设计要求。

检验方法：观察。

9.4.4.2 一般项目

(1) 活动隔墙表面应色泽一致、平整光滑、洁净，线条应顺直、清晰。

检验方法：观察；手摸检查。

(2) 活动隔墙上的孔洞、槽、盒应位置正确、套割吻合、边缘整齐。

检验方法：观察；尺量检查。

(3) 活动隔墙推拉应无噪声。

检验方法：推拉检查。

(4) 活动隔墙安装的允许偏差和检验方法应符合表 9-4-3 的规定。

活动隔墙安装的允许偏差和检验方法　　表 9-4-3

项次	项　目	允许偏差(mm)	检　验　方　法
1	立面垂直度	3	用 2m 垂直检测尺检查
2	表面平整度	2	用 2m 靠尺和塞尺检查
3	接缝直线度	3	拉 5m 线，不足 5m 拉通线，用钢直尺检查
4	接缝高低差	2	用钢直尺和塞尺检查
5	接缝宽度	2	用钢直尺检查

9.4.5　玻璃隔墙工程

（1）适用于玻璃砖、玻璃板隔墙工程的质量验收。

（2）玻璃隔墙工程的检查数量应符合下列规定：

每个检验批应至少抽查 20%，并不得少于 6 间；不足 6 间时应全数检查。

9.4.5.1　主控项目

（1）玻璃隔墙工程所用材料的品种、规格、性能、图案和颜色应符合设计要求。玻璃板隔墙应使用安全玻璃。

检验方法：观察；检查产品合格证书、进场验收记录和性能检测报告。

（2）玻璃砖隔墙的砌筑或玻璃板隔墙的安装方法应符合设计要求。

检验方法：观察。

（3）玻璃砖隔墙砌筑中埋设的拉结筋必须与基体结构连接牢固，并应位置正确。

检验方法：手扳检查；尺量检查；检查隐蔽工程验收记录。

（4）玻璃板隔墙的安装必须牢固。玻璃板隔墙胶垫的安装应正确。

检验方法：观察；手推检查；检查施工记录。

9.4.5.2　一般项目

（1）玻璃隔墙表面应色泽一致、平整洁净、清晰美观。

检验方法：观察。

（2）玻璃隔墙接缝应横平竖直，玻璃应无裂痕、缺损和划痕。

检验方法：观察。

（3）玻璃板隔墙嵌缝及玻璃砖隔墙勾缝应密实平整、均匀顺直、深浅一致。

检验方法：观察。

（4）玻璃隔墙安装的允许偏差和检验方法应符合表 9-4-4 的规定。

玻璃隔墙安装的允许偏差和检验方法　　表 9-4-4

项次	项　目	允许偏差（mm）		检　验　方　法
		玻璃砖	玻璃板	
1	立面垂直度	3	2	用 2m 垂直检测尺检查
2	表面平整度	3	—	用 2m 靠尺和塞尺检查
3	阴阳角方正	—	2	用直角检测尺检查
4	接缝直线度	—	2	拉 5m 线，不足 5m 拉通线，用钢直尺检查
5	接缝高低差	3	2	用钢直尺和塞尺检查
6	接缝宽度	—	1	用钢直尺检查

9.5　饰面板（砖）工程

9.5.1　一般规定

(1) 适用于饰面板安装、饰面砖粘贴等分项工程的质量验收。

(2) 饰面板（砖）工程验收时应检查下列文件和记录：

1) 饰面板（砖）工程的施工图、设计说明及其他设计文件。

2) 材料的产品合格证书、性能检测报告、进场验收记录和复验报告。

3) 后置埋件的现场拉拔检测报告。

4) 外墙饰面砖样板件的粘结强度检测报告。

5) 隐蔽工程验收记录。

6) 施工记录。

(3) 饰面板（砖）工程应对下列材料及其性能指标进行复验：

1) 室内用花岗石的放射性。

2) 粘贴用水泥的凝结时间、安定性和抗压强度。

3) 外墙陶瓷面砖的吸水率。

4) 寒冷地区外墙陶瓷面砖的抗冻性。

(4) 饰面板（砖）工程应对下列隐蔽工程项目进行验收：

1）预埋件（或后置埋件）。

2）连接节点。

3）防水层。

（5）各分项工程的检验批应按下列规定划分：

1）相同材料、工艺和施工条件的室内饰面板（砖）工程每50间（大面积房间和走廊按施工面积30m^{2}为一间）应划分为一个检验批，不足50间也应划分为一个检验批。

2）相同材料、工艺和施工条件的室外饰面板（砖）工程每500～1000m^{2}应划分为一个检验批，不足500m^{2}也应划分为一个检验批。

（6）检查数量应符合下列规定：

1）室内每个检验批应至少抽查10%，并不得少于3间；不足3间时应全数检查。

2）室外每个检验批每100m^{2}应至少抽查一处，每处不得小于10m^2。

（7）外墙饰面砖粘贴前和施工过程中，均应在相同基层上做样板件，并对样板件的饰面砖粘结强度进行检验，其检验方法和结果判定应符合《建筑工程饰面砖粘结强度检验标准》JGJ 110的规定。

（8）饰面板（砖）工程的抗震缝、伸缩缝、沉降缝等部位的处理应保证缝的使用功能和饰面的完整性。

9.5.2　饰面板安装工程

适用于内墙饰面板安装工程和高度不大于24m、抗震设防烈度不大于7度的外墙饰面板安装工程的质量验收。

9.5.2.1　主控项目

（1）饰面板的品种、规格、颜色和性能应符合设计要求，木龙骨、木饰面板和塑料饰面板的燃烧性能等级应符合设计要求。

检验方法：观察；检查产品合格证书、进场验收记录和性能检测报告。

（2）饰面板孔、槽的数量、位置和尺寸应符合设计要求。

检验方法：检查进场验收记录和施工记录。

(3) 饰面板安装工程的预埋件（或后置埋件）、连接件的数量、规格、位置、连接方法和防腐处理必须符合设计要求。后置埋件的现场拉拔强度必须符合设计要求。饰面板安装必须牢固。

检验方法：手扳检查；检查进场验收记录、现场拉拔检测报告、隐蔽工程验收记录和施工记录。

9.5.2.2 一般项目

(1) 饰面板表面应平整、洁净、色泽一致，无裂痕和缺损。石材表面应无泛碱等污染。

检验方法：观察。

(2) 饰面板嵌缝应密实、平直，宽度和深度应符合设计要求，嵌填材料色泽应一致。

检验方法：观察；尺量检查。

(3) 采用湿作业法施工的饰面板工程，石材应进行防碱背涂处理。饰面板与基体之间的灌注材料应饱满、密实。

检验方法：用小锤轻击检查；检查施工记录。

(4) 饰面板上的孔洞应套割吻合，边缘应整齐。

检验方法：观察。

(5) 饰面板安装的允许偏差和检验方法应符合表 9-5-1 的规定。

饰面板安装的允许偏差和检验方法 **表 9-5-1**

项次	项目	允许偏差（mm）							检验方法
		石材			瓷板	木材	塑料	金属	
		光面	剁斧石	蘑菇石					
1	立面垂直度	2	3	3	2	1.5	2	2	用 2m 垂直检测尺检查
2	表面平整度	2	3	—	1.5	1	3	3	用 2m 靠尺和塞尺检查
3	阴阳角方正	2	4	4	2	1.5	3	3	用直角检测尺检查

续表

项次	项目	允许偏差（mm）							检验方法
		石材			瓷板	木材	塑料	金属	
		光面	剁斧石	蘑菇石					
4	接缝直线度	2	4	4	2	1	1	1	拉5m线，不足5m拉通线，用钢直尺检查
5	墙裙、勒脚上口直线度	2	3	3	2	2	2	2	拉5m线，不足5m拉通线，用钢直尺检查
6	接缝高低差	0.5	3	—	0.5	0.5	1	1	用钢直尺和塞尺检查
7	接缝宽度	1	2	2	1	1	1	1	用钢直尺检查

9.5.3 饰面砖粘贴工程

适用于内墙饰面砖粘贴工程和高度不大于100m、抗震设防烈度不大于8度、采用满粘法施工的外墙饰面砖粘贴工程的质量验收。

9.5.3.1 主控项目

（1）饰面砖的品种、规格、图案、颜色和性能应符合设计要求。

检验方法：观察；检查产品合格证书、进场验收记录、性能检测报告和复验报告。

（2）饰面砖粘贴工程的找平、防水、粘结和勾缝材料及施工方法应符合设计要求及国家现行产品标准和工程技术标准的规定。

检验方法：检查产品合格证书、复验报告和隐蔽工程验收记录。

（3）饰面砖粘贴必须牢固。

检验方法：检查样板件黏结强度检测报告和施工记录。

（4）满粘法施工的饰面砖工程应无空鼓、裂缝。

检验方法：观察；用小锤轻击检查。

9.5.3.2 一般项目

（1）饰面砖表面应平整、洁净、色泽一致，无裂痕和缺损。

检验方法：观察。

（2）阴阳角处搭接方式、非整砖使用部位应符合设计要求。

检验方法：观察。

（3）墙面突出物周围的饰面砖应整砖套割吻合，边缘应整齐。墙裙、贴脸突出墙面的厚度应一致。

检验方法：观察；尺量检查。

（4）饰面砖接缝应平直、光滑，填嵌应连续、密实；宽度和深度应符合设计要求。

检验方法：观察；尺量检查。

（5）有排水要求的部位应做滴水线（槽）。滴水线（槽）应顺直，流水坡向应正确，坡度应符合设计要求。

检验方法：观察；用水平尺检查。

（6）饰面砖粘贴的允许偏差和检验方法应符合表 9-5-2 的规定。

饰面砖粘贴的允许偏差和检验方法　　表 9-5-2

项次	项　目	允许偏差（mm）		检验方法
		外墙面砖	内墙面砖	
1	立面垂直度	3	2	用 2m 垂直检测尺检查
2	表面平整度	4	3	用 2m 靠尺和塞尺检查
3	阴阳角方正	3	3	用直角检测尺检查
4	接缝直线度	3	2	拉 5m 线，不足 5m 拉通线，用钢直尺检查
5	接缝高低差	1	0.5	用钢直尺和塞尺检查
6	接缝宽度	1	1	用钢直尺检查

9.6　幕墙工程

9.6.1　一般规定

（1）适用于玻璃幕墙、金属幕墙、石材幕墙等分项工程的质量验收。

（2）幕墙工程验收时应检查下列文件和记录：

1）幕墙工程的施工图、结构计算书、设计说明及其他设计文件。

2）建筑设计单位对幕墙工程设计的确认文件。

3）幕墙工程所用各种材料、五金配件、构件及组件的产品合格证书、性能检测报告、进场验收记录和复验报告。

4）幕墙工程所用硅酮结构胶的认定证书和抽查合格证明；进口硅酮结构胶的商检证；国家指定检测机构出具的硅酮结构胶相容性和剥离粘结性试验报告；石材用密封胶的耐污染性试验报告。

5）后置埋件的现场拉拔强度检测报告。

6）幕墙的抗风压性能、空气渗透性能、雨水渗漏性能及平面变形性能检测报告。

7）打胶、养护环境的温度、湿度记录；双组份硅酮结构胶的混匀性试验记录及拉断试验记录。

8）防雷装置测试记录。

9）隐蔽工程验收记录。

10）幕墙构件和组件的加工制作记录；幕墙安装施工记录。

（3）幕墙工程应对下列材料及其性能指标进行复验：

1）铝塑复合板的剥离强度。

2）石材的弯曲强度；寒冷地区石材的耐冻融性；室内用花岗石的放射性。

3）玻璃幕墙用结构胶的邵氏硬度、标准条件拉伸粘结强度、相容性试验；石材用结构胶的粘结强度；石材用密封胶的污染性。

（4）幕墙工程应对下列隐蔽工程项目进行验收：

1）预埋件（或后置埋件）。

2）构件的连接节点。

3）变形缝及墙面转角处的构造节点。

4）幕墙防雷装置。

5）幕墙防火构造。

（5）各分项工程的检验批应按下列规定划分：

1）相同设计、材料、工艺和施工条件的幕墙工程每 500～1000m² 应划分为一个检验批，不足 500m² 也应划分为一个检验批。

2）同一单位工程的不连续的幕墙工程应单独划分检验批。

3）对于异型或有特殊要求的幕墙，检验批的划分应根据幕墙的结构、工艺特点及幕墙工程规模，由监理单位（或建设单位）和施工单位协商确定。

（6）检查数量应符合下列规定：

1）每个检验批每 100m² 应至少抽查一处，每处不得小于 10m²。

2）对于异型或有特殊要求的幕墙工程，应根据幕墙的结构和工艺特点，由监理单位（或建设单位）和施工单位协商确定。

（7）幕墙及其连接件应具有足够的承载力、刚度和相对于主体结构的位移能力。幕墙构架立柱的连接金属角码与其他连接件应采用螺栓连接，并应有防松动措施。

（8）隐框、半隐框幕墙所采用的结构粘结材料必须是中性硅酮结构密封胶，其性能必须符合《建筑用硅酮结构密封胶》GB 16776 的规定；硅酮结构密封胶必须在有效期内使用。

（9）立柱和横梁等主要受力构件，其截面受力部分的壁厚应经计算确定，且铝合金型材壁厚不应小于 3.0mm，钢型材壁厚不应小于 3.5mm。

（10）隐框、半隐框幕墙构件中板材与金属框之间硅酮结构密封胶的粘结宽度，应分别计算风荷载标准值和板材自重标准值作用下硅酮结构密封胶的粘结宽度，并取其较大值，且不得小于 7.0mm。

（11）硅酮结构密封胶应打注饱满，并应在温度 15～30℃、相对湿度 50％以上、洁净的室内进行；不得在现场墙上打注。

（12）幕墙的防火除应符合现行国家标准《建筑设计防火规

范》GBJ 16 和《高层民用建筑设计防火规范》GB 50045 的有关规定外，还应符合下列规定：

1）应根据防火材料的耐火极限决定防火层的厚度和宽度，并应在楼板处形成防火带。

2）防火层应采取隔离措施。防火层的衬板应采用经防腐处理且厚度不小于 1.5mm 的钢板，不得采用铝板。

3）防火层的密封材料应采用防火密封胶。

4）防火层与玻璃不应直接接触，一块玻璃不应跨两个防火分区。

(13) 主体结构与幕墙连接的各种预埋件，其数量、规格、位置和防腐处理必须符合设计要求。

(14) 幕墙的金属框架与主体结构预埋件的连接、立柱与横梁的连接及幕墙面板的安装必须符合设计要求，安装必须牢固。

(15) 单元幕墙连接处和吊挂处的铝合金型材的壁厚应通过计算确定，并不得小于 5.0mm。

(16) 幕墙的金属框架与主体结构应通过预埋件连接，预埋件应在主体结构混凝土施工时埋入，预埋件的位置应准确。当没有条件采用预埋件连接时，应采用其他可靠的连接措施，并应通过试验确定其承载力。

(17) 立柱应采用螺栓与角码连接，螺栓直径应经过计算，并不应小于 10mm。不同金属材料接触时应采用绝缘垫片分隔。

(18) 幕墙的防震缝、伸缩缝、沉降缝等部位的处理应保证缝的使用功能和饰面的完整性。

(19) 幕墙工程的设计应满足维护和清洁的要求。

9.6.2 玻璃幕墙工程

适用于建筑高度不大于 150m、抗震设防烈度不大于 8 度的隐框玻璃幕墙、半隐框玻璃幕墙、明框玻璃幕墙、全玻幕墙及点支承玻璃幕墙工程的质量验收。

9.6.2.1 主控项目

(1) 玻璃幕墙工程所使用的各种材料、构件和组件的质量，应符合设计要求及国家现行产品标准和工程技术规范的规定。

检验方法：检查材料、构件、组件的产品合格证书、进场验收记录、性能检测报告和材料的复验报告。

（2）玻璃幕墙的造型和立面分格应符合设计要求。

检验方法：观察；尺量检查。

（3）玻璃幕墙使用的玻璃应符合下列规定：

1）幕墙应使用安全玻璃，玻璃的品种、规格、颜色、光学性能及安装方向应符合设计要求。

2）幕墙玻璃的厚度不应小于 6.0mm。全玻幕墙肋玻璃的厚度不应小于 12mm。

3）幕墙的中空玻璃应采用双道密封。明框幕墙的中空玻璃应采用聚硫密封胶及丁基密封胶；隐框和半隐框幕墙的中空玻璃应采用硅酮结构密封胶及丁基密封胶；镀膜面应在中空玻璃的第 2 或第 3 面上。

4）幕墙的夹层玻璃应采用聚乙烯醇缩丁醛（PVB）胶片干法加工合成的夹层玻璃。点支承玻璃幕墙夹层玻璃的夹层胶片（PVB）厚度不应小于 0.76mm。

5）钢化玻璃表面不得有损伤；8.0mm 以下的钢化玻璃应进行引爆处理。

6）所有幕墙玻璃均应进行边缘处理。

检验方法：观察；尺量检查；检查施工记录。

（4）玻璃幕墙与主体结构连接的各种预埋件、连接件、紧固件必须安装牢固，其数量、规格、位置、连接方法和防腐处理应符合设计要求。

检验方法：观察；检查隐蔽工程验收记录和施工记录。

（5）各种连接件、紧固件的螺栓应有防松动措施；焊接连接应符合设计要求和焊接规范的规定。

检验方法：观察；检查隐蔽工程验收记录和施工记录。

（6）隐框或半隐框玻璃幕墙，每块玻璃下端应设置两个铝合金或不锈钢托条，其长度不应小于 100mm，厚度不应小于

2mm，托条外端应低于玻璃外表面 2mm。

检验方法：观察；检查施工记录。

(7) 明框玻璃幕墙的玻璃安装应符合下列规定：

1）玻璃槽口与玻璃的配合尺寸应符合设计要求和技术标准的规定。

2）玻璃与构件不得直接接触，玻璃四周与构件凹槽底部应保持一定的空隙，每块玻璃下部应至少放置两块宽度与槽口宽度相同、长度不小于 100mm 的弹性定位垫块；玻璃两边嵌入量及空隙应符合设计要求。

3）玻璃四周橡胶条的材质、型号应符合设计要求，镶嵌应平整，橡胶条长度应比边框内槽长 1.5%～2.0%，橡胶条在转角处应斜面断开，并应用粘结剂粘结牢固后嵌入槽内。

检验方法：观察；检查施工记录。

(8) 高度超过 4m 的全玻幕墙应吊挂在主体结构上，吊夹具应符合设计要求，玻璃与玻璃、玻璃与玻璃肋之间的缝隙，应采用硅酮结构密封胶填嵌严密。

检验方法：观察；检查隐蔽工程验收记录和施工记录。

(9) 点支承玻璃幕墙应采用带万向头的活动不锈钢爪，其钢爪间的中心距离应大于 250mm。

检验方法：观察；尺量检查。

(10) 玻璃幕墙四周、玻璃幕墙内表面与主体结构之间的连接节点、各种变形缝、墙角的连接节点应符合设计要求和技术标准的规定。

检验方法：观察；检查隐蔽工程验收记录和施工记录。

(11) 玻璃幕墙应无渗漏。

检验方法：在易渗漏部位进行淋水检查。

(12) 玻璃幕墙结构胶和密封胶的打注应饱满、密实、连续、均匀、无气泡，宽度和厚度应符合设计要求和技术标准的规定。

检验方法：观察；尺量检查；检查施工记录。

(13）玻璃幕墙开启窗的配件应齐全，安装应牢固，安装位置和开启方向、角度应正确；开启应灵活，关闭应严密。

检验方法：观察；手扳检查；开启和关闭检查。

(14）玻璃幕墙的防雷装置必须与主体结构的防雷装置可靠连接。

检验方法：观察；检查隐蔽工程验收记录和施工记录。

9.6.2.2 一般项目

(1）玻璃幕墙表面应平整、洁净；整幅玻璃的色泽应均匀一致；不得有污染和镀膜损坏。

检验方法：观察。

(2）每平方米玻璃的表面质量和检验方法应符合表9-6-1的规定。

每平方米玻璃的表面质量和检验方法　　表9-6-1

项次	项　目	质量要求	检验方法
1	明显划伤和长度＞100mm的轻微划伤	不允许	观察
2	长度≤100mm的轻微划伤	≤8条	用钢尺检查
3	擦伤总面积	≤500mm²	用钢尺检查

(3）一个分格铝合金型材的表面质量和检验方法应符合表9-6-2的规定。

一个分格铝合金型材的表面质量和检验方法　　表9-6-2

项次	项　目	质量要求	检验方法
1	明显划伤和长度＞100mm的轻微划伤	不允许	观察
2	长度≤100mm的轻微划伤	≤2条	用钢尺检查
3	擦伤总面积	≤500mm²	用钢尺检查

(4）明框玻璃幕墙的外露框或压条应横平竖直，颜色、规格应符合设计要求，压条安装应牢固。单元玻璃幕墙的单元拼缝或

隐框玻璃幕墙的分格玻璃拼缝应横平竖直、均匀一致。

检验方法：观察；手扳检查；检查进场验收记录。

(5) 玻璃幕墙的密封胶缝应横平竖直、深浅一致、宽窄均匀、光滑顺直。

检验方法：观察；手摸检查。

(6) 防火、保温材料填充应饱满、均匀，表面应密实、平整。

检验方法：检查隐蔽工程验收记录。

(7) 玻璃幕墙隐蔽节点的遮封装修应牢固、整齐、美观。

检验方法：观察；手扳检查。

(8) 明框玻璃幕墙安装的允许偏差和检验方法应符合表 9-6-3 的规定。

明框玻璃幕墙安装的允许偏差和检验方法　　表 9-6-3

项次	项目		允许偏差（mm）	检验方法
1	幕墙垂直度	幕墙高度≤30m	10	用经纬仪检查
		30m＜幕墙高度≤60m	15	
		60m＜幕墙高度≤90m	20	
		幕墙高度＞90m	25	
2	幕墙水平度	幕墙幅宽≤35m	5	用水平仪检查
		幕墙幅宽＞35m	7	
3	构件直线度		2	用 2m 靠尺和塞尺检查
4	构件水平度	构件长度≤2m	2	用水平仪检查
		构件长度＞2m	3	
5	相邻构件错位		1	用钢直尺检查
6	分格框对角线长度差	对角线长度≤2m	3	用钢尺检查
		对角线长度＞2m	4	

(9) 隐框、半隐框玻璃幕墙安装的允许偏差和检验方法应符合表 9-6-4 的规定。

隐框、半隐框玻璃幕墙安装的允许偏差和检验方法　　表 9-6-4

项次	项目		允许偏差（mm）	检验方法
1	幕墙垂直度	幕墙高度≤30m	10	用经纬仪检查
		30m<幕墙高度≤60m	15	
		60m<幕墙高度≤90m	20	
		幕墙高度>90m	25	
2	幕墙水平度	层高≤3m	3	用水平仪检查
		层高>3m	5	
3	幕墙表面平整度		2	用 2m 靠尺和塞尺检查
4	板材立面垂直度		2	用垂直检测尺检查
5	板材上沿水平度		2	用 1m 水平尺和钢直尺检查
6	相邻板材板角错位		1	用钢直尺检查
7	阳角方正		2	用直角检测尺检查
8	接缝直线度		3	拉 5m 线，不足 5m 拉通线，用钢直尺检查
9	接缝高低差		1	用钢直尺和塞尺检查
10	接缝宽度		1	用钢直尺检查

9.6.3 金属幕墙工程

适用于建筑高度不大于 150m 的金属幕墙工程的质量验收。

9.6.3.1 主控项目

（1）金属幕墙工程所使用的各种材料和配件，应符合设计要求及国家现行产品标准和工程技术规范的规定。

检验方法：检查产品合格证书、性能检测报告、材料进场验收记录和复验报告。

（2）金属幕墙的造型和立面分格应符合设计要求。

检验方法：观察；尺量检查。

(3) 金属面板的品种、规格、颜色、光泽及安装方向应符合设计要求。

检验方法：观察；检查进场验收记录。

(4) 金属幕墙主体结构上的预埋件、后置埋件的数量、位置及后置埋件的拉拔力必须符合设计要求。

检验方法：检查拉拔力检测报告和隐蔽工程验收记录。

(5) 金属幕墙的金属框架立柱与主体结构预埋件的连接、立柱与横梁的连接、金属面板的安装必须符合设计要求，安装必须牢固。

检验方法：手扳检查；检查隐蔽工程验收记录。

(6) 金属幕墙的防火、保温、防潮材料的设置应符合设计要求，并应密实、均匀、厚度一致。

检验方法：检查隐蔽工程验收记录。

(7) 金属框架及连接件的防腐处理应符合设计要求。

检验方法：检查隐蔽工程验收记录和施工记录。

(8) 金属幕墙的防雷装置必须与主体结构的防雷装置可靠连接。

检验方法：检查隐蔽工程验收记录。

(9) 各种变形缝、墙角的连接节点应符合设计要求和技术标准的规定。

检验方法：观察；检查隐蔽工程验收记录。

(10) 金属幕墙的板缝注胶应饱满、密实、连续、均匀、无气泡，宽度和厚度应符合设计要求和技术标准的规定。

检验方法：观察；尺量检查；检查施工记录。

(11) 金属幕墙应无渗漏。

检验方法：在易渗漏部位进行淋水检查。

9.6.3.2 一般项目

(1) 金属板表面应平整、洁净、色泽一致。

检验方法：观察。

(2) 金属幕墙的压条应平直、洁净、接口严密、安装牢固。

检验方法：观察；手扳检查。

（3）金属幕墙的密封胶缝应横平竖直、深浅一致、宽窄均匀、光滑顺直。

检验方法：观察。

（4）金属幕墙上的滴水线、流水坡向应正确、顺直。

检验方法；观察；用水平尺检查。

（5）每平方米金属板的表面质量和检验方法应符合表 9-6-5 的规定。

每平方米金属板的表面质量和检验方法　　　表 9-6-5

项次	项　　目	质量要求	检验方法
1	明显划伤和长度＞100mm 的轻微划伤	不允许	观察
2	长度≤100mm 的轻微划伤	≤8 条	用钢尺检查
3	擦伤总面积	≤500mm²	用钢尺检查

（6）金属幕墙安装的允许偏差和检验方法应符合表 9-6-6 的规定。

金属幕墙安装的允许偏差和检验方法　　　表 9-6-6

项次	项　　目		允许偏差（mm）	检验方法
1	幕墙垂直度	幕墙高度≤30m	10	用经纬仪检查
		30m＜幕墙高度≤60m	15	
		60m＜幕墙高度≤90m	20	
		幕墙高度＞90m	25	
2	幕墙水平度	层高≤3m	3	用水平仪检查
		层高＞3m	5	
3	幕墙表面平整度		2	用 2m 靠尺和塞尺检查
4	板材立面垂直度		3	用垂直检测尺检查
5	板材上沿水平度		2	用 1m 水平尺和钢直尺检查

续表

项次	项　　目	允许偏差（mm）	检验方法
6	相邻板材板角错位	1	用钢直尺检查
7	阳角方正	2	用直角检测尺检查
8	接缝直线度	3	拉5m线，不足5m拉通线，用钢直尺检查
9	接缝高低差	1	用钢直尺和塞尺检查
10	接缝宽度	1	用钢直尺检查

9.6.4　石材幕墙工程

适用于建筑高度不大于100m、抗震设防烈度不大于8度的石材幕墙工程的质量验收。

9.6.4.1　主控项目

（1）石材幕墙工程所用材料的品种、规格、性能和等级，应符合设计要求及国家现行产品标准和工程技术规范的规定。石材的弯曲强度不应小于8.0MPa；吸水率应小于0.8%。石材幕墙的铝合金挂件厚度不应小于4.0mm，不锈钢挂件厚度不应小于3.0mm。

检验方法：观察；尺量检查；检查产品合格证书、性能检测报告、材料进场验收记录和复验报告。

（2）石材幕墙的造型、立面分格、颜色、光泽、花纹和图案应符合设计要求。

检验方法：观察。

（3）石材孔、槽的数量、深度、位置、尺寸应符合设计要求。

检验方法：检查进场验收记录或施工记录。

（4）石材幕墙主体结构上的预埋件和后置埋件的位置、数量及后置埋件的拉拔力必须符合设计要求。

检验方法：检查拉拔力检测报告和隐蔽工程验收记录。

（5）石材幕墙的金属框架立柱与主体结构预埋件的连接、立柱与横梁的连接、连接件与金属框架的连接、连接件与石材面板的连接必须符合设计要求，安装必须牢固。

检验方法：手扳检查；检查隐蔽工程验收记录。

（6）金属框架和连接件的防腐处理应符合设计要求。

检验方法：检查隐蔽工程验收记录。

（7）石材幕墙的防雷装置必须与主体结构防雷装置可靠连接。

检验方法：观察；检查隐蔽工程验收记录和施工记录。

（8）石材幕墙的防火、保温、防潮材料的设置应符合设计要求，填充应密实、均匀、厚度一致。

检验方法：检查隐蔽工程验收记录。

（9）各种结构变形缝、墙角的连接节点应符合设计要求和技术标准的规定。

检验方法：检查隐蔽工程验收记录和施工记录。

（10）石材表面和板缝的处理应符合设计要求。

检验方法：观察。

（11）石材幕墙的板缝注胶应饱满、密实、连续、均匀、无气泡，板缝宽度和厚度应符合设计要求和技术标准的规定。

检验方法：观察；尺量检查；检查施工记录。

（12）石材幕墙应无渗漏。

检验方法：在易渗漏部位进行淋水检查。

9.6.4.2 一般项目

（1）石材幕墙表面应平整、洁净，无污染、缺损和裂痕。颜色和花纹应协调一致，无明显色差，无明显修痕。

检验方法：观察。

（2）石材幕墙的压条应平直、洁净、接口严密、安装牢固。

检验方法：观察；手扳检查。

（3）石材接缝应横平竖直、宽窄均匀；阴阳角石板压向应正确，板边合缝应顺直；凸凹线出墙厚度应一致，上下口应平直；石材面板上洞口、槽边应套割吻合，边缘应整齐。

检验方法：观察；尺量检查。

(4) 石材幕墙的密封胶缝应横平竖直、深浅一致、宽窄均匀、光滑顺直。

检验方法：观察。

(5) 石材幕墙上的滴水线、流水坡向应正确、顺直。

检验方法：观察；用水平尺检查。

(6) 每平方米石材的表面质量和检验方法应符合表 9-6-7 的规定。

每平方米石材的表面质量和检验方法　　表 9-6-7

项次	项　目	质量要求	检验方法
1	裂痕、明显划伤和长度>100mm 的轻微划伤	不允许	观察
2	长度≤100mm 的轻微划伤	≤8 条	用钢尺检查
3	擦伤总面积	≤500mm^2	用钢尺检查

(7) 石材幕墙安装的允许偏差和检验方法应符合表 9-6-8 的规定。

石材幕墙安装的允许偏差和检验方法　　表 9-6-8

项次	项　目		允许偏差 (mm) 光面	允许偏差 (mm) 麻面	检验方法
1	幕墙垂直度	幕墙高度≤30m	10		用经纬仪检查
		30m<幕墙高度≤60m	15		
		60m<幕墙高度≤90m	20		
		幕墙高度>90m	25		
2	幕墙水平度		3		用水平仪检查
3	板材立面垂直度		3		用水平仪检查
4	板材上沿水平度		2		用 1m 水平尺和钢直尺检查

续表

项次	项目	允许偏差(mm)		检验方法
		光面	麻面	
5	相邻板材板角错位	1		用钢直尺检查
6	幕墙表面平整度	2	3	用垂直检测尺检查
7	阳角方正	2	4	用直角检测尺检查
8	接缝直线度	3	4	拉 5m 线，不足 5m 拉通线，用钢直尺检查
9	接缝高低差	1	—	用钢直尺和塞尺检查
10	接缝宽度	1	2	用钢直尺检查

9.7 涂饰工程

9.7.1 一般规定

（1）适用于水性涂料涂饰、溶剂型涂料涂饰、美术涂饰等分项工程的质量验收。

（2）涂饰工程验收时应检查下列文件和记录：

1）涂饰工程的施工图、设计说明及其他设计文件。

2）材料的产品合格证书、性能检测报告和进场验收记录。

3）施工记录。

（3）各分项工程的检验批应按下列规定划分：

1）室外涂饰工程每一栋楼的同类涂料涂饰的墙面每 500～1000m² 应划分为一个检验批，不足 500m² 也应划分为一个检验批。

2）室内涂饰工程同类涂料涂饰的墙面每 50 间（大面积房间和走廊按涂饰面积 30m² 为一间）应划分为一个检验批，不足 50 间也应划分为一个检验批。

（4）检查数量应符合下列规定：

1）室外涂饰工程每 100m² 应至少检查一处，每处不得小

于 $10m^2$。

2）室内涂饰工程每个检验批应至少抽查 10%，并不得少于 3 间；不足 3 间时应全数检查。

（5）涂饰工程的基层处理应符合下列要求：

1）新建筑物的混凝土或抹灰基层在涂饰涂料前应涂刷抗碱封闭底漆。

2）旧墙面在涂饰涂料前应清除疏松的旧装修层，并涂刷界面剂。

3）混凝土或抹灰基层涂刷溶剂型涂料时，含水率不得大于 8%；涂刷乳液型涂料时，含水率不得大于 10%。木材基层的含水率不得大于 12%。

4）基层腻子应平整、坚实、牢固，无粉化、起皮和裂缝；内墙腻子的粘结强度应符合《建筑室内用腻子》JG/T 3049 的规定。

5）厨房、卫生间墙面必须使用耐水腻子。

（6）水性涂料涂饰工程施工的环境温度应在 5～35℃之间。

（7）涂饰工程应在涂层养护期满后进行质量验收。

9.7.2　水性涂料涂饰工程

适用于乳液型涂料、无机涂料、水溶性涂料等水性涂料涂饰工程的质量验收。

9.7.2.1　主控项目

（1）水性涂料涂饰工程所用涂料的品种、型号和性能应符合设计要求。

检验方法：检查产品合格证书、性能检测报告和进场验收记录。

（2）水性涂料涂饰工程的颜色、图案应符合设计要求。

检验方法：观察。

（3）水性涂料涂饰工程应涂饰均匀、粘结牢固，不得漏涂、透底、起皮和掉粉。

检验方法：观察；手摸检查。

（4）水性涂料涂饰工程的基层处理应符合 9.7.1 一般规定第（5）条的要求。

检验方法：观察；手摸检查；检查施工记录。

9.7.2.2 一般项目

（1）薄涂料的涂饰质量和检验方法应符合表 9-7-1 的规定。

薄涂料的涂饰质量和检验方法　　表 9-7-1

项次	项　目	普通涂饰	高级涂饰	检验方法
1	颜色	均匀一致	均匀一致	观察
2	泛碱、咬色	允许少量轻微	不允许	
3	流坠、疙瘩	允许少量轻微	不允许	
4	砂眼、刷纹	允许少量轻微砂眼，刷纹通顺	无砂眼，无刷纹	
5	装饰线、分色线直线度允许偏差（mm）	2	1	拉 5m 线，不足 5m 拉通线，用钢直尺检查

（2）厚涂料的涂饰质量和检验方法应符合表 9-7-2 的规定。

厚涂料的涂饰质量和检验方法　　表 9-7-2

项次	项　目	普通涂饰	高级涂饰	检验方法
1	颜色	均匀一致	均匀一致	观察
2	泛碱、咬色	允许少量轻微	不允许	
3	点状分布	—	疏密均匀	

（3）复层涂料的涂饰质量和检验方法应符合表 9-7-3 的规定。

复层涂料的涂饰质量和检验方法　　表 9-7-3

项次	项　目	质量要求	检验方法
1	颜色	均匀一致	观察
2	泛碱、咬色	不允许	
3	喷点疏密程度	均匀，不允许连片	

（4）涂层与其他装修材料和设备衔接处应吻合，界面应清晰。

检验方法：观察。

9.7.3　溶剂型涂料涂饰工程

适用于丙烯酸酯涂料、聚氨酯丙烯酸涂料、有机硅丙烯酸涂料等溶剂型涂料涂饰工程的质量验收。

9.7.3.1　主控项目

（1）溶剂型涂料涂饰工程所选用涂料的品种、型号和性能应符合设计要求。

检验方法：检查产品合格证书、性能检测报告和进场验收记录。

（2）溶剂型涂料涂饰工程的颜色、光泽、图案应符合设计要求。

检验方法：观察。

（3）溶剂型涂料涂饰工程应涂饰均匀、粘结牢固，不得漏涂、透底、起皮和反锈。

检验方法：观察；手摸检查。

（4）溶剂型涂料涂饰工程的基层处理应符合 9.7.1 一般规定第（5）条的要求。

检验方法：观察；手摸检查；检查施工记录。

9.7.3.2　一般项目

（1）色漆的涂饰质量和检验方法应符合表 9-7-4 的规定。

色漆的涂饰质量和检验方法　　**表 9-7-4**

项次	项　目	普通涂饰	高级涂饰	检验方法
1	颜色	均匀一致	均匀一致	观察
2	光泽、光滑	光泽基本均匀 光滑无挡手感	光泽均匀一致 光滑	观察、手摸检查
3	刷纹	刷纹通顺	无刷纹	观察
4	裹棱、流坠、皱皮	明显处不允许	不允许	观察

续表

项次	项目	普通涂饰	高级涂饰	检验方法
5	装饰线、分色线直线度允许偏差（mm）	2	1	拉5m线，不足5m拉通线，用钢直尺检查

注：无光色漆不检查光泽。

（2）清漆的涂饰质量和检验方法应符合表9-7-5的规定。

清漆的涂饰质量和检验方法　　表9-7-5

项次	项目	普通涂饰	高级涂饰	检验方法
1	颜色	基本一致	均匀一致	观察
2	木纹	棕眼刮平、木纹清楚	棕眼刮平、木纹清楚	观察
3	光泽、光滑	光泽基本均匀光滑无挡手感	光泽均匀一致光滑	观察、手摸检查
4	刷纹	无刷纹	无刷纹	观察
5	裹棱、流坠、皱皮	明显处不允许	不允许	观察

（3）涂层与其他装修材料和设备衔接处应吻合，界面应清晰。

检验方法：观察。

9.7.4　美术涂饰工程

适用于套色涂饰、滚花涂饰、仿花纹涂饰等室内外美术涂饰工程的质量验收。

9.7.4.1　主控项目

（1）美术涂饰所用材料的品种、型号和性能应符合设计要求。

检验方法：观察；检查产品合格证书、性能检测报告和进场验收记录。

（2）美术涂饰工程应涂饰均匀、粘结牢固，不得漏涂、透底、起皮、掉粉和反锈。

检验方法：观察；手摸检查。

（3）美术涂饰工程的基层处理应符合 9.7.1 一般规定第（5）条的要求。

检验方法：观察；手摸检查；检查施工记录。

（4）美术涂饰的套色、花纹和图案应符合设计要求。

检验方法：观察。

9.7.4.2 一般项目

（1）美术涂饰表面应洁净，不得有流坠现象。

检验方法：观察。

（2）仿花纹涂饰的饰面应具有被模仿材料的纹理。

检验方法：观察。

（3）套色涂饰的图案不得移位，纹理和轮廓应清晰。

检验方法：观察。

9.8 裱糊与软包工程

9.8.1 一般规定

（1）适用于裱糊、软包等分项工程的质量验收。

（2）裱糊与软包工程验收时应检查下列文件和记录：

1）裱糊与软包工程的施工图、设计说明及其他设计文件。

2）饰面材料的样板及确认文件。

3）材料的产品合格证书、性能检测报告、进场验收记录和复验报告。

4）施工记录。

（3）各分项工程的检验批应按下列规定划分：

同一品种的裱糊或软包工程每 50 间（大面积房间和走廊按施工面积 $30m^2$ 为一间）应划分为一个检验批，不足 50 间也应划分为一个检验批。

（4）检查数量应符合下列规定：

1）裱糊工程每个检验批应至少抽查 10%，并不得少于 3

间，不足3间时应全数检查。

2）软包工程每个检验批应至少抽查20%，并不得少于6间，不足6间时应全数检查。

（5）裱糊前，基层处理质量应达到下列要求：

1）新建筑物的混凝土或抹灰基层墙面在刮腻子前应涂刷抗碱封闭底漆。

2）旧墙面在裱糊前应清除疏松的旧装修层，并涂刷界面剂。

3）混凝土或抹灰基层含水率不得大于8%；木材基层的含水率不得大于12%。

4）基层腻子应平整、坚实、牢固，无粉化、起皮和裂缝；腻子的粘结强度应符合《建筑室内用腻子》JG/T 3049 N型的规定。

5）基层表面平整度、立面垂直度及阴阳角方正应达到9.1.2.2一般项目第（6）条高级抹灰的要求。

6）基层表面颜色应一致。

7）裱糊前应用封闭底胶涂刷基层。

9.8.2　裱糊工程

适用于聚氯乙烯塑料壁纸、复合纸质壁纸、墙布等裱糊工程的质量验收。

9.8.2.1　主控项目

（1）壁纸、墙布的种类、规格、图案、颜色和燃烧性能等级必须符合设计要求及国家现行标准的有关规定。

检验方法：观察；检查产品合格证书、进场验收记录和性能检测报告。

（2）裱糊工程基层处理质量应符合9.8.1一般规定第（5）条的要求。

检验方法：观察；手摸检查；检查施工记录。

（3）裱糊后各幅拼接应横平竖直，拼接处花纹、图案应吻合，不离缝，不搭接，不显拼缝。

检验方法：观察；拼缝检查距离墙面1.5m处正视。

（4）壁纸、墙布应粘贴牢固，不得有漏贴、补贴、脱层、空鼓和翘边。

检验方法：观察；手摸检查。

9.8.2.2 一般项目

（1）裱糊后的壁纸、墙布表面应平整，色泽应一致，不得有波纹起伏、气泡、裂缝、皱折及斑污，斜视时应无胶痕。

检验方法：观察；手摸检查。

（2）复合压花壁纸的压痕及发泡壁纸的发泡层应无损坏。

检验方法：观察。

（3）壁纸、墙布与各种装饰线、设备线盒应交接严密。

检验方法：观察。

（4）壁纸、墙布边缘应平直整齐，不得有纸毛、飞刺。

检验方法：观察。

（5）壁纸、墙布阴角处搭接应顺光，阳角处应无接缝。

检验方法：观察。

9.8.3 软包工程

适用于墙面、门等软包工程的质量验收。

9.8.3.1 主控项目

（1）软包面料、内衬材料及边框的材质、颜色、图案、燃烧性能等级和木材的含水率应符合设计要求及国家现行标准的有关规定。

检验方法：观察；检查产品合格证书、进场验收记录和性能检测报告。

（2）软包工程的安装位置及构造做法应符合设计要求。

检验方法：观察；尺量检查；检查施工记录。

（3）软包工程的龙骨、衬板、边框应安装牢固，无翘曲，拼缝应平直。

检验方法：观察；手扳检查。

（4）单块软包面料不应有接缝，四周应绷压严密。

检验方法：观察；手摸检查。

9.8.3.2 一般项目

（1）软包工程表面应平整、洁净，无凹凸不平及皱折；图案应清晰、无色差，整体应协调美观。

检验方法：观察。

（2）软包边框应平整、顺直、接缝吻合。其表面涂饰质量应符合本规范第10章的有关规定。

检验方法：观察；手摸检查。

（3）清漆涂饰木制边框的颜色、木纹应协调一致。

检验方法：观察。

（4）软包工程安装的允许偏差和检验方法应符合表9-8-1的规定。

软包工程安装的允许偏差和检验方法　　表9-8-1

项次	项　目	允许偏差（mm）	检验方法
1	垂直度	3	用1m垂直检测尺检查
2	边框宽度、高度	0；－2	用钢尺检查
3	对角线长度差	3	用钢尺检查
4	裁口、线条接缝高低差	1	用钢直尺和塞尺检查

9.9 细部工程

9.9.1 一般规定

（1）适用于下列分项工程的质量验收：

1）橱柜制作与安装。

2）窗帘盒、窗台板、散热器罩制作与安装。

3）门窗套制作与安装。

4）护栏和扶手制作与安装。

5）花饰制作与安装。

（2）细部工程验收时应检查下列文件和记录：

1）施工图、设计说明及其他设计文件。

2）材料的产品合格证书、性能检测报告、进场验收记录和复验报告。

3）隐蔽工程验收记录。

4）施工记录。

(3) 细部工程应对人造木板的甲醛含量进行复验。

(4) 细部工程应对下列部位进行隐蔽工程验收：

1）预埋件（或后置埋件）。

2）护栏与预埋件的连接节点。

(5) 各分项工程的检验批应按下列规定划分：

1）同类制品每50间（处）应划分为一个检验批，不足50间（处）也应划分为一个检验批。

2）每部楼梯应划分为一个检验批。

9.9.2　橱柜制作与安装工程

(1) 适用于位置固定的壁柜、吊柜等橱柜制作与安装工程的质量验收。

(2) 检查数量应符合下列规定：

每个检验批应至少抽查3间（处），不足3间（处）时应全数检查。

9.9.2.1　主控项目

(1) 橱柜制作与安装所用材料的材质和规格、木材的燃烧性能等级和含水率、花岗石的放射性及人造木板的甲醛含量应符合设计要求及国家现行标准的有关规定。

检验方法：观察；检查产品合格证书、进场验收记录、性能检测报告和复验报告。

(2) 橱柜安装预埋件或后置埋件的数量、规格、位置应符合设计要求。

检验方法：检查隐蔽工程验收记录和施工记录。

(3) 橱柜的造型、尺寸、安装位置、制作和固定方法应符合设计要求。橱柜安装必须牢固。

检验方法：观察；尺量检查；手扳检查。

（4）橱柜配件的品种、规格应符合设计要求。配件应齐全，安装应牢固。

检验方法：观察；手扳检查；检查进场验收记录。

（5）橱柜的抽屉和柜门应开关灵活、回位正确。

检验方法：观察；开启和关闭检查。

9.9.2.2 一般项目

（1）橱柜表面应平整、洁净、色泽一致，不得有裂缝、翘曲及损坏。

检验方法：观察。

（2）橱柜裁口应顺直、拼缝应严密。

检验方法：观察。

（3）橱柜安装的允许偏差和检验方法应符合表 9-9-1 的规定。

橱柜安装的允许偏差和检验方法 **表 9-9-1**

项次	项　目	允许偏差（mm）	检验方法
1	外形尺寸	3	用钢尺检查
2	立面垂直度	2	用 1m 垂直检测尺检查
3	门与框架的平行度	2	用钢尺检查

9.9.3 窗帘盒、窗台板和散热器罩制作与安装工程

（1）适用于窗帘盒、窗台板和散热器罩制作与安装工程的质量验收。

（2）检查数量应符合下列规定：

每个检验批应至少抽查 3 间（处），不足 3 间（处）时应全数检查。

9.9.3.1 主控项目

（1）窗帘盒、窗台板和散热器罩制作与安装所使用材料的材质和规格、木材的燃烧性能等级和含水率、花岗石的放射性及人造木板的甲醛含量应符合设计要求及国家现行标准的有关规定。

检验方法：观察；检查产品合格证书、进场验收记录、性能

检测报告和复验报告。

（2）窗帘盒、窗台板和散热器罩的造型、规格、尺寸、安装位置和固定方法必须符合设计要求。窗帘盒、窗台板和散热器罩的安装必须牢固。

检验方法：观察；尺量检查；手扳检查。

（3）窗帘盒配件的品种、规格应符合设计要求，安装应牢固。

检验方法：手扳检查；检查进场验收记录。

9.9.3.2 一般项目

（1）窗帘盒、窗台板和散热器罩表面应平整、洁净、线条顺直、接缝严密、色泽一致，不得有裂缝、翘曲及损坏。

检验方法：观察。

（2）窗帘盒、窗台板和散热器罩与墙面、窗框的衔接应严密，密封胶缝应顺直、光滑。

检验方法：观察。

（3）窗帘盒、窗台板和散热器罩安装的允许偏差和检验方法应符合表 9-9-2 的规定。

窗帘盒、窗台板和散热器罩安装的允许偏差和检验方法 **表 9-9-2**

项次	项　目	允许偏差（mm）	检验方法
1	水平度	2	用 1m 水平尺和塞尺检查
2	上口、下口直线度	3	拉 5m 线，不足 5m 拉通线，用钢直尺检查
3	两端距窗洞口长度差	2	用钢直尺检查
4	两端出墙厚度差	3	用钢直尺检查

9.9.4 门窗套制作与安装工程

（1）适用于门窗套制作与安装工程的质量验收。

（2）检查数量应符合下列规定：

每个检验批应至少抽查3间（处），不足3间（处）时应全数检查。

9.9.4.1 主控项目

（1）门窗套制作与安装所使用材料的材质、规格、花纹和颜色、木材的燃烧性能等级和含水率、花岗石的放射性及人造木板的甲醛含量应符合设计要求及国家现行标准的有关规定。

检验方法：观察；检查产品合格证书、进场验收记录、性能检测报告和复验报告。

（2）门窗套的造型、尺寸和固定方法应符合设计要求，安装应牢固。

检验方法：观察；尺量检查；手扳检查。

9.9.4.2 一般项目

（1）门窗套表面应平整、洁净、线条顺直、接缝严密、色泽一致，不得有裂缝、翘曲及损坏。

检验方法：观察。

（2）门窗套安装的允许偏差和检验方法应符合表9-9-3的规定。

门窗套安装的允许偏差和检验方法 **表9-9-3**

项次	项目	允许偏差（mm）	检验方法
1	正、侧面垂直度	3	用1m垂直检测尺检查
2	门窗套上口水平度	1	用1m水平检测尺和塞尺检查
3	门窗套上口直线度	3	拉5m线，不足5m拉通线，用钢直尺检查

9.9.5 护栏和扶手制作与安装工程

（1）适用于护栏和扶手制作与安装工程的质量验收。

（2）检查数量应符合下列规定：

每个检验批的护栏和扶手应全部检查。

9.9.5.1 主控项目

（1）护栏和扶手制作与安装所使用材料的材质、规格、数量和木材、塑料的燃烧性能等级应符合设计要求。

检验方法：观察；检查产品合格证书、进场验收记录和性能检测报告。

（2）护栏和扶手的造型、尺寸及安装位置应符合设计要求。

检验方法：观察；尺量检查；检查进场验收记录。

（3）护栏和扶手安装预埋件的数量、规格、位置以及护栏与预埋件的连接节点应符合设计要求。

检验方法：检查隐蔽工程验收记录和施工记录。

（4）护栏高度、栏杆间距、安装位置必须符合设计要求。护栏安装必须牢固。

检验方法：观察；尺量检查；手扳检查。

（5）护栏玻璃应使用公称厚度不小于 12mm 的钢化玻璃或钢化夹层玻璃。当护栏一侧距楼地面高度为 5m 及以上时，应使用钢化夹层玻璃。

检验方法：观察；尺量检查；检查产品合格证书和进场验收记录。

9.9.5.2 一般项目

（1）护栏和扶手转角弧度应符合设计要求，接缝应严密，表面应光滑，色泽应一致，不得有裂缝、翘曲及损坏。

检验方法：观察；手摸检查。

（2）护栏和扶手安装的允许偏差和检验方法应符合表 9-9-4 的规定。

护栏和扶手安装的允许偏差和检验方法　　表 9-9-4

项次	项　目	允许偏差（mm）	检验方法
1	护栏垂直度	3	用 1m 垂直检测尺检查
2	栏杆间距	3	用钢尺检查
3	扶手直线度	4	拉通线，用钢直尺检查
4	扶手高度	3	用钢尺检查

9.9.6 花饰制作与安装工程

（1）适用于混凝土、石材、木材、塑料、金属、玻璃、石膏等花饰制作与安装工程的质量验收。

（2）检查数量应符合下列规定：

1）室外每个检验批应全部检查。

2）室内每个检验批应至少抽查 3 间（处）；不足 3 间（处）时应全数检查。

9.9.6.1 主控项目

（1）花饰制作与安装所使用材料的材质、规格应符合设计要求。

检验方法：观察；检查产品合格证书和进场验收记录。

（2）花饰的造型、尺寸应符合设计要求。

检验方法：观察；尺量检查。

（3）花饰的安装位置和固定方法必须符合设计要求，安装必须牢固。

检验方法：观察；尺量检查；手扳检查。

9.9.6.2 一般项目

（1）花饰表面应洁净，接缝应严密吻合，不得有歪斜、裂缝、翘曲及损坏。

检验方法：观察。

（2）花饰安装的允许偏差和检验方法应符合表 9-9-5 的规定。

花饰安装的允许偏差和检验方法　　表 9-9-5

项次	项目		允许偏差（mm）		检验方法
			室内	室外	
1	条型花饰的水平度或垂直度	每米	1	2	拉线和用 1m 垂直检测尺检查
		全长	3	6	
2	单独花饰中心位置偏移		10	15	拉线和用钢直尺检查

9.10 分部工程质量验收

（1）建筑装饰装修工程质量验收的程序和组织应符合《建筑工程施工质量验收统一标准》GB 50300 的规定。

（2）建筑装饰装修工程的子分部工程及其分项工程应按附录B划分。

（3）建筑装饰装修工程施工过程中，应按一般规定的要求对隐蔽工程进行验收，并按附录C的格式记录。

（4）检验批的质量验收应按《建筑工程施工质量验收统一标准》GB 50300 的格式记录。检验批的合格判定应符合下列规定：

1）抽查样本均应符合主控项目的规定。

2）抽查样本的80%以上应符合一般项目的规定。其余样本不得有影响使用功能或明显影响装饰效果的缺陷，其中有允许偏差的检验项目，其最大偏差不得超过本规范规定允许偏差的1.5倍。

（5）分项工程的质量验收应按《建筑工程施工质量验收统一标准》GB 50300 的格式记录，各检验批的质量均应达到规定。

（6）子分部工程的质量验收应按《建筑工程施工质量验收统一标准》GB 50300 的格式记录。子分部工程中各分项工程的质量均应验收合格，并应符合下列规定：

1）应具备各子分部工程规定检查的文件和记录。

2）应具备表9-10-1所规定的有关安全和功能的检测项目的合格报告。

3）观感质量应符合各分项工程中一般项目的要求。

有关安全和功能的检测项目表　　表9-10-1

项次	子分部工程	检测项目
1	门窗工程	1 建筑外墙金属窗的抗风压性能、空气渗透性能和雨水渗漏性能 2 建筑外墙塑料窗的抗风压性能、空气渗透性能和雨水渗漏性能

续表

项次	子分部工程	检测项目
2	饰面板（砖）工程	1 饰面板后置埋件的现场拉拔强度 2 饰面砖样板件的粘结强度
3	幕墙工程	1 硅酮结构胶的相容性试验 2 幕墙后置埋件的现场拉拔强度 3 幕墙的抗风压性能、空气渗透性能、雨水渗漏性能及平面变形性能

（7）分部工程的质量验收应按《建筑工程施工质量验收统一标准》GB 50300 的格式记录。分部工程中各子分部工程的质量均应验收合格，并应按上述第（6）条 1）至 3）款的规定进行核查。

当建筑工程只有装饰装修分部工程时，该工程应作为单位工程验收。

（8）有特殊要求的建筑装饰装修工程，竣工验收时应按合同约定加测相关技术指标。

（9）建筑装饰装修工程的室内环境质量应符合国家现行标准《民用建筑工程室内环境污染控制规范》GB 50325 的规定。

（10）未经竣工验收合格的建筑装饰装修工程不得投入使用。

附录 A 木门窗用木材的质量要求

1. 制作普通木门窗所用木材的质量应符合附表 A-1 的规定。

普通木门窗用木材的质量要求　　附表 A-1

木材缺陷		门窗扇的立梃、冒头，中冒头	窗棂、压条、门窗及气窗的线脚、通风窗立梃	门心板	门窗框
活节	不计个数，直径(mm)	<15	<5	<15	<15

续表

木材缺陷		门窗扇的立梃、冒头，中冒头	窗棂、压条、门窗及气窗的线脚、通风窗立梃	门心板	门窗框
活节	计算个数，直径	≤材宽的1/3	≤材宽的1/3	≤30mm	≤材宽的1/3
	任1延米个数	≤3	≤2	≤3	≤5
死　节		允许，计入活节总数	不允许	允许，计入活节总数	
髓　心		不露出表面的，允许	不允许	不露出表面的，允许	
裂　缝		深度及长度≤厚度及材长的1/5	不允许	允许可见裂缝	深度及长度≤厚度及材长的1/4
斜纹的斜率（%）		≤7	≤5	不限	≤12
油　眼		非正面，允许			
其　他		浪形纹理、圆形纹理、偏心及化学变色，允许			

2. 制作高级木门窗所用木材的质量应符合附表 A-2 的规定。

高级木门窗用木材的质量要求　　附表 A-2

木材缺陷		木门扇的立梃、冒头，中冒头	窗棂、压条、门窗及气窗的线脚，通风窗立梃	门心板	门窗框
活节	不计个数，直径（mm）	<10	<5	<10	<10
	计算个数，直径	≤材宽的1/4	≤材宽的1/4	≤20mm	≤材宽的1/3
	任1延米个数	≤2	0	≤2	≤3
死　节		允许，包括在活节总数中	不允许	允许，包括在活节总数中	不允许

续表

木材缺陷	木门扇的立梃、冒头，中冒头	窗棂、压条、门窗及气窗的线脚，通风窗立梃	门心板	门窗框
髓　心	不露出表面的，允许	不允许	不露出表面的，允许	
裂　缝	深度及长度≤厚度及材长的1/6	不允许	允许可见裂缝	深度及长度≤厚度及材长的1/5
斜纹的斜率（%）	≤6	≤4	≤15	≤10
油　眼	非正面，允许			
其　他	浪形纹理、圆形纹理、偏心及化学变色，允许			

附录B　子分部工程及其分项工程划分表

附表B-1

项次	子分部工程	分　项　工　程
1	抹灰工程	一般抹灰，装饰抹灰，清水砌体勾缝
2	门窗工程	木门窗制作与安装，金属门窗安装，塑料门窗安装，特种门安装，门窗玻璃安装
3	吊顶工程	暗龙骨吊顶，明龙骨吊顶
4	轻质隔墙工程	板材隔墙，骨架隔墙，活动隔墙，玻璃隔墙
5	饰面板（砖）工程	饰面板安装，饰面砖粘贴
6	幕墙工程	玻璃幕墙，金属幕墙，石材幕墙
7	涂饰工程	水性涂料涂饰，溶剂型涂料涂饰，美术涂饰
8	裱糊与软包工程	裱糊，软包
9	细部工程	橱柜制作与安装，窗帘盒、窗台板和散热器罩制作与安装，门窗套制作与安装，护栏和扶手制作与安装，花饰制作与安装
10	建筑地面工程	基层，整体面层，板块面层，竹木面层

附录C　隐蔽工程验收记录表

附表 C-1

第　页共　页

装饰装修工程名称		项目经理	
分项工程名称		专业工长	
隐蔽工程项目			
施工单位			
施工标准名称及代号			
施工图名称及编号			
隐蔽工程部位	质量要求	施工单位自查记录	监理（建设）单位验收记录
施工单位自查结论	施工单位项目技术负责人： 年　月　日		
监理（建设）单位验收结论	监理工程师（建设单位项目负责人）： 年　月　日		

10 建筑地面工程

10.1 基本规定

(1) 建筑地面工程子分部工程、分项工程的划分应按表 10-1-1 的规定执行。

建筑地面工程子分部工程、分项工程的划分表 **表 10-1-1**

分部工程	子分部工程		分项工程
建筑装饰装修工程	地面	整体面层	基层：基土、灰土垫层、砂垫层和砂石垫层、碎石垫层和碎砖垫层、三合土及四合土垫层、炉渣垫层、水泥混凝土垫层和陶粒混凝土垫层、找平层、隔离层、填充层、绝热层
			面层：水泥混凝土面层、水泥砂浆面层、水磨石面层、硬化耐磨面层、防油渗面层、不发火（防爆）面层、自流平面层、涂料面层、塑胶面层、地面辐射供暖的整体面层
		板块面层	基层：基土、灰土垫层、砂垫层和砂石垫层、碎石垫层和碎砖垫层、三合土及四合土垫层、炉渣垫层、水泥混凝土垫层和陶粒混凝土垫层、找平层、隔离层、填充层、绝热层
			面层：砖面层（陶瓷锦砖、缸砖、陶瓷地砖和水泥花砖面层）、大理石面层和花岗石面层、预制板块面层（水泥混凝土板块、水磨石板块、人造石板块面层）、料石面层（条石、块石面层）、塑料板面层、活动地板面层、金属板面层、地毯面层、地面辐射供暖的板块面层
		木、竹面层	基层：基土、灰土垫层、砂垫层和砂石垫层、碎石垫层和碎砖垫层、三合土及四合土垫层、炉渣垫层、水泥混凝土垫层和陶粒混凝土垫层、找平层、隔离层、填充层、绝热层
			面层：实木地板、实木集成地板、竹地板面层（条材、块材面层）、实木复合地板面层（条材、块材面层）、浸渍纸层压木质地板面层（条材、块材面层）、软木类地板面层（条材、块材面层）、地面辐射供暖的木板面层

(2) 建筑地面工程采用的材料或产品应符合设计要求和国家现行有关标准的规定。无国家现行标准的，应具有省级住房和城乡建设行政主管部门的技术认可文件。材料或产品进场时还应符合下列规定：

1) 应有质量合格证明文件；

2) 应对型号、规格、外观等进行验收，对重要材料或产品应抽样进行复验。

(3) 建筑地面工程采用的大理石、花岗石、料石等天然石材以及砖、预制板块、地毯、人造板材、胶粘剂、涂料、水泥、砂、石、外加剂等材料或产品应符合国家现行有关室内环境污染控制和放射性、有害物质限量的规定。材料进场时应具有检测报告。

(4) 厕浴间和有防滑要求的建筑地面应符合设计防滑要求。

(5) 有种植要求的建筑地面，其构造做法应符合设计要求和现行行业标准《种植屋面工程技术规程》JGJ 155 的有关规定。设计无要求时，种植地面应低于相邻建筑地面 50mm 以上或作槛台处理。

(6) 地面辐射供暖系统的设计、施工及验收应符合现行行业标准《地面辐射供暖技术规程》JGJ 142 的有关规定。

(7) 地面辐射供暖系统施工验收合格后，方可进行面层铺设。面层分格缝的构造做法应符合设计要求。

(8) 建筑地面下的沟槽、暗管、保温、隔热、隔声等工程完工后，应经检验合格并做隐蔽记录，方可进行建筑地面工程的施工。

(9) 建筑地面工程基层（各构造层）和面层的铺设，均应待其下一层检验合格后方可施工上一层。建筑地面工程各层铺设前与相关专业的分部（子分部）工程、分项工程以及设备管道安装工程之间，应进行交接检验。

(10) 建筑地面工程施工时，各层环境温度的控制应符合材料或产品的技术要求，并应符合下列规定：

1）采用掺有水泥、石灰的拌合料铺设以及用石油沥青胶结料铺贴时，不应低于5℃；

2）采用有机胶粘剂粘贴时，不应低于10℃；

3）采用砂、石材料铺设时，不应低于0℃；

4）采用自流平、涂料铺设时，不应低于5℃，也不应高于30℃。

（11）铺设有坡度的地面应采用基土高差达到设计要求的坡度；铺设有坡度的楼面（或架空地面）应采用在结构楼层板上变更填充层（或找平层）铺设的厚度或以结构起坡达到设计要求的坡度。

（12）建筑物室内接触基土的首层地面施工应符合设计要求，并应符合下列规定：

1）在冻胀性土上铺设地面时，应按设计要求做好防冻胀土处理后方可施工，并不得在冻胀土层上进行填土施工；

2）在永冻土上铺设地面时，应按建筑节能要求进行隔热、保温处理后方可施工。

（13）室外散水、明沟、踏步、台阶和坡道等，其面层和基层（各构造层）均应符合设计要求。施工时应按基层铺设中基土和相应垫层以及面层的规定执行。

（14）水泥混凝土散水、明沟应设置伸、缩缝，其延长米间距不得大于10m，对日晒强烈且昼夜温差超过15℃的地区，其延长米间距宜为4～6m。水泥混凝土散水、明沟和台阶等与建筑物连接处及房屋转角处应设缝处理。上述缝的宽度应为15～20mm，缝内应填嵌柔性密封材料。

（15）建筑地面的变形缝应按设计要求设置，并应符合下列规定：

1）建筑地面的沉降缝、伸缝、缩缝和防震缝，应与结构相应缝的位置一致，且应贯通建筑地面的各构造层；

2）沉降缝和防震缝的宽度应符合设计要求，缝内清理干净，以柔性密封材料填嵌后用板封盖，并应与面层齐平。

(16) 当建筑地面采用镶边时，应按设计要求设置并应符合下列规定：

1) 有强烈机械作用下的水泥类整体面层与其他类型的面层邻接处，应设置金属镶边构件；

2) 具有较大振动或变形的设备基础与周围建筑地面的邻接处，应沿设备基础周边设置贯通建筑地面各构造层的沉降缝（防震缝），缝的处理应执行第（15）条的规定；

3) 采用水磨石整体面层时，应用同类材料镶边，并用分格条进行分格；

4) 条石面层和砖面层与其他面层邻接处，应用顶铺的同类材料镶边；

5) 采用木、竹面层和塑料板面层时，应用同类材料镶边；

6) 地面面层与管沟、孔洞、检查井等邻接处，均应设置镶边；

7) 管沟、变形缝等处的建筑地面面层的镶边构件，应在面层铺设前装设；

8) 建筑地面的镶边宜与柱、墙面或踢脚线的变化协调一致。

(17) 厕浴间、厨房和有排水（或其他液体）要求的建筑地面面层与相连接各类面层的标高差应符合设计要求。

(18) 检验同一施工批次、同一配合比水泥混凝土和水泥砂浆强度的试块，应按每一层（或检验批）建筑地面工程不少于1组。当每一层（或检验批）建筑地面工程面积大于1000m² 时，每增加1000m² 应增做1组试块；小于1000m² 按1000m² 计算，取样1组；检验同一施工批次、同一配合比的散水、明沟、踏步、台阶、坡道的水泥混凝土、水泥砂浆强度的试块，应按每150延长米不少于1组。

(19) 各类面层的铺设宜在室内装饰工程基本完工后进行。木、竹面层、塑料板面层、活动地板面层、地毯面层的铺设，应待抹灰工程、管道试压等完工后进行。

(20) 建筑地面工程施工质量的检验，应符合下列规定：

1）基层（各构造层）和各类面层的分项工程的施工质量验收应按每一层次或每层施工段（或变形缝）划分检验批，高层建筑的标准层可按每三层（不足三层按三层计）划分检验批；

2）每检验批应以各子分部工程的基层（各构造层）和各类面层所划分的分项工程按自然间（或标准间）检验，抽查数量应随机检验不应少于3间；不足3间，应全数检查；其中走廊（过道）应以10延长米为1间，工业厂房（按单跨计）、礼堂、门厅应以两个轴线为1间计算；

3）有防水要求的建筑地面子分部工程的分项工程施工质量每检验批抽查数量应按其房间总数随机检验不应少于4间，不足4间，应全数检查。

（21）建筑地面工程的分项工程施工质量检验的主控项目，应达到规定的质量标准，认定为合格；一般项目80%以上的检查点（处）符合规定的质量要求，其他检查点（处）不得有明显影响使用，且最大偏差值不超过允许偏差值的50%为合格。凡达不到质量标准时，应按现行国家标准《建筑工程施工质量验收统一标准》GB 50300的规定处理。

（22）建筑地面工程的施工质量验收应在建筑施工企业自检合格的基础上，由监理单位或建设单位组织有关单位对分项工程、子分部工程进行检验。

（23）检验方法应符合下列规定：

1）检查允许偏差应采用钢尺、1m直尺、2m直尺、3m直尺、2m靠尺、楔形塞尺、坡度尺、游标卡尺和水准仪；

2）检查空鼓应采用敲击的方法；

3）检查防水隔离层应采用蓄水方法，蓄水深度最浅处不得小于10mm，蓄水时间不得少于24h；检查有防水要求的建筑地面的面层应采用泼水方法。

4）检查各类面层（含不需铺设部分或局部面层）表面的裂纹、脱皮、麻面和起砂等缺陷，应采用观感的方法。

（24）建筑地面工程完工后，应对面层采取保护措施。

10.2 基层铺设

10.2.1 一般规定

（1）适用于基土、垫层、找平层、隔离层、绝热层和填充层等基层分项工程的施工质量检验。

（2）基层铺设的材料质量、密实度和强度等级（或配合比）等应符合设计要求和本章的规定。

（3）基层铺设前，其下一层表面应干净、无积水。

（4）垫层分段施工时，接槎处应做成阶梯形，每层接槎处的水平距离应错开0.5～1.0m。接槎处不应设在地面荷载较大的部位。

（5）当垫层、找平层、填充层内埋设暗管时，管道应按设计要求予以稳固。

（6）对有防静电要求的整体地面的基层，应清除残留物，将露出基层的金属物涂绝缘漆两遍晾干。

（7）基层的标高、坡度、厚度等应符合设计要求。基层表面应平整，其允许偏差和检验方法应符合表10-2-1的规定。

10.2.2 基土

（1）地面应铺设在均匀密实的基土上。土层结构被扰动的基土应进行换填，并予以压实。压实系数应符合设计要求。

（2）对软弱土层应按设计要求进行处理。

（3）填土应分层摊铺、分层压（夯）实、分层检验其密实度。填土质量应符合现行国家标准《建筑地基基础工程施工质量验收规范》GB 50202的有关规定。

（4）填土时应为最优含水量。重要工程或大面积的地面填土前，应取土样，按击实试验确定最优含水量与相应的最大干密度。

10.2.2.1 主控项目

（1）基土不应用淤泥、腐殖土、冻土、耕植土、膨胀土和建筑杂物作为填土，填土土块的粒径不应大于50mm。

表 10-2-1

基层表面的允许偏差和检验方法

项次	项目	允许偏差(mm)														检验方法
		基土	垫层					找平层				填充层		隔离层	绝热层	
						垫层地板										
		土	砂、砂石、碎石、碎砖	灰土、三合土、四合土、炉渣、水泥混凝土、陶粒混凝土	木搁栅	拼花实木地板、拼花实木复合地板、软木类地板面层	其他种类面层	用胶结料做结合层铺设板块面层	用水泥砂浆做结合层铺设板块面层	用胶粘剂做结合层铺设拼花木板、浸渍纸层压木质地板、实木复合地板、竹地板、软木地板面层	金属板面层	松散材料	板、块材料	防水、防潮、防油渗	板块材料、浇筑材料、喷涂材料	
1	表面平整度	15	15	10	3	3	5	3	5	2	3	7	5	3	4	用 2m 靠尺和楔形塞尺检查
2	标高	0 −50	±20	±10	±5	±5	±8	±5	±8	±4	±4	±4	±4	±4	±4	用水准仪检查
3	坡度	不大于房间相应尺寸的 2/1000，且不大于 30														用坡度尺检查
4	厚度	在个别地方不大于设计厚度的 1/10，且不大于 20														用钢尺检查

检验方法：观察检查和检查土质记录。

检查数量：按 10.1 基本规定第（20）条规定的检验批检查。

（2）Ⅰ类建筑基土的氡浓度应符合现行国家标准《民用建筑工程室内环境污染控制规范》GB 50325 的规定。

检验方法：检查检测报告。

检查数量：同一工程、同一土源地点检查一组。

（3）基土应均匀密实，压实系数应符合设计要求，设计无要求时，不应小于 0.9。

检验方法：观察检查和检查试验记录。

检查数量：按 10.1 基本规定第（20）条规定的检验批检查。

10.2.2.2 一般项目

基土表面的允许偏差应符合表 10-2-1 的规定。

检验方法：按表 10-2-1 中的检验方法检验。

检查数量：按 10.1 基本规定第（20）条规定的检验批和第（21）条的规定检查。

10.2.3 灰土垫层

（1）灰土垫层应采用熟化石灰与黏土（或粉质黏土、粉土）的拌合料铺设，其厚度不应小于 100mm。

（2）熟化石灰粉可采用磨细生石灰，亦可用粉煤灰代替。

（3）灰土垫层应铺设在不受地下水浸泡的基土上。施工后应有防止水浸泡的措施。

（4）灰土垫层应分层夯实，经湿润养护、晾干后方可进行下一道工序施工。

（5）灰土垫层不宜在冬期施工。当必须在冬期施工时，应采取可靠措施。

10.2.3.1 主控项目

灰土体积比应符合设计要求。

检验方法：观察检查和检查配合比试验报告。

检查数量：同一工程、同一体积比检查一次。

10.2.3.2 一般项目

(1) 熟化石灰颗粒粒径不应大于5mm；黏土（或粉质黏土、粉土）内不得含有有机物质，颗粒粒径不应大于16mm。

检验方法：观察检查和检查质量合格证明文件。

检查数量：按10.1基本规定第（20）条规定的检验批检查。

(2) 灰土垫层表面的允许偏差应符合表10-2-1的规定。

检验方法：按表10-2-1中的检验方法检验。

检查数量：按10.1基本规定第（20）条规定的检验批和第（21）条的规定检查。

10.2.4 砂垫层和砂石垫层

(1) 砂垫层厚度不应小于60mm；砂石垫层厚度不应小于100mm。

(2) 砂石应选用天然级配材料。铺设时不应有粗细颗粒分离现象，压（夯）至不松动为止。

10.2.4.1 主控项目

(1) 砂和砂石不应含有草根等有机杂质；砂应采用中砂；石子最大粒径不应大于垫层厚度的2/3。

检验方法：观察检查和检查质量合格证明文件。

检查数量：按10.1基本规定第（20）条规定的检验批检查。

(2) 砂垫层和砂石垫层的干密度（或贯入度）应符合设计要求。

检验方法：观察检查和检查试验记录。

检查数量：按10.1基本规定第（20）条规定的检验批检查。

10.2.4.2 一般项目

(1) 表面不应有砂窝、石堆等现象。

检验方法：观察检查。

检查数量：按10.1基本规定第（20）条规定的检验批检查。

(2) 砂垫层和砂石垫层表面的允许偏差应符合表10-2-1的规定。

检验方法：按表 10-2-1 中的检验方法检验。

检查数量：按 10.1 基本规范第（20）条规定的检验批和第（21）条的规定检查。

10.2.5 碎石垫层和碎砖垫层

（1）碎石垫层和碎砖垫层厚度不应小于 100mm。

（2）垫层应分层压（夯）实，达到表面坚实、平整。

10.2.5.1 主控项目

（1）碎石的强度应均匀，最大粒径不应大于垫层厚度的2/3；碎砖不应采用风化、酥松、夹有有机杂质的砖料，颗粒粒径不应大于 60mm。

检验方法：观察检查和检查质量合格证明文件。

检查数量：按 10.1 基本规范第（20）条规定的检验批检查。

（2）碎石、碎砖垫层的密实度应符合设计要求。

检验方法：观察检查和检查试验记录。

检查数量：按 10.1 基本规定第（20）条规定的检验批检查。

10.2.5.2 一般项目

碎石、碎砖垫层的表面允许偏差应符合表 10-2-1 的规定。

检验方法：按表 10-2-1 中的检验方法检验。

检查数量：按 10.1 基本规定第（20）条规定的检验批和第（21）条的规定检查。

10.2.6 三合土垫层和四合土垫层

（1）三合土垫层应采用石灰、砂（可掺入少量黏土）与碎砖的拌合料铺设，其厚度不应小于 100mm；四合土垫层应采用水泥、石灰、砂（可掺少量黏土）与碎砖的拌合料铺设，其厚度不应小于 80mm。

（2）三合土垫层和四合土垫层均应分层夯实。

10.2.6.1 主控项目

（1）水泥宜采用硅酸盐水泥、普通硅酸盐水泥；熟化石灰颗粒粒径不应大于 5mm；砂应用中砂，并不得含有草根等有机物质；碎砖不应采用风化、酥松和有机杂质的砖料，颗粒粒径不应大于 60mm。

检验方法：观察检查和检查质量合格证明文件。

检查数量：按 10.1 基本规定第（20）条规定的检验批检查。

（2）三合土、四合土的体积比应符合设计要求。

检验方法：观察检查和检查配合比试验报告。

检查数量：同一工程、同一体积比检查一次。

10.2.6.2 一般项目

三合土垫层和四合土垫层表面的允许偏差应符合 10.1 基本规定表 10-2-1 的规定。

检验方法：按表 10-2-1 中的检验方法检验。

检查数量：按 10.1 基本规定第（20）条规定的检验批和第（21）条的规定检查。

10.2.7 炉渣垫层

（1）炉渣垫层应采用炉渣或水泥与炉渣或水泥、石灰与炉渣的拌合料铺设，其厚度不应小于 80mm。

（2）炉渣或水泥炉渣垫层的炉渣，使用前应浇水闷透；水泥石灰炉渣垫层的炉渣，使用前应用石灰浆或用熟化石灰浇水拌合闷透；闷透时间均不得少于 5d。

（3）在垫层铺设前，其下一层应湿润；铺设时应分层压实，表面不得有泌水现象。铺设后应养护，待其凝结后方可进行下一道工序施工。

（4）炉渣垫层施工过程中不宜留施工缝。当必须留缝时，应留直槎，并保证间隙处密实，接槎时应先刷水泥浆，再铺炉渣拌合料。

10.2.7.1 主控项目

（1）炉渣内不应含有有机杂质和未燃尽的煤块，颗粒粒径不应大于 40mm，且颗粒粒径在 5mm 及其以下的颗粒，不得超过总体积的 40%；熟化石灰颗粒粒径不应大于 5mm。

检验方法：观察检查和检查质量合格证明文件。

检查数量：按 10.1 基本规定第（20）条规定的检验批检查。

（2）炉渣垫层的体积比应符合设计要求。

检验方法：观察检查和检查配合比试验报告。

检查数量：同一工程、同一体积比检查一次。

10.2.7.2 一般项目

（1）炉渣垫层与其下一层结合应牢固，不应有空鼓和松散炉渣颗粒。

检验方法：观察检查和用小锤轻击检查。

检查数量：按10.1基本规定第（20）条规定的检验批检查。

（2）炉渣垫层表面的允许偏差应符合表10-2-1的规定。

检验方法：按表10-2-1中的检验方法检验。

检查数量：按10.1基本规定第（20）条规定的检验批和第（21）条的规定检查。

10.2.8 水泥混凝土垫层和陶粒混凝土垫层

（1）水泥混凝土垫层和陶粒混凝土垫层应铺设在基土上。当气温长期处于0℃以下，设计无要求时，垫层应设置缩缝，缝的位置、嵌缝做法等应与面层伸、缩缝相一致，并应符合10.1基本规定第（15）条的规定。

（2）水泥混凝土垫层的厚度不应小于60mm；陶粒混凝土垫层的厚度不应小于80mm。

（3）垫层铺设前，当为水泥类基层时，其下一层表面应湿润。

（4）室内地面的水泥混凝土垫层和陶粒混凝土垫层，应设置纵向缩缝和横向缩缝；纵向缩缝、横向缩缝的间距均不得大于6m。

（5）垫层的纵向缩缝应做平头缝或加肋板平头缝。当垫层厚度大于150mm时，可做企口缝。横向缩缝应做假缝。平头缝和企口缝的缝间不得放置隔离材料，浇筑时应互相紧贴。企口缝尺寸应符合设计要求，假缝宽度宜为5～20mm，深度宜为垫层厚度的1/3，填缝材料应与地面变形缝的填缝材料相一致。

（6）工业厂房、礼堂、门厅等大面积水泥混凝土、陶粒混凝土垫层应分区段浇筑。分区段应结合变形缝位置、不同类型的建筑地面连接处和设备基础的位置进行划分，并应与设置的纵向、横向缩缝的间距相一致。

（7）水泥混凝土、陶粒混凝土施工质量检验尚应符合国家现行标准《混凝土结构工程施工质量验收规范》GB 50204 和《轻骨料混凝土技术规程》JGJ 51 的有关规定。

10.2.8.1 主控项目

（1）水泥混凝土垫层和陶粒混凝土垫层采用的粗骨料，其最大粒径不应大于垫层厚度的 2/3，含泥量不应大于 3%；砂为中粗砂，其含泥量不应大于 3%。陶粒中粒径小于 5mm 的颗粒含量应小于 10%；粉煤灰陶粒中大于 15mm 的颗粒含量不应大于 5%；陶粒中不得混夹杂物或黏土块。陶粒宜选用粉煤灰陶粒、页岩陶粒等。

检验方法：观察检查和检查质量合格证明文件。

检查数量：同一工程、同一强度等级、同一配合比检查一次。

（2）水泥混凝土和陶粒混凝土的强度等级应符合设计要求。陶粒混凝土的密度应在 800～1400kg/m^3 之间。

检验方法：检查配合比试验报告和强度等级检测报告。

检查数量：配合比试验报告按同一工程、同一强度等级、同一配合比检查一次；强度等级检测报告按 10.1 基本规定第（18）条的规定检查。

10.2.8.2 一般项目

水泥混凝土垫层和陶粒混凝土垫层表面的允许偏差应符合表 10-2-1 的规定。

检验方法：按表 10-2-1 中的检验方法检验。

检查数量：按 10.1 基本规定第（20）条规定的检验批和第（21）条的规定检查。

10.2.9 找平层

（1）找平层宜采用水泥砂浆或水泥混凝土铺设。当找平层厚度小于 30mm 时，宜用水泥砂浆做找平层；当找平层厚度不小于 30mm 时，宜用细石混凝土做找平层。

(2) 找平层铺设前，当其下一层有松散填充料时，应予铺平振实。

(3) 有防水要求的建筑地面工程，铺设前必须对立管、套管和地漏与楼板节点之间进行密封处理，并应进行隐蔽验收；排水坡度应符合设计要求。

(4) 在预制钢筋混凝土板上铺设找平层前，板缝填嵌的施工应符合下列要求：

1) 预制钢筋混凝土板相邻缝底宽不应小于 20mm。

2) 填嵌时，板缝内应清理干净，保持湿润。

3) 填缝应采用细石混凝土，其强度等级不应小于 C20。填缝高度应低于板面 10～20mm，且振捣密实；填缝后应养护。当填缝混凝土的强度等级达到 C15 后方可继续施工。

4) 当板缝底宽大于 40mm 时，应按设计要求配置钢筋。

(5) 在预制钢筋混凝土板上铺设找平层时，其板端应按设计要求做防裂的构造措施。

10.2.9.1 主控项目

(1) 找平层采用碎石或卵石的粒径不应大于其厚度的 2/3，含泥量不应大于 2%；砂为中粗砂，其含泥量不应大于 3%。

检验方法：观察检查和检查质量合格证明文件。

检查数量：同一工程、同一强度等级、同一配合比检查一次。

(2) 水泥砂浆体积比、水泥混凝土强度等级应符合设计要求，且水泥砂浆体积比不应小于 1∶3（或相应强度等级）；水泥混凝土强度等级不应小于 C15。

检验方法：观察检查和检查配合比试验报告、强度等级检测报告。

检查数量：配合比试验报告按同一工程、同一强度等级、同一配合比检查一次；强度等级检测报告按 10.1 基本规定第 (18)

条的规定检查。

(3) 有防水要求的建筑地面工程的立管、套管、地漏处不应渗漏，坡向应正确、无积水。

检验方法：观察检查和蓄水、泼水检验及坡度尺检查。

检查数量：按10.1基本规定第(20)条规定的检验批检查。

(4) 在有防静电要求的整体面层的找平层施工前，其下敷设的导电地网系统应与接地引下线和地下接电体有可靠连接，经电性能检测且符合相关要求后进行隐蔽工程验收。

检验方法：观察检查和检查质量合格证明文件。

检查数量：按10.1基本规定第(20)条规定的检验批检查。

10.2.9.2 一般项目

(1) 找平层与其下一层结合应牢固，不应有空鼓。

检验方法：用小锤轻击检查。

检查数量：按10.1基本规定第(20)条规定的检验批检查。

(2) 找平层表面应密实，不应有起砂、蜂窝和裂缝等缺陷。

检验方法：观察检查。

检查数量：按10.1基本规定第(20)条规定的检验批检查。

(3) 找平层的表面允许偏差应符合表10-2-1的规定。

检验方法：按表10-2-1中的检验方法检验。

检查数量：按10.1基本规定第(20)条规定的检验批和第(21)条的规定检查。

10.2.10 隔离层

(1) 隔离层材料的防水、防油渗性能应符合设计要求。

(2) 隔离层的铺设层数(或道数)、上翻高度应符合设计要求。有种植要求的地面隔离层的防根穿刺等应符合现行行业标准《种植屋面工程技术规程》JGJ 155的有关规定。

(3) 在水泥类找平层上铺设卷材类、涂料类防水、防油渗隔离层时，其表面应坚固、洁净、干燥。铺设前，应涂刷基层处理剂。基层处理剂应采用与卷材性能相容的配套材料或采用与涂料性能相容的同类涂料的底子油。

（4）当采用掺有防渗外加剂的水泥类隔离层时，其配合比、强度等级、外加剂的复合掺量等应符合设计要求。

（5）铺设隔离层时，在管道穿过楼板面四周，防水、防油渗材料应向上铺涂，并超过套管的上口；在靠近柱、墙处，应高出面层 200～300mm 或按设计要求的高度铺涂。阴阳角和管道穿过楼板面的根部应增加铺涂附加防水、防油渗隔离层。

（6）隔离层兼作面层时，其材料不得对人体及环境产生不利影响，并应符合现行国家标准《食品安全性毒理学评价程序和方法》GB 15193.1 和《生活饮用水卫生标准》GB 5749 的有关规定。

（7）防水隔离层铺设后，应按 10.1 基本规定第（23）条的规定进行蓄水检验，并做记录。

（8）隔离层施工质量检验还应符合现行国家标准《屋面工程施工质量验收规范》GB 50207 的有关规定。

10.2.10.1 主控项目

（1）隔离层材料应符合设计要求和国家现行有关标准的规定。

检验方法：观察检查和检查型式检验报告、出厂检验报告、出厂合格证。

检查数量：同一工程、同一材料、同一生产厂家、同一型号、同一规格、同一批号检查一次。

（2）卷材类、涂料类隔离层材料进入施工现场，应对材料的主要物理性能指标进行复验。

检验方法：检查复验报告。

检查数量：执行现行国家标准《屋面工程质量验收规范》GB 50207的有关规定。

（3）厕浴间和有防水要求的建筑地面必须设置防水隔离层。楼层结构必须采用现浇混凝土或整块预制混凝土板，混凝土强度等级不应小于 C20；房间的楼板四周除门洞外应做混凝土翻边，高度不应小于 200mm，宽同墙厚，混凝土强度等级不应小于

C20。施工时结构层标高和预留孔洞位置应准确，严禁乱凿洞。

检验方法：观察和钢尺检查。

检查数量：按10.1基本规定第（20）条规定的检验批检查。

（4）水泥类防水隔离层的防水等级和强度等级应符合设计要求。

检验方法：观察检查和检查防水等级检测报告、强度等级检测报告。

检查数量：防水等级检测报告、强度等级检测报告均按10.1基本规定第（18）条的规定检查。

（5）防水隔离层严禁渗漏，排水的坡向应正确、排水通畅。

检验方法：观察检查和蓄水、泼水检验、坡度尺检查及检查验收记录。

检查数量：按10.1基本规定第（20）条规定的检验批检查。

10.2.10.2 一般项目

（1）隔离层厚度应符合设计要求。

检验方法：观察检查和用钢尺、卡尺检查。

检查数量：按10.1基本规定第（20）条规定的检验批检查。

（2）隔离层与其下一层应粘结牢固，不应有空鼓；防水涂层应平整、均匀，无脱皮、起壳、裂缝、鼓泡等缺陷。

检验方法：用小锤轻击检查和观察检查。

检查数量：按10.1基本规定第（20）条规定的检验批检查。

（3）隔离层表面的允许偏差应符合表10-2-1的规定。

检验方法：按表10-2-1中的检验方法检验。

检查数量：按10.1基本规定第（20）条规定的检验批和第（21）条的规定检查。

10.2.11 填充层

（1）填充层材料的密度应符合设计要求。

（2）填充层的下一层表面应平整。当为水泥类时，尚应洁净、干燥，并不得有空鼓、裂缝和起砂等缺陷。

（3）采用松散材料铺设填充层时，应分层铺平拍实；采用板、块状材料铺设填充层时，应分层错缝铺贴。

（4）有隔声要求的楼面，隔声垫在柱、墙面的上翻高度应超出楼面 20mm，且应收口于踢脚线内。地面上有竖向管道时，隔声垫应包裹管道四周，高度同卷向柱、墙面的高度。隔声垫保护膜之间应错缝搭接，搭接长度应大于 100mm，并用胶带等封闭。

（5）隔声垫上部应设置保护层，其构造做法应符合设计要求。当设计无要求时，混凝土保护层厚度不应小于 30mm，内配间距不大于 200mm×200mm 的 ϕ6mm 钢筋网片。

（6）有隔声要求的建筑地面工程尚应符合现行国家标准《建筑隔声评价标准》GB/T 50121、《民用建筑隔声设计规范》GBJ 118 的有关要求。

10.2.11.1 主控项目

（1）填充层材料应符合设计要求和国家现行有关标准的规定。

检验方法：观察检查和检查质量合格证明文件。

检查数量：同一工程、同一材料、同一生产厂家、同一型号、同一规格、同一批号检查一次。

（2）填充层的厚度、配合比应符合设计要求。

检验方法：用钢尺检查和检查配合比试验报告。

检查数量：按 10.1 基本规定第（20）条规定的检验批检查。

（3）对填充材料接缝有密闭要求的应密封良好。

检验方法：观察检查。

检查数量：按 10.1 基本规定第（20）条规定的检验批检查。

10.2.11.2 一般项目

（1）松散材料填充层铺设应密实；板块状材料填充层应压实、无翘曲。

检验方法：观察检查。

检查数量：按 10.1 基本规定第（20）条规定的检验批检查。

（2）填充层的坡度应符合设计要求，不应有倒泛水和积水现象。

检验方法：观察和采用泼水或用坡度尺检查。

检查数量：按 10.1 基本规定第（20）条规定的检验批检查。

（3）填充层表面的允许偏差应符合本规范表 10-2-1 的规定。

检验方法：按表 10-2-1 中的检验方法检验。

检查数量：按 10.1 基本规定第（20）条规定的检验批和第（21）条的规定检查。

（4）用作隔声的填充层，其表面允许偏差应符合表 10-2-1 中隔离层的规定。

检验方法：按表 10-2-1 中隔离层的检验方法检验。

检查数量：按 10.1 基本规定第（20）条规定的检验批和第（21）条的规定检查。

10.2.12　绝热层

（1）绝热层材料的性能、品种、厚度、构造做法应符合设计要求和国家现行有关标准的规定。

（2）建筑物室内接触基土的首层地面应增设水泥混凝土垫层后方可铺设绝热层，垫层的厚度及强度等级应符合设计要求。首层地面及楼层楼板铺设绝热层前，表面平整度宜控制在 3mm 以内。

（3）有防水、防潮要求的地面，宜在防水、防潮隔离层施工完毕并验收合格后再铺设绝热层。

（4）穿越地面进入非采暖保温区域的金属管道应采取隔断热桥的措施。

（5）绝热层与地面面层之间应设有水泥混凝土结合层，构造做法及强度等级应符合设计要求。设计无要求时，水泥混凝土结合层的厚度不应小于 30mm，层内应设置间距不大于 200mm×200mm 的 ϕ6mm 钢筋网片。

（6）有地下室的建筑，地上、地下交界部位楼板的绝热层应采用外保温做法，绝热层表面应设有外保护层。外保护层应安全、耐候，表面应平整、无裂纹。

（7）建筑物勒脚处绝热层的铺设应符合设计要求。设计无要求时，应符合下列规定：

1）当地区冻土深度不大于500mm时，应采用外保温做法；

2）当地区冻土深度大于500mm且不大于1000mm时，宜采用内保温做法；

3）当地区冻土深度大于1000mm时，应采用内保温做法；

4）当建筑物的基础有防水要求时，宜采用内保温做法；

5）采用外保温做法的绝热层，宜在建筑物主体结构完成后再施工。

（8）绝热层的材料不应采用松散型材料或抹灰浆料。

（9）绝热层施工质量检验尚应符合现行国家标准《建筑节能工程施工质量验收规范》GB 50411的有关规定。

10.2.12.1 主控项目

（1）绝热层材料应符合设计要求和国家现行有关标准的规定。

检验方法：观察检查和检查型式检验报告、出厂检验报告、出厂合格证。

检查数量：同一工程、同一材料、同一生产厂家、同一型号、同一规格、同一批号检查一次。

（2）绝热层材料进入施工现场时，应对材料的导热系数、表观密度、抗压强度或压缩强度、阻燃性进行复验。

检验方法：检查复验报告。

检查数量：同一工程、同一材料、同一生产厂家、同一型号、同一规格、同一批号复验一组。

（3）绝热层的板块材料应采用无缝铺贴法铺设，表面应平整。

检查方法：观察检查、楔形塞尺检查。

检查数量：按10.1基本规定第（20）条规定的检验批检查。

10.2.12.2 一般项目

（1）绝热层的厚度应符合设计要求，不应出现负偏差，表面应平整。

检验方法：直尺或钢尺检查。

检查数量：按10.1基本规定第（20）条规定的检验批检查。

（2）绝热层表面应无开裂。

检验方法：观察检查。

检查数量：按10.1基本规定第（20）条规定的检验批检查。

（3）绝热层与地面面层之间的水泥混凝土结合层或水泥砂浆找平层，表面应平整，允许偏差应符合表10-2-1中“找平层”的规定。

检验方法：按表10-2-1中“找平层”的检验方法检验。

检查数量：按10.1基本规定第（21）条规定的检验批和第（21）条的规定检查。

10.3 整体面层铺设

10.3.1 一般规定

（1）适用于水泥混凝土（含细石混凝土）面层、水泥砂浆面层、水磨石面层、硬化耐磨面层、防油渗面层、不发火（防爆）面层、自流平面层、涂料面层、塑胶面层、地面辐射供暖的整体面层等面层分项工程的施工质量检验。

（2）铺设整体面层时，水泥类基层的抗压强度不得小于1.2MPa；表面应粗糙、洁净、湿润并不得有积水。铺设前宜凿毛或涂刷界面剂。硬化耐磨面层、自流平面层的基层处理应符合设计及产品的要求。

（3）铺设整体面层时，地面变形缝的位置应符合10.1基本规定第（15）条的规定；大面积水泥类面层应设置分格缝。

（4）整体面层施工后，养护时间不应少于7d；抗压强度应达到5MPa后方准上人行走；抗压强度应达到设计要求后，方可正常使用。

（5）当采用掺有水泥拌合料做踢脚线时，不得用石灰混合砂浆打底。

（6）水泥类整体面层的抹平工作应在水泥初凝前完成，压光工作应在水泥终凝前完成。

（7）整体面层的允许偏差和检验方法应符合表 10-3-1 的规定。

整体面层的允许偏差和检验方法　　表 10-3-1

项次	项目	允许偏差（mm）									检验方法
		水泥混凝土面层	水泥砂浆面层	普通水磨石面层	高级水磨石面层	硬化耐磨面层	防油渗混凝土和不发火（防爆）面层	自流平面层	涂料面层	塑胶面层	
1	表面平整度	5	4	3	2	4	5	2	2	2	用 2m 靠尺和楔形塞尺检查
2	踢脚线上口平直	4	4	3	3	4	4	3	3	3	拉 5m 线和用钢尺检查
3	缝格顺直	3	3	3	2	3	3	2	2	2	

10.3.2　水泥混凝土面层

（1）水泥混凝土面层厚度应符合设计要求。

（2）水泥混凝土面层铺设不得留施工缝。当施工间隙超过允许时间规定时，应对接槎处进行处理。

10.3.2.1　主控项目

（1）水泥混凝土采用的粗骨料，最大粒径不应大于面层厚度的 2/3，细石混凝土面层采用的石子粒径不应大于 16mm。

检验方法：观察检查和检查质量合格证明文件。

检查数量：同一工程、同一强度等级、同一配合比检查一次。

（2）防水水泥混凝土中掺入的外加剂的技术性能应符合国家现行有关标准的规定，外加剂的品种和掺量应经试验确定。

检验方法：检查外加剂合格证明文件和配合比试验报告。

检查数量：同一工程、同一品种、同一掺量检查一次。

（3）面层的强度等级应符合设计要求，且强度等级不应小于 C20。

检验方法：检查配合比试验报告和强度等级检测报告。

检查数量：配合比试验报告按同一工程、同一强度等级、同一配合比检查一次；强度等级检测报告按 10.1 基本规定第（18）条的规定检查。

（4）面层与下一层应结合牢固，且应无空鼓和开裂。当出现空鼓时，空鼓面积不应大于 400cm^2，且每自然间或标准间不应多于 2 处。

检验方法：观察和用小锤轻击检查。

检查数量：按 10.1 基本规定第（20）条规定的检验批检查。

10.3.2.2 一般项目

（1）面层表面应洁净，不应有裂纹、脱皮、麻面、起砂等缺陷。

检验方法：观察检查。

检查数量：按 10.1 基本规定第（20）条规定的检验批检查。

（2）面层表面的坡度应符合设计要求，不应有倒泛水和积水现象。

检验方法：观察和采用泼水或用坡度尺检查。

检查数量：按 10.1 基本规定第（20）条规定的检验批检查。

（3）踢脚线与柱、墙面应紧密结合，踢脚线高度和出柱、墙厚度应符合设计要求且均匀一致。当出现空鼓时，局部空鼓长度不应大于 300mm，且每自然间或标准间不应多于 2 处。

检验方法：用小锤轻击、钢尺和观察检查。

检查数量：按 10.1 基本规定第（20）条规定的检验批检查。

（4）楼梯、台阶踏步的宽度、高度应符合设计要求。楼层梯段相邻踏步高度差不应大于 10mm；每踏步两端宽度差不应大于 10mm，旋转楼梯梯段的每踏步两端宽度的允许偏差不应大于 5mm。踏步面层应做防滑处理，齿角应整齐，防滑条应顺直、牢固。

检验方法：观察和用钢尺检查。

检查数量：按 10.1 基本规定第（20）条规定的检验批检查。

（5）水泥混凝土面层的允许偏差应符合表 10-3-1 的规定。

检验方法：按表 10-3-1 中的检验方法检验。

检查数量：按 10.1 基本规定第（20）条规定的检验批和第（21）条的规定检查。

10.3.3 水泥砂浆面层

水泥砂浆面层的厚度应符合设计要求。

10.3.3.1 主控项目

（1）水泥宜采用硅酸盐水泥、普通硅酸盐水泥，不同品种、不同强度等级的水泥不应混用；砂应为中粗砂，当采用石屑时，其粒径应为 1～5mm，且含泥量不应大于 3%；防水水泥砂浆采用的砂或石屑，其含泥量不应大于 1%。

检验方法：观察检查和检查质量合格证明文件。

检查数量：同一工程、同一强度等级、同一配合比检查一次。

（2）防水水泥砂浆中掺入的外加剂的技术性能应符合国家现行有关标准的规定，外加剂的品种和掺量应经试验确定。

检验方法：观察检查和检查质量合格证明文件、配合比试验报告。

检查数量：同一工程、同一强度等级、同一配合比、同一外加剂品种、同一掺量检查一次。

（3）水泥砂浆的体积比（强度等级）应符合设计要求，且体积比应为 1∶2，强度等级不应小于 M15。

检验方法：检查强度等级检测报告。

检查数量：按 10.1 基本规定第（18）条的规定检查。

（4）有排水要求的水泥砂浆地面，坡向应正确、排水通畅；防水水泥砂浆面层不应渗漏。

检验方法：观察检查和蓄水、泼水检验或坡度尺检查及检查检验记录。

检查数量：按 10.1 基本规定第（20）条规定的检验批检查。

（5）面层与下一层应结合牢固，且应无空鼓和开裂。当出现空鼓时，空鼓面积不应大于 400cm^2，且每自然间或标准间不应多于 2 处。

检验方法：观察和用小锤轻击检查。

检查数量：按 10.1 基本规定第（20）条规定的检验批检查。

10.3.3.2 一般项目

（1）面层表面的坡度应符合设计要求，不应有倒泛水和积水现象。

检验方法：观察和采用泼水或坡度尺检查。

检查数量：按 10.1 基本规定第（20）条规定的检验批检查。

（2）面层表面应洁净，不应有裂纹、脱皮、麻面、起砂等现象。

检验方法：观察检查。

检查数量：按 10.1 基本规定第（20）条规定的检验批检查。

（3）踢脚线与柱、墙面应紧密结合，踢脚线高度及出柱、墙厚度应符合设计要求且均匀一致。当出现空鼓时，局部空鼓长度不应大于 300mm，且每自然间或标准间不应多于 2 处。

检验方法：用小锤轻击、钢尺和观察检查。

检查数量：按 10.1 基本规定第（20）条规定的检验批检查。

（4）楼梯、台阶踏步的宽度、高度应符合设计要求。楼层梯段相邻踏步高度差不应大于 10mm；每踏步两端宽度差不应大于 10mm，旋转楼梯梯段的每踏步两端宽度的允许偏差不应大于 5mm。踏步面层应做防滑处理，齿角应整齐，防滑条应顺直、牢固。

检验方法：观察和用钢尺检查。

检查数量：按 10.1 基本规定第（20）条规定的检验批检查。

（5）水泥砂浆面层的允许偏差应符合表 10-3-1 的规定。

检验方法：按表 10-3-1 中的检验方法检验。

检查数量：按 10.1 基本规定第（20）条规定的检验批和第（21）条的规定检查。

10.3.4 水磨石面层

（1）水磨石面层应采用水泥与石粒拌合料铺设，有防静电要求时，拌合料内应按设计要求掺入导电材料。面层厚度除有特殊要求外，宜为12～18mm，且宜按石粒粒径确定。水磨石面层的颜色和图案应符合设计要求。

（2）白色或浅色的水磨石面层应采用白水泥；深色的水磨石面层宜采用硅酸盐水泥、普通硅酸盐水泥或矿渣硅酸盐水泥；同颜色的面层应使用同一批水泥。同一彩色面层应使用同厂、同批的颜料；其掺入量宜为水泥重量的3%～6%或由试验确定。

（3）水磨石面层的结合层采用水泥砂浆时，强度等级应符合设计要求且不应小于M10，稠度宜为30～35mm。

（4）防静电水磨石面层中采用导电金属分格条时，分格条应经绝缘处理，且十字交叉处不得碰接。

（5）普通水磨石面层磨光遍数不应少于3遍。高级水磨石面层的厚度和磨光遍数应由设计确定。

（6）水磨石面层磨光后，在涂草酸和上蜡前，其表面不得污染。

（7）防静电水磨石面层应在表面经清净、干燥后，在表面均匀涂抹一层防静电剂和地板蜡，并应做抛光处理。

10.3.4.1 主控项目

（1）水磨石面层的石粒应采用白云石、大理石等岩石加工而成，石粒应洁净无杂物，其粒径除特殊要求外应为6～16mm；颜料应采用耐光、耐碱的矿物原料，不得使用酸性颜料。

检验方法：观察检查和检查质量合格证明文件。

检查数量：同一工程、同一体积比检查一次。

（2）水磨石面层拌和料的体积比应符合设计要求，且水泥与石粒的比例应为1∶1.5～1∶2.5。

检验方法：检查配合比试验报告。

检查数量：同一工程、同一体积比检查一次。

（3）防静电水磨石面层应在施工前及施工完成表面干燥后进

行接地电阻和表面电阻检测，并应做好记录。

检验方法：检查施工记录和检测报告。

检查数量：按10.1基本规定第（20）条规定的检验批检查。

（4）面层与下一层结合应牢固，且应无空鼓、裂纹。当出现空鼓时，空鼓面积不应大于400cm^2，且每自然间或标准间不应多于2处。

检验方法：观察和用小锤轻击检查。

检查数量：按10.1基本规定第（20）条规定的检验批检查。

10.3.4.2 一般项目

（1）面层表面应光滑，且应无裂纹、砂眼和磨痕；石粒应密实，显露应均匀；颜色图案应一致，不混色；分格条应牢固、顺直和清晰。

检验方法：观察检查。

检查数量：按10.1基本规定第（20）条规定的检验批检查。

（2）踢脚线与柱、墙面应紧密结合，踢脚线高度及出柱、墙厚度应符合设计要求且均匀一致。当出现空鼓时，局部空鼓长度不应大于300mm，且每自然间或标准间不应多于2处。

检验方法：用小锤轻击、钢尺和观察检查。

检查数量：按10.1基本规定第（20）条规定的检验批检查。

（3）楼梯、台阶踏步的宽度、高度应符合设计要求。楼层梯段相邻踏步高度差不应大于10mm；每踏步两端宽度差不应大于10mm，旋转楼梯梯段的每踏步两端宽度的允许偏差不应大于5mm。踏步面层应做防滑处理，齿角应整齐，防滑条应顺直、牢固。

检验方法：观察和用钢尺检查。

检查数量：按10.1基本规定第（20）条规定的检验批检查。

（4）水磨石面层的允许偏差应符合表10-3-1的规定。

检验方法：按表10-3-1中的检验方法检验。

检查数量：按10.1基本规定第（20）条规定的检验批和第（21）条的规定检查。

10.3.5 硬化耐磨面层

（1）硬化耐磨面层应采用金属渣、屑、纤维或石英砂、金刚砂等，并应与水泥类胶凝材料拌合铺设或在水泥类基层上撒布铺设。

（2）硬化耐磨面层采用拌和料铺设时，拌合料的配合比应通过试验确定；采用撒布铺设时，耐磨材料的撒布量应符合设计要求，且应在水泥类基层初凝前完成撒布。

（3）硬化耐磨面层采用拌合料铺设时，宜先铺设一层强度等级不小于M15、厚度不小于20mm的水泥砂浆，或水灰比宜为0.4的素水泥浆结合层。

（4）硬化耐磨面层采用拌合料铺设时，铺设厚度和拌合料强度应符合设计要求。当设计无要求时，水泥钢（铁）屑面层铺设厚度不应小于30mm，抗压强度不应小于40MPa；水泥石英砂浆面层铺设厚度不应小于20mm，抗压强度不应小于30MPa；钢纤维混凝土面层铺设厚度不应小于40mm，抗压强度不应小于40MPa。

（5）硬化耐磨面层采用撒布铺设时，耐磨材料应撒布均匀，厚度应符合设计要求；混凝土基层或砂浆基层的厚度及强度应符合设计要求。当设计无要求时，混凝土基层的厚度不应小于50mm，强度等级不应小于C25；砂浆基层的厚度不应小于20mm，强度等级不应小于M15。

（6）硬化耐磨面层分格缝的间距及缝深、缝宽、填缝材料应符合设计要求。

（7）硬化耐磨面层铺设后应在湿润条件下静置养护，养护期限应符合材料的技术要求。

（8）硬化耐磨面层应在强度达到设计强度后方可投入使用。

10.3.5.1 主控项目

（1）硬化耐磨面层采用的材料应符合设计要求和国家现行有关标准的规定。

检验方法：观察检查和检查质量合格证明文件。

检查数量：采用拌合料铺设的，按同一工程、同一强度等级检查一次；采用撒布铺设的，按同一工程、同一材料、同一生产厂家、同一型号、同一规格、同一批号检查一次。

（2）硬化耐磨面层采用拌合料铺设时，水泥的强度不应小于42.5MPa。金属渣、屑、纤维不应有其他杂质，使用前应去油除锈、冲洗干净并干燥；石英砂应用中粗砂，含泥量不应大于2%。

检验方法：观察检查和检查质量合格证明文件。

检查数量：同一工程、同一强度等级检查一次。

（3）硬化耐磨面层的厚度、强度等级、耐磨性能应符合设计要求。

检验方法：用钢尺检查和检查配合比试验报告、强度等级检测报告、耐磨性能检测报告。

检查数量：厚度按10.1基本规定第（20）条规定的检验批检查；配合比试验报告按同一工程、同一强度等级、同一配合比检查一次；强度等级检测报告按10.1基本规定第（18）条的规定检查；耐磨性能检测报告按同一工程抽样检查一次。

（4）面层与基层（或下一层）结合应牢固，且应无空鼓、裂缝。当出现空鼓时，空鼓面积不应大于$400cm^2$，且每自然间或标准间不应多于2处。

检验方法：观察和用小锤轻击检查。

检查数量：按10.1基本规定第（20）条规定的检验批检查。

10.3.5.2 一般项目

（1）面层表面坡度应符合设计要求，不应有倒泛水和积水现象。

检验方法：观察和采用泼水或用坡度尺检查。

检查数量：按10.1基本规定第（20）条规定的检验批检查。

（2）面层表面应色泽一致，切缝应顺直，不应有裂纹、脱皮、麻面、起砂等缺陷。

检验方法：观察检查。

检查数量：按10.1基本规定第（20）条规定的检验批检查。

（3）踢脚线与柱、墙面应紧密结合，踢脚线高度及出柱、墙厚度应符合设计要求且均匀一致。当出现空鼓时，局部空鼓长度不应大于300mm，且每自然间或标准间不应多于2处。

检验方法：用小锤轻击、钢尺和观察检查。

检查数量：按10.1基本规定第（20）条规定的检验批检查。

（4）硬化耐磨面层的允许偏差应符合表10-2-1的规定。

检验方法：按表10-2-1中的检查方法检查。

检查数量：按10.1基本规定第（20）条规定的检验批和第（21）条的规定检查。

10.3.6 防油渗面层

（1）防油渗面层应采用防油渗混凝土铺设或采用防油渗涂料涂刷。

（2）防油渗隔离层及防油渗面层与墙、柱连接处的构造应符合设计要求。

（3）防油渗混凝土面层厚度应符合设计要求，防油渗混凝土的配合比应按设计要求的强度等级和抗渗性能通过试验确定。

（4）防油渗混凝土面层应按厂房柱网分区段浇筑，区段划分及分区段缝应符合设计要求。

（5）防油渗混凝土面层内不得敷设管线。露出面层的电线管、接线盒、预埋套管和地脚螺栓等的处理，以及与墙、柱、变形缝、孔洞等连接处泛水均应采取防油渗措施并应符合设计要求。

（6）防油渗面层采用防油渗涂料时，材料应按设计要求选用，涂层厚度宜为5～7mm。

10.3.6.1 主控项目

（1）防油渗混凝土所用的水泥应采用普通硅酸盐水泥；碎石应采用花岗石或石英石，不应使用松散、多孔和吸水率大的石子，粒径为5～16mm，最大粒径不应大于20mm，含泥量不应大于1%；砂应为中砂，且应洁净无杂物；掺入的外加剂和防油渗剂应符合有关标准的规定。防油渗涂料应具有耐油、耐磨、耐火和粘结性能。

检验方法：观察检查和检查质量合格证明文件。

检查数量：同一工程、同一强度等级、同一配合比、同一粘结强度检查一次。

（2）防油渗混凝土的强度等级和抗渗性能应符合设计要求，且强度等级不应小于 C30；防油渗涂料的粘结强度不应小于 0.3MPa。

检验方法：检查配合比试验报告、强度等级检测报告、粘结强度检测报告。

检查数量：配合比试验报告按同一工程、同一强度等级、同一配合比检查一次；强度等级检测报告按 10.1 基本规定第（18）条的规定检查；抗拉粘结强度检测报告按同一工程、同一涂料品种、同一生产厂家、同一型号、同一规格、同一批号检查一次。

（3）防油渗混凝土面层与下一层应结合牢固、无空鼓。

检验方法：用小锤轻击检查。

检查数量：按 10.1 基本规定第（20）条规定的检验批检查。

（4）防油渗涂料面层与基层应粘结牢固，不应有起皮、开裂、漏涂等缺陷。

检验方法：观察检查。

检查数量：按 10.1 基本规定第（20）条规定的检验批检查。

10.3.6.2 一般项目

（1）防油渗面层表面坡度应符合设计要求，不得有倒泛水和积水现象。

检验方法：观察和采用泼水或用坡度尺检查。

检查数量：按 10.1 基本规定第（20）条规定的检验批检查。

（2）防油渗混凝土面层表面应洁净，不应有裂纹、脱皮、麻面和起砂等现象。

检验方法：观察检查。

检查数量：按 10.1 基本规定第（20）条规定的检验批检查。

（3）踢脚线与柱、墙面应紧密结合，踢脚线高度及出柱、墙厚度应符合设计要求且均匀一致。

检验方法：用小锤轻击、钢尺和观察检查。

检查数量：按10.1基本规定第（20）条规定的检验批检查。

（4）防油渗面层的允许偏差应符合表10-3-1的规定。

检验方法：按表10-3-1中的检验方法检验。

检查数量：按10.1基本规定第（20）条规定的检验批和第（21）条的规定检查。

10.3.7 不发火（防爆）面层

（1）不发火（防爆）面层应采用水泥类拌合料及其他不发火材料铺设，其材料和厚度应符合设计要求。

（2）不发火（防爆）各类面层的铺设应符合相应面层的规定。

（3）不发火（防爆）面层采用的材料和硬化后的试件，应按附录A做不发火性试验。

10.3.7.1 主控项目

（1）不发火（防爆）面层中碎石的不发火性必须合格；砂应质地坚硬、表面粗糙，其粒径应为0.15～5mm，含泥量不应大于3%，有机物含量不应大于0.5%；水泥应采用硅酸盐水泥、普通硅酸盐水泥；面层分格的嵌条应采用不发生火花的材料配制。配制时应随时检查，不得混入金属或其他易发生火花的杂质。

检验方法：观察检查和检查质量合格证明文件。

检查数量：按10.1基本规定第（18）条的规定检查。

（2）不发火（防爆）面层的强度等级应符合设计要求。

检验方法：检查配合比试验报告和强度等级检测报告。

检查数量：配合比试验报告按同一工程、同一强度等级、同一配合比检查一次；强度等级检测报告按10.1基本规定第（18）条的规定检查。

（3）面层与下一层应结合牢固，且应无空鼓和开裂。当出现空鼓时，空鼓面积不应大于 400cm^2，且每自然间或标准间不应多于 2 处。

检验方法：观察和用小锤轻击检查。

检查数量：按 10.1 基本规定第（20）条规定的检验批检查。

（4）不发火（防爆）面层的试件应检验合格。

检验方法：检查检测报告。

检查数量：同一工程、同一强度等级、同一配合比检查一次。

10.3.7.2 一般项目

（1）面层表面应密实，无裂缝、蜂窝、麻面等缺陷。

检验方法：观察检查。

检查数量：按 10.1 基本规定第（20）条规定的检验批检查。

（2）踢脚线与柱、墙面应紧密结合，踢脚线高度及出柱、墙厚度应符合设计要求且均匀一致。当出现空鼓时，局部空鼓长度不应大于 300mm，且每自然间或标准间不应多于 2 处。

检验方法：用小锤轻击、钢尺和观察检查。

检查数量：按 10.1 基本规定第（20）条规定的检验批检查。

（3）不发火（防爆）面层的允许偏差应符合表 10-3-1 的规定。

检验方法：按表 10-3-1 中的检验方法检验。

检查数量：按 10.1 基本规定第（20）条规定的检验批和第（21）条的规定检查。

10.3.8 自流平面层

（1）自流平面层可采用水泥基、石膏基、合成树脂基等拌合物铺设。

（2）自流平面层与墙、柱等连接处的构造做法应符合设计要求，铺设时应分层施工。

（3）自流平面层的基层应平整、洁净，基层的含水率应与面层材料的技术要求相一致。

（4）自流平面层的构造做法、厚度、颜色等应符合设计要求。

（5）有防水、防潮、防油渗、防尘要求的自流平面层应达到设计要求。

10.3.8.1 主控项目

（1）自流平面层的铺涂材料应符合设计要求和国家现行有关标准的规定。

检验方法：观察检查和检查型式检验报告、出厂检验报告、出厂合格证。

检查数量：同一工程、同一材料、同一生产厂家、同一型号、同一规格、同一批号检查一次。

（2）自流平面层的涂料进入施工现场时，应有以下有害物质限量合格的检测报告：

1）水性涂料中的挥发性有机化合物（VOC）和游离甲醛；

2）溶剂型涂料中的苯、甲苯十二甲苯、挥发性有机化合物（VOC）和游离甲苯二异氰醛酯（TDI）。

检验方法：检查检测报告。

检查数量：同一工程、同一材料、同一生产厂家、同一型号、同一规格、同一批号检查一次。

（3）自流平面层的基层的强度等级不应小于C20。

检验方法：检查强度等级检测报告。

检查数量：按10.1基本规定第（18）条的规定检查。

（4）自流平面层的各构造层之间应粘结牢固，层与层之间不应出现分离、空鼓现象。

检验方法：用小锤轻击检查。

检查数量：按10.1基本规定第（20）条规定的检验批检查。

（5）自流平面层的表面不应有开裂、漏涂和倒泛水、积水等现象。

检验方法：观察和泼水检查。

检查数量：按10.1基本规定第（20）条规定的检验批检查。

10.3.8.2 一般项目

（1）自流平面层应分层施工，面层找平施工时不应留有抹痕。

检验方法：观察检查和检查施工记录。

检查数量：按10.1基本规定第（20）条规定的检验批检查。

（2）自流平面层表面应光洁，色泽应均匀、一致，不应有起泡、泛砂等现象。

检验方法：观察检查。

检查数量：按10.1基本规定第（20）条规定的检验批检查。

（3）自流平面层的允许偏差应符合表10-3-1的规定。

检验方法：按表10-3-1中的检验方法检验。

检查数量：按10.1基本规定第（20）条规定的检验批和第（21）条的规定检查。

10.3.9　涂料面层

（1）涂料面层应采用丙烯酸、环氧、聚氨酯等树脂型涂料涂刷。

（2）涂料面层的基层应符合下列规定：

1）应平整、洁净；

2）强度等级不应小于C20；

3）含水率应与涂料的技术要求相一致。

（3）涂料面层的厚度、颜色应符合设计要求，铺设时应分层施工。

10.3.9.1　主控项目

（1）涂料应符合设计要求和国家现行有关标准的规定。

检验方法：观察检查和检查型式检验报告、出厂检验报告、出厂合格证。

检查数量：同一工程、同一材料、同一生产厂家、同一型号、同一规格、同一批号检查一次。

（2）涂料进入施工现场时，应有苯、甲苯＋二甲苯、挥发性有机化合物（VOC）和游离甲苯二异氰醛酯（TDI）限量合格的检测报告。

检验方法：检查检测报告。

检查数量：同一材料、同一生产厂家、同一型号、同一规格、同一批号检查一次。

（3）涂料面层的表面不应有开裂、空鼓、漏涂和倒泛水、积水等现象。

检验方法：观察和泼水检查。

检查数量：按 10.1 基本规定第（20）条规定的检验批检查。

10.3.9.2 一般项目

（1）涂料找平层应平整，不应有刮痕。

检验方法：观察检查。

检查数量：按 10.1 基本规定第（20）条规定的检验批检查。

（2）涂料面层应光洁，色泽应均匀、一致，不应有起泡、起皮、泛砂等现象。

检验方法：观察检查。

检查数量：按 10.1 基本规定第（20）条规定的检验批检查。

（3）楼梯、台阶踏步的宽度、高度应符合设计要求。楼层梯段相邻踏步高度差不应大于 10mm；每踏步两端宽度差不应大于 10mm，旋转楼梯梯段的每踏步两端宽度的允许偏差不应大于 5mm。踏步面层应做防滑处理，齿角应整齐，防滑条应顺直、牢固。

检验方法：观察和用钢尺检查。

检查数量：按 10.1 基本规定第（20）条规定的检验批检查。

（4）涂料面层的允许偏差应符合表 10-3-1 的规定。

检验方法：按表 10-3-1 中的检验方法检验。

检查数量：按 10.1 基本规定第（20）条规定的检验批和第（21）条的规定检查。

10.3.10 塑胶面层

（1）塑胶面层应采用现浇型塑胶材料或塑胶卷材，宜在沥青混凝土或水泥类基层上铺设。

（2）基层的强度和厚度应符合设计要求，表面应平整、干燥、洁净，无油脂及其他杂质。

(3) 塑胶面层铺设时的环境温度宜为10～30℃。

10.3.10.1 主控项目

(1) 塑胶面层采用的材料应符合设计要求和国家现行有关标准的规定。

检验方法：观察检查和检查型式检验报告、出厂检验报告、出厂合格证。

检查数量：现浇型塑胶材料按同一工程、同一配合比检查一次；塑胶卷材按同一工程、同一材料、同一生产厂家、同一型号、同一规格、同一批号检查一次。

(2) 现浇型塑胶面层的配合比应符合设计要求，成品试件应检测合格。

检验方法：检查配合比试验报告、试件检测报告。

检查数量：同一工程、同一配合比检查一次。

(3) 现浇型塑胶面层与基层应粘结牢固，面层厚度应一致，表面颗粒应均匀，不应有裂痕、分层、气泡、脱（秃）粒等现象；塑胶卷材面层的卷材与基层应粘结牢固，面层不应有断裂、起泡、起鼓、空鼓、脱胶、翘边、溢液等现象。

检验方法：观察和用敲击法检查。

检查数量：按10.1基本规定第（20）条规定的检验批检查。

10.3.10.2 一般项目

(1) 塑胶面层的各组合层厚度、坡度、表面平整度应符合设计要求。

检验方法：采用钢尺、坡度尺、2m或3m水平尺检查。

检查数量：按10.1基本规定第（20）条规定的检验批检查。

(2) 塑胶面层应表面洁净，图案清晰，色泽一致；拼缝处的图案、花纹应吻合，无明显高低差及缝隙，无胶痕；与周边接缝应严密，阴阳角应方正、收边整齐。

检验方法：观察检查。

检查数量：按10.1基本规定第（20）条规定的检验批检查。

(3) 塑胶卷材面层的焊缝应平整、光洁，无焦化变色、斑点、焊瘤、起鳞等缺陷，焊缝凹凸允许偏差不应大于0.6mm。

检验方法：观察检查。

检查数量：按10.1基本规定第（20）条规定的检验批检查。

（4）塑胶面层的允许偏差应符合表10-3-1的规定。

检验方法：按表10-3-1中的检验方法检验。

检查数量：按10.1基本规定第（20）条规定的检验批和第（21）条的规定检查。

10.3.11 地面辐射供暖的整体面层

（1）地面辐射供暖的整体面层宜采用水泥混凝土、水泥砂浆等，应在填充层上铺设。

（2）地面辐射供暖的整体面层铺设时不得扰动填充层，不得向填充层内楔入任何物件。面层铺设尚应符合10.3.2水泥混凝土面层和水泥砂浆面层10.3.3的有关规定。

10.3.11.1 主控项目

（1）地面辐射供暖的整体面层采用的材料或产品除应符合设计要求和相应面层的规定外，还应具有耐热性、热稳定性、防水、防潮、防霉变等特点。

检验方法：观察检查和检查质量合格证明文件。

检查数量：同一工程、同一材料、同一生产厂家、同一型号、同一规格、同一批号检查一次。

（2）地面辐射供暖的整体面层的分格缝应符合设计要求，面层与柱、墙之间应留不小于10mm的空隙。

检验方法：观察和用钢尺检查。

检查数量：按10.1基本规定第（20）条规定的检验批检查。

（3）其余主控项目及检验方法、检查数量应符合10.3.2水泥混凝土面层、水泥砂浆面层的有关规定。

10.3.11.2 一般项目

一般项目及检验方法、检查数量应符合10.3.2水泥混凝土面层、水泥砂浆面层的有关规定。

10.4 板块面层铺设

10.4.1 一般规定

（1）本章适用于砖面层、大理石和花岗石面层、预制板块面层、料石面层、塑料板面层、活动地板面层、金属板面层、地毯面层、地面辐射供暖的板块面层等面层分项工程的施工质量验收。

（2）铺设板块面层时，其水泥类基层的抗压强度不得小于1.2MPa。

（3）铺设板块面层的结合层和板块间的填缝采用水泥砂浆时，应符合下列规定：

1）配制水泥砂浆应采用硅酸盐水泥、普通硅酸盐水泥或矿渣硅酸盐水泥；

2）配制水泥砂浆的砂应符合现行行业标准《普通混凝土用砂、石质量及检验方法标准》JGJ 52 的有关规定；

3）水泥砂浆的体积比（或强度等级）应符合设计要求。

（4）结合层和板块面层填缝的胶结材料应符合国家现行有关标准的规定和设计要求。

（5）铺设水泥混凝土板块、水磨石板块、人造石板块、陶瓷锦砖、陶瓷地砖、缸砖、水泥花砖、料石、大理石、花岗石等面层的结合层和填缝材料采用水泥砂浆时，在面层铺设后，表面应覆盖、湿润，养护时间不应少于7d。当板块面层的水泥砂浆结合层的抗压强度达到设计要求后，方可正常使用。

（6）大面积板块面层的伸、缩缝及分格缝应符合设计要求。

（7）板块类踢脚线施工时，不得采用混合砂浆打底。

（8）板块面层的允许偏差和检验方法应符合表10-4-1的规定。

10.4.2 砖面层

（1）砖面层可采用陶瓷锦砖、缸砖、陶瓷地砖和水泥花砖，应在结合层上铺设。

板、块面层的允许偏差和检验方法 **表 10-4-1**

项次	项目	允许偏差（mm）											检验方法
		陶瓷锦砖面层、高级水磨石板、陶瓷地砖面层	缸砖面层	水泥花砖面层	水磨石板块面层	大理石面层、花岗石面层、人造石面层、金属板面层	塑料板面层	水泥混凝土板块面层	碎拼大理石、碎拼花岗石面层	活动地板面层	条石面层	块石面层	
1	表面平整度	2.0	4.0	3.0	3.0	1.0	2.0	4.0	3.0	2.0	10	10	用 2m 靠尺和楔形塞尺检查
2	缝格平直	3.0	3.0	3.0	3.0	2.0	3.0	3.0	—	2.5	8.0	8.0	拉 5m 线和用钢尺检查
3	接缝高低差	0.5	1.5	0.5	1.0	0.5	0.5	1.5	—	0.4	2.0	—	用钢尺和楔形塞尺检查
4	踢脚线上口平直	3.0	4.0	—	4.0	1.0	2.0	4.0	1.0	—	—	—	拉 5m 线和用钢尺检查
5	板块间隙宽度	2.0	2.0	2.0	2.0	1.0	—	6.0	—	0.3	5.0	—	用钢尺检查

（2）在水泥砂浆结合层上铺贴缸砖、陶瓷地砖和水泥花砖面层时，应符合下列规定：

1）在铺贴前，应对砖的规格尺寸、外观质量、色泽等进行预选；需要时，浸水湿润晾干待用；

2）勾缝和压缝应采用同品种、同强度等级、同颜色的水泥，并做养护和保护。

（3）在水泥砂浆结合层上铺贴陶瓷锦砖面层时，砖底面应洁净，每联陶瓷锦砖之间、与结合层之间以及在墙角、镶边和靠柱、墙处应紧密贴合。在靠柱、墙处不得采用砂浆填补。

（4）在胶结料结合层上铺贴缸砖面层时，缸砖应干净，铺贴应在胶结料凝结前完成。

10.4.2.1 主控项目

（1）砖面层所用板块产品应符合设计要求和国家现行有关标准的规定。

检验方法：观察检查和检查型式检验报告、出厂检验报告、出厂合格证。

检查数量：同一工程、同一材料、同一生产厂家、同一型号、同一规格、同一批号检查一次。

（2）砖面层所用板块产品进入施工现场时，应有放射性限量合格的检测报告。

检验方法：检查检测报告。

检查数量：同一工程、同一材料、同一生产厂家、同一型号、同一规格、同一批号检查一次。

（3）面层与下一层的结合（粘结）应牢固，无空鼓（单块砖边角允许有局部空鼓，但每自然间或标准间的空鼓砖不应超过总数的5%）。

检验方法：用小锤轻击检查。

检查数量：按10.1基本规定第（20）条规定的检验批检查。

10.4.2.2 一般项目

（1）砖面层的表面应洁净、图案清晰，色泽应一致，接缝应平整，深浅应一致，周边应顺直。板块应无裂纹、掉角和缺楞等缺陷。

检验方法：观察检查。

检查数量：按 10.1 基本规定第（20）条规定的检验批检查。

（2）面层邻接处的镶边用料及尺寸应符合设计要求，边角应整齐、光滑。

检验方法：观察和用钢尺检查。

检查数量：按 10.1 基本规定第（20）条规定的检验批检查。

（3）踢脚线表面应洁净，与柱、墙面的结合应牢固。踢脚线高度及出柱、墙厚度应符合设计要求，且均匀一致。

检验方法：观察和用小锤轻击及钢尺检查。

检查数量：按 10.1 基本规定第（20）条规定的检验批检查。

（4）楼梯、台阶踏步的宽度、高度应符合设计要求。踏步板块的缝隙宽度应一致；楼层梯段相邻踏步高度差不应大于 10mm；每踏步两端宽度差不应大于 10mm，旋转楼梯梯段的每踏步两端宽度的允许偏差不应大于 5mm。踏步面层应做防滑处理，齿角应整齐，防滑条应顺直、牢固。

检验方法：观察和用钢尺检查。

检查数量：按 10.1 基本规定第（20）条规定的检验批检查。

（5）面层表面的坡度应符合设计要求，不倒泛水、无积水；与地漏、管道结合处应严密牢固，无渗漏。

检验方法：观察、泼水或用坡度尺及蓄水检查。

检查数量：按 10.1 基本规定第（20）条规定的检验批检查。

（6）砖面层的允许偏差应符合表 10-4-1 的规定。

检验方法：按表 10-4-1 中的检验方法检验。

检查数量：按 10.1 基本规定第（20）条规定的检验批和第（21）条的规定检查。

10.4.3　大理石面层和花岗石面层

（1）大理石、花岗石面层采用天然大理石、花岗石（或碎拼大理石、碎拼花岗石）板材，应在结合层上铺设。

（2）板材有裂缝、掉角、翘曲和表面有缺陷时应予剔除，品种不同的板材不得混杂使用；在铺设前，应根据石材的颜色、花纹、图案、纹理等按设计要求，试拼编号。

（3）铺设大理石、花岗石面层前，板材应浸湿、晾干；结合层与板材应分段同时铺设。

10.4.3.1 主控项目

（1）大理石、花岗石面层所用板块产品应符合设计要求和国家现行有关标准的规定。

检验方法：观察检查和检查质量合格证明文件。

检查数量：同一工程、同一材料、同一生产厂家、同一型号、同一规格、同一批号检查一次。

（2）大理石、花岗石面层所用板块产品进入施工现场时，应有放射性限量合格的检测报告。

检验方法：检查检测报告。

检查数量：同一工程、同一材料、同一生产厂家、同一型号、同一规格、同一批号检查一次。

（3）面层与下一层应结合牢固，无空鼓（单块板块边角允许有局部空鼓，但每自然间或标准间的空鼓板块不应超过总数的5%）。

检验方法：用小锤轻击检查。

检查数量：按10.1基本规定第（20）条规定的检验批检查。

10.4.3.2 一般项目

（1）大理石、花岗石面层铺设前，板块的背面和侧面应进行防碱处理。

检验方法：观察检查和检查施工记录。

检查数量：按10.1基本规定第（20）条规定的检验批检查。

（2）大理石、花岗石面层的表面应洁净、平整、无磨痕，且应图案清晰，色泽一致，接缝均匀，周边顺直，镶嵌正确，板块应无裂纹、掉角、缺棱等缺陷。

检验方法：观察检查。

检查数量：按10.1基本规定第（20）条规定的检验批检查。

（3）踢脚线表面应洁净，与柱、墙面的结合应牢固。踢脚线高度及出柱、墙厚度应符合设计要求，且均匀一致。

检验方法：观察和用小锤轻击及钢尺检查。

检查数量：按10.1基本规定第（20）条规定的检验批检查。

（4）楼梯、台阶踏步的宽度、高度应符合设计要求。踏步板块的缝隙宽度应一致；楼层梯段相邻踏步高度差不应大于10mm；每踏步两端宽度差不应大于10mm，旋转楼梯梯段的每踏步两端宽度的允许偏差不应大于5mm。踏步面层应做防滑处理，齿角应整齐，防滑条应顺直、牢固。

检验方法：观察和用钢尺检查。

检查数量：按10.1基本规定第（20）条规定的检验批检查。

（5）面层表面的坡度应符合设计要求，不倒泛水、无积水；与地漏、管道结合处应严密牢固，无渗漏。

检验方法：观察、泼水或用坡度尺及蓄水检查。

检查数量：按10.1基本规定第（20）条规定的检验批检查。

（6）大理石面层和花岗石面层（或碎拼大理石面层、碎拼花岗石面层）的允许偏差应符合表10-4-1的规定。

检验方法：按表10-4-1中的检验方法检验。

检查数量：按10.1基本规定第（20）条规定的检验批和第（21）条的规定检查。

10.4.4　预制板块面层

（1）预制板块面层采用水泥混凝土板块、水磨石板块、人造石板块，应在结合层上铺设。

（2）在现场加工的预制板块应按10.3整体面层铺设的有关规定执行。

（3）水泥混凝土板块面层的缝隙中，应采用水泥浆（或砂浆）填缝；彩色混凝土板块、水磨石板块、人造石板块应用同色水泥浆（或砂浆）擦缝。

（4）强度和品种不同的预制板块不宜混杂使用。

（5）板块间的缝隙宽度应符合设计要求。当设计无要求时，混凝土板块面层缝宽不宜大于6mm，水磨石板块、人造石板块间的缝宽不应大于2mm。预制板块面层铺完24h后，应用水泥砂浆灌缝至2/3高度，再用同色水泥浆擦（勾）缝。

10.4.4.1 主控项目

（1）预制板块面层所用板块产品应符合设计要求和国家现行有关标准的规定。

检验方法：观察检查和检查型式检验报告、出厂检验报告、出厂合格证。

检查数量：同一工程、同一材料、同一生产厂家、同一型号、同一规格、同一批号检查一次。

（2）预制板块面层所用板块产品进入施工现场时，应有放射性限量合格的检测报告。

检验方法：检查检测报告。

检查数量：同一工程、同一材料、同一生产厂家、同一型号、同一规格、同一批号检查一次。

（3）面层与下一层应粘合牢固、无空鼓（单块板块边角允许有局部空鼓，但每自然间或标准间的空鼓板块不应超过总数的5%）。

检验方法：用小锤轻击检查。

检查数量：按10.1基本规定第（20）条规定的检验批检查。

10.4.4.2 一般项目

（1）预制板块表面应无裂缝、掉角、翘曲等明显缺陷。

检验方法：观察检查。

检查数量：按10.1基本规定第（20）条规定的检验批检查。

（2）预制板块面层应平整洁净，图案清晰，色泽一致，接缝均匀，周边顺直，镶嵌正确。

检验方法：观察检查。

检查数量：按10.1基本规定第（20）条规定的检验批检查。

（3）面层邻接处的镶边用料尺寸应符合设计要求，边角应整齐、光滑。

检验方法：观察和用钢尺检查。

检查数量：按10.1基本规定第（20）条规定的检验批检查。

（4）踢脚线表面应洁净，与柱、墙面的结合应牢固。踢脚线高度及出柱、墙厚度应符合设计要求，且均匀一致。

检验方法：观察和用小锤轻击及钢尺检查。

检查数量：按10.1基本规定第（20）条规定的检验批检查。

（5）楼梯、台阶踏步的宽度、高度应符合设计要求。踏步板块的缝隙宽度应一致；楼层梯段相邻踏步高度差不应大于10mm；每踏步两端宽度差不应大于10mm，旋转楼梯梯段的每踏步两端宽度的允许偏差不应大于5mm。踏步面层应做防滑处理，齿角应整齐，防滑条应顺直、牢固。

检验方法：观察和用钢尺检查。

检查数量：按10.1基本规定第（20）条规定的检验批检查。

（6）水泥混凝土板块、水磨石板块、人造石板块面层的允许偏差应符合表10-4-1的规定。

检验方法：按表10-4-1中的检验方法检验。

检查数量：按10.1基本规定第（20）条规定的检验批和第（21）条的规定检查。

10.4.5 料石面层

（1）料石面层采用天然条石和块石，应在结合层上铺设。

（2）条石和块石面层所用的石材的规格、技术等级和厚度应符合设计要求。条石的质量应均匀，形状为矩形六面体，厚度为80～120mm；块石形状为直棱柱体，顶面粗琢平整，底面面积不宜小于顶面面积的60%，厚度为100～150mm。

（3）不导电的料石面层的石料应采用辉绿岩石加工制成。填缝材料亦采用辉绿岩石加工的砂嵌实。耐高温的料石面层的石料，应按设计要求选用。

（4）条石面层的结合层宜采用水泥砂浆，其厚度应符合设计要求；块石面层的结合层宜采用砂垫层，其厚度不应小于

60mm；基土层应为均匀密实的基土或夯实的基土。

10.4.5.1 主控项目

(1) 石材应符合设计要求和国家现行有关标准的规定；条石的强度等级应大于 Mu60，块石的强度等级应大于 Mu30。

检验方法：观察检查和检查质量合格证明文件。

检查数量：同一工程、同一材料、同一生产厂家、同一型号、同一规格、同一批号检查一次。

(2) 石材进入施工现场时，应有放射性限量合格的检测报告。

检验方法：检查检测报告。

检查数量：同一工程、同一材料、同一生产厂家、同一型号、同一规格、同一批号检查一次。

(3) 面层与下一层应结合牢固、无松动。

检验方法：观察和用锤击检查。

检查数量：按 10.1 基本规定第（20）条规定的检验批检查。

10.4.5.2 一般项目

(1) 条石面层应组砌合理，无十字缝，铺砌方向和坡度应符合设计要求；块石面层石料缝隙应相互错开，通缝不应超过两块石料。

检验方法：观察和用坡度尺检查。

检查数量：按 10.1 基本规定第（20）条规定的检验批检查。

(2) 条石面层和块石面层的允许偏差应符合表 10-4-1 的规定。

检验方法：按表 10-4-1 中的检验方法检验。

检查数量：按 10.1 基本规定第（20）条规定的检验批和第（21）条的规定检查。

10.4.6 塑料板面层

(1) 塑料板面层应采用塑料板块材、塑料板焊接、塑料卷材以胶粘剂在水泥类基层上采用满粘或点粘法铺设。

(2) 水泥类基层表面应平整、坚硬、干燥、密实、洁净、无油脂及其他杂质，不应有麻面、起砂、裂缝等缺陷。

（3）胶粘剂应按基层材料和面层材料使用的相容性要求，通过试验确定，其质量应符合国家现行有关标准的规定。

（4）焊条成分和性能应与被焊的板相同，其质量应符合有关技术标准的规定，并应有出厂合格证。

（5）铺贴塑料板面层时，室内相对湿度不宜大于70%，温度宜在10～32℃之间。

（6）塑料板面层施工完成后的静置时间应符合产品的技术要求。

（7）防静电塑料板配套的胶粘剂、焊条等应具有防静电性能。

10.4.6.1 主控项目

（1）塑料板面层所用的塑料板块、塑料卷材、胶粘剂等应符合设计要求和国家现行有关标准的规定。

检验方法：观察检查和检查型式检验报告、出厂检验报告、出厂合格证。

检查数量：同一工程、同一材料、同一生产厂家、同一型号、同一规格、同一批号检查一次。

（2）塑料板面层采用的胶粘剂进入施工现场时，应有以下有害物质限量合格的检测报告：

1）溶剂型胶粘剂中的挥发性有机化合物（VOC）、苯、甲苯+二甲苯；

2）水性胶粘剂中的挥发性有机化合物（VOC）和游离甲醛。

检验方法：检查检测报告。

检查数量：同一工程、同一材料、同一生产厂家、同一型号、同一规格、同一批号检查一次。

（3）面层与下一层的粘结应牢固，不翘边、不脱胶、无溢胶（单块板块边角允许有局部脱胶，但每自然间或标准间的脱胶板块不应超过总数的5%；卷材局部脱胶处面积不应大于20cm²，且相隔间距应不小于 50cm)。

检验方法：观察、敲击及用钢尺检查。

检查数量：按 10.1 基本规定第（20）条规定的检验批检查。

10.4.6.2 一般项目

（1）塑料板面层应表面洁净，图案清晰，色泽一致，接缝应严密、美观。拼缝处的图案、花纹应吻合，无胶痕；与柱、墙边交接应严密，阴阳角收边应方正。

检验方法：观察检查。

检查数量：按 10.1 基本规定第（20）条规定的检验批检查。

（2）板块的焊接，焊缝应平整、光洁，无焦化变色、斑点、焊瘤和起鳞等缺陷，其凹凸允许偏差不应大于 0.6mm。焊缝的抗拉强度应不小于塑料板强度的 75%。

检验方法：观察检查和检查检测报告。

检查数量：按 10.1 基本规定第（20）条规定的检验批检查。

（3）镶边用料应尺寸准确、边角整齐、拼缝严密、接缝顺直。

检验方法：观察和用钢尺检查。

检查数量：按 10.1 基本规定第（20）条规定的检验批检查。

（4）踢脚线宜与地面面层对缝一致，踢脚线与基层的粘合应密实。

检验方法：观察检查。

检查数量：按 10.1 基本规定第（20）条规定的检验批检查。

（5）塑料板面层的允许偏差应符合表 10-4-1 的规定。

检验方法：按表 10-4-1 中的检验方法检验。

检查数量：按 10.1 基本规定第（20）条规定的检验批和第（21）条的规定检查。

10.4.7 活动地板面层

（1）活动地板面层宜用于有防尘和防静电要求的专业用房的建筑地面。应采用特制的平压刨花板为基材，表面可饰以装饰板，底层应用镀锌板经粘结胶合形成活动地板块，配以横梁、橡胶垫条和可供调节高度的金属支架组装成架空板，应在水泥类面层（或基层）上铺设。

（2）活动地板所有的支座柱和横梁应构成框架一体，并与基层连接牢固；支架抄平后高度应符合设计要求。

（3）活动地板面层应包括标准地板、异形地板和地板附件（即支架和横梁组件）。采用的活动地板块应平整、坚实，面层承载力不应小于7.5MPa，A级板的系统电阻应为$1.0\times10^{5}\sim1.0\times10^{8}\Omega$，B级板的系统电阻应为$1.0\times10^{5}\sim1.0\times10^{10}\Omega$。

（4）活动地板面层的金属支架应支承在现浇水泥混凝土基层（或面层）上，基层表面应平整、光洁、不起灰。

（5）当房间的防静电要求较高，需要接地时，应将活动地板面层的金属支架、金属横梁连通跨接，并与接地体相连，接地方法应符合设计要求。

（6）活动板块与横梁接触搁置处应达到四角平整、严密。

（7）当活动地板不符合模数时，其不足部分可在现场根据实际尺寸将板块切割后镶补，并应配装相应的可调支撑和横梁。切割边不经处理不得镶补安装，并不得有局部膨胀变形情况。

（8）活动地板在门口处或预留洞口处应符合设置构造要求，四周侧边应用耐磨硬质板材封闭或用镀锌钢板包裹，胶条封边应符合耐磨要求。

（9）活动地板与柱、墙面接缝处的处理应符合设计要求，设计无要求时应做木踢脚线；通风口处，应选用异形活动地板铺贴。

（10）用于电子信息系统机房的活动地板面层，其施工质量检验尚应符合现行国家标准《电子信息系统机房施工及验收规范》GB 50462的有关规定。

10.4.7.1 主控项目

（1）活动地板应符合设计要求和国家现行有关标准的规定，且应具有耐磨、防潮、阻燃、耐污染、耐老化和导静电等性能。

检验方法：观察检查和检查型式检验报告、出厂检验报告、出厂合格证。

检查数量：同一工程、同一材料、同一生产厂家、同一型号、同一规格、同一批号检查一次。

（2）活动地板面层应安装牢固，无裂纹、掉角和缺棱等缺陷。

检验方法：观察和行走检查。

检查数量：按 10.1 基本规定第（20）条规定的检验批检查。

10.4.7.2 一般项目

（1）活动地板面层应排列整齐、表面洁净、色泽一致、接缝均匀、周边顺直。

检验方法：观察检查。

检查数量：按 10.1 基本规定第（20）条规定的检验批检查。

（2）活动地板面层的允许偏差应符合表 10-4-1 的规定。

检验方法：按表 10-4-1 中的检验方法检验。

检查数量：按 10.1 基本规定第（20）条规定的检验批和第（21）条的规定检查。

10.4.8 金属板面层

（1）金属板面层采用镀锌板、镀锡板、复合钢板、彩色涂层钢板、铸铁板、不锈钢板、铜板及其他合成金属板铺设。

（2）金属板面层及其配件宜使用不锈蚀或经过防锈处理的金属制品。

（3）用于通道（走道）和公共建筑的金属板面层，应按设计要求进行防腐、防滑处理。

（4）金属板面层的接地做法应符合设计要求。

（5）具有磁吸性的金属板面层不得用于有磁场所。

10.4.8.1 主控项目

（1）金属板应符合设计要求和国家现行有关标准的规定。

检验方法：观察检查和检查型式检验报告、出厂检验报告、出厂合格证。

检查数量：同一工程、同一材料、同一生产厂家、同一型号、同一规格、同一批号检查一次。

（2）面层与基层的固定方法、面层的接缝处理应符合设计要求。

检验方法：观察检查。

检查数量：按10.1基本规定第（20）条规定的检验批检查。

（3）面层及其附件如需焊接，焊缝质量应符合设计要求和现行国家标准《钢结构工程施工质量验收规范》GB 50205的有关规定。

检验方法：观察检查和按现行国家标准《钢结构工程施工质量验收规范》GB 50205规定的方法检验。

检查数量：按10.1基本规定第（20）条规定的检验批检查。

（4）面层与基层的结合应牢固，无翘边、松动、空鼓等。

检验方法：观察和用小锤轻击检查。

检查数量：按10.1基本规定第（20）条规定的检验批检查。

10.4.8.2 一般项目

（1）金属板表面应无裂痕、刮伤、刮痕、翘曲等外观质量缺陷。

检验方法：观察检查。

检查数量：按10.1基本规定第（20）条规定的检验批检查。

（2）面层应平整、洁净、色泽一致，接缝应均匀，周边应顺直。

检验方法：观察和用钢尺检查。

检查数量：按10.1基本规定第（20）条规定的检验批检查。

（3）镶边用料及尺寸应符合设计要求，边角应整齐。

检验方法：观察检查和用钢尺检查。

检查数量：按10.1基本规定第（20）条规定的检验批检查。

（4）踢脚线表面应洁净，与柱、墙面的结合应牢固。踢脚线高度及出柱、墙厚度应符合设计要求，且均匀一致。

检验方法：观察和用小锤轻击及钢尺检查。

检查数量：按10.1基本规定第（20）条规定的检验批检查。

（5）金属板面层的允许偏差应符合表10-4-1的规定。

检验方法：按表10-4-1中的检验方法检验。

检查数量：按10.1基本规定第（20）条规定的检验批和第（21）条的规定检查。

10.4.9 地毯面层

（1）地毯面层应采用地毯块材或卷材，以空铺法或实铺法铺设。

（2）铺设地毯的地面面层（或基层）应坚实、平整、洁净、干燥，无凹坑、麻面、起砂、裂缝，并不得有油污、钉头及其他凸出物。

（3）地毯衬垫应满铺平整，地毯拼缝处不得露底衬。

（4）空铺地毯面层应符合下列要求：

1）块材地毯宜先拼成整块，然后按设计要求铺设；

2）块材地毯的铺设，块与块之间应挤紧服帖；

3）卷材地毯宜先长向缝合，然后按设计要求铺设；

4）地毯面层的周边应压入踢脚线下；

5）地毯面层与不同类型的建筑地面面层的连接处，其收口做法应符合设计要求。

（5）实铺地毯面层应符合下列要求：

1）实铺地毯面层采用的金属卡条（倒刺板）、金属压条、专用双面胶带、胶粘剂等应符合设计要求；

2）铺设时，地毯的表面层宜张拉适度，四周应采用卡条固定；门口处宜用金属压条或双面胶带等固定；

3）地毯周边应塞入卡条和踢脚线下；

4）地毯面层采用胶粘剂或双面胶带粘结时，应与基层粘贴牢固。

（6）楼梯地毯面层铺设时，梯段顶级（头）地毯应固定于平台上，其宽度应不小于标准楼梯、台阶踏步尺寸；阴角处应固定牢固；梯段末级（头）地毯与水平段地毯的连接处应顺畅、牢固。

10.4.9.1 主控项目

（1）地毯面层采用的材料应符合设计要求和国家现行有关标准的规定。

检验方法：观察检查和检查型式检验报告、出厂检验报告、出厂合格证。

检查数量：同一工程、同一材料、同一生产厂家、同一型号、同一规格、同一批号检查一次。

（2）地毯面层采用的材料进入施工现场时，应有地毯、衬垫、胶粘剂中的挥发性有机化合物（VOC）和甲醛限量合格的检测报告。

检验方法：检查检测报告。

检查数量：同一工程、同一材料、同一生产厂家、同一型号、同一规格、同一批号检查一次。

（3）地毯表面应平服，拼缝处应粘贴牢固、严密平整、图案吻合。

检验方法：观察检查。

检查数量：按10.1基本规定第（20）条规定的检验批检查。

10.4.9.2 一般项目

（1）地毯表面不应起鼓、起皱、翘边、卷边、显拼缝、露线和毛边，绒面毛应顺光一致，毯面应洁净、无污染和损伤。

检验方法：观察检查。

检查数量：按10.1基本规定第（20）条规定的检验批检查。

（2）地毯同其他面层连接处、收口处和墙边、柱子周围应顺直、压紧。

检验方法：观察检查。

检查数量：按10.1基本规定第（20）条规定的检验批检查。

10.4.10 地面辐射供暖的板块面层

（1）地面辐射供暖的板块面层宜采用缸砖、陶瓷地砖、花岗石、水磨石板块、人造石板块、塑料板等，应在填充层上铺设。

（2）地面辐射供暖的板块面层采用胶结材料粘贴铺设时，填充层的含水率应符合胶结材料的技术要求。

（3）地面辐射供暖的板块面层铺设时不得扰动填充层，不得向填充层内楔入任何物件。面层铺设尚应符合10.4.2砖面层、10.4.3大理石面层和花岗石面层、10.4.4预制板块面层、10.4.6塑料板面层的有关规定。

10.4.10.1 主控项目

（1）地面辐射供暖的板块面层采用的材料或产品除应符合设计要求和相应面层的规定外，还应具有耐热性、热稳定性、防水、防潮、防霉变等特点。

检验方法：观察检查和检查质量合格证明文件。

检查数量：同一工程、同一材料、同一生产厂家、同一型号、同一规格、同一批号检查一次。

（2）地面辐射供暖的板块面层的伸、缩缝及分格缝应符合设计要求；面层与柱、墙之间应留不小于10mm的空隙。

检验方法：观察和用钢尺检查。

检查数量：按10.1基本规定第（20）条规定的检验批检查。

（3）其余主控项目及检验方法、检查数量应符合10.4.2砖面层、10.4.3大理石面层和花岗石面层、10.4.4预制板块面层、10.4.6塑料板面层的有关规定。

10.4.10.2 一般项目

一般项目及检验方法、检查数量应符合10.4.2砖面层、10.4.3大理石面层和花岗石面层、10.4.4预制板块面层、10.4.6塑料板面层的有关规定。

10.5 木、竹面层铺设

10.5.1 一般规定

（1）适用于实木地板面层、实木集成地板面层、竹地板面层、实木复合地板面层、浸渍纸层压木质地板面层、软木类地板面层、地面辐射供暖的木板面层等（包括免刨、免漆类）面层分项工程的施工质量检验。

（2）木、竹地板面层下的木搁栅、垫木、垫层地板等采用木材的树种、选材标准和铺设时木材含水率以及防腐、防蛀处理等，均应符合现行国家标准《木结构工程施工质量验收规范》GB 50206 的有关规定。所选用的材料应符合设计要求，进场时应对其断面尺寸、含水率等主要技术指标进行抽检，抽检数量应符合国家现行有关标准的规定。

（3）用于固定和加固用的金属零部件应采用不锈蚀或经过防锈处理的金属件。

（4）与厕浴间、厨房等潮湿场所相邻的木、竹面层的连接处应做防水（防潮）处理。

（5）木、竹面层铺设在水泥类基层上，其基层表面应坚硬、平整、洁净、不起砂，表面含水率不应大于 8%。

（6）建筑地面工程的木、竹面层搁栅下架空结构层（或构造层）的质量检验，应符合国家相应现行标准的规定。

（7）木、竹面层的通风构造层包括室内通风沟、地面通风孔、室外通风窗等，均应符合设计要求。

（8）木、竹面层的允许偏差和检验方法应符合表 10-5-1 的规定。

木、竹面层的允许偏差和检验方法　　表 10-5-1

项次	项目	允许偏差（mm）				检验方法
		实木地板、实木集成地板、竹地板面层			浸渍纸层压木质地板、实木复合地板、软木类地板面层	
		松木地板	硬木地板、竹地板	拼花地板		
1	板面缝隙宽度	1.0	0.5	0.2	0.5	用钢尺检查
2	表面平整度	3.0	2.0	2.0	2.0	用 2m 靠尺和楔形塞尺检查

续表

<table>
<tr><th rowspan="3">项次</th><th rowspan="3">项目</th><th colspan="4">允许偏差（mm）</th><th rowspan="3">检验方法</th></tr>
<tr><th colspan="3">实木地板、实木集成地板、竹地板面层</th><th rowspan="2">浸渍纸层压木质地板、实木复合地板、软木类地板面层</th></tr>
<tr><th>松木地板</th><th>硬木地板、竹地板</th><th>拼花地板</th></tr>
<tr><td>3</td><td>踢脚线上口平齐</td><td>3.0</td><td>3.0</td><td>3.0</td><td>3.0</td><td rowspan="2">拉5m线和用钢尺检查</td></tr>
<tr><td>4</td><td>板面拼缝平直</td><td>3.0</td><td>3.0</td><td>3.0</td><td>3.0</td></tr>
<tr><td>5</td><td>相邻板材高差</td><td>0.5</td><td>0.5</td><td>0.5</td><td>0.5</td><td>用钢尺和楔形塞尺检查</td></tr>
<tr><td>6</td><td>踢脚线与面层的接缝</td><td colspan="4">1.0</td><td>楔形塞尺检查</td></tr>
</table>

10.5.2　实木地板、实木集成地板、竹地板面层

（1）实木地板、实木集成地板、竹地板面层应采用条材或块材或拼花，以空铺或实铺方式在基层上铺设。

（2）实木地板、实木集成地板、竹地板面层可采用双层面层和单层面层铺设，其厚度应符合设计要求；其选材应符合国家现行有关标准的规定。

（3）铺设实木地板、实木集成地板、竹地板面层时，其木搁栅的截面尺寸、间距和稳固方法等均应符合设计要求。木搁栅固定时，不得损坏基层和预埋管线。木搁栅应垫实钉牢，与柱、墙之间留出20mm的缝隙，表面应平直，其间距不宜大于300mm。

（4）当面层下铺设垫层地板时，垫层地板的髓心应向上，板间缝隙不应大于3mm，与柱、墙之间应留8～12mm的空隙，表面应刨平。

（5）实木地板、实木集成地板、竹地板面层铺设时，相邻板材接头位置应错开不小于300mm的距离；与柱、墙之间应留

8～12mm 的空隙。

(6) 采用实木制作的踢脚线，背面应抽槽并做防腐处理。

(7) 席纹实木地板面层、拼花实木地板面层的铺设应符合本节的有关要求。

10.5.2.1 主控项目

(1) 实木地板、实木集成地板、竹地板面层采用的地板、铺设时的木（竹）材含水率、胶粘剂等应符合设计要求和国家现行有关标准的规定。

检验方法：观察检查和检查型式检验报告、出厂检验报告、出厂合格证。

检查数量：同一工程、同一材料、同一生产厂家、同一型号、同一规格、同一批号检查一次。

(2) 实木地板、实木集成地板、竹地板面层采用的材料进入施工现场时，应有以下有害物质限量合格的检测报告：

1) 地板中的游离甲醛（释放量或含量）；

2) 溶剂型胶粘剂中的挥发性有机化合物（VOC）、苯、甲苯加二甲苯；

3) 水性胶粘剂中的挥发性有机化合物（VOC）和游离甲醛。

检验方法：检查检测报告。

检查数量：同一工程、同一材料、同一生产厂家、同一型号、同一规格、同一批号检查一次。

(3) 木搁栅、垫木和垫层地板等应做防腐、防蛀处理。

检验方法：观察检查和检查验收记录。

检查数量：按 10.1 基本规定第（20）条规定的检验批检查。

(4) 木搁栅安装应牢固、平直。

检验方法：观察、行走、钢尺测量等检查和检查验收记录。

检查数量：按 10.1 基本规定第（20）条规定的检验批检查。

(5) 面层铺设应牢固；粘结应无空鼓、松动。

检验方法：观察、行走或用小锤轻击检查。

检查数量：按10.1基本规定第（20）条规定的检验批检查。

10.5.2.2 一般项目

（1）实木地板、实木集成地板面层应刨平、磨光，无明显刨痕和毛刺等现象；图案应清晰、颜色应均匀一致。

检验方法：观察、手摸和行走检查。

检查数量：按10.1基本规定第（20）条规定的检验批检查。

（2）竹地板面层的品种与规格应符合设计要求，板面应无翘曲。

检验方法：观察、用2m靠尺和楔形塞尺检查。

检查数量：按10.1基本规定第（20）条规定的检验批检查。

（3）面层缝隙应严密；接头位置应错开，表面应平整、洁净。

检验方法：观察检查。

检查数量：按10.1基本规定第（20）条规定的检验批检查。

（4）面层采用粘、钉工艺时，接缝应对齐，粘、钉应严密；缝隙宽度应均匀一致；表面应洁净，无溢胶现象。

检验方法：观察检查。

检查数量：按10.1基本规定第（20）条规定的检验批检查。

（5）踢脚线应表面光滑，接缝严密，高度一致。

检验方法：观察和用钢尺检查。

检查数量：按10.1基本规定第（20）条规定的检验批检查。

（6）实木地板、实木集成地板、竹地板面层的允许偏差应符合表10-5-1的规定。

检验方法：按表10-5-1中的检验方法检验。

检查数量：按10.1基本规定第（20）条规定的检验批和第（21）条的规定检查。

10.5.3 实木复合地板面层

（1）实木复合地板面层采用的材料、铺设方式、铺设方法、厚度以及垫层地板铺设等，均应符合10.5.2实木地板、实木集成地板、竹地板面层第（1）条～第（4）条的规定。

(2) 实木复合地板面层应采用空铺法或粘贴法（满粘或点粘）铺设。采用粘贴法铺设时，粘贴材料应按设计要求选用，并应具有耐老化、防水、防菌、无毒等性能。

(3) 实木复合地板面层下衬垫的材料和厚度应符合设计要求。

(4) 实木复合地板面层铺设时，相邻板材接头位置应错开不小于 300mm 的距离；与柱、墙之间应留不小于 10mm 的空隙。当面层采用无龙骨的空铺法铺设时，应在面层与柱、墙之间的空隙内加设金属弹簧卡或木楔子，其间距宜为 200～300mm。

(5) 大面积铺设实木复合地板面层时，应分段铺设，分段缝的处理应符合设计要求。

10.5.3.1 主控项目

(1) 实木复合地板面层采用的地板、胶粘剂等应符合设计要求和国家现行有关标准的规定。

检验方法：观察检查和检查型式检验报告、出厂检验报告、出厂合格证。

检查数量：同一工程、同一材料、同一生产厂家、同一型号、同一规格、同一批号检查一次。

(2) 实木复合地板面层采用的材料进入施工现场时，应有以下有害物质限量合格的检测报告：

1) 地板中的游离甲醛（释放量或含量）；

2) 溶剂型胶粘剂中的挥发性有机化合物（VOC）、苯、甲苯加二甲苯；

3) 水性胶粘剂中的挥发性有机化合物（VOC）和游离甲醛。

检验方法：检查检测报告。

检查数量：同一工程、同一材料、同一生产厂家、同一型号、同一规格、同一批号检查一次。

(3) 木搁栅、垫木和垫层地板等应做防腐、防蛀处理。

检验方法：观察检查和检查验收记录。

检查数量：按10.1基本规定第（20）条规定的检验批检查。

（4）木搁栅安装应牢固、平直。

检验方法：观察、行走、钢尺测量等检查和检查验收记录。

检查数量：按10.1基本规定第（20）条规定的检验批检查。

（5）面层铺设应牢固；粘贴应无空鼓、松动。

检验方法：观察、行走或用小锤轻击检查。

检查数量：按10.1基本规定第（20）条规定的检验批检查。

10.5.3.2 一般项目

（1）实木复合地板面层图案和颜色应符合设计要求，图案应清晰，颜色应一致，板面应无翘曲。

检验方法：观察、用2m靠尺和楔形塞尺检查。

检查数量：按10.1基本规定第（20）条规定的检验批检查。

（2）面层缝隙应严密；接头位置应错开，表面应平整、洁净。

检验方法：观察检查。

检查数量：按10.1基本规定第（20）条规定的检验批检查。

（3）面层采用粘、钉工艺时，接缝应对齐，粘、钉应严密；缝隙宽度应均匀一致；表面应洁净，无溢胶现象。

检验方法：观察检查。

检查数量：按10.1基本规定第（20）条规定的检验批检查。

（4）踢脚线应表面光滑，接缝严密，高度一致。

检验方法：观察和用钢尺检查。

检查数量：按10.1基本规定第（20）条规定的检验批检查。

（5）实木复合地板面层的允许偏差应符合表10-5-1的规定。

检验方法：按表10-5-1中的检验方法检验。

检查数量：按10.1基本规定第（20）条规定的检验批和第（21）条的规定检查。

10.5.4 浸渍纸层压木质地板面层

（1）浸渍纸层压木质地板面层应采用条材或块材，以空铺或粘贴方式在基层上铺设。

（2）浸渍纸层压木质地板面层可采用有垫层地板和无垫层地板的方式铺设。有垫层地板时，垫层地板的材料和厚度应符合设计要求。

（3）浸渍纸层压木质地板面层铺设时，相邻板材接头位置应错开不小于300mm的距离；衬垫层、垫层地板及面层与柱、墙之间均应留出不小于10mm的空隙。

（4）浸渍纸层压木质地板面层采用无龙骨的空铺法铺设时，宜在面层与基层之间设置衬垫层，衬垫层的材料和厚度应符合设计要求；并应在面层与柱、墙之间的空隙内加设金属弹簧卡或木楔子，其间距宜为200～300mm。

10.5.4.1 主控项目

（1）浸渍纸层压木质地板面层采用的地板、胶粘剂等应符合设计要求和国家现行有关标准的规定。

检验方法：观察检查和检查型式检验报告、出厂检验报告、出厂合格证。

检查数量：同一工程、同一材料、同一生产厂家、同一型号、同一规格、同一批号检查一次。

（2）浸渍纸层压木质地板面层采用的材料进入施工现场时，应有以下有害物质限量合格的检测报告：

1）地板中的游离甲醛（释放量或含量）；

2）溶剂型胶粘剂中的挥发性有机化合物（VOC）、苯、甲苯加二甲苯；

3）水性胶粘剂中的挥发性有机化合物（VOC）和游离甲醛。

检验方法：检查检测报告。

检查数量：同一工程、同一材料、同一生产厂家、同一型号、同一规格、同一批号检查一次。

（3）木搁栅、垫木和垫层地板等应做防腐、防蛀处理；其安装应牢固、平直，表面应洁净。

检验方法：观察、行走、钢尺测量等检查和检查验收记录。

检查数量：按 10.1 基本规定第（20）条规定的检验批检查。

（4）面层铺设应牢固、平整；粘贴应无空鼓、松动。

检验方法：观察、行走、钢尺测量、用小锤轻击检查。

检查数量：按 10.1 基本规定第（20）条规定的检验批检查。

10.5.4.2 一般项目

（1）浸渍纸层压木质地板面层的图案和颜色应符合设计要求，图案应清晰，颜色应一致，板面应无翘曲。

检验方法：观察、用 2m 靠尺和楔形塞尺检查。

检查数量：按 10.1 基本规定第（20）条规定的检验批检查。

（2）面层的接头应错开、缝隙应严密、表面应洁净。

检验方法：观察检查。

检查数量：按 10.1 基本规定第（20）条规定的检验批检查。

（3）踢脚线应表面光滑，接缝严密，高度一致。

检验方法：观察和用钢尺检查。

检查数量：按 10.1 基本规定第（20）条规定的检验批检查。

（4）浸渍纸层压木质地板面层的允许偏差应符合表 10-5-1 的规定。

检验方法：按表 10-5-1 中的检验方法检验。

检查数量：按 10.1 基本规定第（20）条规定的检验批和第（21）条的规定检查。

10.5.5 软木类地板面层

（1）软木类地板面层应采用软木地板或软木复合地板的条材或块材，在水泥类基层或垫层地板上铺设。软木地板面层应采用粘贴方式铺设，软木复合地板面层应采用空铺方式铺设。

（2）软木类地板面层的厚度应符合设计要求。

（3）软木类地板面层的垫层地板在铺设时，与柱、墙之间应留不大于 20mm 的空隙，表面应刨平。

（4）软木类地板面层铺设时，相邻板材接头位置应错开不小于 1/3 板长且不小于 200mm 的距离；面层与柱、墙之间应留出 8～12mm 的空隙；软木复合地板面层铺设时，应在面层与柱、墙之间的空隙内加设金属弹簧卡或木楔子，其间距宜为200～300mm。

10.5.5.1 主控项目

（1）软木类地板面层采用的地板、胶粘剂等应符合设计要求和国家现行有关标准的规定。

检验方法：观察检查和检查型式检验报告、出厂检验报告、出厂合格证。

检查数量：同一工程、同一材料、同一生产厂家、同一型号、同一规格、同一批号检查一次。

（2）软木类地板面层采用的材料进入施工现场时，应有以下有害物质限量合格的检测报告：

1）地板中的游离甲醛（释放量或含量）；

2）溶剂型胶粘剂中的挥发性有机化合物（VOC）、苯、甲苯加二甲苯；

3）水性胶粘剂中的挥发性有机化合物（VOC）和游离甲醛。

检验方法：检查检测报告。

检查数量：同一工程、同一材料、同一生产厂家、同一型号、同一规格、同一批号检查一次。

（3）木搁栅、垫木和垫层地板等应做防腐、防蛀处理；其安装应牢固、平直，表面应洁净。

检验方法：观察、行走、钢尺测量等检查和检查验收记录。

检查数量：按10.1基本规定第（20）条规定的检验批检查。

（4）软木类地板面层铺设应牢固；粘贴应无空鼓、松动。

检验方法：观察、行走检查。

检查数量：按10.1基本规定第（20）条规定的检验批检查。

10.5.5.2 一般项目

（1）软木类地板面层的拼图、颜色等应符合设计要求，板面应无翘曲。

检查方法：观察，2m靠尺和楔形塞尺检查。

检查数量：按 10.1 基本规定第（20）条规定的检验批检查。

（2）软木类地板面层缝隙应均匀，接头位置应错开，表面应洁净。

检查方法：观察检查。

检查数量：按 10.1 基本规定第（20）条规定的检验批检查。

（3）踢脚线应表面光滑，接缝严密，高度一致。

检验方法：观察和用钢尺检查。

检查数量：按 10.1 基本规定第（20）条规定的检验批检查。

（4）软木类地板面层的允许偏差应符合表 10-5-1 的规定。

检验方法：按表 10-5-1 中的检验方法检验。

检查数量：按 10.1 基本规定第（20）条规定的检验批和第（21）条的规定检查。

10.5.6　地面辐射供暖的木板面层

（1）地面辐射供暖的木板面层宜采用实木复合地板、浸渍纸层压木质地板等，应在填充层上铺设。

（2）地面辐射供暖的木板面层可采用空铺法或胶粘法（满粘或点粘）铺设。当面层设置垫层地板时，垫层地板的材料和厚度应符合设计要求。

（3）与填充层接触的龙骨、垫层地板、面层地板等应采用胶粘法铺设。铺设时填充层的含水率应符合胶粘剂的技术要求。

（4）地面辐射供暖的木板面层铺设时不得扰动填充层，不得向填充层内楔入任何物件。面层铺设尚应符合 10.5.3 实木复合地板面层、10.5.4 浸渍纸层压木质地板面层的有关规定。

10.5.6.1　主控项目

（1）地面辐射供暖的木板面层采用的材料或产品除应符合设计要求和相应面层的规定外，还应具有耐热性、热稳定性、防水、防潮、防霉变等特点。

检验方法：观察检查和检查质量合格证明文件。

检查数量：同一工程、同一材料、同一生产厂家、同一型号、同一规格、同一批号检查一次。

(2) 地面辐射供暖的木板面层与柱、墙之间应留不小于10mm的空隙。当采用无龙骨的空铺法铺设时，应在空隙内加设金属弹簧卡或木楔子，其间距宜为200～300mm。

检验方法：观察和用钢尺检查。

检查数量：按10.1基本规定第（20）条规定的检验批检查。

(3) 其余主控项目及检验方法、检查数量应符合10.5.3实木复合地板面层、10.5.4浸渍纸层压木质地板面层的有关规定。

10.5.6.2 一般项目

(1) 地面辐射供暖的木板面层采用无龙骨的空铺法铺设时，应在填充层上铺设一层耐热防潮纸（布）。防潮纸（布）应采用胶粘搭接，搭接尺寸应合理，铺设后表面应平整，无皱褶。

检验方法：观察检查。

检查数量：按10.1基本规定第（20）条规定的检验批检查。

(2) 其余一般项目及检验方法、检查数量应符合10.5.3实木复合地板面层、10.5.4浸渍纸层压木质地板面层的有关规定。

10.6 分部（子分部）工程验收

(1) 建筑地面工程施工质量中各类面层子分部工程的面层铺设与其相应的基层铺设的分项工程施工质量检验应全部合格。

(2) 建筑地面工程子分部工程质量验收应检查下列工程质量文件和记录：

1) 建筑地面工程设计图纸和变更文件等；

2) 原材料的质量合格证明文件、重要材料或产品的进场抽样复验报告；

3) 各层的强度等级、密实度等的试验报告和测定记录；

4) 各类建筑地面工程施工质量控制文件；

5) 各构造层的隐蔽验收及其他有关验收文件。

(3) 建筑地面工程子分部工程质量验收应检查下列安全和功能项目：

1) 有防水要求的建筑地面子分部工程的分项工程施工质量

的蓄水检验记录，并抽查复验；

2）建筑地面板块面层铺设子分部工程和木、竹面层铺设子分部工程采用的砖、天然石材、预制板块、地毯、人造板材以及胶粘剂、胶结料、涂料等材料证明及环保资料。

（4）建筑地面工程子分部工程观感质量综合评价应检查下列项目：

1）变形缝、面层分格缝的位置和宽度以及填缝质量应符合规定；

2）室内建筑地面工程按各子分部工程经抽查分别作出评价；

3）楼梯、踏步等工程项目经抽查分别作出评价。

附录A　不发火（防爆）建筑地面材料及其制品不发火性的试验方法

1. 试验前的准备：准备直径为150mm的砂轮，在暗室内检查其分离火花的能力。如发生清晰的火花，则该砂轮可用于不发火（防爆）建筑地面材料及其制品不发火性的试验。

2. 粗骨料的试验：从不少于50个，每个重50～250g（准确度达到1g）的试件中选出10个，在暗室内进行不发火性试验。只有每个试件上磨掉不少于20g，且试验过程中未发现任何瞬时的火花，方可判定为不发火性试验合格。

3. 粉状骨料的试验：粉状骨料除应试验其制造的原料外，还应将骨料用水泥或沥青胶结料制成块状材料后进行试验。原料、胶结块状材料的试验方法同第2条。

4. 不发火水泥砂浆、水磨石和水泥混凝土的试验。试验方法同第2条、第3条。

11　建筑防腐蚀工程

11.1　基层处理工程

11.1.1　一般规定

（1）适用于混凝土基层、钢结构基层和木质结构基层处理的质量验收。

（2）基层处理工程的检查数量应符合下列规定：

1）当混凝土基层为水平面时，基层处理面积不大于 $100m^2$，应抽查 3 处；当基层处理面积大于 $100m^2$ 时，每增加 $50m^2$，应多抽查 1 处，不足 $50m^2$ 时，按 $50m^2$ 计，每处测点不得少于 3 个。当混凝土基层为垂直面时，基层处理面积不大于 $50m^2$，应抽查 3 处；当基层处理面积大于 $50m^2$ 时，每增加 $30m^2$，应多抽查 1 处，不足 $30m^2$ 时，按 $30m^2$ 计，每处测点不得少于 3 个。

2）当钢结构基层处理钢材重量不大于 2t 时，应抽查 4 处；当基层处理钢材重量大于 2t 时，每增加 1t，应多抽查 2 处，不足 1t 时，按 1t 计，每处测点不得少于 3 个。当钢结构构造复杂、重量统计困难时，可按构件件数抽查 10%，但不得少于 3 件，每件应抽查 3 点。重要构件、难维修构件，按构件件数抽查 50%，每件测点不得少于 5 个。

3）木质结构基层应按构件件数抽查 10%，但不得少于 3 件，每件应抽查 3 点。重要构件、难维修构件，按构件件数抽查 50%，每件测点不得少于 5 个。

注：主控项目应符合规定；

一般项目有允许偏差要求的项目，每项抽检点数中，不低于 80%的实测值应在规定的允许范围内。

4）设备基础、沟、槽等节点部位的基层处理，应加倍检查。

11.1.2 混凝土基层

11.1.2.1 主控项目

（1）基层强度应符合设计规定。

检验方法：检查混凝土强度试验报告、现场采用仪器测试。

（2）混凝土基层表面应密实、平整，不得有地下水渗漏、不均匀沉陷、起砂、脱层、裂缝、蜂窝和麻面等缺陷。

检验方法：观察检查或敲击法检查。

（3）基层的含水率，在深度为20mm的厚度层内，不应大于6%。

检验方法：采用现场取样称重法、塑料薄膜覆盖法或检查基层含水率试验报告。

11.1.2.2 一般项目

（1）基层的洁净度应符合设计规定，表面应无析出物、油迹、污染物、水泥渣、水泥皮等附着物。

检验方法：观察检查。

（2）当采用细石混凝土或聚合物水泥砂浆找平时，强度等级应不小于C20，厚度应不小于30mm。

检验方法：检查强度试验报告和尺量检查。

（3）当在基层表面进行块材施工时，基层的阴阳角应做成直角；进行其他种类防腐蚀施工时，基层的阴阳角应做成圆角或45°斜面。

检验方法：观察检验。

（4）砌体结构抹面层水泥砂浆的质量应符合设计规定。表面应平整，不得有起砂、脱壳、蜂窝和麻面等缺陷。

检验方法：观察检查或敲击法检查。

（5）穿过防腐蚀层的预埋件、预留孔应符合设计规定。

检验方法：观察检验。

（6）基层表面的粗糙度应符合设计规定。

检验方法：观察检查。

（7）基层坡度应符合设计规定。其允许偏差应为坡长的±0.2%，最大偏差应小于30mm。

检验方法：观察、仪器检查或泼水试验检查。

（8）基层的平整度应符合下列规定：

1）当防腐蚀层厚度不小于5mm时，允许空隙应不大于4mm；

2）当防腐蚀层厚度小于5mm时，允许空隙应不大于2mm。

检验方法：采用2m直尺和楔形尺检查或仪器检查。

11.1.3　钢结构基层

11.1.3.1　主控项目

（1）钢结构表面采用喷射或抛射除锈的质量，应符合下列规定：

1）Sa1级：钢材表面应无可见的油脂和污垢，且没有附着不牢的氧化皮、铁锈和油漆涂层等。

2）Sa2级：钢材表面应无可见的油脂和污垢，且氧化皮、铁锈和油漆涂层等附着物已基本清除，其残留物应是牢固可靠的。

3）Sa2 $\frac{1}{2}$级：钢材表面应无可见的油脂、污垢、氧化皮、铁锈和油漆涂层等附着物，任何残留的痕迹应仅是点状或条纹状的轻微色斑。

检验方法：观察比对各等级标准照片。

（2）钢结构表面采用手工和动力工具除锈的质量，应符合下列规定：

1）St2级：钢材表面应无可见的油脂和污垢，且没有附着不牢的氧化皮、铁锈和油漆涂层等。

2）St3级：钢材表面应无可见的油脂和污垢，且没有附着不牢的氧化皮、铁锈和油漆涂层等附着物。除锈等级应比St2更为彻底，底材显露部分的表面应具有金属本体光泽。

检验方法：观察比对各等级标准照片。

11.1.3.2 一般项目

(1) 钢结构表面应洁净，并应无焊渣、毛刺、铁锈、油污及其他附着物等杂质。

检验方法：观察检查或对比标准样块法。

(2) 钢结构表面的粗糙度等级应符合设计规定。

检验方法：采用标准样板观察检验。

(3) 已经除锈的钢结构表面底层涂料的涂刷时间，不应超过 5h。

检验方法：检查施工记录。

11.1.4 木质基层

11.1.4.1 主控项目

木材的含水率不得大于 15%。

检验方法：检查施工记录和木材含水率试验报告。

11.1.4.2 一般项目

木质基层的表面应平整，并应无油污、灰尘、树脂等缺陷。

检验方法：观察检查。

11.2 块材防腐蚀工程

(1) 适用于耐酸砖、耐酸耐温砖和天然石材块材防腐蚀工程施工质量的验收。

(2) 块材防腐蚀工程的检查数量应符合 11.1.1 一般规定第 (2) 条的规定。

(3) 块材材质、规格和性能的检查数量应符合下列规定：

1) 应从每次批量到货的材料中，根据设计要求按不同材质进行随机抽样检验。

2) 耐酸砖和耐酸耐温砖的取样，应按国家现行标准《耐酸砖》GB/T 8488 和《耐酸耐温砖》JC/T 424 的规定执行。

3) 天然石材应从每批中抽取 3 块，抗压强度的测定可采用 3 个 5cm×5cm×5cm 的试块；浸酸安定性和吸水率的测定，可采用 4 个 5cm×5cm×5cm 的试块；耐酸度的测定，可采用 5cm×

5cm 的碎块。

4）当抽样检测结果有一项指标为不合格时，应再进行一次抽样复检。如仍有一项指标不合格时，应判定该产品质量为不合格。

11.2.1　主控项目

（1）耐酸砖、耐酸耐温砖及天然石材的品种、规格和性能应符合设计要求或国家现行有关标准的规定。

检查方法：检查产品出厂合格证、材料检测报告或现场抽样的复验报告。

（2）铺砌块材的各种胶泥或砂浆的原材料及制成品的质量要求、配合比及铺砌块材的要求等，应符合有关章节的规定。

检查方法：检查产品合格证、质量检测报告和施工记录。

（3）块材结合层和灰缝应饱满密实、粘结牢固；灰缝均匀整齐、平整一致，不得有空鼓、疏松；铺砌的块材不得出现通缝、重叠缝等缺陷。

检查方法：仪器、尺量和敲击法检查，必要时可采用破坏法检查。

11.2.2　一般项目

（1）块材坡度的检验应符合 11.1.2.2 一般项目第（7）条的规定。

检验方法：直尺和水平仪检查，并做泼水试验。

（2）块材面层相邻块材间高差和表面平整度应符合下列规定：

1）块材面层相邻块材之间的高差，不应大于下列数值：

① 耐酸砖、耐酸耐温砖的面层应为 1mm；

② 厚度不大于 30mm 的机械切割天然石材的面层应为 2mm；

③ 厚度大于 30mm 的人工加工或机械刨光天然石材的面层应为 3mm。

2）块材面层平整度，其允许空隙不应大于下列数值：

① 耐酸砖、耐酸耐温砖的面层应为 4mm；

② 厚度不大于 30mm 的机械切割天然石材的面层应为 4mm；

③ 厚度大于 30mm 的人工加工或机械刨光天然石材的面层应为 6mm。

检验方法：相邻块材高差采用尺量检查，表面平整度采用 2m 直尺和楔形尺检查。

11.3 水玻璃类防腐蚀工程

11.3.1 一般规定

（1）水玻璃类防腐蚀工程施工质量的验收应包括下列内容：

1）水玻璃胶泥、水玻璃砂浆铺砌块材面层。

2）密实型钾水玻璃砂浆整体面层。

3）水玻璃混凝土浇筑的整体面层、设备基础和构筑物。

（2）水玻璃类防腐蚀工程的检查数量应符合 11.1.1 一般规定第（2）条的规定。

（3）水玻璃类主要原材料的取样数量应符合下列规定：

1）从每批号桶装水玻璃中随机抽样 3 桶，每桶取样不少于 1000g，可混合后检测；当该批号不大于 3 桶时，可随机抽样 1 桶，样品量不少于 3000g。

2）粉料或骨料应从不同粒经规格的每批号中随机抽样 3 袋，每袋不少于 1000g，可混合后检测；当该批号不大于 3 袋时，可随机抽样 1 袋，样品量不少于 3000g。

3）当抽样检测结果有一项指标为不合格时，应再进行一次抽样复检。如仍有一项指标不合格时，应判定该产品质量为不合格。

（4）水玻璃类材料制成品的取样数量应符合下列规定：

1）当施工前需要检测时，水玻璃、粉料或骨料的取样数量按 11.3.1 一般规定第（3）条规定执行，并按确定的施工配合比制样，经养护后检测。

2）当需要对已配制材料进行检测时，应随机抽样 3 个配料批次，每个批次的同种样块至少3个，并应在水玻璃初凝前制样完毕，经养护后检测。

3）当检测结果有一项指标为不合格时，应再进行一次抽样复检。如仍有一项指标不合格时，应判定该产品质量为不合格。

11.3.1.1 主控项目

（1）水玻璃类防腐蚀工程所用的钠水玻璃、钾水玻璃、氟硅酸钠、缩合磷酸铝、粉料和粗、细骨料等原材料的质量，应符合设计要求或国家现行有关标准的规定。

检验方法：检查产品出厂合格证、材料检测报告或现场抽样的复验报告。

（2）水玻璃制成品的质量应符合设计要求，当设计无规定时应符合下列规定：

1）钠水玻璃制成品的质量应符合表11-3-1的规定：

钠水玻璃制成品的质量 表11-3-1

项目	密实型		普通型		
	砂浆	混凝土	胶泥	砂浆	混凝土
初凝时间(min)	—	—	≥45	—	—
终凝时间(h)	—	—	≤12	—	—
抗压强度(MPa)	≥20	≥25	—	≥15	≥20
抗拉强度(MPa)	—	—	≥2.5	—	—
与耐酸砖粘结强度(MPa)	—	—	≥1.0	—	—
抗渗等级(MPa)	≥1.2	≥1.2	—	—	—
吸水率(%)	—	—	≤15	—	—
浸酸安定性	合格		—	合格	

2）钾水玻璃制成品的质量应符合表11-3-2的规定。

钾水玻璃制成品的质量　　表 11-3-2

项目		密实型			普通型		
		胶泥	砂浆	混凝土	胶泥	砂浆	混凝土
初凝时间(min)		≥45	—	—	≥45	—	—
终凝时间(h)		≤15	—	—	≤15	—	—
抗压强度(MPa)		—	≥25	≥25	—	≥20	≥20
抗拉强度(MPa)		≥3	≥3	—	≥2.5	≥2.5	—
与耐酸砖粘结强度(MPa)		≥1.2	≥1.2	—	≥1.2	≥1.2	—
抗渗等级(MPa)		≥1.2	≥1.2	≥1.2	—	—	—
吸水率(%)		—			≤10		—
浸酸安定性		合格			合格		
耐热极限温度(℃)	100～300	—			合格		
	300～900	—			合格		

注：1. 表中抗拉强度和粘结强度，仅用于最大粒径 1.25mm 的钾水玻璃砂浆。

2. 表中耐热极限温度，仅用于有耐热要求的防腐蚀工程。

检验方法：检查检测报告或现场抽样的复验报告。

11.3.1.2　一般项目

（1）水玻璃类材料的施工配合比应经现场试验后确定。

检验方法：检查试验报告。

（2）水玻璃类防腐蚀工程的养护期和酸化处理应符合下列规定：

1）水玻璃类材料的养护期应符合表 11-3-3 的规定。

水玻璃类材料的养护期　　表 11-3-3

材料名称		养护期（d）≥			
		10℃～15℃	16℃～20℃	21℃～30℃	31℃～35℃
钠水玻璃材料		12	9	6	3
钾水玻璃材料	普通型	—	14	8	4
	密实型	—	28	15	8

2）水玻璃类材料防腐蚀工程养护后，应采用浓度为 30%～

40%硫酸做表面酸化处理，酸化处理至无白色结晶盐析出时为止。酸化处理次数不宜少于 4 次。每次间隔时间：钠水玻璃材料不应少于 8h；钾水玻璃材料不应少于 4h。每次处理前应清除表面白色析出物。

检验方法：检查试验报告和施工记录。

11.3.2 水玻璃胶泥、水玻璃砂浆铺砌的块材面层

11.3.2.1 主控项目

（1）水玻璃胶泥、水玻璃砂浆铺砌块材结合层的水玻璃胶泥、水玻璃砂浆应饱满密实、粘结牢固。灰缝应挤严、饱满，表面应平滑，无裂缝和气孔。结合层厚度和灰缝宽度应符合表 11-3-4的规定。

结合层厚度和灰缝宽度　　表 11-3-4

<table>
<tr><th colspan="2" rowspan="2">块材种类</th><th colspan="2">结合层厚度（mm）</th><th colspan="2">灰缝宽度（mm）</th></tr>
<tr><th>水玻璃胶泥</th><th>水玻璃砂浆</th><th>水玻璃胶泥</th><th>水玻璃砂浆</th></tr>
<tr><td rowspan="2">耐酸砖、耐酸耐温砖</td><td>厚度≤30mm</td><td>3～5</td><td>—</td><td>2～3</td><td>—</td></tr>
<tr><td>厚度>30mm</td><td>4～7</td><td>5～7（最大粒径 1.25mm）</td><td>2～4</td><td>4～6（最大粒径 1.25mm）</td></tr>
<tr><td rowspan="2">天然石材</td><td>厚度≤30mm</td><td>5～7（最大粒径 1.25mm）</td><td>—</td><td>3～5</td><td>—</td></tr>
<tr><td>厚度>30mm</td><td>—</td><td>10～15（最大粒径 2.5mm）</td><td>—</td><td>8～12（最大粒径 2.5mm）</td></tr>
</table>

检验方法：面层检查：敲击法检查；灰缝检查：尺量检查和检查施工记录；裂缝检查：用 5～10 倍的放大镜检查。

（2）水玻璃胶泥、水玻璃砂浆铺砌块材面层与转角处、踢脚线、地漏、门口和设备基础应粘结牢固、灰缝平整，应无起鼓、裂缝和渗漏等缺陷。

检验方法：敲击法检查和用 5～10 倍的放大镜检查。

11.3.2.2 一般项目

水玻璃胶泥、水玻璃砂浆铺砌块材面层相邻块材高差、表面坡度和平整度的检验应符合 11.2.2 一般项目第（1）条和第（2）条的规定。

11.3.3　密实型钾水玻璃砂浆整体面层

11.3.3.1　主控项目

密实型钾水玻璃砂浆整体面层与基层应粘结牢固，应无起壳、脱层、裂纹、水玻璃沉积、贯通性气泡等缺陷。

检验方法：观察检查、敲击法检查或破坏性检查。

11.3.3.2　一般项目

（1）密实型钾水玻璃砂浆整体面层厚度应符合设计规定。小于设计规定厚度的测点数不得大于 10%，其测点厚度不得小于设计规定厚度的 90%。

检验方法：检查施工记录和测厚样板。对碳钢基层上的厚度，应用磁性测厚仪检测。对混凝土基层上的厚度，应用磁性测厚仪检测在碳钢基层上做的测厚样板。

（2）密实型钾水玻璃砂浆整体面层表面应平整、色泽均匀，并应无裂缝和针孔。

检验方法：观察检查。

（3）密实型钾水玻璃砂浆整体面层表面坡度和平整度的检验应符合 11.1.2.2 一般项目第（7）条和第（8）条的规定。

11.3.4　水玻璃混凝土

11.3.4.1　主控项目

钠水玻璃混凝土内的预埋金属件应除锈，并应涂刷防腐蚀涂料。

检验方法：检查施工记录。

11.3.4.2 一般项目

（1）水玻璃混凝土浇筑的整体面层、设备基础和构筑物的表面应平整、密实，无明显蜂窝、麻面和裂纹，预埋件的位置应正确。

检验方法：观察检查、用 5～10 倍的放大镜检查及尺量检查。

(2) 水玻璃混凝土整体面层厚度应符合设计规定。小于设计规定厚度的测点数不得大于10%，其测点厚度不得小于设计规定厚度的90%。

检验方法：检查施工记录和测厚样板。对钢基层上的厚度，应用磁性测厚仪检测。对混凝土基层上的厚度，应用磁性测厚仪检测在钢基层上做的测厚样板。

(3) 水玻璃混凝土浇筑的整体面层施工缝的留槎位置应正确，搭接应严密。

检验方法：观察检查和检查施工记录。

(4) 水玻璃混凝土浇筑的整体面层表面坡度和平整度的检验应符合11.1.2.2一般项目第（7）条和第（8）条的规定。

11.4 树脂类防腐蚀工程

11.4.1 一般规定

(1) 环氧树脂、乙烯基酯树脂、不饱和聚酯树脂、呋喃树脂和酚醛树脂防腐蚀工程施工质量的验收应包括下列内容：

1) 树脂胶料铺衬的玻璃钢整体面层和隔离层。

2) 树脂胶泥、砂浆铺砌的块材面层和树脂胶泥灌缝的块材面层。

3) 树脂稀胶泥、树脂砂浆、树脂玻璃鳞片胶泥制作的整体面层。

(2) 树脂类防腐蚀工程的检查数量应符合11.1.1一般规定第（2）条的规定。

(3) 树脂类主要原材料和制成品的取样数量应符合12.3.1一般规定第（3）条和第（4）条的规定。纤维增强材料应从每批号中随机抽样3卷，每卷不少于$1.0m^2$；当该批号不大于3卷时，可随机抽样1卷，样品量不少于$3.0m^2$。

11.4.1.1 主控项目

(1) 树脂类防腐蚀工程所用的环氧树脂、乙烯基酯树脂、不饱和聚酯树脂、呋喃树脂、酚醛树脂、玻璃纤维增强材料、粉料和细骨料等原材料的质量应符合设计要求或国家现行有关标准的规定。

检验方法：检查产品出厂合格证、材料检测报告或现场抽样的复验报告。

（2）树脂类材料制成品的质量应符合表 11-4-1 的规定。

树脂类材料制成品的质量　　表 11-4-1

项目		环氧树脂	乙烯基酯树脂	不饱和聚酯树脂				呋喃树脂	酚醛树脂
				双酚A型	二甲苯型	间苯型	邻苯型		
抗压强度（MPa）≥	胶泥	80	80	70	80	80	80	70	70
	砂浆	70	70	70	70	70	70	60	—
抗拉强度（MPa）≥	胶泥	9	9	9	9	9	9	6	6
	砂浆	7	7	7	7	7	7	6	—
	玻璃钢	100	100	100	100	90	90	80	60
胶泥粘结强度（MPa）≥	与耐酸砖	3	2.5	2.5	3	1.5	1.5	1.5	1

注：当玻璃钢用于隔离层等非受力结构时，抗拉强度值可不作要求。

检验方法：检查检测报告或现场抽样的复验报告。

（3）树脂玻璃鳞片胶泥制成品的质量应符合表 11-4-2 的规定。

树脂玻璃鳞片胶泥制成品的质量　　表 11-4-2

项目		乙烯基酯树脂	环氧树脂	不饱和聚酯树脂
粘结强度(MPa)≥	水泥基层	1.5	2.0	1.5
	钢材基层	2.0	1.0	2.0
抗渗性(MPa)≥		1.5	1.5	1.5

检验方法：检查检测报告或现场抽样的复验报告。

11.4.1.2 一般项目

(1) 玻璃钢胶料，铺砌块材用的树脂胶泥或树脂砂浆，灌缝用的树脂胶泥，整体面层用的树脂稀胶泥、树脂砂浆和树脂玻璃鳞片胶泥的配合比应经现场试验确定。

检验方法：检查试验报告。

(2) 玻璃钢面层，块材面层，树脂稀胶泥、树脂砂浆和树脂玻璃鳞片胶泥整体面层与转角、地漏、门口、预留孔、管道出入口应结合严密、粘结牢固、接缝平整，无渗漏和空鼓。

检验方法：观察检查、敲击法检查和检查隐蔽工程记录。

(3) 树脂类防腐蚀工程施工完毕后，常温下的养护时间应符合表 11-4-3 的规定。

树脂类防腐蚀工程的养护天数　　表 11-4-3

树脂类别	养护期（d）≥	
	胶泥或砂浆	玻璃钢
环氧树脂	10	15
乙烯基酯树脂	10	15
不饱和聚酯树脂	10	15
呋喃树脂	15	20
酚醛树脂	20	25
树脂玻璃鳞片胶泥	10	

检验方法：检查施工记录。

11.4.2 树脂玻璃钢

11.4.2.1 主控项目

(1) 玻璃纤维布增强结构的含胶量不应少于 45%；玻璃纤维短切毡增强结构的含胶量不应少于 70%；玻璃纤维表面毡增强结构的含胶量不应少于 90%。

检验方法：按《玻璃纤维增强塑料树脂含量试验方法》GB/T 2577 进行。

(2) 玻璃钢层的针孔检查：对钢基层采用导电底涂层的混凝土池、槽、重要混凝土构件的玻璃钢面层，通过的检测电压应为

3000～5000V/mm。

检验方法：采用电火花探测器检查。

（3）玻璃钢防腐蚀面层的表面应固化完全，并无起壳、脱层等缺陷。

检验方法：树脂固化度应采用白棉花球蘸丙酮擦拭方法检查。

11.4.2.2 一般项目

（1）玻璃钢层的厚度应符合设计规定。玻璃钢厚度小于设计规定厚度的测点数不得大于10%，测点处实测厚度不得小于设计规定厚度的90%。

检验方法：检查施工记录和仪器测厚。对钢基层上的玻璃钢层厚度，应采用磁性测厚仪检测。对混凝土或水泥砂浆基层上的玻璃钢层厚度，可采用超声波测厚仪检测。

（2）玻璃钢防腐蚀面层或隔离层的表面胶料应饱满，并应无纤维露出、气泡和皱折等缺陷。

检验方法：观察检查或检查隐蔽工程记录。

（3）玻璃钢防腐蚀楼、地面的坡度和表面平整度的检验应符合11.1.2.2第（7）条和第（8）条的规定。

11.4.3 树脂胶泥、树脂砂浆铺砌的块材面层和树脂胶泥灌缝

11.4.3.1 主控项目

（1）树脂胶泥、树脂砂浆铺砌块材的结合层和灰缝内的树脂胶泥或树脂砂浆应饱满密实、固化完全、粘结牢固，平面块材砌体无滑移，立面块材砌体无变形，块材与基层间无脱层，结合层厚度和灰缝宽度应符合表11-4-4的规定。

结合层厚度、灰缝宽度和灌缝尺寸（mm） **表11-4-4**

材料种类		铺砌		灌缝	
		结合层厚度	灰缝宽度	缝宽	缝深
耐酸砖、耐酸耐温砖	厚度≤30	4～6	2～3	—	—
	厚度＞30	4～6	2～4	—	—

续表

材料种类		铺砌		灌缝	
		结合层厚度	灰缝宽度	缝宽	缝深
天然石材	厚度≤30	4～8	3～6	8～12	满灌
	厚度>30	4～12	4～12	8～15	满灌

检验方法：观察检查、尺量检查和敲击法检查。树脂固化度应用白棉花球蘸丙酮擦拭方法检查。

(2) 树脂胶泥灌缝的深度应符合表 11-4-4 的规定。缝内树脂胶泥应饱满密实、固化完全，与块材应粘结牢固，表面应无裂缝。

检验方法：检查施工记录，观察检查和尺量检查。

11.4.3.2 一般项目

块材防腐蚀楼、地面的坡度、表面平整度和相邻块材之间高差的检验应符合 11.2.2 一般项目第（1）条和第（2）条的规定。

11.4.4 树脂稀胶泥、树脂砂浆、树脂玻璃鳞片胶泥整体面层

11.4.4.1 主控项目

树脂稀胶泥、树脂砂浆、树脂玻璃鳞片胶泥整体面层的表面应固化完全，面层与基层粘结牢固，无起壳和脱层。

检验方法：树脂固化度应用白棉花球蘸丙酮擦拭方法检查。观察和敲击法检查。

11.4.4.2 一般项目

(1) 树脂稀胶泥、树脂砂浆、树脂玻璃鳞片胶泥面层厚度应符合设计规定。小于设计规定厚度的测点数不得大于10%，其测点厚度不得小于设计规定厚度的90%。

检验方法：检查施工记录和测厚样板。对钢基层上的厚度，应用磁性测厚仪检测。对混凝土或水泥砂浆基层上的厚度，可采用超声波测厚仪检测。

（2）树脂稀胶泥、树脂砂浆、树脂玻璃鳞片胶泥整体面层的表面应平整、色泽均匀，并应无裂缝。

检验方法：观察检查。

（3）树脂稀胶泥、树脂砂浆、树脂玻璃鳞片胶泥整体面层的楼、地面的坡度和表面平整度的检验应符合 11.1.2.2 第（7）条和第（8）条的规定。

11.5 沥青类防腐蚀工程

11.5.1 一般规定

（1）沥青类防腐工程施工质量的验收应包括下列内容：

1）沥青稀胶泥铺贴的沥青卷材隔离层、涂覆的隔离层。

2）铺贴的沥青防水卷材隔离层。

3）沥青胶泥铺砌的块材面层。

4）沥青砂浆或沥青混凝土铺筑的整体面层或隔离层。

5）碎石灌沥青垫层。

（2）沥青类防腐蚀工程的检查数量应符合 11.1.1 一般规定第（2）条的规定。

（3）沥青类主要原材料和制成品的取样数量应符合 11.3.1 一般规定第（3）条和第（4）条的规定。

11.5.1.1 主控项目

（1）沥青类防腐蚀工程所用的沥青、防水卷材、高聚物改性沥青防水卷材、粉料和粗、细骨料等应符合设计要求或国家现行有关标准的规定。

检验方法：检查产品出厂合格证、材料检测报告或现场抽样的复验报告。

（2）沥青胶泥的浸酸质量变化不应大于 1%。沥青砂浆和沥青混凝土的抗压强度，20℃时不应小于 3.0MPa，50℃时不应小于 1.0MPa。饱和吸水率（体积计）不应大于 1.5%，浸酸安定性应合格。

检验方法：检查检测报告或现场抽样的复验报告。

11.5.1.2 一般项目

沥青胶泥的配合比应经现场试验确定。

检验方法：检查试验记录。

11.5.2 沥青玻璃布卷材隔离层

11.5.2.1 主控项目

(1) 沥青玻璃布卷材隔离层冷底子油的涂刷应完整。卷材应展平压实，应无气泡、翘边、空鼓等缺陷。接缝处应粘牢。

检验方法：观察检查和检查施工记录。

(2) 涂覆隔离层的层数及厚度应符合设计规定。涂覆层应结合牢固，表面应平整、光亮，无起鼓等缺陷。

检验方法：观察检查和检查施工记录。

11.5.2.2 一般项目

沥青玻璃布卷材隔离层施工搭接缝宽度允许最大负偏差为10～20mm。

检验方法：观察检查和尺量检查。

11.5.3 高聚物改性沥青卷材隔离层

11.5.3.1 主控项目

(1) 高聚物改性沥青卷材隔离层的施工层数应符合设计规定。

检验方法：观察检查和检查施工记录。

(2) 冷铺法铺贴隔离层时，卷材粘接剂的涂刷应均匀、无漏涂，卷材应平整、压实，与底层结合应牢固，接缝应整齐，无皱折、起鼓和脱层等缺陷。

检验方法：观察检查、敲击法检查和检查施工记录。

(3) 自粘法铺贴隔离层时，卷材应压实、平整，接缝应整齐、无皱折，与底层结合应牢固，无起鼓、脱层等缺陷。

检验方法：观察检查、敲击法检查和检查施工记录。

(4) 热熔法铺贴隔离层时，卷材应压实、平整，接缝应整齐、无皱折，与底层结合应牢固，无起鼓、脱层等缺陷。

检验方法：观察检查、敲击法检查和检查施工记录。

11.5.3.2　一般项目

高聚物改性沥青卷材隔离层施工搭接缝宽度不应小于10mm。

检验方法：观察检查和直尺检查。

11.5.4　沥青胶泥铺砌的块材面层

11.5.4.1　主控项目

（1）沥青胶泥铺砌块材结合层厚度和灰缝宽度应符合表11-5-1的规定。

块材结合层厚度和灰缝宽度（mm）　　**表11-5-1**

块材种类	结合层厚度		灰缝宽度	
	挤缝法、灌缝法	刮浆铺砌法、分段浇灌法	挤缝法、刮浆铺砌法、分段浇灌法	灌缝法
耐酸砖、耐酸耐温砖	3～5	5～7	3～5	5～8
天然石材	—	—	—	8～15

检验方法：检查施工记录和尺量检查。

（2）结合层和灰缝内的胶泥应饱满密实，表面应平整、无沥青胶泥痕迹，粘结应牢固，灰缝表面应均匀整洁。

检验方法：观察检查和敲击法检查。

11.5.4.2　一般项目

块材坡度、面层相邻块材间高差和表面平整度的检验应符合11.2.2一般项目第（1）条和第（2）条的规定。

11.5.5　沥青砂浆和沥青混凝土整体面层

11.5.5.1　主控项目

沥青砂浆和沥青混凝土整体面层铺设的冷底子油涂刷应完整均匀，沥青砂浆和沥青混凝土面层与基层结合应牢固，表面应密实、平整、光洁，应无裂缝、空鼓、脱层等缺陷，并应无接槎痕迹。

检验方法：检查施工记录、观察检查和敲击法检查。

11.5.5.2 一般项目

沥青砂浆和沥青混凝土地面坡度和表面平整度的检验应符合11.1.2.2一般项目第（7）条和第（8）条的规定。

11.5.6 碎石灌沥青垫层

11.5.6.1 主控项目

碎石夯实、浇灌及灌入深度应符合设计要求。表面应平整，并应无漏灌缺陷。

检验方法：检查施工记录和观察检查。

11.5.6.2 一般项目

碎石灌沥青垫层表面坡度的检验应符合11.1.2.2一般项目第（7）条的规定。

11.6 聚合物水泥砂浆防腐蚀工程

11.6.1 一般规定

（1）聚合物水泥砂浆防腐蚀工程施工质量的验收应包括下列内容：

1）混凝土、砖石、钢结构或木质表面铺抹的聚合物水泥砂浆整体面层。

2）聚合物水泥砂浆铺砌的块材面层。

（2）基层处理和聚合物水泥砂浆防腐蚀工程面层的检查数量应符11.1.1一般规定第（2）条的规定。

（3）聚合物水泥砂浆主要原材料和制成品的取样数量应符合11.3.1一般规定第（3）条和第（4）条的规定。

11.6.1.1 主控项目

（1）聚合物水泥砂浆防腐蚀工程所用的阳离子氯丁胶乳、聚丙烯酸酯乳液、环氧树脂乳液、硅酸盐水泥和细骨料等原材料质量应符合设计要求或国家现行有关标准的规定。

检验方法：检查产品出厂合格证、材料检测报告或现场抽样的复验报告。

（2）聚合物水泥砂浆制成品的质量应符合表11-6-1的规定。

聚合物水泥砂浆制成品的质量　　　　表 11-6-1

项　　目	阳离子氯丁胶乳水泥砂浆	聚丙烯酸酯乳液水泥砂浆	环氧树脂乳液水泥砂浆
抗压强度（MPa）	≥30	≥30	≥35
抗折强度（MPa）	≥3.0	≥4.5	≥4.5
与水泥砂浆粘结强度（MPa）	≥1.2	≥1.2	≥2.0
抗渗等级（MPa）	≥1.6	≥1.5	≥1.5
吸水率（%）	≤4.0	≤5.5	≤4.0
初凝时间（min）	>45		
终凝时间（h）	<12		

检验方法：检查检测报告或现场抽样的复验报告。

11.6.1.2　一般项目

（1）聚合物水泥砂浆配合比应经试验确定。

检验方法：检查试验报告。

（2）聚合物水泥砂浆铺抹的整体面层和铺砌的块材面层，其面层与转角、地漏、门口、预留孔、管道出入口应结合严密、粘结牢固、接缝平整，应无渗漏和空鼓等缺陷。

检验方法：观察检查、敲击法检查和检查隐蔽工程记录。

（3）聚合物水泥砂浆抹面后，表面干至不粘手时，应采用喷雾或覆盖塑料薄膜等进行养护。塑料薄膜四周应封严，并应潮湿养护 7d、自然养护 21d 后方可使用。

检验方法：检查施工记录和隐蔽工程记录。

11.6.2　聚合物水泥砂浆整体面层

11.6.2.1　主控项目

（1）聚合物水泥砂浆整体面层与基层应粘结牢固，无脱层和起壳等缺陷。

检验方法：观察检查和敲击法检查。

(2) 聚合物水泥砂浆整体面层的表面应平整，无明显裂缝、脱皮、起砂和麻面等缺陷。

检验方法：观察检查和用 5～10 倍放大镜检查。

(3) 聚合物水泥砂浆面层的厚度应符合设计规定。

检验方法：采用测厚仪或 150mm 钢板尺检查。

11.6.2.2 一般项目

(1) 整体面层表面平整度的允许空隙不应大于 5mm。

检验方法：采用 2m 直尺和楔形尺检查。

(2) 聚合物水泥砂浆铺抹的整体面层坡度的检验应符合 11.1.2.2 一般项目第 (7) 条的规定。

11.6.3 聚合物水泥砂浆铺砌的块材面层

11.6.3.1 主控项目

聚合物水泥砂浆铺砌的块材结合层、灰缝应饱满密实，粘结牢固，不得有疏松、十字通缝、重叠缝和裂缝。结合层厚度和灰缝宽度应符合表 11-6-2 的规定。

结合层厚度和灰缝宽度 (mm)　　表 11-6-2

块材种类		结合层厚度	灰缝宽度
耐酸砖、耐酸耐温砖		4～6	4～6
天然石材	厚度≤30	6～8	6～8
	厚度＞30	10～15	8～15

检验方法：观察检查、尺量检查和敲击法检查。

11.6.3.2 一般项目

块材面层的坡度、表面平整度和面层相邻块材之间高差的检验应符合 11.2.2 一般项目第 (1) 条和第 (2) 条的规定。

11.7 涂料类防腐蚀工程

(1) 适用于钢、木、混凝土基层表面涂料类防腐蚀工程的质量验收。

（2）涂料类防腐蚀工程的检查数量应符合 11.1.1 一般规定第（2）条的规定。

（3）涂料类品种、规格和性能的检查数量应符合下列规定：

1）应从每次批量到货的材料中，根据设计要求按不同品种进行随机抽样检查。样品大小可由施工单位与供货厂家双方协商确定。

2）当抽样检测结果有一项指标为不合格时，应再进行一次抽样复检。如仍有一项指标不合格时，应判定该产品质量为不合格。

11.7.1　主控项目

（1）涂料类的品种、型号、规格和性能质量应符合设计要求或国家现行有关标准的规定。

检验方法：检查产品出厂合格证、材料检测报告和现场抽样的复验报告。

（2）涂料类防腐蚀工程的涂装施工条件、涂装配套系统、施工工艺和涂装间隔时间应符合设计规定或国家现行有关标准的规定。

检验方法：检查施工记录和隐蔽工程记录。

（3）涂层附着力应符合设计规定。涂层与钢铁基层的附着力：划格法不应大于 1 级，拉开法不应小于 5MPa。涂层与混凝土基层的附着力（拉开法）不应小于 1.5MPa。

检验方法：采用涂层附着力划格器法或附着力拉开法检查。

检查数量：涂层附着力测量数不应大于设计涂装构件件数的 1%，但不应少于 3 件，每件应抽查 3 点。

（4）涂层的层数和厚度应符合设计规定。涂层厚度小于设计规定厚度的测点数不应大于 10%，且测点处实测厚度不应小于设计规定厚度的 90%。

检验方法：检查施工记录和隐蔽工程记录。钢基层表面用磁性测厚仪检测。混凝土基层表面用超声波测厚仪检测，也可对同步样板进行检测。

11.7.2 一般项目

(1) 涂层表面应光滑平整、色泽一致，无气泡、透底、返锈、返粘、起皱、开裂、剥落、漏涂和误涂等缺陷。

检验方法：观察检查或采用5～10倍放大镜检查。

(2) 涂层针孔火花检测电压应根据涂料产品技术要求确定。每5m^{2}发生电火花不得超过1处。

检验方法：采用涂层低电压漏涂检测仪或高电压火花检测仪检查。

检查数量：涂层针孔测量数不应大于设计涂装构件的1%，并不得少于3件。

(3) 涂装后涂层的养护时间应符合涂料产品使用说明书的规定。

检验方法：检查施工记录。

(4) 损坏的涂层应按涂料工艺分层修补，修补后的涂层应完整、色泽均匀一致，附着力应符合设计要求。

检验方法：观察检查和采用涂层附着力划格器法或附着力(拉开法) 仪器检查。

11.8 聚氯乙烯塑料板防腐蚀工程

11.8.1 一般规定

(1) 聚氯乙烯塑料板防腐蚀工程施工质量的验收，应包括下列内容：

1) 硬聚氯乙烯塑料板制作的池槽衬里。

2) 软聚氯乙烯塑料板制作的池槽衬里或地面面层。

3) 硬聚氯乙烯塑料板构配件的焊接。

(2) 聚氯乙烯塑料板防腐蚀工程的检查数量：每10m^{2}抽查1处，每处测点不得少于3个；当不足10m^{2}时，按10m^{2}计。

(3) 聚氯乙烯塑料板品种、规格和性能的检查数量应符合11.7.1涂料类防腐工程第(3)条的规定。

11.8.1.1 主控项目

（1）聚氯乙烯塑料防腐蚀工程所用的硬聚氯乙烯塑料板、软聚氯乙烯塑料板、聚氯乙烯焊条和胶粘剂等原材料的质量，应符合设计要求或国家现行有关标准的规定。

检验方法：检查产品出厂合格证、材料检测报告或现场抽样的复验报告。

（2）从事聚氯乙烯塑料焊接作业的焊工，应持有上岗证件；焊工焊接的试件、试样的质量应进行过程测试，并应通过试件、试样检测及过程测试鉴定。

检验方法：检查上岗证、试验报告和施工记录。

（3）池槽衬里面层、地面面层和构配件的焊接与转角、地漏、门口、预留孔、管道出入口应结合严密、粘接牢固、接缝平整、无空鼓。

检验方法：观察检查、敲击法检查和检查施工记录。

11.8.2 硬聚氯乙烯塑料板制作的池槽衬里

11.8.2.1 主控项目

（1）硬聚氯乙烯板下料尺寸应符合设计要求，施工前板材应进行预拼。

检验方法：尺量检查和观察检查。

（2）硬聚氯乙烯板接缝处应进行坡口处理。焊接时应做成V形坡口，坡口角β：当板厚为10～20mm时，β应为80°～75°；当板厚为2～8mm时，β应为90°～85°。

检验方法：尺量检查和检查隐蔽工程记录。

（3）焊条直径与板厚的关系应符合表11-8-1的规定。

焊条直径与板厚的关系（mm） **表11-8-1**

焊件厚度	2～5	5.5～15	16以上
焊条直径	2.0或2.5	2.5	2.5或3.0

检验方法：尺量检查。

(4) 硬聚氯乙烯板的接缝焊接应牢固，焊缝表面应饱满、密实，焊缝的抗拉强度不应小于塑料板强度的 60%。

检验方法：检查焊缝抗拉强度检测报告和观察检查。

11.8.2.2 一般项目

硬聚氯乙烯塑料板衬里及构配件焊接的防腐蚀面层观感、平整度、焊缝表面质量应符合下列规定：

1) 硬聚氯乙烯塑料板防腐蚀面层观感应平整、光滑、色泽一致，并应无皱纹、孔眼、翘曲或鼓泡等缺陷。

检验方法：观察检查。

2) 硬聚氯乙烯塑料板防腐蚀面层平整度允许空隙不应大于 2mm，相邻板块的拼缝高差不应大于 0.5mm。

检验方法：2m 直尺和楔形尺检查。

3) 硬聚氯乙烯塑料板防腐蚀面层焊缝的焊条排列应紧密，焊条接头应错开 100mm。表面应饱满、整齐、光滑，并应呈淡黄色。两侧挤出焊浆应无焦化、焊瘤，凹凸不得大于 ±0.6mm。

检验方法：观察检查和采用 5 倍放大镜检查。

11.8.3 软聚氯乙烯塑料板制作的池槽衬里或地面面层

11.8.3.1 主控项目

(1) 软聚氯乙烯塑料板搭接缝应采用热熔法或热风法焊接。板材间应结合严密，无脱层、起鼓等缺陷。搭接外缝应用焊条满焊封缝，焊缝焊接应牢固，接缝应平整。

检验方法：剖开法检查焊缝质量和观察检查。

(2) 胶粘剂粘贴法所用氯丁胶粘剂和聚异氰酸酯的质量配合比为氯丁胶粘剂比聚异氰酸酯应为 100：(7～10)。

检验方法：观察检查和检查施工记录。

(3) 软聚氯乙烯板粘贴前，表面应用酒精或丙酮进行去污脱脂处理，并应打毛至无反光。

检验方法：检查隐蔽工程记录。

(4) 软聚氯乙烯粘贴时粘贴面间的气体应排尽，接缝处应压合紧实，不得有剥离或翘角等缺陷。

检验方法：观察检查。

（5）检查满涂胶粘剂的粘接情况，3mm 厚板材脱落处不得大于 $20cm^2$；0.5～1mm 厚板材脱落处不得大于 $9cm^2$；各脱胶处间距不得小于 50cm。

检验方法：锤击法检查和尺量检查。

（6）胶粘剂粘贴法的养护时间应按所用胶粘剂的固化时间确定，未固化前不得使用。

检验方法：检查施工记录。

（7）空铺法和压条螺钉固定法中的扁钢、压条、螺钉的布置和固定应符合下列规定。

1）池槽内表面应平整，无凸瘤、起砂、裂缝、蜂窝和麻面等缺陷。

检验方法：观察检查和检查施工记录。

2）施工时焊缝应采用搭接，搭接宽度宜为 20～25mm。

检验方法：尺量检查和检查施工记录。

3）支撑扁钢或压条下料应准确。棱角和焊接接头应磨平，支撑扁钢与池槽内壁应撑紧，压条应用螺钉拧紧，固定牢靠。支撑扁钢或压条外应覆盖软板并焊牢。

检验方法：观察检查和检查施工记录。

4）采用压条螺钉固定时，螺钉应呈三角形布置，行距应为 400～500mm。

检验方法：观察检查和检查施工记录。

（8）空铺法和压条螺钉固定法的衬里应进行 24h 注水试验，检漏孔内应无水渗出。

检验方法：观察检查、检查施工记录和试验报告。

（9）金属构配件衬里层质量应完好无针孔。

检验方法：采用电火花检测仪检查时，试验电压和探头的行走速度应符合表 11-8-2 的规定，衬里层应无报警声音或击穿电弧产生。

聚氯乙烯板材的试验电压和行走速度　　表 11-8-2

衬里层厚度（mm）	试验电压（kV）	电火花探头的行走速度（m/min）
2	9	3～6
≥2.5	10	

11.8.3.2　一般项目

软聚氯乙烯塑料板防腐蚀面层观感、平整度、焊缝表面质量的检验应符合 11.8.2.2 第（1）条的规定。

11.9　分部（子分部）工程验收

（1）建筑防腐蚀工程检验批、分项工程、分部（子分部）工程质量的验收应在施工单位自检合格的基础上进行，构成分项工程的各检验批的质量应符合本规范相应质量标准的规定。

（2）检验批、分项工程质量验收全部合格后，进行分部（子分部）工程验收。

（3）工程验收时，应提交下列资料：

1）各种防腐蚀材料、成品、半成品的出厂合格证明、材料检测报告或现场抽样的复验报告。

2）耐腐蚀胶泥、砂浆、混凝土、玻璃钢胶料、涂料的配合比和主要技术性能的试验报告或现场抽样的复验报告。

3）设计变更通知单、材料代用的技术文件以及施工过程中对重大技术问题的处理记录。

4）修补或返工记录。

5）隐蔽工程施工记录。

6）建筑防腐蚀工程交工汇总表。

（4）有特殊要求的防腐蚀工程，验收时应按合同约定加测相关技术指标。

附录A　质量保证资料核查记录

质量保证资料核查记录　　　　附表 A-1

<table>
<tr><td colspan="2">单位工程名称</td><td></td><td colspan="2">施工单位</td><td></td></tr>
<tr><td>序号</td><td colspan="2">资 料 名 称</td><td>份数</td><td>核查意见</td><td>核查人</td></tr>
<tr><td>1</td><td colspan="2">原材料出厂合格证、质量证明书或复验报告</td><td></td><td></td><td></td></tr>
<tr><td>2</td><td colspan="2">耐腐蚀胶泥、砂浆、混凝土、玻璃钢胶料和涂料的配合比和主要技术性能的试验报告</td><td></td><td></td><td></td></tr>
<tr><td>3</td><td colspan="2">设计变更单、材料代用单</td><td></td><td></td><td></td></tr>
<tr><td>4</td><td colspan="2">基层检查交接记录</td><td></td><td></td><td></td></tr>
<tr><td>5</td><td colspan="2">中间交接记录</td><td></td><td></td><td></td></tr>
<tr><td>6</td><td colspan="2">隐蔽工程施工记录</td><td></td><td></td><td></td></tr>
<tr><td>7</td><td colspan="2">修补或返工记录</td><td></td><td></td><td></td></tr>
<tr><td>8</td><td colspan="2">交工验收记录</td><td></td><td></td><td></td></tr>
<tr><td></td><td colspan="2"></td><td></td><td></td><td></td></tr>
<tr><td></td><td colspan="2"></td><td></td><td></td><td></td></tr>
<tr><td></td><td colspan="2"></td><td></td><td></td><td></td></tr>
<tr><td></td><td colspan="2"></td><td></td><td></td><td></td></tr>
<tr><td></td><td colspan="2"></td><td></td><td></td><td></td></tr>
<tr><td></td><td colspan="2"></td><td></td><td></td><td></td></tr>
<tr><td colspan="6">结论：
总监理工程师
施工单位项目经理：　　　　（建设单位项目负责人）：
年　月　日　　　　年　月　日</td></tr>
</table>

注：1. 有特殊要求的可据实增加核查项目。

2. 质量证明书、合格证、试（检）验单或记录内容应齐全、准确、真实；复印件应注明原件存放单位，并有复印件单位的签字和盖章。

12 建筑节能工程

12.1 材料、设备、施工和验收划分

（1）建筑节能工程使用的材料、设备等，必须符合设计要求及国家有关标准的规定。严禁使用国家明令禁止使用与淘汰的材料和设备。

（2）材料和设备进场验收应遵守下列规定：

1）对材料和设备的品种、规格、包装、外观和尺寸等进行检查验收，并应经监理工程师（建设单位代表）确认，形成相应的验收记录。

2）对材料和设备的质量证明文件进行核查，并应经监理工程师（建设单位代表）确认，纳入工程技术档案。进入施工现场用于节能工程的材料和设备均应具有出厂合格证、中文说明书及相关性能检测报告；定型产品和成套技术应有型式检验报告，进口材料和设备应按规定进行出入境商品检验。

3）对材料和设备应按照附录A及本章的规定在施工现场抽样复验。复验应为见证取样送检。

（3）建筑节能工程使用材料的燃烧性能等级和阻燃处理，应符合设计要求和现行国家标准《高层民用建筑设计防火规范》GB 50045、《建筑内部装修设计防火规范》GB 50222和《建筑设计防火规范》GB 50016等的规定。

（4）建筑节能工程使用的材料应符合国家现行有关标准对材料有害物质限量的规定，不得对室内外环境造成污染。

（5）现场配制的材料如保温浆料、聚合物砂浆等，应按设计要求或试验室给出的配合比配制。当未给出要求时，应按照施工

方案和产品说明书配制。

（6）节能保温材料在施工使用时的含水率应符合设计要求、工艺要求及施工技术方案要求。当无上述要求时，节能保温材料在施工使用时的含水率不应大于正常施工环境湿度下的自然含水率，否则应采取降低含水率的措施。

（7）**建筑节能工程应按照经审查合格的设计文件和经审查批准的施工方案施工。**

（8）建筑节能工程的施工作业环境和条件，应满足相关标准和施工工艺的要求。节能保温材料不宜在雨雪天气中露天施工。

（9）建筑节能工程为单位建筑工程的一个分部工程。其分项工程和检验批的划分，应符合下列规定：

1）建筑节能分项工程应按照表 12-1-1 划分。

2）建筑节能工程应按照分项工程进行验收。当建筑节能分项工程的工程量较大时，可以将分项工程划分为若干个检验批进行验收。

3）当建筑节能工程验收无法按照上述要求划分分项工程或检验批时，可由建设、监理、施工等各方协商进行划分。但验收项目、验收内容、验收标准和验收记录均应遵守本章的规定。

4）建筑节能分项工程和检验批的验收应单独填写验收记录，节能验收资料应单独组卷。

建筑节能分项工程划分　　表 12-1-1

序号	分项工程	主要验收内容
1	墙体节能工程	主体结构基层；保温材料；饰面层等
2	幕墙节能工程	主体结构基层；隔热材料；保温材料；隔汽层；幕墙玻璃；单元式幕墙板块；通风换气系统；遮阳设施；冷凝水收集排放系统等
3	门窗节能工程	门；窗；玻璃；遮阳设施等
4	屋面节能工程	基层；保温隔热层；保护层；防水层；面层等
5	地面节能工程	基层；保温层；保护层；面层等

续表

序号	分项工程	主要验收内容
6	采暖节能工程	系统制式；散热器；阀门与仪表；热力入口装置；保温材料；调试等
7	通风与空气调节节能工程	系统制式；通风与空调设备；阀门与仪表；绝热材料；调试等
8	空调与采暖系统的冷热源及管网节能工程	系统制式；冷热源设备；辅助设备；管网；阀门与仪表；绝热、保温材料；调试等
9	配电与照明节能工程	低压配电电源；照明光源、灯具；附属装置；控制功能；调试等
10	监测与控制节能工程	冷、热源系统的监测控制系统；空调水系统的监测控制系统；通风与空调系统的监测控制系统；监测与计量装置；供配电的监测控制系统；照明自动控制系统；综合控制系统等

12.2 墙体节能工程

12.2.1 一般规定

（1）适用于采用板材、浆料、块材及预制复合墙板等墙体保温材料或构件的建筑墙体节能工程质量验收。

（2）墙体节能工程应在基层质量验收合格后施工。

（3）墙体节能工程当采用外保温定型产品或成套技术时，其型式检验报告中应包括安全性和耐候性检验。

（4）墙体节能工程应对下列部位或内容进行隐蔽工程验收，并应有详细的文字记录和必要的图像资料：

1）保温层附着的基层及其表面处理；

2）保温板粘结或固定；

3）锚固件；

4）增强网铺设；

5）墙体热桥部位处理；

6）预置保温板或预制保温墙板的板缝及构造节点；

7）现场喷涂或浇注有机类保温材料的界面；

8）被封闭的保温材料厚度；

9）保温隔热砌块填充墙体。

（5）墙体节能工程的保温材料在施工过程中应采取防潮、防水等保护措施。

（6）墙体节能工程验收的检验批划分应符合下列规定：

1）采用相同材料、工艺和施工做法的墙面，每 500～1000m^2 面积划分为一个检验批，不足 500m^2 也为一个检验批。

2）检验批的划分也可根据与施工流程相一致且方便施工与验收的原则，由施工单位与监理（建设）单位共同商定。

12.2.2 主控项目

（1）用于墙体节能工程的材料、构件等，其品种、规格应符合设计要求和相关标准的规定。

检验方法：观察、尺量检查；核查质量证明文件。

检查数量：按进场批次，每批随机抽取 3 个试样进行检查；质量证明文件应按照其出厂检验批进行核查。

（2）**墙体节能工程使用的保温隔热材料，其导热系数、密度、抗压强度或压缩强度、燃烧性能应符合设计要求。**

检验方法：核查质量证明文件及进场复验报告。

检查数量：全数检查。

（3）墙体节能工程采用的保温材料和粘结材料等，进场时应对其下列性能进行复验，复验应为见证取样送检：

1）保温材料的导热系数、密度、抗压强度或压缩强度；

2）粘结材料的粘结强度；

3）增强网的力学性能、抗腐蚀性能。

检验方法：随机抽样送检，核查复验报告。

检查数量：同一厂家同一品种的产品，当单位工程建筑面积在 20000m^2 以下时各抽查不少于 3 次；当单位工程建筑面积在 20000m^2 以上时各抽查不少于 6 次。

（4）严寒和寒冷地区外保温使用的粘结材料，其冻融试验结果应符合该地区最低气温环境的使用要求。

检验方法：核查质量证明文件。

检查数量：全数检查。

（5）墙体节能工程施工前应按照设计和施工方案的要求对基层进行处理，处理后的基层应符合保温层施工方案的要求。

检验方法：对照设计和施工方案观察检查；核查隐蔽工程验收记录。

检查数量：全数检查。

（6）墙体节能工程各层构造做法应符合设计要求，并应按照经过审批的施工方案施工。

检验方法：对照设计和施工方案观察检查；核查隐蔽工程验收记录。

检查数量：全数检查。

（7）墙体节能工程的施工，应符合下列规定：

1）保温隔热材料的厚度必须符合设计要求。

2）保温板材与基层及各构造层之间的粘结或连接必须牢固。粘结强度和连接方式应符合设计要求。保温板材与基层的粘结强度应做现场拉拔试验。

3）保温浆料应分层施工。当采用保温浆料做外保温时，保温层与基层之间及各层之间的粘结必须牢固，不应脱层、空鼓和开裂。

4）当墙体节能工程的保温层采用预埋或后置锚固件固定时，锚固件数量、位置、锚固深度和拉拔力应符合设计要求。后置锚固件应进行锚固力现场拉拔试验。

检验方法：观察；手扳检查；保温材料厚度采用钢针插入或剖开尺量检查；粘结强度和锚固力核查试验报告；核查隐蔽工程验收记录。

检查数量：每个检验批抽查不少于3处。

（8）外墙采用预置保温板现场浇筑混凝土墙体时，保温板的验收应符合 12.2.2 中第（2）条的规定；保温板的安装位置应正确、接缝严密，保温板在浇筑混凝土过程中不得移位、变形，保温板表面应采取界面处理措施，与混凝土粘结应牢固。

混凝土和模板的验收，应按《混凝土结构工程施工质量验收规范》GB 50204 的相关规定执行。

检验方法：观察检查；核查隐蔽工程验收记录。

检查数量：全数检查。

（9）当外墙采用保温浆料做保温层时，应在施工中制作同条件养护试件，检测其导热系数、干密度和压缩强度。保温浆料的同条件养护试件应见证取样送检。

检验方法：核查试验报告。

检查数量：每个检验批应抽样制作同条件养护试块不少于 3 组。

（10）墙体节能工程各类饰面层的基层及面层施工，应符合设计和《建筑装饰装修工程质量验收规范》GB 50210 的要求，并应符合下列规定：

1）饰面层施工的基层应无脱层、空鼓和裂缝，基层应平整、洁净，含水率应符合饰面层施工的要求。

2）外墙外保温工程不宜采用粘贴饰面砖做饰面层；当采用时，其安全性与耐久性必须符合设计要求。饰面砖应做粘结强度拉拔试验，试验结果应符合设计和有关标准的规定。

3）外墙外保温工程的饰面层不得渗漏。当外墙外保温工程的饰面层采用饰面板开缝安装时，保温层表面应具有防水功能或采取其他防水措施。

4）外墙外保温层及饰面层与其他部位交接的收口处，应采取密封措施。

检验方法：观察检查；核查试验报告和隐蔽工程验收记录。

检查数量：全数检查。

（11）保温砌块砌筑的墙体，应采用具有保温功能的砂浆砌筑。砌筑砂浆的强度等级应符合设计要求。砌体的水平灰缝饱满度不应低于90%，竖直灰缝饱满度不应低于80%。

检验方法：对照设计核查施工方案和砌筑砂浆强度试验报告。用百格网检查灰缝砂浆饱满度。

检查数量：每楼层的每个施工段至少抽查一次，每次抽查5处，每处不少于3个砌块。

(12) 采用预制保温墙板现场安装的墙体，应符合下列规定：

1) 保温墙板应有型式检验报告，型式检验报告中应包含安装性能的检验；

2) 保温墙板的结构性能、热工性能及与主体结构的连接方法应符合设计要求，与主体结构连接必须牢固；

3) 保温墙板的板缝处理、构造节点及嵌缝做法应符合设计要求；

4) 保温墙板板缝不得渗漏。

检验方法：核查型式检验报告、出厂检验报告、对照设计观察和淋水试验检查；核查隐蔽工程验收记录。

检查数量：型式检验报告、出厂检验报告全数核查；其他项目每个检验批抽查5%，并不少于3块（处）。

(13) 当设计要求在墙体内设置隔汽层时，隔汽层的位置、使用的材料及构造做法应符合设计要求和相关标准的规定。隔汽层应完整、严密，穿透隔汽层处应采取密封措施。隔汽层冷凝水排水构造应符合设计要求。

检验方法：对照设计观察检查；核查质量证明文件和隐蔽工程验收记录。

检查数量：每个检验批抽查5%，并不少于3处。

(14) 外墙或毗邻不采暖空间墙体上的门窗洞口四周的侧面，墙体上凸窗四周的侧面，应按设计要求采取节能保温措施。

检验方法：对照设计观察检查，必要时抽样剖开检查；核查隐蔽工程验收记录。

检查数量：每个检验批抽查5%，并不少于5个洞口。

(15) 严寒和寒冷地区外墙热桥部位，应按设计要求采取节

能保温等隔断热桥措施。

检验方法：对照设计和施工方案观察检查；核查隐蔽工程验收记录。

检查数量：按不同热桥种类，每种抽查 20%，并不少于 5 处。

12.2.3 一般项目

（1）进场节能保温材料与构件的外观和包装应完整无破损，符合设计要求和产品标准的规定。

检验方法：观察检查。

检查数量：全数检查。

（2）当采用加强网作为防止开裂的措施时，加强网的铺贴和搭接应符合设计和施工方案的要求。砂浆抹压应密实，不得空鼓，加强网不得皱褶、外露。

检验方法：观察检查；核查隐蔽工程验收记录。

检查数量：每个检验批抽查不少于 5 处，每处不少于 $2m^2$。

（3）设置空调的房间，其外墙热桥部位应按设计要求采取隔断热桥措施。

检验方法：对照设计和施工方案观察检查；核查隐蔽工程验收记录。

检查数量：按不同热桥种类，每种抽查 10%，并不少于 5 处。

（4）施工产生的墙体缺陷，如穿墙套管、脚手眼、孔洞等，应按照施工方案采取隔断热桥措施，不得影响墙体热工性能。

检验方法：对照施工方案观察检查。

检查数量：全数检查。

（5）墙体保温板材接缝方法应符合施工方案要求。保温板接缝应平整严密。

检验方法：观察检查。

检查数量：每个检验批抽查 10%，并不少于 5 处。

（6）墙体采用保温浆料时，保温浆料层宜连续施工；保温浆料厚度应均匀、接茬应平顺密实。

检验方法：观察、尺量检查。

检查数量：每个检验批抽查10%，并不少于10处。

（7）墙体上容易碰撞的阳角、门窗洞口及不同材料基体的交接处等特殊部位，其保温层应采取防止开裂和破损的加强措施。

检验方法：观察检查；核查隐蔽工程验收记录。

检查数量：按不同部位，每类抽查10%，并不少于5处。

（8）采用现场喷涂或模板浇注的有机类保温材料做外保温时，有机类保温材料应达到陈化时间后方可进行下道工序施工。

检查方法：对照施工方案和产品说明书进行检查。

检查数量：全数检查。

12.3 幕墙节能工程

12.3.1 一般规定

（1）适用于透明和非透明的各类建筑幕墙的节能工程质量验收。

（2）附着于主体结构上的隔汽层、保温层应在主体结构工程质量验收合格后施工。

（3）当幕墙节能工程采用隔热型材时，隔热型材生产厂家应提供型材所使用的隔热材料的力学性能和热变形性能试验报告。

（4）幕墙节能工程施工中应对下列部位或项目进行隐蔽工程验收，并应有详细的文字记录和必要的图像资料：

1）被封闭的保温材料厚度和保温材料的固定；

2）幕墙周边与墙体的接缝处保温材料的填充；

3）构造缝、结构缝；

4）隔汽层；

5）热桥部位、断热节点；

6）单元式幕墙板块间的接缝构造；

7）冷凝水收集和排放构造；

8）幕墙的通风换气装置。

（5）幕墙节能工程使用的保温材料在安装过程中应采取防潮、防水等保护措施。

（6）幕墙节能工程检验批划分，可按照《建筑装饰装修工程质量验收规范》GB 50210 的规定执行。

12.3.2 主控项目

（1）用于幕墙节能工程的材料、构件等，其品种、规格应符合设计要求和相关标准的规定。

检验方法：观察、尺量检查；核查质量证明文件。

检查数量：按进场批次，每批随机抽取 3 个试样进行检查；质量证明文件应按照其出厂检验批进行核查。

（2）幕墙节能工程使用的保温隔热材料，其导热系数、密度、燃烧性能应符合设计要求。幕墙玻璃的传热系数、遮阳系数、可见光透射比、中空玻璃露点应符合设计要求。

检验方法：核查质量证明文件和复验报告。

检查数量：全数核查。

（3）幕墙节能工程使用的材料、构件等进场时，应对其下列性能进行复验，复验应为见证取样送检：

1）保温材料：导热系数、密度；

2）幕墙玻璃：可见光透射比、传热系数、遮阳系数、中空玻璃露点；

3）隔热型材：抗拉强度、抗剪强度。

检验方法：进场时抽样复验，验收时核查复验报告。

检查数量：同一厂家的同一种产品抽查不少于一组。

（4）幕墙的气密性能应符合设计规定的等级要求。当幕墙面积大于 3000m^2 或建筑外墙面积 50%时，应现场抽取材料和配件，在检测试验室安装制作试件进行气密性能检测，检测结果应符合设计规定的等级要求。

密封条应镶嵌牢固、位置正确、对接严密。单元幕墙板块之间的密封应符合设计要求。开启扇应关闭严密。

检验方法：观察及启闭检查；核查隐蔽工程验收记录、幕墙气密性能检测报告、见证记录。

气密性能检测试件应包括幕墙的典型单元、典型拼缝、典型可开启部分。试件应按照幕墙工程施工图进行设计。试件设计应经建筑设计单位项目负责人、监理工程师同意并确认。气密性能的检测应按照国家现行有关标准的规定执行。

检查数量：核查全部质量证明文件和性能检测报告。现场观察及启闭检查按检验批抽查30%，并不少于5件（处）。气密性能检测应对一个单位工程中面积超过1000m^2的每一种幕墙均抽取一个试件进行检测。

(5) 幕墙节能工程使用的保温材料，其厚度应符合设计要求，安装牢固，且不得松脱。

检验方法：对保温板或保温层采取针插法或剖开法，尺量厚度；手扳检查。

检查数量：按检验批抽查10%，并不少于5处。

(6) 遮阳设施的安装位置应满足设计要求。遮阳设施的安装应牢固。

检验方法：观察；尺量；手扳检查。

检查数量：检查全数的10%，并不少于5处；牢固程度全数检查。

(7) 幕墙工程热桥部位的隔断热桥措施应符合设计要求，断热节点的连接应牢固。

检验方法：对照幕墙节能设计文件，观察检查。

检查数量：按检验批抽查10%，并不少于5处。

(8) 幕墙隔汽层应完整、严密、位置正确，穿透隔汽层处的节点构造应采取密封措施。

检验方法：观察检查。

检查数量：按检验批抽查10%，并不少于5处。

(9) 冷凝水的收集和排放应通畅，并不得渗漏。

检验方法：通水试验、观察检查。

检查数量：按检验批抽查10%，并不少于5处。

12.3.3 一般项目

（1）镀（贴）膜玻璃的安装方向、位置应正确。中空玻璃应采用双道密封。中空玻璃的均压管应密封处理。

检验方法：观察；检查施工记录。

检查数量：每个检验批抽查10%，并不少于5件（处）。

（2）单元式幕墙板块组装应符合下列要求：

1）密封条：规格正确，长度无负偏差，接缝的搭接符合设计要求；

2）保温材料：固定牢固，厚度符合设计要求；

3）隔汽层：密封完整、严密；

4）冷凝水排水系统通畅，无渗漏。

检验方法：观察检查；手扳检查；尺量；通水试验。

检查数量：每个检验批抽查10%，并不少于5件（处）。

（3）幕墙与周边墙体间的接缝处应采用弹性闭孔材料填充饱满，并应采用耐候密封胶密封。

检查方法：观察检查。

检查数量：每个检验批抽查10%，并不少于5件（处）。

（4）伸缩缝、沉降缝、抗震缝的保温或密封做法应符合设计要求。

检验方法：对照设计文件观察检查。

检查数量：每个检验批抽查10%，并不少于10件（处）。

（5）活动遮阳设施的调节机构应灵活，并应能调节到位。

检验方法：现场调节试验，观察检查。

检查数量：每个检验批抽查10%，并不少于10件（处）。

12.4 门窗节能工程

12.4.1 一般规定

（1）适用于建筑外门窗节能工程的质量验收，包括金属门窗、塑料门窗、木质门窗、各种复合门窗、特种门窗、天窗以及门窗玻璃安装等节能工程。

(2) 建筑门窗进场后，应对其外观、品种、规格及附件等进行检查验收，对质量证明文件进行核查。

(3) 建筑外门窗工程施工中，应对门窗框与墙体接缝处的保温填充做法进行隐蔽工程验收，并应有隐蔽工程验收记录和必要的图像资料。

(4) 建筑外门窗工程的检验批应按下列规定划分：

1) 同一厂家的同一品种、类型、规格的门窗及门窗玻璃每100樘划分为一个检验批，不足100樘也为一个检验批。

2) 同一厂家的同一品种、类型和规格的特种门每50樘划分为一个检验批，不足50樘也为一个检验批。

3) 对于异形或有特殊要求的门窗，检验批的划分应根据其特点和数量，由监理（建设）单位和施工单位协商确定。

(5) 建筑外门窗工程的检查数量应符合下列规定：

1) 建筑门窗每个检验批应抽查5%，并不少于3樘，不足3樘时应全数检查；高层建筑的外窗，每个检验批应抽查10%，并不少于6樘，不足6樘时应全数检查。

2) 特种门每个检验批应抽查50%，并不少于10樘，不足10樘时应全数检查。

12.4.2 主控项目

(1) 建筑外门窗的品种、规格应符合设计要求和相关标准的规定。

检验方法：观察、尺量检查；核查质量证明文件。

检查数量：按12.4.1中第（5）条执行；质量证明文件应按照其出厂检验批进行核查。

(2) 建筑外窗的气密性、保温性能、中空玻璃露点、玻璃遮阳系数和可见光透射比应符合设计要求。

检验方法：核查质量证明文件和复验报告。

检查数量：全数核查。

（3）建筑外窗进入施工现场时，应按地区类别对其下列性能进行复验，复验应为见证取样送检：

1）严寒、寒冷地区：气密性、传热系数和中空玻璃露点；

2）夏热冬冷地区：气密性、传热系数、玻璃遮阳系数、可见光透射比、中空玻璃露点；

3）夏热冬暖地区：气密性、玻璃遮阳系数、可见光透射比、中空玻璃露点。

检验方法：随机抽样送检；核查复验报告。

检查数量：同一厂家同一品种同一类型的产品各抽查不少于3樘（件）。

（4）建筑门窗采用的玻璃品种应符合设计要求。中空玻璃应采用双道密封。

检验方法：观察检查；核查质量证明文件。

检查数量：按12.4.1中（5）条执行。

（5）金属外门窗隔断热桥措施应符合设计要求和产品标准的规定，金属副框的隔断热桥措施应与门窗框的隔断热桥措施相当。

检验方法：随机抽样，对照产品设计图纸，剖开或拆开检查。

检查数量：同一厂家同一品种、类型的产品各抽查不少于1樘。金属副框的隔断热桥措施按检验批抽查30%。

（6）严寒、寒冷、夏热冬冷地区的建筑外窗，应对其气密性做现场实体检验，检测结果应满足设计要求。

检验方法：随机抽样现场检验。

检查数量：同一厂家同一品种、类型的产品各抽查不少于3樘。

（7）外门窗框或副框与洞口之间的间隙应采用弹性闭孔材料填充饱满，并使用密封胶密封；外门窗框与副框之间的缝隙应使用密封胶密封。

检验方法：观察检查；核查隐蔽工程验收记录。

检查数量：全数检查。

(8) 严寒、寒冷地区的外门安装，应按照设计要求采取保温、密封等节能措施。

检验方法：观察检查。

检查数量：全数检查。

(9) 外窗遮阳设施的性能、尺寸应符合设计和产品标准要求；遮阳设施的安装应位置正确、牢固，满足安全和使用功能的要求。

检验方法：核查质量证明文件；观察、尺量、手扳检查。

检查数量：按 12.4.1 中第 (5) 条执行；安装牢固程度全数检查。

(10) 特种门的性能应符合设计和产品标准要求；特种门安装中的节能措施，应符合设计要求。

检验方法：核查质量证明文件；观察、尺量检查。

检查数量：全数检查。

(11) 天窗安装的位置、坡度应正确，封闭严密，嵌缝处不得渗漏。

检验方法：观察、尺量检查；淋水检查。

检查数量：按 12.4.1 中第 (5) 条执行。

12.4.3 一般项目

(1) 门窗扇密封条和玻璃镶嵌的密封条，其物理性能应符合相关标准的规定。密封条安装位置应正确，镶嵌牢固，不得脱槽，接头处不得开裂。关闭门窗时密封条应接触严密。

检验方法：观察检查。

检查数量：全数检查。

(2) 门窗镀（贴）膜玻璃的安装方向应正确，中空玻璃的均压管应密封处理。

检验方法：观察检查。

检查数量：全数检查。

(3) 外门窗遮阳设施调节应灵活，能调节到位。

检验方法：现场调节试验检查。

检查数量：全数检查。

12.5 屋面节能工程

12.5.1 一般规定

（1）适用于建筑屋面节能工程，包括采用松散保温材料、现浇保温材料、喷涂保温材料、板材、块材等保温隔热材料的屋面节能工程的质量验收。

（2）屋面保温隔热工程的施工，应在基层质量验收合格后进行。

（3）屋面保温隔热工程应对下列部位进行隐蔽工程验收，并应有详细的文字记录和必要的图像资料：

1）基层；

2）保温层的敷设方式、厚度；板材缝隙填充质量；

3）屋面热桥部位；

4）隔汽层。

（4）屋面保温隔热层施工完成后，应及时进行找平层和防水层的施工，避免保温隔热层受潮、浸泡或受损。

12.5.2 主控项目

（1）用于屋面节能工程的保温隔热材料，其品种、规格应符合设计要求和相关标准的规定。

检验方法：观察、尺量检查；核查质量证明文件。

检查数量：按进场批次，每批随机抽取3个试样进行检查；质量证明文件应按照其出厂检验批进行核查。

（2）屋面节能工程使用的保温隔热材料，其导热系数、密度、抗压强度或压缩强度、燃烧性能应符合设计要求。

检验方法：核查质量证明文件及进场复验报告。

检查数量：全数检查。

（3）屋面节能工程使用的保温隔热材料，进场时应对其导热系数、密度、抗压强度或压缩强度、燃烧性能进行复验，复验应为见证取样送检。

检验方法：随机抽样送检，核查复验报告。

检查数量：同一厂家同一品种的产品各抽查不少于3组。

(4) 屋面保温隔热层的敷设方式、厚度、缝隙填充质量及屋面热桥部位的保温隔热做法，必须符合设计要求和有关标准的规定。

检验方法：观察、尺量检查。

检查数量：每$100m^2$抽查一处，每处$10m^2$，整个屋面抽查不得少于3处。

(5) 屋面的通风隔热架空层，其架空高度、安装方式、通风口位置及尺寸应符合设计及有关标准要求。架空层内不得有杂物。架空面层应完整，不得有断裂和露筋等缺陷。

检验方法：观察、尺量检查。

检查数量：每$100m^2$抽查一处，每处$10m^2$，整个屋面抽查不得少于3处。

(6) 采光屋面的传热系数、遮阳系数、可见光透射比、气密性应符合设计要求。节点的构造做法应符合设计和相关标准的要求。采光屋面的可开启部分应按12.4门窗节能工程的要求验收。

检验方法：核查质量证明文件；观察检查。

检查数量：全数检查。

(7) 采光屋面的安装应牢固，坡度正确，封闭严密，嵌缝处不得渗漏。

检验方法：观察、尺量检查；淋水检查；核查隐蔽工程验收记录。

检查数量：全数检查。

(8) 屋面的隔汽层位置应符合设计要求，隔汽层应完整、严密。

检验方法：对照设计观察检查；核查隐蔽工程验收记录。

检查数量：每$100m^2$抽查一处，每处$10m^2$，整个屋面抽查不得少于 3 处。

12.5.3 一般项目

（1）屋面保温隔热层应按施工方案施工，并应符合下列规定：

1）松散材料应分层敷设、按要求压实、表面平整、坡向正确；

2）现场采用喷、浇、抹等工艺施工的保温层，其配合比应计量准确，搅拌均匀、分层连续施工，表面平整，坡向正确。

3）板材应粘贴牢固、缝隙严密、平整。

检验方法：观察、尺量、称重检查。

检查数量：每 $100m^2$ 抽查一处，每处 $10m^2$，整个屋面抽查不得少于 3 处。

（2）金属板保温夹芯屋面应铺装牢固、接口严密、表面洁净、坡向正确。

检验方法：观察、尺量检查；核查隐蔽工程验收记录。

检查数量：全数检查。

（3）坡屋面、内架空屋面当采用敷设于屋面内侧的保温材料做保温隔热层时，保温隔热层应有防潮措施，其表面应有保护层，保护层的做法应符合设计要求。

检验方法：观察检查；核查隐蔽工程验收记录。

检查数量：每 $100m^2$ 抽查一处，每处 $10m^2$，整个屋面抽查不得少于 3 处。

12.6 地面节能工程

12.6.1 一般规定

（1）适用于建筑地面节能工程的质量验收。包括底面接触室外空气、土壤或毗邻不采暖空间的地面节能工程。

（2）地面节能工程的施工，应在主体或基层质量验收合格后进行。

（3）地面节能工程应对下列部位进行隐蔽工程验收，并应有详细的文字记录和必要的图像资料：

1）基层；

2）被封闭的保温材料厚度；

3）保温材料粘结；

4）隔断热桥部位。

（4）地面节能分项工程检验批划分应符合下列规定：

1）检验批可按施工段或变形缝划分；

2）当面积超过 200m^2 时，每 200m^2 可划分为一个检验批，不足 200m^2 也为一个检验批；

3）不同构造做法的地面节能工程应单独划分检验批。

12.6.2 主控项目

（1）用于地面节能工程的保温材料，其品种、规格应符合设计要求和相关标准的规定。

检验方法：观察、尺量或称重检查；核查质量证明文件。

检查数量：按进场批次，每批随机抽取 3 个试样进行检查；质量证明文件应按照其出厂检验批进行核查。

（2）地面节能工程使用的保温材料，其导热系数、密度、抗压强度或压缩强度、燃烧性能应符合设计要求。

检验方法：核查质量证明文件和复验报告。

检查数量：全数核查。

（3）地面节能工程采用的保温材料，进场时应对其导热系数、密度、抗压强度或压缩强度、燃烧性能进行复验，复验应为见证取样送检。

检验方法：随机抽样送检，核查复验报告。

检查数量：同一厂家同一品种的产品各抽查不少于 3 组。

（4）地面节能工程施工前，应对基层进行处理，使其达到设计和施工方案的要求。

检验方法：对照设计和施工方案观察检查。

检查数量：全数检查。

（5）地面保温层、隔离层、保护层等各层的设置和构造做法以及保温层的厚度应符合设计要求，并应按施工方案施工。

检验方法：对照设计和施工方案观察检查；尺量检查。

检查数量：全数检查。

(6) 地面节能工程的施工质量应符合下列规定：

1) 保温板与基层之间、各构造层之间的粘结应牢固，缝隙应严密；

2) 保温浆料应分层施工；

3) 穿越地面直接接触室外空气的各种金属管道应按设计要求，采取隔断热桥的保温措施。

检验方法：观察检查；核查隐蔽工程验收记录。

检查数量：每个检验批抽查 2 处，每处 10m²；穿越地面的金属管道处全数检查。

(7) 有防水要求的地面，其节能保温做法不得影响地面排水坡度，保温层面层不得渗漏。

检验方法：用长度 500mm 水平尺检查；观察检查。

检查数量：全数检查。

(8) 严寒、寒冷地区的建筑首层直接与土壤接触的地面、采暖地下室与土壤接触的外墙、毗邻不采暖空间的地面以及底面直接接触室外空气的地面应按设计要求采取保温措施。

检验方法：对照设计观察检查。

检查数量：全数检查。

(9) 保温层的表面防潮层、保护层应符合设计要求。

检验方法：观察检查。

检查数量：全数检查。

12.6.3 一般项目

(1) 采用地面辐射采暖的工程，其地面节能做法应符合设计要求，并应符合《地面辐射供暖技术规程》JGJ 142 的规定。

检验方法：观察检查。

检查数量：全数检查。

12.7 采暖节能工程

12.7.1 一般规定

(1) 适用于温度不超过 95℃室内集中热水采暖系统节能工程施工质量的验收。

(2) 采暖系统节能工程的验收，可按系统、楼层等进行，并应符合 12.1.4 中第 (1) 条的规定。

12.7.2 主控项目

(1) 采暖系统节能工程采用的散热设备、阀门、仪表、管材、保温材料等产品进场时，应按设计要求对其类型、材质、规格及外观等进行验收，并应经监理工程师（建设单位代表）检查认可，且应形成相应的验收记录。各种产品和设备的质量证明文件和相关技术资料应齐全，并应符合国家现行有关标准和规定。

检验方法：观察检查；核查质量证明文件和相关技术资料。

检查数量：全数检查。

(2) 采暖系统节能工程采用的散热器和保温材料等进场时，应对其下列技术性能参数进行复验，复验应为见证取样送检：

1) 散热器的单位散热量、金属热强度；

2) 保温材料的导热系数、密度、吸水率。

检验方法：现场随机抽样送检；核查复验报告。

检查数量：同一厂家同一规格的散热器按其数量的 1%进行见证取样送检，但不得少于 2 组；同一厂家同材质的保温材料见证取样送检的次数不得少于 2 次。

(3) 采暖系统的安装应符合下列规定：

1) 采暖系统的制式，应符合设计要求；

2) 散热设备、阀门、过滤器、温度计及仪表应按设计要求安装齐全，不得随意增减和更换；

3) 室内温度调控装置、热计量装置、水力平衡装置以及热力入口装置的安装位置和方向应符合设计要求，并便于观察、操作和调试；

4）温度调控装置和热计量装置安装后，采暖系统应能实现设计要求的分室（区）温度调控、分栋热计量和分户或分室（区）热量分摊的功能。

检验方法：观察检查。

检查数量：全数检查。

（4）散热器及其安装应符合下列规定：

1）每组散热器的规格、数量及安装方式应符合设计要求；

2）散热器外表面应刷非金属性涂料。

检验方法：观察检查。

检查数量：按散热器组数抽查5%，不得少于5组。

（5）散热器恒温阀及其安装应符合下列规定：

1）恒温阀的规格、数量应符合设计要求；

2）明装散热器恒温阀不应安装在狭小和封闭空间，其恒温阀阀头应水平安装，且不应被散热器、窗帘或其他障碍物遮挡；

3）暗装散热器的恒温阀应采用外置式温度传感器，并应安装在空气流通且能正确反映房间温度的位置上。

检验方法：观察检查。

检查数量：按总数抽查5%，不得少于5个。

（6）低温热水地面辐射供暖系统的安装除了应符合12.7.2中第（3）条的规定外，尚应符合下列规定：

1）防潮层和绝热层的做法及绝热层的厚度应符合设计要求；

2）室内温控装置的传感器应安装在避开阳光直射和有发热设备且距地1.4m处的内墙面上。

检验方法：防潮层和绝热层隐蔽前观察检查；用钢针刺入绝热层、尺量；观察检查、尺量室内温控装置传感器的安装高度。

检查数量：防潮层和绝热层按检验批抽查5处，每处检查不少于5点；温控装置按每个检验批抽查10个。

（7）采暖系统热力入口装置的安装应符合下列规定：

1）热力入口装置中各种部件的规格、数量，应符合设计要求；

2）热计量装置、过滤器、压力表、温度计的安装位置、方向应正确，并便于观察、维护；

3）水力平衡装置及各类阀门的安装位置、方向应正确，并便于操作和调试。安装完毕后，应根据系统水力平衡要求进行调试并做出标志。

检验方法：观察检查；核查进场验收记录和调试报告。

检查数量：全数检查。

（8）采暖管道保温层和防潮层的施工应符合下列规定：

1）保温层应采用不燃或难燃材料，其材质、规格及厚度等应符合设计要求；

2）保温管壳的粘贴应牢固、铺设应平整；硬质或半硬质的保温管壳每节至少应用防腐金属丝或难腐织带或专用胶带进行捆扎或粘贴 2 道，其间距为 300～350mm，且捆扎、粘贴应紧密，无滑动、松弛及断裂现象；

3）硬质或半硬质保温管壳的拼接缝隙不应大于 5mm，并用粘结材料勾缝填满；纵缝应错开，外层的水平接缝应设在侧下方；

4）松散或软质保温材料应按规定的密度压缩其体积，疏密应均匀；毡类材料在管道上包扎时，搭接处不应有空隙；

5）防潮层应紧密粘贴在保温层上，封闭良好，不得有虚粘、气泡、褶皱、裂缝等缺陷；

6）防潮层的立管应由管道的低端向高端敷设，环向搭接缝应朝向低端；纵向搭接缝应位于管道的侧面，并顺水；

7）卷材防潮层采用螺旋形缠绕的方式施工时，卷材的搭接宽度宜为 30～50mm；

8）阀门及法兰部位的保温层结构应严密，且能单独拆卸并不得影响其操作功能。

检验方法：观察检查；用钢针刺入保温层、尺量。

检查数量：按数量抽查 10%，且保温层不得少于 10 段、防潮层不得少于10m、阀门等配件不得少于5个。

（9）采暖系统应随施工进度对与节能有关的隐蔽部位或内容进行验收，并应有详细的文字记录和必要的图像资料。

检验方法：观察检查；核查隐蔽工程验收记录。

检查数量：全数检查。

（10）采暖系统安装完毕后，应在采暖期内与热源进行联合试运转和调试。联合试运转和调试结果应符合设计要求，采暖房间温度相对于设计计算温度不得低于2℃，且不高于1℃。

检验方法：检查室内采暖系统试运转和调试记录。

检查数量：全数检查。

12.7.3 一般项目

采暖系统过滤器等配件的保温层应密实、无空隙，且不得影响其操作功能。

检验方法：观察检查。

检查数量：按类别数量抽查10%，且均不得少于2件。

12.8 通风与空调节能工程

12.8.1 一般规定

（1）适用于通风与空调系统节能工程施工质量的验收。

（2）通风与空调系统节能工程的验收，可按系统、楼层等进行，并应符合12.1.4中第（1）条的规定。

12.8.2 主控项目

（1）通风与空调系统节能工程所使用的设备、管道、阀门、仪表、绝热材料等产品进场时，应按设计要求对其类型、材质、规格及外观等进行验收，并应对下列产品的技术性能参数进行核查。验收与核查的结果应经监理工程师（建设单位代表）检查认可，并应形成相应的验收、核查记录。各种产品和设备的质量证明文件和相关技术资料应齐全，并应符合有关国家现行标准和规定。

1）组合式空调机组、柜式空调机组、新风机组、单元式空调机组、热回收装置等设备的冷量、热量、风量、风压、功率及额定热回收效率；

2）风机的风量、风压、功率及其单位风量耗功率；

3）成品风管的技术性能参数；

4）自控阀门与仪表的技术性能参数。

检验方法：观察检查；技术资料和性能检测报告等质量证明文件与实物核对。

检查数量：全数检查。

（2）风机盘管机组和绝热材料进场时，应对其下列技术性能参数进行复验，复验应为见证取样送检。

1）风机盘管机组的供冷量、供热量、风量、出口静压、噪声及功率；

2）绝热材料的导热系数、密度、吸水率。

检验方法：现场随机抽样送检；核查复验报告。

检查数量：同一厂家的风机盘管机组按数量复验2%，但不得少于2台；同一厂家同材质的绝热材料复验次数不得少于2次。

（3）通风与空调节能工程中的送、排风系统及空调风系统、空调水系统的安装，应符合下列规定：

1）各系统的制式，应符合设计要求；

2）各种设备、自控阀门与仪表应按设计要求安装齐全，不得随意增减和更换；

3）水系统各分支管路水力平衡装置、温控装置与仪表的安装位置、方向应符合设计要求，并便于观察、操作和调试；

4）空调系统应能实现设计要求的分室（区）温度调控功能。对设计要求分栋、分区或分户（室）冷、热计量的建筑物，空调系统应能实现相应的计量功能。

检验方法：观察检查。

检查数量：全数检查。

（4）风管的制作与安装应符合下列规定：

1）风管的材质、断面尺寸及厚度应符合设计要求；

2）风管与部件、风管与土建风道及风管间的连接应严密、牢固；

3）风管的严密性及风管系统的严密性检验和漏风量，应符合设计要求或现行国家标准《通风与空调工程施工质量验收规范》GB 50243 的有关规定；

4）需要绝热的风管与金属支架的接触处、复合风管及需要绝热的非金属风管的连接和内部支撑加固等处，应有防热桥的措施，并应符合设计要求。

检验方法：观察、尺量检查；核查风管及风管系统严密性检验记录。

检查数量：按数量抽查 10%，且不得少于 1 个系统。

（5）组合式空调机组、柜式空调机组、新风机组、单元式空调机组的安装应符合下列规定：

1）各种空调机组的规格、数量应符合设计要求；

2）安装位置和方向应正确，且与风管、送风静压箱、回风箱的连接应严密可靠；

3）现场组装的组合式空调机组各功能段之间连接应严密，并应做漏风量的检测，其漏风量应符合现行国家标准《组合式空调机组》GB/T 14294 的规定；

4）机组内的空气热交换器翅片和空气过滤器应清洁、完好，且安装位置和方向必须正确，并便于维护和清理。当设计未注明过滤器的阻力时，应满足粗效过滤器的初阻力≤50Pa（粒径≥5.0μm，效率：80%>E≥20%）；中效过滤器的初阻力≤80Pa（粒径≥1.0μm，效率：70%>E≥20%）的要求。

检验方法：观察检查；核查漏风量测试记录。

检查数量：按同类产品的数量抽查 20%，且不得少于 1 台。

（6）风机盘管机组的安装应符合下列规定：

1）规格、数量应符合设计要求；

2）位置、高度、方向应正确，并便于维护、保养；

3）机组与风管、回风箱及风口的连接应严密、可靠；

4）空气过滤器的安装应便于拆卸和清理。

检验方法：观察检查。

检查数量：按总数抽查10%，且不得少于5台。

(7) 通风与空调系统中风机的安装应符合下列规定：

1）规格、数量应符合设计要求；

2）安装位置及进、出口方向应正确，与风管的连接应严密、可靠。

检验方法：观察检查。

检查数量：全数检查。

(8) 带热回收功能的双向换气装置和集中排风系统中的排风热回收装置的安装应符合下列规定：

1）规格、数量及安装位置应符合设计要求；

2）进、排风管的连接应正确、严密、可靠；

3）室外进、排风口的安装位置、高度及水平距离应符合设计要求。

检验方法：观察检查。

检查数量：按总数抽检20%，且不得少于1台。

(9) 空调机组回水管上的电动两通调节阀、风机盘管机组回水管上的电动两通（调节）阀、空调冷热水系统中的水力平衡阀、冷（热）量计量装置等自控阀门与仪表的安装应符合下列规定：

1）规格、数量应符合设计要求；

2）方向应正确，位置应便于操作和观察。

检验方法：观察检查。

检查数量：按类型数量抽查10%，且均不得少于1个。

(10) 空调风管系统及部件的绝热层和防潮层施工应符合下列规定：

1）绝热层应采用不燃或难燃材料，其材质、规格及厚度等应符合设计要求；

2）绝热层与风管、部件及设备应紧密贴合，无裂缝、空隙等缺陷，且纵、横向的接缝应错开；

3）绝热层表面应平整，当采用卷材或板材时，其厚度允许偏差为 5mm；采用涂抹或其他方式时，其厚度允许偏差为 10mm；

4）风管法兰部位绝热层的厚度，不应低于风管绝热层厚度的 80%；

5）风管穿楼板和穿墙处的绝热层应连续不间断；

6）防潮层（包括绝热层的端部）应完整，且封闭良好，其搭接缝应顺水；

7）带有防潮层隔汽层绝热材料的拼缝处，应用胶带封严，粘胶带的宽度不应小于 50mm；

8）风管系统部件的绝热，不得影响其操作功能。

检验方法：观察检查；用钢针刺入绝热层、尺量检查。

检查数量：管道按轴线长度抽查 10%；风管穿楼板和穿墙处及阀门等配件抽查 10%，且不得少于 2 个。

（11）空调水系统管道及配件的绝热层和防潮层施工，应符合下列规定：

1）绝热层应采用不燃或难燃材料，其材质、规格及厚度等应符合设计要求；

2）绝热管壳的粘贴应牢固、铺设应平整；硬质或半硬质的绝热管壳每节至少应用防腐金属丝或难腐织带或专用胶带进行捆扎或粘贴 2 道，其间距为 300～350mm，且捆扎、粘贴应紧密，无滑动、松弛与断裂现象；

3）硬质或半硬质绝热管壳的拼接缝隙，保温时不应大于 5mm、保冷时不应大于 2mm，并用粘结材料勾缝填满；纵缝应错开，外层的水平接缝应设在侧下方；

4）松散或软质保温材料应按规定的密度压缩其体积，疏密应均匀；毡类材料在管道上包扎时，搭接处不应有空隙；

5）防潮层与绝热层应结合紧密，封闭良好，不得有虚粘、气泡、褶皱、裂缝等缺陷；

6）防潮层的立管应由管道的低端向高端敷设，环向搭接缝应朝向低端；纵向搭接缝应位于管道的侧面，并顺水；

7）卷材防潮层采用螺旋形缠绕的方式施工时，卷材的搭接宽度宜为30～50mm；

8）空调冷热水管穿楼板和穿墙处的绝热层应连续不间断，且绝热层与穿楼板和穿墙处的套管之间应用不燃材料填实不得有空隙，套管两端应进行密封封堵；

9）管道阀门、过滤器及法兰部位的绝热结构应能单独拆卸，且不得影响其操作功能。

检验方法：观察检查；用钢针刺入绝热层、尺量检查。

检查数量：按数量抽查10%，且绝热层不得少于10段、防潮层不得少于10m、阀门等配件不得少于5个。

(12) 空调水系统的冷热水管道与支、吊架之间应设置绝热衬垫，其厚度不应小于绝热层厚度，宽度应大于支、吊架支承面的宽度。衬垫的表面应平整，衬垫与绝热材料之间应填实无空隙。

检验方法：观察、尺量检查。

检查数量：按数量抽检5%，且不得少于5处。

(13) 通风与空调系统应随施工进度对与节能有关的隐蔽部位或内容进行验收，并应有详细的文字记录和必要的图像资料。

检验方法：观察检查；核查隐蔽工程验收记录。

检查数量：全数检查。

(14) 通风与空调系统安装完毕，应进行通风机和空调机组等设备的单机试运转和调试，并应进行系统的风量平衡调试。单机试运转和调试结果应符合设计要求；系统的总风量与设计风量的允许偏差不应大于10%，风口的风量与设计风量的允许偏差不应大于15%。

检验方法：观察检查；核查试运转和调试记录。

检验数量：全数检查。

12.8.3　一般项目

（1）空气风幕机的规格、数量、安装位置和方向应正确，纵向垂直度和横向水平度的偏差均不应大于2/1000。

检验方法：观察检查。

检查数量：按总数量抽查10%，且不得少于1台。

（2）变风量末端装置与风管连接前宜做动作试验，确认运行正常后再封口。

检验方法：观察检查。

检查数量：按总数量抽查10%，且不得少于2台。

12.9　空调与采暖系统冷热源及管网节能工程

12.9.1　一般规定

（1）适用于空调与采暖系统中冷热源设备、辅助设备及其管道和室外管网系统节能工程施工质量的验收。

（2）空调与采暖系统冷热源设备、辅助设备及其管道和管网系统节能工程的验收，可分别按冷源和热源系统及室外管网进行，并应符合12.1.4中第（1）条的规定。

12.9.2　主控项目

（1）空调与采暖系统冷热源设备及其辅助设备、阀门、仪表、绝热材料等产品进场时，应按照设计要求对其类型、规格和外观等进行检查验收，并应对下列产品的技术性能参数进行核查。验收与核查的结果应经监理工程师（建设单位代表）检查认可，并应形成相应的验收、核查记录。各种产品和设备的质量证明文件和相关技术资料应齐全，并应符合国家现行有关标准和规定。

1）锅炉的单台容量及其额定热效率；

2）热交换器的单台换热量；

3）电机驱动压缩机的蒸气压缩循环冷水（热泵）机组的额定制冷量（制热量）、输入功率、性能系数（*COP*）及综合部分负荷性能系数（*IPLV*）；

4）电机驱动压缩机的单元式空气调节机、风管送风式和屋顶式空气调节机组的名义制冷量、输入功率及能效比（*EER*）；

5）蒸汽和热水型溴化锂吸收式机组及直燃型溴化锂吸收式冷（温）水机组的名义制冷量、供热量、输入功率及性能系数；

6）集中采暖系统热水循环水泵的流量、扬程、电机功率及耗电输热比（*EHR*）；

7）空调冷热水系统循环水泵的流量、扬程、电机功率及输送能效比（*ER*）；

8）冷却塔的流量及电机功率；

9）自控阀门与仪表的技术性能参数。

检验方法：观察检查；技术资料和性能检测报告等质量证明文件与实物核对。

检查数量：全数核查。

（2）空调与采暖系统冷热源及管网节能工程的绝热管道、绝热材料进场时，应对绝热材料的导热系数、密度、吸水率等技术性能参数进行复验，复验应为见证取样送检。

检验方法：现场随机抽样送检；核查复验报告。

检查数量：同一厂家同材质的绝热材料复验次数不得少于2次。

（3）空调与采暖系统冷热源设备和辅助设备及其管网系统的安装，应符合下列规定：

1）管道系统的制式，应符合设计要求；

2）各种设备、自控阀门与仪表应按设计要求安装齐全，不得随意增减和更换；

3）空调冷（热）水系统，应能实现设计要求的变流量或定流量运行；

4）供热系统应能根据热负荷及室外温度变化实现设计要求的集中质调节、量调节或质-量调节相结合的运行。

检验方法：观察检查。

检查数量：全数检查。

（4）空调与采暖系统冷热源和辅助设备及其管道和室外管网

系统，应随施工进度对与节能有关的隐蔽部位或内容进行验收，并应有详细的文字记录和必要的图像资料。

检验方法：观察检查；核查隐蔽工程验收记录。

检查数量：全数检查。

(5) 冷热源侧的电动两通调节阀、水力平衡阀及冷（热）量计量装置等自控阀门与仪表的安装，应符合下列规定：

1）规格、数量应符合设计要求；

2）方向应正确，位置应便于操作和观察。

检验方法：观察检查。

检查数量：全数检查。

(6) 锅炉、热交换器、电机驱动压缩机的蒸气压缩循环冷水（热泵）机组、蒸汽或热水型溴化锂吸收式冷水机组及直燃型溴化锂吸收式冷（温）水机组等设备的安装，应符合下列要求：

1）规格、数量应符合设计要求；

2）安装位置及管道连接应正确。

检验方法：观察检查。

检查数量：全数检查。

(7) 冷却塔、水泵等辅助设备的安装应符合下列要求：

1）规格、数量应符合设计要求；

2）冷却塔设置位置应通风良好，并应远离厨房排风等高温气体；

3）管道连接应正确。

检验方法：观察检查。

检查数量：全数检查。

(8) 空调冷热源水系统管道及配件绝热层和防潮层的施工要求，可按照 12.8.2 中第（11）条的规定执行。

(9) 当输送介质温度低于周围空气露点温度的管道，采用非闭孔绝热材料作绝热层时，其防潮层和保护层应完整，且封闭良好。

检验方法：观察检查。

检查数量：全数检查。

（10）冷热源机房、换热站内部空调冷热水管道与支、吊架之间绝热衬垫的施工可按照 12.8.2 中第（12）条执行。

(11) 空调与采暖系统冷热源和辅助设备及其管道和管网系统安装完毕后，系统试运转及调试必须符合下列规定：

1）冷热源和辅助设备必须进行单机试运转及调试；

2）冷热源和辅助设备必须同建筑物室内空调或采暖系统进行联合试运转及调试。

3）联合试运转及调试结果应符合设计要求，且允许偏差或规定值应符合表 12-9-1 的有关规定。当联合试运转及调试不在制冷期或采暖期时，应先对表 12-9-1 中序号 2、3、5、6 四个项目进行检测，并在第一个制冷期或采暖期内，带冷（热）源补做序号 1、4 两个项目的检测。

联合试运转及调试检测项目与允许偏差或规定值　　表 12-9-1

序号	检测项目	允许偏差或规定值
1	室内温度	冬季不得低于设计计算温度 2℃，且不应高于 1℃； 夏季不得高于设计计算温度 2℃，且不应低于 1℃
2	供热系统室外管网的水力平衡度	0.9～1.2
3	供热系统的补水率	≤0.5%
4	室外管网的热输送效率	≥0.92
5	空调机组的水流量	≤20%
6	空调系统冷热水、冷却水总流量	≤10%

检验方法：观察检查；核查试运转和调试记录。

检验数量：全数检查。

12.9.3　一般项目

空调与采暖系统的冷热源设备及其辅助设备、配件的绝热，不得影响其操作功能。

检验方法：观察检查。

检查数量：全数检查。

12.10　配电与照明节能工程

12.10.1　一般规定

（1）适用于建筑节能工程配电与照明的施工质量验收。

（2）建筑配电与照明节能工程验收的检验批划分应按12.1.4中第（1）条的规定执行。当需要重新划分检验批时，可按照系统、楼层、建筑分区划分为若干个检验批。

（3）建筑配电与照明节能工程的施工质量验收，应符合本规范和《建筑电气工程施工质量验收规范》GB 50303的有关规定、已批准的设计图纸、相关技术规定和合同约定内容的要求。

12.10.2　主控项目

（1）照明光源、灯具及其附属装置的选择必须符合设计要求，进场验收时应对下列技术性能进行核查，并经监理工程师（建设单位代表）检查认可，形成相应的验收、核查记录。质量证明文件和相关技术资料应齐全，并应符合国家现行有关标准和规定。

1）荧光灯灯具和高强度气体放电灯灯具的效率不应低于表12-10-1的规定。

荧光灯灯具和高强度气体放电灯灯具的效率允许值　　表12-10-1

灯具出光口形式	开敞式	保护罩（玻璃或塑料）		格栅	格栅或透光罩
		透明	磨砂、棱镜		
荧光灯灯具	75%	65%	55%	60%	—
高强度气体放电灯灯具	75%	—	—	60%	60%

2）管型荧光灯镇流器能效限定值应不小于表 12-10-2 的规定。

镇流器能效限定值 **表 12-10-2**

标称功率（W）		18	20	22	30	32	36	40
镇流器能效因数（*BEF*）	电感型	3.154	2.952	2.770	2.232	2.146	2.030	1.992
	电子型	4.778	4.370	3.998	2.870	2.678	2.402	2.270

3）照明设备谐波含量限值应符合表 12-10-3 的规定。

照明设备谐波含量的限值 **表 12-10-3**

谐 波 次 数 n	基波频率下输入电流百分比数表示的最大允许谐波电流（%）
2	2
3	30×λ①
5	10
7	7
9	5
11≤n≤39（仅有奇次谐波）	3

注：① λ 是电路功率因数。

检验方法：观察检查；技术资料和性能检测报告等质量证明文件与实物核对。

检查数量：全数核查。

（2）低压配电系统选择的电缆、电线截面不得低于设计值，进场时应对其截面和每芯导体电阻值进行见证取样送检。每芯导体电阻值应符合表 12-10-4 的规定。

不同标称截面的电缆、电线每芯导体最大电阻值 **表 12-10-4**

标称截面（mm^2）	20℃时导体最大电阻（Ω/km）圆铜导体（不镀金属）
0.5	36.0
0.75	24.5

续表

标称截面 (mm²)	20℃时导体最大电阻 (Ω/km) 圆铜导体（不镀金属）
1.0	18.1
1.5	12.1
2.5	7.41
4	4.61
6	3.08
10	1.83
16	1.15
25	0.727
35	0.524
50	0.387
70	0.268
95	0.193
120	0.153
150	0.124
185	0.0991
240	0.0754
300	0.0601

检验方法：进场时抽样送检，验收时核查检验报告。

检查数量：同厂家各种规格总数的10%，且不少于2个规格。

（3）工程安装完成后应对低压配电系统进行调试，调试合格后应对低压配电电源质量进行检测。其中：

1）供电电压允许偏差：三相供电电压允许偏差为标称系统电压的±7%；单相220V为+7%、-10%。

2）公共电网谐波电压限值为：380V的电网标称电压，电压总谐波畸变率（*THD*u）为5%，奇次（1～25次）谐波含有率为4%，偶次（2～24次）谐波含有率为2%。

3）谐波电流不应超过表12-10-5中规定的允许值。

谐波电流允许值 **表 12-10-5**

标准电压（kV）	基准短路容量（MVA）	谐波次数及谐波电流允许值（A）											
		2	3	4	5	6	7	8	9	10	11	12	13
0.38	10	78	62	39	62	26	44	19	21	16	28	13	24
		谐波次数及谐波电流允许值（A）											
		14	15	16	17	18	19	20	21	22	23	24	25
		11	12	9.7	18	8.6	16	7.8	8.9	7.1	14	6.5	12

4）三相电压不平衡度允许值为2%，短时不得超过4%。

检验方法：在已安装的变频和照明等可产生谐波的用电设备均可投入的情况下，使用三相电能质量分析仪在变压器的低压侧测量。

检查数量：全部检测。

（4）在通电试运行中，应测试并记录照明系统的照度和功率密度值。

1）照度值不得小于设计值的90%；

2）功率密度值应符合《建筑照明设计标准》GB 50034 中的规定。

检验方法：在无外界光源的情况下，检测被检区域内平均照度和功率密度。

检查数量：每种功能区检查不少于2处。

12.10.3　一般项目

（1）母线与母线或母线与电器接线端子，当采用螺栓搭接连接时，应采用力矩扳手拧紧，制作应符合《建筑电气工程施工质量验收规范》GB 50303 标准中有关规定。

检验方法：使用力矩扳手对压接螺栓进行力矩检测。

检查数量：母线按检验批抽查10%。

（2）交流单芯电缆或分相后的每相电缆宜品字形（三叶形）

敷设，且不得形成闭合铁磁回路。

检验方法：观察检查。

检查数量：全数检查。

（3）三相照明配电干线的各相负荷宜分配平衡，其最大相负荷不宜超过三相负荷平均值的115%，最小相负荷不宜小于三相负荷平均值的85%。

检验方法：在建筑物照明通电试运行时开启全部照明负荷，使用三相功率计检测各相负载电流、电压和功率。

检查数量：全部检查。

12.11 监测与控制节能工程

12.11.1 一般规定

（1）适用于建筑节能工程监测与控制系统的施工质量验收。

（2）监测与控制系统施工质量的验收应执行《智能建筑工程质量验收规范》GB 50339相关章节的规定和本章的规定。

（3）监测与控制系统验收的主要对象应为采暖、通风与空气调节和配电与照明所采用的监测与控制系统，能耗计量系统以及建筑能源管理系统。

建筑节能工程所涉及的可再生能源利用、建筑冷热电联供系统、能源回收利用以及其他与节能有关的建筑设备监控部分的验收，应参照本章的相关规定执行。

（4）监测与控制系统的施工单位应依据国家相关标准的规定，对施工图设计进行复核。当复核结果不能满足节能要求时，应向设计单位提出修改建议，由设计单位进行设计变更，并经原节能设计审查机构批准。

（5）施工单位应依据设计文件制定系统控制流程图和节能工程施工验收大纲。

（6）监测与控制系统的验收分为工程实施和系统检测两个阶段。

（7）工程实施由施工单位和监理单位随工程实施过程进行，

分别对施工质量管理文件、设计符合性、产品质量、安装质量进行检查，及时对隐蔽工程和相关接口进行检查，同时，应有详细的文字和图像资料，并对监测与控制系统进行不少于168h的不间断试运行。

(8) 系统检测内容应包括对工程实施文件和系统自检文件的复核，对监测与控制系统的安装质量、系统节能监控功能、能源计量及建筑能源管理等进行检查和检测。

系统检测内容分为主控项目和一般项目，系统检测结果是监测与控制系统的验收依据。

(9) 对不具备试运行条件的项目，应在审核调试记录的基础上进行模拟检测，以检测监测与控制系统的节能监控功能。

12.11.2 主控项目

(1) 监测与控制系统采用的设备、材料及附属产品进场时，应按照设计要求对其品种、规格、型号、外观和性能等进行检查验收，并应经监理工程师（建设单位代表）检查认可，且应形成相应的质量记录。各种设备、材料和产品附带的质量证明文件和相关技术资料应齐全，并应符合国家现行有关标准和规定。

检验方法：进行外观检查；对照设计要求核查质量证明文件和相关技术资料。

检查数量：全数检查。

(2) 监测与控制系统安装质量应符合以下规定：

1) 传感器的安装质量应符合《自动化仪表工程施工及验收规范》GB 50093的有关规定；

2) 阀门型号和参数应符合设计要求，其安装位置、阀前后直管段长度、流体方向等应符合产品安装要求；

3) 压力和差压仪表的取压点、仪表配套的阀门安装应符合产品要求；

4) 流量仪表的型号和参数、仪表前后的直管段长度等应符合产品要求；

5) 温度传感器的安装位置、插入深度应符合产品要求；

6）变频器安装位置、电源回路敷设、控制回路敷设应符合设计要求；

7）智能化变风量末端装置的温度设定器安装位置应符合产品要求；

8）涉及节能控制的关键传感器应预留检测孔或检测位置，管道保温时应做明显标注。

检验方法：对照图纸或产品说明书目测和尺量检查。

检查数量：每种仪表按20%抽检，不足10台全部检查。

（3）对经过试运行的项目，其系统的投入情况、监控功能、故障报警连锁控制及数据采集等功能，应符合设计要求。

检验方法：调用节能监控系统的历史数据、控制流程图和试运行记录，对数据进行分析。

检查数量：检查全部进行过试运行的系统。

（4）空调与采暖的冷热源、空调水系统的监测控制系统应成功运行，控制及故障报警功能应符合设计要求。

检验方法：在中央工作站使用检测系统软件，或采用在直接数字控制器或冷热源系统自带控制器上改变参数设定值和输入参数值，检测控制系统的投入情况及控制功能；在工作站或现场模拟故障，检测故障监视、记录和报警功能。

检查数量：全部检测。

（5）通风与空调监测控制系统的控制功能及故障报警功能应符合设计要求。

检验方法：在中央工作站使用检测系统软件，或采用在直接数字控制器或通风与空调系统自带控制器上改变参数设定值和输入参数值，检测控制系统的投入情况及控制功能；在工作站或现场模拟故障，检测故障监视、记录和报警功能。

检查数量：按总数的20%抽样检测，不足5台全部检测。

（6）监测与计量装置的检测计量数据应准确，并符合系统对测量准确度的要求。

检验方法：用标准仪器仪表在现场实测数据，将此数据分别与直接数字控制器和中央工作站显示数据进行比对。

检查数量：按20%抽样检测，不足10台全部检测。

(7) 供配电的监测与数据采集系统应符合设计要求。

检验方法：试运行时，监测供配电系统的运行工况，在中央工作站检查运行数据和报警功能。

检查数量：全部检测。

(8) 照明自动控制系统的功能应符合设计要求，当设计无要求时应实现下列控制功能：

1) 大型公共建筑的公用照明区应采用集中控制并应按照建筑使用条件和天然采光状况采取分区、分组控制措施，并按需要采取调光或降低照度的控制措施；

2) 旅馆的每间（套）客房应设置节能控制型开关；

3) 居住建筑有天然采光的楼梯间、走道的一般照明，应采用节能自熄开关；

4) 房间或场所设有两列或多列灯具时，应按下列方式控制：

① 所控灯列与侧窗平行；

② 电教室、会议室、多功能厅、报告厅等场所，按靠近或远离讲台分组。

检验方法：

1) 现场操作检查控制方式；

2) 依据施工图，按回路分组，在中央工作站上进行被检回路的开关控制，观察相应回路的动作情况；

3) 在中央工作站改变时间表控制程序的设定，观察相应回路的动作情况；

4) 在中央工作站采用改变光照度设定值、室内人员分布等方式，观察相应回路的控制情况。

5) 在中央工作站改变场景控制方式，观察相应的控制情况。

检查数量：现场操作检查为全数检查，在中央工作站上检查按照明控制箱总数的5%检测，不足5台全部检测。

(9) 综合控制系统应对以下项目进行功能检测，检测结果应满足设计要求：

1）建筑能源系统的协调控制；

2）采暖、通风与空调系统的优化监控。

检验方法：采用人为输入数据的方法进行模拟测试，按不同的运行工况检测协调控制和优化监控功能。

检查数量：全部检测。

（10）建筑能源管理系统的能耗数据采集与分析功能，设备管理和运行管理功能，优化能源调度功能，数据集成功能应符合设计要求。

检验方法：对管理软件进行功能检测。

检查数量：全部检查。

12.11.3　一般项目

检测监测与控制系统的可靠性、实时性、可维护性等系统性能，主要包括下列内容：

1）控制设备的有效性，执行器动作应与控制系统的指令一致，控制系统性能稳定符合设计要求；

2）控制系统的采样速度、操作响应时间、报警反应速度应符合设计要求；

3）冗余设备的故障检测正确性及其切换时间和切换功能应符合设计要求；

4）应用软件的在线编程（组态）、参数修改、下载功能、设备及网络故障自检测功能应符合设计要求；

5）控制器的数据存储能力和所占存储容量应符合设计要求；

6）故障检测与诊断系统的报警和显示功能应符合设计要求；

7）设备启动和停止功能及状态显示应正确；

8）被控设备的顺序控制和连锁功能应可靠；

9）应具备自动控制/远程控制/现场控制模式下的命令冲突检测功能；

10）人机界面及可视化检查。

检验方法：分别在中央工作站、现场控制器和现场利用参数设定、程序下载、故障设定、数据修改和事件设定等方法，通过与设定的显示要求对照，进行上述系统的性能检测。

检查数量：全部检测。

12.12 建筑节能工程现场检验

12.12.1 围护结构现场实体检验

（1）建筑围护结构施工完成后，应对围护结构的外墙节能构造和严寒、寒冷、夏热冬冷地区的外窗气密性进行现场实体检测。当条件具备时，也可直接对围护结构的传热系数进行检测。

（2）外墙节能构造的现场实体检验方法见附录C。其检验目的是：

1）验证墙体保温材料的种类是否符合设计要求；

2）验证保温层厚度是否符合设计要求；

3）检查保温层构造做法是否符合设计和施工方案要求。

（3）严寒、寒冷、夏热冬冷地区的外窗现场实体检测应按照国家现行有关标准的规定执行。其检验目的是验证建筑外窗气密性是否符合节能设计要求和国家有关标准的规定。

（4）外墙节能构造和外窗气密性的现场实体检验，其抽样数量可以在合同中约定，但合同中约定的抽样数量不应低于本规范的要求。当无合同约定时应按照下列规定抽样：

1）每个单位工程的外墙至少抽查3处，每处一个检查点；当一个单位工程外墙有2种以上节能保温做法时，每种节能做法的外墙应抽查不少于3处；

2）每个单位工程的外窗至少抽查3樘。当一个单位工程外窗有2种以上品种、类型和开启方式时，每种品种、类型和开启方式的外窗应抽查不少于3樘。

（5）外墙节能构造的现场实体检验应在监理（建设）人员见证下实施，可委托有资质的检测机构实施，也可由施工单位实施。

（6）外窗气密性的现场实体检测应在监理（建设）人员见证

下抽样，委托有资质的检测机构实施。

（7）当对围护结构的传热系数进行检测时，应由建设单位委托具备检测资质的检测机构承担；其检测方法、抽样数量、检测部位和合格判定标准等可在合同中约定。

（8）当外墙节能构造或外窗气密性现场实体检验出现不符合设计要求和标准规定的情况时，应委托有资质的检测机构扩大一倍数量抽样，对不符合要求的项目或参数再次检验。仍然不符合要求时应给出“不符合设计要求”的结论。

对于不符合设计要求的围护结构节能构造应查找原因，对因此造成的对建筑节能的影响程度进行计算或评估，采取技术措施予以弥补或消除后重新进行检测，合格后方可通过验收。

对于建筑外窗气密性不符合设计要求和国家现行标准规定的，应查找原因进行修理，使其达到要求后重新进行检测，合格后方可通过验收。

12.12.2　系统节能性能检测

（1）采暖、通风与空调、配电与照明工程安装完成后，应进行系统节能性能的检测，且应由建设单位委托具有相应检测资质的检测机构检测并出具报告。受季节影响未进行的节能性能检测项目，应在保修期内补做。

（2）采暖、通风与空调、配电与照明系统节能性能检测的主要项目及要求见表12-12-1，其检测方法应按国家现行有关标准规定执行。

系统节能性能检测主要项目及要求　　表12-12-1

序号	检测项目	抽样数量	允许偏差或规定值
1	室内温度	居住建筑每户抽测卧室或起居室1间，其他建筑按房间总数抽测10%	冬季不得低于设计计算温度2℃，且不应高于1℃； 夏季不得高于设计计算温度2℃，且不应低于1℃

续表

序号	检测项目	抽样数量	允许偏差或规定值
2	供热系统室外管网的水力平衡度	每个热源与换热站均不少于1个独立的供热系统	0.9～1.2
3	供热系统的补水率	每个热源与换热站均不少于1个独立的供热系统	0.5%～1%
4	室外管网的热输送效率	每个热源与换热站均不少于1个独立的供热系统	≥0.92
5	各风口的风量	按风管系统数量抽查10%，且不得少于1个系统	≤15%
6	通风与空调系统的总风量	按风管系统数量抽查10%，且不得少于1个系统	≤10%
7	空调机组的水流量	按系统数量抽查10%，且不得少于1个系统	≤20%
8	空调系统冷热水、冷却水总流量	全 数	≤10%
9	平均照度与照明功率密度	按同一功能区不少于2处	≤10%

（3）系统节能性能检测的项目和抽样数量也可以在工程合同中约定，必要时可增加其他检测项目，但合同中约定的检测项目和抽样数量不应低于本章的规定。

12.13 建筑节能分部工程质量验收

（1）建筑节能分部工程的质量验收，应在检验批、分项工程全部验收合格的基础上，进行外墙节能构造实体检验，严寒、寒冷和夏热冬冷地区的外窗气密性现场检测，以及系统节能性能检测和系统联合试运转与调试，确认建筑节能工程质量达到验收条件后方可进行。

（2）建筑节能工程验收的程序和组织应遵守《建筑工程施工质量验收统一标准》GB 50300 的要求，并应符合下列规定：

1）节能工程的检验批验收和隐蔽工程验收应由监理工程师主持，施工单位相关专业的质量检查员与施工员参加；

2）节能分项工程验收应由监理工程师主持，施工单位项目技术负责人和相关专业的质量检查员、施工员参加；必要时可邀请设计单位相关专业的人员参加；

3）节能分部工程验收应由总监理工程师（建设单位项目负责人）主持，施工单位项目经理、项目技术负责人和相关专业的质量检查员、施工员参加；施工单位的质量或技术负责人应参加；设计单位节能设计人员应参加。

（3）建筑节能工程的检验批质量验收合格，应符合下列规定：

1）检验批应按主控项目和一般项目验收；

2）主控项目应全部合格；

3）一般项目应合格；当采用计数检验时，至少应有 90%以上的检查点合格，且其余检查点不得有严重缺陷；

4）应具有完整的施工操作依据和质量验收记录。

（4）建筑节能分项工程质量验收合格，应符合下列规定：

1）分项工程所含的检验批均应合格；

2）分项工程所含检验批的质量验收记录应完整。

（5）建筑节能分部工程质量验收合格，应符合下列规定：

1）分项工程应全部合格；

2）质量控制资料应完整；

3）外墙节能构造现场实体检验结果应符合设计要求；

4）严寒、寒冷和夏热冬冷地区的外窗气密性现场实体检测结果应合格；

5）建筑设备工程系统节能性能检测结果应合格。

（6）建筑节能工程验收时应对下列资料核查，并纳入竣工技术档案：

1）设计文件、图纸会审记录、设计变更和洽商；

2）主要材料、设备和构件的质量证明文件、进场检验记录、进场核查记录、进场复验报告、见证试验报告；

3）隐蔽工程验收记录和相关图像资料；

4）分项工程质量验收记录；必要时应核查检验批验收记录；

5）建筑围护结构节能构造现场实体检验记录；

6）严寒、寒冷和夏热冬冷地区外窗气密性现场检测报告；

7）风管及系统严密性检验记录；

8）现场组装的组合式空调机组的漏风量测试记录；

9）设备单机试运转及调试记录；

10）系统联合试运转及调试记录；

11）系统节能性能检验报告；

12）其他对工程质量有影响的重要技术资料。

（7）建筑节能工程分部、分项工程和检验批的质量验收表见本规范附录B。

1）分部工程质量验收表见附录B中附表B-1；

2）分项工程质量验收表见附录B中附表B-2；

3）检验批质量验收表见附录B中附表B-3。

附录A　建筑节能工程进场材料和设备的复验项目

建筑节能工程进场材料和设备的复验项目　　附表 A-1

章号	分项工程	复验项目
4	墙体节能工程	1. 保温材料的导热系数、密度、抗压强度或压缩强度； 2. 粘结材料的粘结强度； 3. 增强网的力学性能、抗腐蚀性能
5	幕墙节能工程	1. 保温材料：导热系数、密度； 2. 幕墙玻璃：可见光透射比、传热系数、遮阳系数、中空玻璃露点； 3. 隔热型材：抗拉强度、抗剪强度
6	门窗节能工程	1. 严寒、寒冷地区：气密性、传热系数和中空玻璃露点； 2. 夏热冬冷地区：气密性、传热系数，玻璃遮阳系数、可见光透射比、中空玻璃露点； 3. 夏热冬暖地区：气密性，玻璃遮阳系数、可见光透射比、中空玻璃露点
7	屋面节能工程	保温隔热材料的导热系数、密度、抗压强度或压缩强度
8	地面节能工程	保温材料的导热系数、密度、抗压强度或压缩强度
9	采暖节能工程	1. 散热器的单位散热量、金属热强度； 2. 保温材料的导热系数、密度、吸水率
10	通风与空调节能工程	1. 风机盘管机组的供冷量、供热量、风量、出口静压、噪声及功率； 2. 绝热材料的导热系数、密度、吸水率
11	空调与采暖系统冷、热源及管网节能工程	绝热材料的导热系数、密度、吸水率
12	配电与照明节能工程	电缆、电线截面和每芯导体电阻值

附录B　建筑节能分部、分项工程和检验批的质量验收表

建筑节能分部工程质量验收表　　　　**附表 B-1**

<table>
<tr><td>工程名称</td><td></td><td>结构类型</td><td></td><td>层　数</td><td></td></tr>
<tr><td>施工单位</td><td></td><td>技术部门负责人</td><td></td><td>质量部门负责人</td><td></td></tr>
<tr><td>分包单位</td><td></td><td>分包单位负责人</td><td></td><td>分包技术负责人</td><td></td></tr>
<tr><td>序号</td><td colspan="2">分项工程名称</td><td>验收结论</td><td>监理工程师签字</td><td>备注</td></tr>
<tr><td>1</td><td colspan="2">墙体节能工程</td><td></td><td></td><td></td></tr>
<tr><td>2</td><td colspan="2">幕墙节能工程</td><td></td><td></td><td></td></tr>
<tr><td>3</td><td colspan="2">门窗节能工程</td><td></td><td></td><td></td></tr>
<tr><td>4</td><td colspan="2">屋面节能工程</td><td></td><td></td><td></td></tr>
<tr><td>5</td><td colspan="2">地面节能工程</td><td></td><td></td><td></td></tr>
<tr><td>6</td><td colspan="2">采暖节能工程</td><td></td><td></td><td></td></tr>
<tr><td>7</td><td colspan="2">通风与空调节能工程</td><td></td><td></td><td></td></tr>
<tr><td>8</td><td colspan="2">空调与采暖系统的冷热源及管网节能工程</td><td></td><td></td><td></td></tr>
<tr><td>9</td><td colspan="2">配电与照明节能工程</td><td></td><td></td><td></td></tr>
<tr><td>10</td><td colspan="2">监测与控制节能工程</td><td></td><td></td><td></td></tr>
<tr><td colspan="3">质量控制资料</td><td></td><td></td><td></td></tr>
<tr><td colspan="3">外墙节能构造现场实体检验</td><td></td><td></td><td></td></tr>
<tr><td colspan="3">外窗气密性现场实体检测</td><td></td><td></td><td></td></tr>
<tr><td colspan="3">系统节能性能检测</td><td></td><td></td><td></td></tr>
<tr><td colspan="3">验收结论</td><td></td><td></td><td></td></tr>
<tr><td colspan="6">其他参加验收人员：</td></tr>
<tr><td rowspan="4">验收单位</td><td colspan="2">分包单位：</td><td colspan="3">项目经理：　　年　月　日</td></tr>
<tr><td colspan="2">施工单位：</td><td colspan="3">项目经理：　　年　月　日</td></tr>
<tr><td colspan="2">设计单位：</td><td colspan="3">项目负责人：　　年　月　日</td></tr>
<tr><td colspan="2">监理（建设）单位：</td><td colspan="3">总监理工程师：
（建设单位项目负责人）　　年　月　日</td></tr>
</table>

________分项工程质量验收汇总表　　附表 B-2

<table>
<tr><td>工程名称</td><td colspan="2"></td><td>检验批数量</td><td colspan="2"></td></tr>
<tr><td>设计单位</td><td colspan="2"></td><td>监理单位</td><td colspan="2"></td></tr>
<tr><td>施工单位</td><td></td><td>项目经理</td><td></td><td>项目技术负责人</td><td></td></tr>
<tr><td>分包单位</td><td></td><td>分包单位负责人</td><td></td><td>分包项目经理</td><td></td></tr>
<tr><td>序号</td><td>检验批部位、
区段、系统</td><td colspan="2">施工单位检查
评定结果</td><td colspan="2">监理（建设）
单位验收结论</td></tr>
<tr><td>1</td><td></td><td colspan="2"></td><td colspan="2"></td></tr>
<tr><td>2</td><td></td><td colspan="2"></td><td colspan="2"></td></tr>
<tr><td>3</td><td></td><td colspan="2"></td><td colspan="2"></td></tr>
<tr><td>4</td><td></td><td colspan="2"></td><td colspan="2"></td></tr>
<tr><td>5</td><td></td><td colspan="2"></td><td colspan="2"></td></tr>
<tr><td>6</td><td></td><td colspan="2"></td><td colspan="2"></td></tr>
<tr><td>7</td><td></td><td colspan="2"></td><td colspan="2"></td></tr>
<tr><td>8</td><td></td><td colspan="2"></td><td colspan="2"></td></tr>
<tr><td>9</td><td></td><td colspan="2"></td><td colspan="2"></td></tr>
<tr><td>10</td><td></td><td colspan="2"></td><td colspan="2"></td></tr>
<tr><td>11</td><td></td><td colspan="2"></td><td colspan="2"></td></tr>
<tr><td>12</td><td></td><td colspan="2"></td><td colspan="2"></td></tr>
<tr><td>13</td><td></td><td colspan="2"></td><td colspan="2"></td></tr>
<tr><td>14</td><td></td><td colspan="2"></td><td colspan="2"></td></tr>
<tr><td>15</td><td></td><td colspan="2"></td><td colspan="2"></td></tr>
<tr><td colspan="3">施工单位检查结论：

项目专业质量（技术）负责人
年　　月　　日</td><td colspan="3">验收结论：

监理工程师：
（建设单位项目专业技术负责人）
年　　月　　日</td></tr>
</table>

________检验批/分项工程质量验收表　编号：　附表 B-3

<table>
<tr><td colspan="2">工程名称</td><td></td><td colspan="2">分项工程名称</td><td></td><td>验收部位</td><td></td></tr>
<tr><td colspan="2">施工单位</td><td colspan="2"></td><td>专业工长</td><td></td><td>项目经理</td><td></td></tr>
<tr><td colspan="2">施工执行标准
名称及编号</td><td colspan="6"></td></tr>
<tr><td colspan="2">分包单位</td><td colspan="2"></td><td>分包项目经理</td><td></td><td>施工班组长</td><td></td></tr>
<tr><td colspan="4">验收规范规定</td><td colspan="2">施工单位检查
评定记录</td><td colspan="2">监理（建设）
单位验收记录</td></tr>
<tr><td rowspan="10">主控项目</td><td>1</td><td></td><td>第　条</td><td colspan="2"></td><td colspan="2" rowspan="10"></td></tr>
<tr><td>2</td><td></td><td>第　条</td><td colspan="2"></td></tr>
<tr><td>3</td><td></td><td>第　条</td><td colspan="2"></td></tr>
<tr><td>4</td><td></td><td>第　条</td><td colspan="2"></td></tr>
<tr><td>5</td><td></td><td>第　条</td><td colspan="2"></td></tr>
<tr><td>6</td><td></td><td>第　条</td><td colspan="2"></td></tr>
<tr><td>7</td><td></td><td>第　条</td><td colspan="2"></td></tr>
<tr><td>8</td><td></td><td>第　条</td><td colspan="2"></td></tr>
<tr><td>9</td><td></td><td>第　条</td><td colspan="2"></td></tr>
<tr><td>10</td><td></td><td>第　条</td><td colspan="2"></td></tr>
<tr><td rowspan="4">一般项目</td><td>1</td><td></td><td>第　条</td><td colspan="2"></td><td colspan="2" rowspan="4"></td></tr>
<tr><td>2</td><td></td><td>第　条</td><td colspan="2"></td></tr>
<tr><td>3</td><td></td><td>第　条</td><td colspan="2"></td></tr>
<tr><td>4</td><td></td><td>第　条</td><td colspan="2"></td></tr>
<tr><td colspan="2">施工单位检查
评定结果</td><td colspan="6">项目专业质量检查员：
（项目技术负责人）　　年　月　日</td></tr>
<tr><td colspan="2">监理（建设）
单位验收结论</td><td colspan="6">监理工程师：
（建设单位项目专业技术负责人）　　年　月　日</td></tr>
</table>

附录C　外墙节能构造钻芯检验方法

1. 本方法适用于检验带有保温层的建筑外墙其节能构造是否符合设计要求。

2. 钻芯检验外墙节能构造应在外墙施工完工后、节能分部工程验收前进行。

3. 钻芯检验外墙节能构造的取样部位和数量，应遵守下列规定：

（1）取样部位应由监理（建设）与施工双方共同确定，不得在外墙施工前预先确定；

（2）取样部位应选取节能构造有代表性的外墙上相对隐蔽的部位，并宜兼顾不同朝向和楼层；取样部位必须确保钻芯操作安全，且应方便操作。

（3）外墙取样数量为一个单位工程每种节能保温做法至少取3个芯样。取样部位宜均匀分布，不宜在同一个房间外墙上取2个或2个以上芯样。

4. 钻芯检验外墙节能构造应在监理（建设）人员见证下实施。

5. 钻芯检验外墙节能构造可采用空心钻头，从保温层一侧钻取直径70mm的芯样。钻取芯样深度为钻透保温层到达结构层或基层表面，必要时也可钻透墙体。

当外墙的表层坚硬不易钻透时，也可局部剔除坚硬的面层后钻取芯样。但钻取芯样后应恢复原有外墙的表面装饰层。

6. 钻取芯样时应尽量避免冷却水流入墙体内及污染墙面。从空心钻头中取出芯样时应谨慎操作，以保持芯样完整。当芯样严重破损难以准确判断节能构造或保温层厚度时，应重新取样检验。

7. 对钻取的芯样，应按照下列规定进行检查：

（1）对照设计图纸观察、判断保温材料种类是否符合设计要求；必要时也可采用其他方法加以判断；

（2）用分度值为1mm的钢尺，在垂直于芯样表面（外墙面）的方向上量取保温层厚度，精确到1mm；

（3）观察或剖开检查保温层构造做法是否符合设计和施工方案要求。

8. 在垂直于芯样表面（外墙面）的方向上实测芯样保温层厚度，当实测芯样厚度的平均值达到设计厚度的95%及以上且最小值不低于设计厚度的90%时，应判定保温层厚度符合设计要求；否则，应判定保温层厚度不符合设计要求。

9. 实施钻芯检验外墙节能构造的机构应出具检验报告。检验报告的格式可参照附表C-1样式。检验报告至少应包括下列内容：

（1）抽样方法、抽样数量与抽样部位；

（2）芯样状态的描述；

（3）实测保温层厚度，设计要求厚度；

（4）按照12.12.1中第（2）条的检验目的给出是否符合设计要求的检验结论；

（5）附有带标尺的芯样照片并在照片上注明每个芯样的取样部位；

（6）监理（建设）单位取样见证人的见证意见；

（7）参加现场检验的人员及现场检验时间；

（8）检测发现的其他情况和相关信息。

10. 当取样检验结果不符合设计要求时，应委托具备检测资质的见证检测机构增加一倍数量再次取样检验。仍不符合设计要求时应判定围护结构节能构造不符合设计要求。此时应根据检验结果委托原设计单位或其他有资质的单位重新验算房屋的热工性能，提出技术处理方案。

11. 外墙取样部位的修补，可采用聚苯板或其他保温材料制成的圆柱形塞填充并用建筑密封胶密封。修补后宜在取样部位挂贴注有“外墙节能构造检验点”的标志牌。

外墙节能构造钻芯检验报告　　附表 C-1

<table>
<tr><td colspan="3" rowspan="3">外墙节能构造检验报告</td><td>报告编号</td><td colspan="2"></td></tr>
<tr><td>委托编号</td><td colspan="2"></td></tr>
<tr><td>检测日期</td><td colspan="2"></td></tr>
<tr><td colspan="2">工程名称</td><td colspan="4"></td></tr>
<tr><td colspan="2">建设单位</td><td></td><td colspan="2">委托人/联系电话</td><td></td></tr>
<tr><td colspan="2">监理单位</td><td></td><td colspan="2">检测依据</td><td></td></tr>
<tr><td colspan="2">施工单位</td><td></td><td colspan="2">设计保温材料</td><td></td></tr>
<tr><td colspan="2">节能设计单位</td><td></td><td colspan="2">设计保温层厚度</td><td></td></tr>
<tr><td rowspan="8">检验结果</td><td>检验项目</td><td>芯样 1</td><td>芯样 2</td><td colspan="2">芯样 3</td></tr>
<tr><td>取样部位</td><td>轴线/ 层</td><td>轴线/ 层</td><td colspan="2">轴线/ 层</td></tr>
<tr><td>芯样外观</td><td>完整/基本
完整/破碎</td><td>完整/基本
完整/破碎</td><td colspan="2">完整/基本
完整/破碎</td></tr>
<tr><td>保温材料种类</td><td></td><td></td><td colspan="2"></td></tr>
<tr><td>保温层厚度</td><td>mm</td><td>mm</td><td colspan="2">mm</td></tr>
<tr><td>平均厚度</td><td colspan="4">mm</td></tr>
<tr><td>围护结构
分层做法</td><td>1. 基层；
2.
3.
4.
5.</td><td>1. 基层；
2.
3.
4.
5.</td><td colspan="2">1. 基层；
2.
3.
4.
5.</td></tr>
<tr><td>照片编号</td><td></td><td></td><td colspan="2"></td></tr>
<tr><td colspan="4">结论：</td><td colspan="2">见证意见：
1. 抽样方法符合规定；
2. 现场钻芯真实；
3. 芯样照片真实；
4. 其他：

见证人：</td></tr>
<tr><td>批　　准</td><td></td><td>审　　核</td><td></td><td>检　　验</td><td></td></tr>
<tr><td>检验单位</td><td colspan="3">（印章）</td><td>报告日期</td><td></td></tr>
</table>

参 考 文 献

[1] 中国有色金属工业西安勘察设计院等 GB 50026—2007《工程测量规范》北京：中国计划出版社，2008

[2] 上海市基础工程公司 GB 50202—2002《建筑地基基础工程施工质量验收规范》北京：中国计划出版社，2004

[3] 陕西省住房和城乡建设厅 GB 50203—2011《砌体结构工程施工质量验收规范》北京：中国建筑工业出版社，2012

[4] 哈尔滨工业大学等 GB 50206—2012《木结构工程施工质量验收规范》北京：中国建筑工业出版社，2012

[5] 中国建筑科学研究院 GB 50204—2015《混凝土结构工程施工质量验收规范》北京：中国建筑工业出版社，2015

[6] 冶金工业部建筑研究总院 GB 50205—2001《钢结构工程施工质量验收规范》北京：中国计划出版社，2002

[7] 山西省建设厅 GB 50207—2012《屋面工程质量验收规范》北京：中国建筑工业出版社，2012

[8] 山西建筑工程(集团)总公司等 GB 50208—2011《地下防水工程质量验收规范》北京：中国建筑工业出版社，2012

[9] 中国建筑科学研究院 GB 50210—2001《建筑装饰装修工程质量验收规范》北京：中国标准出版社，2001

[10] 江苏省建设工程集团有限公司、江苏省华建建设股份有限公司 GB 50209—2010《建筑地面工程施工质量验收规范》北京：中国计划出版社，2010

[11] 中华人民共和国住房和城乡建设部 GB 50224—2010《建筑防腐蚀工程施工质量验收规范》北京：中国计划出版社，2011

[12] 中国建筑科学研究院 GB 50411—2007《建筑节能工程施工质量验收规范》北京：中国建筑工业出版社，2007

[13] 中国建筑科学研究院等 JGJ 94—2008《建筑桩基技术规范》北京：中国建筑工业出版社，2008

[14] 中国建筑科学研究院 JGJ 120—2012《建筑基坑支护技术规程》备案号

J 1412—2012北京：中国建筑工业出版社，2012
[15] 中国建筑科学研究院 GB 50666—2011《混凝土结构工程施工规范》北京：中国建筑工业出版社，2012
[16] 中国建筑科学研究院 JGJ 3—2010《高层建筑混凝土结构技术规程》备案号 J 186—2010. 北京：中国建筑工业出版社，2011
[17] 陕西省建筑科学研究院 JGJ 18—2012《钢筋焊接及验收规程》北京：中国建筑工业出版社，2012
[18] 中国建筑科学研究院 JGJ 107—2010《钢筋机械连接技术规程》备案号 J 986—2010 北京：中国建筑工业出版社，2010
[19] 中国建筑股份有限公司、中建三局建设工程股份有限公司 JGJ 169—2009《清水混凝土应用技术规程》北京：中国建筑工业出版社，2009
[20] 中国建筑科学研究院 JGJ/T 219—2010《混凝土结构用钢筋间隔件应用技术规程》备案号 J 1139—2010. 北京：中国建筑工业出版社，2011